智慧城市建设思路与规划

李　林　编著

东南大学出版社
·南京·

内容提要

本书介绍了智慧城市建设思路、顶层规划、城市级"一级平台"与业务级"二级平台"的规划与设计，以及智慧城市建设项目的实施。作者集长期在新加坡从事信息化系统集成和智能化系统工程咨询顾问之经验，分享了新加坡"智慧岛"建设的经验与启示；还以在国内从事多个数字城市和智慧城市总体规划的实践，提供了"数字东胜"、"智慧广州"和"智慧克拉玛依"的建设案例。

本书可作为智慧城市顶层规划和业务级平台及应用系统底层设计的参考资料；可作为各级政府信息化主管部门在制定智慧城市总体规划和编制专项系统工程实施方案时的参考书；也可以作为智慧城市信息系统集成工程师培训和大专院校相关专业授课的教材。

图书在版编目(CIP)数据

智慧城市建设思路与规划/ 李林编著. —南京：东南大学出版社，2012.12 (2017.10重印)

ISBN 978-7-5641-3906-3

Ⅰ.①智… Ⅱ.①李… Ⅲ.①城市建设—研究 Ⅳ.①TU984

中国版本图书馆 CIP 数据核字(2012)第 273192 号

出版发行 东南大学出版社
出 版 人 江建中
网　　址 http://www.seupress.com
电子邮件 press@seupress.com
社　　址 南京市四牌楼 2 号
邮　　编 210096
电　　话 025-83793191(发行) 025-57711295(传真)
经　　销 全国各地新华书店
排　　版 南京理工大学资产经营有限公司印刷分公司
印　　刷 江苏凤凰扬州鑫华印刷有限公司
开　　本 787mm×1092mm 1/16
印　　张 22.75
字　　数 580 千字
版　　次 2012 年 12 月第 1 版
印　　次 2017年10月第 6 次印刷
书　　号 ISBN 978-7-5641-3906-3
定　　价 72.00 元(附光盘)

自　序

我是一个在新加坡长期从事信息化系统集成研究和提供数字城市乃至智慧城市总体规划与系统工程建设咨询顾问服务的回国留学生。近年来有机会参与国内一些数字城市乃至智慧城市规划与建设的咨询顾问服务工作，与内蒙古、新疆、广州、南京、厦门、铁岭、曹妃甸等地区的城市信息化主管领导进行交流，有些城市领导对于“三网融合”、“物联网”、“数字城市”乃至“智慧城市”的认识和想法让我感到很担忧。这种不断重复开发内容与功能相同的业务级平台及应用系统和建设“信息烟囱”与“智慧孤岛”的做法，不但浪费了国家有限的财力和宝贵的发展机遇与时间，同时也为今后在国家信息化层面上的信息互联互通和数据共享交换设置了巨大的障碍。我在2010年8月份参加“数字克拉玛依国际研讨会”时，多名两院院士曾建议我将这些想法与国家高层领导人进行沟通。为此我给国家领导人写了信，向领导建言：“国家应该以当年‘两弹一星’的高瞻远瞩来高度重视国家信息化的建设和发展，进行数字城市乃至智慧城市的知识体系、建设体系以及应用理论的研究，并能指导目前全国轰轰烈烈、如火如荼开展的数字城市乃至智慧城市建设的热潮。”

正是出于上述原因，我在2010年匆草成书编著了《数字城市建设指南》上、中册，以及这次出版的《智慧城市建设思路与规划》，其目的就是希望能够给数字城市乃至智慧城市的规划与建设者们一些建议和帮助。同时也希望我能够为建设中国特色的“智慧城市”贡献一份力量。

E-mail：LL8xe@126.com 手机：13226686558

李　林

2012年8月8日于南京

前　言

智慧城市是数字城市发展的高级阶段，是在数字城市网络化与地理空间数字化技术应用的基础上，进一步应用自动化与智能化科技，将智慧城市中政府信息化、城市管理信息化、社会民生信息化、企业经济信息化有机地整合为一体。通过智慧城市物联网和云计算中心，集成整个城市所涉及的社会综合管理与社会公共服务资源，包括地理环境、基础设施、自然资源、社会资源、经济资源、医疗资源、教育资源、旅游资源和人文资源等。通过物联化、互联化、智能化方式，让城市中各个功能彼此协调运作，以更透彻的感知、更全面的互联互通、更深入的智能化，实现智慧技术高度集成、智慧产业高端发展、智慧服务高效便民为主要特征的城市发展新模式，为城市综合管理和公共服务信息的互联互通与数据共享交换以及信息资源综合利用，为城市可持续发展与低碳环保，为城市资源在空间上的优化配置，构建和谐幸福社会提供强而有力的支撑。

中国特色的智慧城市建设，就是要以社会管理创新和民生服务为出发点和立足点。胡锦涛总书记指出，社会管理要搞好，必须加快推进以保障和改善民生为重点的社会建设。要把保障和改善民生作为加快转变经济发展方式的根本出发点和落脚点，完善保障和改善民生的制度安排，坚定不移走共同富裕道路，使发展成果更好惠及全体人民。胡锦涛总书记同时强调，各级党委和政府要充分认识新形势下加强和创新社会管理的重大意义，统筹经济建设、政治建设、文化建设、社会建设以及生态文明建设，把社会管理工作摆在更加突出的位置，加强调查研究，加强政策制定，加强工作部署，加强任务落实，不断提高社会管理科学化水平，不断促进社会和谐稳定，努力为"十二五"时期经济社会发展、为实现全面建设小康社会宏伟目标创造更加良好的社会条件。

建设一个中国特色的"智慧城市"必须要有一个智慧的政府，根据新加坡"智慧岛"建设的经验，就是依赖于新加坡智慧政府信息化可持续的建设，已经从其政府电子政务建设前期以改善、提高和创新政府在城市管理和公共服务方面的效率、公开、公平与廉洁，促进公众与政府间的互动，拉近公众与政府之间距离的目标，提升到实现政府运作的透明度、实行问责制和确保公共服务清廉三大目标的新高度。

新加坡资政吴作栋指出：一个国家要推行成功的智慧政府服务，首先必须拥有形成良好治理的三大要素，即保持透明度、实行问责制及确保公共服务的清廉。新加坡推行智慧政府的经验就是：保持对政府运作和计划进行持续地监管和审查，以及有意识地打破政府各部门之间各自为政的局面，以一个完整的、统一的、全面的政府形式面对国民和公众。许多人都误以为政府信息化实施计划最重要的一环是引进先进的硬件及软件。然而以新加坡推行智慧政府服务的经验，却显示良好的政府治理（创新）才是更重要的元素，是提高政府效率的基础。成功的智慧政府服务不是单靠硬件和软件的部署就能形成，电脑本身并不能提高政府运作和服务的效率，推广宽带网络并不会提升生产力。只有当这些投资加上良好的政府运作流程和环境的治理，才能提升行政效率，并对国民的生活产生积极的影响。

新加坡政府现阶段推行智慧政府服务的目标，重点体现在政府透明、问责及清廉等良好政府治理的特征。这一目标对实现政府管理创新和公共服务至关重要。许多国家之所以抗拒推行这个利民的计划，正是因为当地官僚担心公共服务一旦信息化、电子化、智能化，他们将失去从制度和掌握的签发准证和执照的权力中抽取油水的好处。正是因为这些国家在签发政府准证和执照方面缺乏效率和透明度，才能让政府官僚体系里的许多人中饱私囊。

智慧城市建设应遵循以智慧政府建设为主导，应用信息化、电子化、智能化科技，创新管理，向服务型政府转变，打造廉洁高效的全新智慧政府，提供社会民生透明、公正、均等化的优质服务；成为着力解决政府内部存在的贪污腐败、脱离群众、形式主义和官僚主义等问题的重要手段和有力武器。唯此才有可能实现"智慧城市、幸福生活、低碳经济、可持续发展"的"四位一体"的城市发展新概念。

智慧城市建设应遵循"统一领导、统一规划、统一标准、统一平台开发"的"四统一"原则。智慧城市建设是"一把手"工程，必须在政府"一把手"的统领下协调政府各部门资源，才能有效建立信息互联互通和数据共享交换的机制以及建设保障体系。遵循统一的智慧城市顶层规划和各业务平台及应用系统的底层设计；采用统一的信息互联互通与数据共享交换标准，以及系统集成通信接口协议；建设一体化的城市级"一级平台"和城市级数据中心（云计算中心）；业务级"二级平台"及应用系统软件采用统一部署和开发，避免多头重复配置；实现业务级平台及应用系统信息互联互通和数据共享交换；业务级"二级平台"及应用系统采用软硬件集成方式（云计算、云数据、云服务）。

智慧城市建设的"四位一体"和"四统一"原则，以及我写的这本《智慧城市建设思路与规划》，都是我从新加坡学来并在国内运用和实践的经验，是否具有中国特色，只当作给读者们的一个"参考"。

李　林

2012 年 11 月于新加坡

目　录

第一章　智慧城市概述

1.1　智慧城市基本概念

智慧城市有狭义和广义两种理解。狭义上的智慧城市指的是以物联网为基础，通过物联化、互联化、智能化方式，让城市中各个功能彼此协调运作，以智慧技术高度集成、智慧产业高端发展、智慧服务高效便民为主要特征的城市发展新模式，其本质是更加透彻的感知、更加广泛的联接、更加集中和更有深度的计算，为城市肌理植入智慧基因。广义上的智慧城市是指以"发展更科学，管理更高效，社会更和谐，生活更美好"为目标，以自上而下、有组织的信息网络体系为基础，整个城市具有较为完善的感知、认知、学习、成长、创新、决策、调控能力和行为意识的一种全新城市形态。

根据目前比较权威的中国智慧工程研究会对"智慧城市"概念的描述是："智慧城市是目前全球围绕城乡一体化发展、城市可持续发展、民生核心需求这些发展要素，将先进信息技术与先进的城市经营服务理念进行有效融合，通过对城市的地理、资源、环境、经济、社会等系统进行数字网络化的管理，对城市基础设施、基础环境、生产生活相关产业和设施的多方位数字化、信息化的实时处理与利用，为城市治理与运营提供更简洁、高效、灵活的决策支持与行动工具，为城市公共管理与服务提供更便捷、高效、灵活的创新运营与服务模式。"

1.1.1　智慧城市主要特征

根据中国智慧工程研究会对于智慧城市的研究，认为智慧城市可以通过以下三个指标体系来体现智慧城市的主要特征：

1. 智慧城市幸福指标体系

智慧城市幸福指标用来衡量人们对自身生存和发展状况的感受和体验。它既体现了对生活的客观条件和所处状态的一种事实判断，又体现了对生活的主观意义和满足程度的一种价值判断，同时人们的幸福感也是衡量一个国家或地区生态环境、政府管理、经济发展、社会进步、居民生活与幸福水平的指标工具，尤其反映了体制改革与社会发展正在对人们的生存条件和生活质量产生最强有力的影响。这一切极其深刻地影响到人们本体幸福感和对社会生活保障需求的增强。

通过智慧城市来提高人们对幸福的感受，这是智慧城市的重要特征，其智慧城市幸福感特征主要体现在社会治安、消费和住房、民生服务、社会保障、医疗卫生和健康、教育和文化、就业和收入等方面。

2. 智慧城市管理指标体系

智慧城市管理指标用来衡量城市的管理效率和管理成果,其作用在于评价中国城市管理水平,检查存在的问题,提供城市管理指南。城市管理指标不仅可以衡量城市之间在总体管理效率水平上的差异,也可以衡量城市之间在经济效率、结构效率、社会效率、人员效率、发展效率、环境效率等方面的差异,从而有助于加强城市的全面管理,确保区域资源的可持续利用,在生态环境良性循环的条件下保持经济的持续、健康发展。

通过智慧城市来提高城市管理水平,这是智慧城市的重要特征,其智慧城市管理水平主要体现在城市综合管理、公共安全管理、交通运输管理、应急指挥管理、节能减排管理、基础设施管理、社会管理、社区管理、企业经济转型与服务等方面。

3. 智慧城市社会责任指标体系

智慧城市社会责任指标用来衡量一个组织对社会应该承担的权益责任、环境责任、诚信责任以及和谐责任。社会组织应该提出以一种正外部性的方式经营和管理。如果一个组织不仅承担法律上和经济上的义务,还承担了"追求对社会有力的长期目标"的义务,就可以被认为是具有社会责任的组织。对于政府而言,社会责任主要体现在提高政治文明、传播城市形象以及对权益责任的维护等方面。

通过智慧城市来提高社会责任,这是智慧城市的重要特征,其智慧城市社会责任主要体现在权益责任、环境责任、诚信责任、社会责任、和谐责任等方面。

1.1.2 数字城市与智慧城市

1. 数字城市的概念

1998 年 1 月美国副总统戈尔在加利福尼亚科学中心发表演讲时,首次提出了"数字地球"的概念。"数字地球"的概念就是:以地理空间信息技术和数字化技术来对地球进行全要素数字地形的重新描述。通过数字正射影像(包括航空、卫星遥感影像)、数字地形模型、地球三维景观模型建立地球空间定位的基本信息数据。从信息科学及其发展的角度来看,"数字地球"的概念强调了数字化的基础作用,反映了信息科技的基本观点:"信息是经过加工处理的数据";"数字地球"的概念对信息感知技术、信息采集技术、信息存储技术等提出了新的要求,推动了信息资源的共享和开发利用,极大地促进了信息化技术的发展。我国的数字城市是以政府电子政务为起点。从 1999 年开始进行政府信息化试点工作以来,经过 10 多年来的建设和发展,我国城市级的电子政务体系已经初具规模。近年来北京、广州、上海、南京、苏州等城市在政府电子政务平台的基础上扩展了城市空间信息(GIS)、城市"一卡通"、城市数字城管、城市公共安全(平安城市)、城市智能交通、城市公共卫生、城市突发事件应急指挥等数字城市应用系统平台,为我国数字城市的建设奠定了基础和积累了经验。

在《数字城市建设指南》上册中,将"数字城市"概念描述为:"在一个城市中将政府信息化、城市信息化、社会信息化、企业信息化'四化'为一体。通过数字化技术应用,整合整个城市所涉及的综合管理与公共服务信息资源,包括地理环境、基础设施、自然资源、社会资源、经济资源、教育资源、旅游资源和人文资源等,以数字化的形式进行采集和获取,并通过计算机和网络进行统一的存储、优化、管理和展现,实现城市综合管理和公共服务信息的交互和共享。为城市资源在空间上的优化配置,为城市综合管理和公共服务上的合理利用,为城市

科学化与可持续发展，建立和谐社会提供强而有力的手段。”

2. 数字城市与智慧城市

智慧城市是数字城市发展的高级阶段，是在数字城市网络化与数字化建设的基础上，进一步应用自动化与智能化科技，将数字城市中政府信息化、城市信息化、社会信息化、企业信息化有机地整合为一体。通过城市物联网和云计算中心，集成整个城市所涉及的社会综合管理与社会公共服务资源，包括地理环境、基础设施、自然资源、社会资源、经济资源、医疗资源、教育资源、旅游资源和人文资源等，实现更透彻的感知、更全面的互联互通、更深入的智能化。为城市综合管理和公共服务信息的互联互通、数据共享交换以及信息资源综合利用，为城市可持续发展与低碳环保，为城市资源在空间上的优化配置，构建和谐幸福社会提供强而有力的支撑。

1.2 IBM 的智慧城市

2008 年年底 IBM 首次提出了“智慧地球”的新概念。IBM 描述“智慧地球”的核心理念就是：“以一种更智慧的方法，通过利用新一代信息技术来改变政府、企业和人们相互交互的方式，以提高交互的明确性、效率、灵活性和响应速度。将信息基础架构与高度整合的基础设施完美结合，使得政府、企业和市民可以作出更明智的决策。智慧的方法具体来说以三个方面为特征，即更透彻的感知、更广泛的互联互通、更深入的智能化。”

1.2.1 IBM“智慧中国”的解决方案

IBM 在《中国需要智慧的发展之路》一文中指出：对中国而言，智慧地球这一理念可以推动向 21 世纪领先经济的转型，现在是政府、企业和市民为实现共同目标而合作的绝好机会，可以相互协作共同创造一个可以更透彻的感知、拥有更全面的互联互通和实现更深入的智能化的生态系统。IBM 针对中国国情，提出了建设“智慧中国”的五大主题，即：环境保护、经济可持续发展、能源有效利用、具有竞争力的企业、和谐社会。

环境保护	经济可持续发展	能源有效利用	更有竞争力的企业	和谐社会
在生产、生活和交通运输中采用更加环保的方法，并利用更智慧的工具管理环境，以减少废物和碳排放，减轻污染	将劳动力和投资由劳动密集型产业转向“智慧”举措及相关产业，为中国经济的长期可持续发展“做好准备”	构建智慧的能源基础设施，以便减少能源消耗，提高能源利用率并加快响应速度	构建一个智慧的动态业务机制，以期帮助企业降低成本和风险，简化并整合企业信息和系统。使得企业运营更加高效、更快速响应市场，客户洞察更为深入，从而可以为客户提供更具竞争力的产品和服务	建设智慧的基础设施和公共服务设施，使人们过上更便利、更安全和高质量的生活，提供高质量的人人都可以享受的公共服务、医疗和教育

图 1.1 “智慧中国”五大发展主题

1.2.2 IBM“智慧中国”的应用领域

IBM 依据“智慧中国”五大发展主题，提出了在“智慧城市”中具体应用的六个领域：

1. 智慧城市

中国的商业和民用城市设施不完善，城市治理和管理系统效率低下以及紧急事件响应不到位等问题亟须解决。城市是经济活动的核心，智慧的城市可以带来更高的生活质量，更具竞争力的商务环境和更大的投资吸引力。

2. 智慧卫生医疗

解决医疗系统中的主要问题，如医疗费用过于昂贵难以负担(特别是农村地区)，医疗机构职能效率低下以及缺少高质量的病患护理。解决这些问题可以推动建设和谐社会，因为只有市民健康才能劳动创造价值。

3. 智慧交通

采取措施缓解超负荷运转的交通基础设施面临的压力。减少拥堵意味着货物运输时间的缩短，而市民交通时间的缩短可提高生产力，同时减少污染排放，更好地保护环境。

4. 智慧电力

赋予消费者管理其电力使用并选择污染最小的能源的权力。这样可以提高能源使用效率并保护环境。同时，还能确保电力供应商有稳定可靠的电力供应，亦能减少电网内部的浪费。这些确保了经济持续快速发展所需的可持续能源的供应。

5. 智慧供应链

智慧的供应链致力于解决由于交通运输、存储和分销系统的效率低下造成的物流成本高和备货时间长等系统问题。成功地解决这些问题将促进国内贸易，提高企业竞争力，并将助力经济的可持续发展。

6. 智慧银行

提高中国的银行业在国内和国际市场的竞争力，减少风险，提高市场稳定性，进而更好地支持大企业、小公司和个体经营的发展。

1.3 中国特色的智慧城市

中国特色的智慧城市建设，要以社会管理创新和民生服务为出发点和立足点。胡锦涛总书记指出：社会管理要搞好，必须加快推进以保障和改善民生为重点的社会建设。要把保障和改善民生作为加快转变经济发展方式的根本出发点和落脚点，完善保障和改善民生的制度安排，坚定不移走共同富裕道路，使发展成果更好惠及全体人民。

最近温家宝总理在国务院常务会议上指出：当前，世界各国信息化快速发展，信息技术的研发和应用正在催生新的经济增长点，以互联网为代表的信息技术在全球范围内带来了日益广泛、深刻的影响。加快推进信息化建设，建立健全信息安全保障体系，对于调整经济结构，转变发展方式，保障和改善民生，维护国家安全，具有重大意义。今后一段时期，要以促进资源优化配置为着力点，构建现代信息技术产业体系，全面提高经济社会信息化发展水平；加强统筹协调和顶层设计，健全信息安全保障体系，切实增强信息安全保障能力，维护国家信息安全，促进经济平稳较快发展和社会和谐稳定。

智慧城市作为城市概念和内涵的拓展，是信息时代城市现代化的必由之路。它将城市的经济、政治、社会、文化、教育等信息有效地组织起来，在信息网络环境下建立起城市级一级平台，形成城市综合管理（大城管）、城市应急处理指挥、城市综合共享数据仓库、政府电子政务、城市市民卡、城市公共安全、城市智能交通、城市公共服务、城市社会保障与公共卫生、城市教育文化与旅游、城市电子商务与物流、城市基础设施监控与管理、城市物业与供暖节能、城市智能建筑与智慧社区等几乎城市经济和生活的所有方面提供现代化科学的综合管理和便捷与有效的公共服务。明天，我们将在智慧化的美好环境中享受和谐幸福的生活。

1.3.1 中国特色的智慧城市建设目标

智慧城市建设与发展实质上就是将低碳经济、智慧城市、幸福生活三位一体的城市发展理念在一个城市中具体体现出来。智慧城市建设目标就是在一个城市中将政府信息化、城市信息化、社会信息化、企业信息化"四化"为一体。通过数字化技术应用，整合整个城市所涉及的综合社会管理与公共服务信息资源，包括地理环境、基础设施、自然资源、社会资源、经济资源、教育资源、旅游资源和人文资源等，以数字化的形式进行采集和获取，并通过计算机和网络进行统一的存储、优化、管理和展现，实现城市综合管理和公共服务信息的交互和共享。为城市资源在空间上的科学科学化与优化配置，为城市综合管理和公共服务上的合理利用，为城市低碳环保与可持续发展，建立和谐社会提供强而有力的手段。

随着信息技术在我国国民经济和社会各领域的应用效果日渐显著，政府信息化以电子政务内外网建设，促进政府的管理创新，实现网上办公、业务协同、政务公开。农业信息服务体系不断完善。应用信息技术改造传统产业不断取得新的进展，数字技术应用大大提升了城市信息化在市政、城管、交通、公共安全、环境、节能、基础设施等方面现代化的综合管理水平。社会信息化在科技、教育、文化、医疗卫生、社会保障、环境保护、社区服务以及电子商务与现代物流等领域发展势头良好。企业信息化在新能源、交通运输、冶金、机械和化工等行业的信息化水平逐步提高。传统服务业向现代服务业转型的步伐加快，信息服务业蓬勃兴起。金融信息化推进了金融服务创新，现代化金融服务体系初步形成。

1.3.2 中国特色的智慧城市建设方针

智慧城市建设的方针，就是加快推进信息基础设施建设，科学编制智慧城市发展规划，建立健全智慧城市建设相关规范和标准体系，以高水平的规划设计引领智慧城市建设。实施宽带信息工程，推动"多网"融合，积极实施"云计划"，突出抓好示范工程，为智慧城市建设打下坚实基础。强化智慧城市科技支撑，组织实施重大智慧技术攻关，努力在物联网、云计算等领域突破一批核心技术，重点推动核心芯片、新一代网络核心技术、传感器、超级计算和智能处理技术研发及产业化。大力实施科技创新工程，打造智慧型创新支撑平台，推广智慧应用服务。加快推进政府网上办公系统、电子政务服务平台、政府智能化决策平台等工程建设，建设高效便捷的智慧政府。推进公交、空港、海港、供电、供气、供水等城市基础设施智能化建设，大力推广智能技术在城市规划、城市管理、公共安全、应急管理等领域的应用。

结合国家《"十二五"规划纲要》，现阶段的智慧城市建设，要以信息技术为支撑，以城市级一级应用平台为中心，以城市现代化科学的综合管理和便捷与有效的公共服务为目标，大力促进政府信息化、城市信息化、社会信息化、企业信息化。建立起城市级基础数据管理与存储中心和一系列城市各业务级应用二级平台的智慧城市规划发展模式。结合城市规划、土地、交通、道路、地下管网、环境、绿化、经济、人口、房地产、工商企业、金融、农业、矿业、林业、旅游、水利、电信、电力等各种数据形成一体化统一的云计算与云数据中心，建设城市级的信息互联互通与数据共享交换的超级信息化体系；建立起智慧城市综合社会管理和公共服务要素的数字化与智能化应用平台和系统，如电子政务公共服务、城市综合管理（大城管）、城市应急处理指挥、城市绿色生态与节能减排、城市绿色生态与节能减排、城市市民卡、城市公共安全、城市智慧交通、城市基础设施管理、城市社会管理与公共服务、城市社会保障、城市医疗卫生、城市教育文化与旅游、城市电子商务与物流、城市智慧社区、城市社区物业与供暖节能、城市智慧建筑等。

1.3.3 中国特色的智慧城市建设总路线

智慧城市建设总路线应遵循"顶层设计、统筹管理、深度融合、全面提升"的工作要求，实现城市重要资源和要素信息的自动感知、高效传递、智能运用和互联共享。智慧城市建设总路线主要包括以下内容：

1. 智慧城市顶层设计

智慧城市建设顶层规划，应在智慧城市需求分析和可行性研究的基础上，进行智慧城市的顶层规划，规划的重点是智慧城市功能体系、智慧城市系统体系、智慧城市技术体系、智慧城市信息体系、智慧城市基础设施体系、智慧城市标准体系、智慧城市指标体现、智慧城市建设保障体系等方面的内容。

2. 建设统一的管理海量数据库（云计算中心）

建设智慧城市城市级海量数据库，实现逻辑集中和物理分布相结合的技术体系，建设城市级的智能化城市管理海量数据库体系。统一建设和管理城市基础信息资源，完善全市人口、企业机构基础数据库，整合建设智慧城市地理空间框架基础数据库，建设完善人口、企业机构、空间地理基础信息共享交换平台及工作机制，构建统一的城市地理空间信息资源体系，汇集叠加人口信息、空间、企业单位、城市部件等，完善建成城市管理运行基础资源体系。集约建设和管理专题信息资源，加快完善城市管理部件、事件信息基础资源库，全面开展城市部件普查、事件分类和三维实景影像数据建设，对各类城市部件进行网格化分类确权，摸清管理家底，确定责任权属；建立资源目录体系，对城市各领域专题信息资源实行统筹管理。

3. 建设城市级"一级平台"

在智慧城市建设综合信息互联互通和数据共享交换的云计算中心的基础上，形成"一级监督、两级调度、三级管理、四级网络、归口处置"的城市管理运行模式。

建设智慧城市城市级综合管理与公共服务"一级平台"，分期汇接包括但不限于公安、国土、环保、城建、社区、交通、水务、卫生、规划、城管、林业园林、质监、食品药品、安监、水电气、电信、消防、气象等部门的业务级"二级平台"和应用系统，实现城市各种信息基础设施广泛接入和信息互联互通以及事件联动处理，提升城市管理和民生服务的效能。

4. 统筹民生服务业务级"二级平台"及应用系统设计

智慧城市的一期工程应以社会管理创新和民生公共服务应用平台建设为出发点和立足点，着力进行市民卡、智慧社区、智慧医疗、智慧教育、智慧房产、智能建筑等业务平台和应用系统设计及系统工程的建设。实现信息共享机制，集约管理共享信息资源，以业务协同为核

心,整合各类专题资源,建立部门信息资源和应用系统目录,建立资源共享更新责任制度,实现共建共享共用,促进业务协同应用。

5. 智慧城市建设应遵循“四统一”原则

智慧城市建设应遵循“统一领导、统一规划、统一标准、统一平台开发”的“四统一”原则。智慧城市是“一把手”工程,必须在政府“一把手”的统领下协调政府各部门资源,才能有效建立信息互联互通和数据共享交换的机制;通过智慧城市顶层“一级平台”规划,统一智慧城市各业务级“二级平台”的规划和应用系统的设计;制定统一的信息互联互通与数据共享交换的标准,以及系统集成通信接口规范和协议;统一组织业务平台及应用系统的开发,避免出现同一业务平台及应用系统的多厂家重复开发和建设的情况。

6. 强化智慧城市建设支撑保障体系

建立集约化财政投资建设机制,统筹智慧城市建设资金,进一步规范全市信息化立项审核和资金管理制度,杜绝多头投资、重复建设。完善政策法规保障,建立健全智慧城市建设的政策及规定和责任监督体系,建立以行政效能监察为保障的城市管理评价考核机制,将城市管理评价考核结果纳入电子监察范畴,完善智慧城市管理的有效协调和督办机制,为智慧城市管理运行提供强有力的制度保证。

1.4 国内智慧城市建设现状

1.4.1 中国智慧城市建设现状

中国数字城市乃至智慧城市的建设,是在中共中央办公厅、国务院办公厅《2006—2020年国家信息化发展战略》文件发出后的 2006 年全面展开的。本书作者曾在 2008 年 7 月份随同内蒙古鄂尔多斯市东胜区数字城市考察团一行 8 人到广东省中山市火炬园区、广州市、上海市、杭州市、苏州市、南京市、青岛市、天津市、北京市进行了为期 15 天的数字化城市考察和学习。这次考察学习的重点是:城市“一卡通”、数字城管、城市地理信息系统、城市供暖计量、物业管理、数字社区信息化、电子政务外网建设等方面的内容。2008 年又随东胜区政府领导对广州、郑州和北京等城市的数字城管、城市应急指挥和平安城市等项目进行了重点的考察和技术交流。

通过考察、学习和技术交流,使得作者对目前国内数字城市与智慧城市的现状有了比较全面的了解和进一步的认识。总的来讲北京、广州、杭州、苏州在数字城市建设方面走在全国的前列。特别是北京市应急指挥中心、北京市东城区和郑州市数字城管、苏州市和吴江县的城市市民卡、广州平安城市都是目前数字城市乃至智慧城市建设的示范和样板。

总结近年来我国在建数字城市的经验就是:既要采用国际上先进数字化应用理念和信息网络科学技术,学习国际上数字城市建设的成功经验,也要从中国的国情出发,研究和创新出一条具有中国特色的城市信息化发展的道路。从目前北京、广州、上海、南京、杭州、苏州等城市的建设和发展思路来看,都是充分利用城市信息网络资源,着眼于利用数字化与智能化技术将城市管理由纵向管理向扁平管理转变,大力提高城市管理的效率和效益。通过城市信息化建设,逐步建立政府、企业、社区与公众之间的信息共享和良性互动,协调人与环境和公众与政府之间的关系。特别着重于改善与民生直接相关的城市交通、教育、医疗、居住、治安、社区服务等方面，进行了城市市民卡、城市大城管、城市应急指挥、城市智能交通、城市社会保障与公共卫生、社区物业与服务等应用系统平台的开发和建设。充分发挥政府在城市综合管理和公共服务方面积极与主动的作用，全面落实和促进城市经济与社会的和谐发展、科学发展、可持续发展。

在总结在建数字城市乃至智慧城市建设现状的同时也发现了一些明显的不足之处，例如：未能在智慧城市建设初期制订有关智慧城市各信息化应用系统平台之间的信息集成、数据共享、功能协同，以及信息互联互通和数据交换与共享的标准和实施规范，导致这些已建数字城市或智慧城市在综合管理信息交互、数据共享、网络融合等方面存在着瓶颈和困难。例如南京地铁和公交因为"一卡通"数据格式标准不一致，而导致南京市政府废止地铁和公交各自发行的"一卡通"系统，仅此一项政府就多支付了近1亿元人民币；深圳在建设平安城市时，因缺乏市、区、街道在视频监控系统联网和图像信息共享方面的周密考虑，导致各级监控系统成为"信息孤岛"，无法实现网络互联和视频信息共享，造成了资源的浪费，为此深圳的平安城市建设几乎陷于停顿。在和广州市信息化办公室的技术交流中，相关领导明确表示："制订城市信息化系统平台之间的信息交互、数据共享和网络融合的规范与标准是广州数字城市下一步重要的工作内容，目前因此已经给广州数字城市的进一步发展带来了困难和障碍。"综上所述，这些在建数字城市普遍存在缺乏自上而下的城市数字化系统平台建设整体规划，未能及时制订和编写信息化、数字化、智能化系统平台之间信息交互、数据共享、网络融合的标准和实施规范，这是我国数字城市或智慧城市建设和发展中一个带有共性的教训。从而我们可以理解，为什么新加坡需要花10年的时间，在行政和技术层面上解决城市信息互联互通和数据共享的问题，以及充分认识消除"信息孤岛"的重要性。

1.4.2 中国智慧城市建设主要存在问题

我国的数字城市乃至智慧城市是从城市信息化建设为开端，以城市电子政务为起点。从1999年开始进行城市信息化试点工作以来，经过近10年来的建设和发展，我国城市级的电子政务体系已经初具规模。近年来我国在北京、广州、苏州、上海、南京、宁波、内蒙古鄂尔多斯市东胜区、克拉玛依市等城市和地区进行了一些数字城市建设的尝试，取得了许多成绩和宝贵的经验，但是通过实践证明和以科学发展观的眼光来看，还存在着不少问题，这将影响我国数字城市乃至智慧城市建设的可持续发展和全面推进国家信息化建设的步伐。在这里作者提出来与读者共同讨论和研究。

1. 建设目的和实施目标不明确

对智慧城市的科学认识是启动智慧城市建设系统工程的前提，这个问题不解决，智慧城市建设是肯定搞不好的。主要表现在以下几个方面：

(1) 对什么是智慧城市存在许多模糊的、片面的认识。例如，有的人认为智慧城市就是建设通信网络基础设施，以为把网络铺设好了，大家上网了，就是建成了智慧城市；有的人把数字城市乃至智慧城市与数字地图、城市三维可视化等同起来，以为有了整个城市的数字地图、建筑物都立起来就是智慧城市建成了；还有的人认为智慧城市就是搞几个业务部门的信息工程项目，以为建成几个业务应用信息系统就是建成了智慧城市，对究竟什么是智慧城市缺乏科学的认识和了解。

(2) 对智慧城市建设目的和实施目标不明确，盲目学习和跟进，争先恐后地要发展智慧

城市，并提出在若干年内达到规定的目标，个别地方甚至还提出了要建设智慧某某省、智慧某某市。例如，有一些城市的信息系统建起来后只是供领导来视察工作时看，看的时候很热闹，看过后从来没有用它来解决业务中的问题，实际上成了"花瓶工程"；就连一些经济比较落后或温饱尚未解决的地方，也提出要发展智慧城市，这是一种"一窝蜂"症，既有不少盲目的成分，也有炒作之嫌。很显然，这些城市缺乏整体的、长远的规划，一个部门一个主意，相同的工程大家都搞，重复建设，互不共享，造成严重浪费，智慧城市建设成了部门和领导的"政绩工程"、"面子工程"等。

2. 缺乏长远规划和建设方案

根据作者对国内数字城市乃至智慧城市项目的考察，发现普遍存在缺乏一个智慧城市建设的长远规划和总体设计方案，这将对智慧城市可持续发展产生不利的影响。

(1) 由于没有一个长远规划，许多地方对智慧城市建设的长期性、复杂性和可持续发展性认识不足，把一个长远的战略目标和任务当成一项具体工程，急于求成，势必会造成智慧城市建设的"无序状态"，造成人力、物力和财力的浪费。根据作者的经验一个县级市的智慧城市建设费用通常在4～5亿元，如果在全国县、地、市建设智慧城市将需要一大笔可观的经费，因此没有一个长远规划和建设方案，不循序渐进是不行的。

(2) 在没有对本地区进行智慧城市需求分析和可行性研究的基础上，就匆忙编制所谓的"顶层规划"。通常这一类的"顶层规划"都是一些口号式和目标式的内容，缺少城市级、业务级平台和应用系统的详细设计，因此这样的"顶层规划"很难落地。在还不明白到底要建一个什么样的智慧城市和怎样建设的情况下就盲目启动，急于购置各种硬件和软件设备，甚至重复购置、重复开发软件平台，长期闲置，造成经济上的严重浪费；各部门(单位)各自建设自己的业务应用信息系统，原有的"信息烟囱"还没有消除，新的"信息烟囱"又大量出现，造成严重的信息资源浪费；大、中、小城市各自进行建设，城际之间、城市内部无论纵向或横向，都无法实现信息互联互通，无法实现数据的交互和共享，出现了许多大大小小的"信息孤岛"。没有一个智慧城市长远规划和建设方案，就无法做到有计划、有步骤地推进智慧城市建设的有序进行，不可能保证智慧城市建设的可持续发展。

3. 信息互联互通与数据共享程度很低

实现城市信息互联互通与数据资源共享是智慧城市建设的根本任务，是智慧城市建设和信息化发展水平的重要标志。但是，目前许多地方对这个问题并没有清醒的认识，甚至很不重视。通过作者与一些城市信息化主管部门领导的交流，总结有以下几个方面的表现：

(1) 在思想上对信息互联互通与数据共享的重要性认识不足，认为智慧城市建设首先是解决各部门信息化的问题，因此没有把智慧城市作为一个战略目标和整体解决方案，更没有把信息互联互通与数据共享的问题摆在智慧城市建设的第一位，局限于建设一个又一个孤立的业务应用信息系统，等到要解决全局性、跨部门的综合性问题时就束手无策了。

(2) 在智慧城市建设过程中，有一些地方主张先建"烟囱"后拆"烟囱"。他们的理由是，先存在"信息烟囱"，而后才有消除"信息烟囱"，没有"信息烟囱"，消除"信息烟囱"就无从谈起。在这样的思想指导下，不仅原来已经存在的"信息烟囱"没有消除，而且在智慧城市建设过程中又产生了许多新的"信息烟囱"。这种现象不仅造成了严重的人力、物力和财力特别是信息资源的浪费，更严重的是使得实现信息互联互通与数据共享变得难上加难，甚至是不可能完成的任务。

(3) 部门所有和部门利益严重阻碍信息互联互通与数据共享的实现。这一问题在城市基础地理空间数据共享方面表现得尤为严重。因为城市基础地理空间数据是城市其他信息实现连续空间化定位的基础或依据,所有部门(或行业)的专题数据的整合都需要以空间数据作为框架,所以实现城市数据共享首先是实现城市基础地理空间的数据共享。正因为如此,拥有城市基础地理空间数据的部门与其他需要使用这些数据的部门之间就存在严重的利益关系,个别城市中掌握基础地理空间数据的业务部门甚至把掌控的这些数据作为实行"行业垄断"的资本,导致城市信息资源整合与共享难以进行。

4. 标准体系和政策法规滞后

完整和科学的标准体系和良好的政策法制环境,对实施数字城市战略是至关重要的。但是,目前中国数字城市乃至智慧城市的建设依然存在标准体系滞后、政策法规不健全的问题,这也影响了智慧城市建设的正常进行。主要表现在如下几个方面:

(1) 虽然各行业(如测绘、计算机等)都已经有了一些相关的标准,但数字城市乃至智慧城市作为一个多学科交叉、多行业相关、多系统集成的复杂的巨大系统工程,至今还没有一个能满足智慧城市建设要求的、完整的标准体系,特别是包括数字城市乃至智慧城市建设标准、信息互联互通和数据共享规范、电子政务外网实施标准、电子商务与现代物流实施标准、智慧企业、智慧社区与智慧建筑的建设规范、各种各样的城市信息应用系统建设,目前均尚无标准可用。这些都在很大程度上制约着数字城市乃至智慧城市的建设和信息互联互通与数据共享。

(2) 数字城市乃至智慧城市建设涉及政府、企业和公众的方方面面,需要政府管理和市场运作相结合,这将冲击或触动传统思想观念、政府体制和运作机制,将改变人们的工作方式、生活方式、消费方式、文化方式和人际交流方式。所有这些都需要有配套的政策和良好的法制环境,但目前这方面的建设还相当滞后,致使部门之间因为资源共享相互扯皮的事情时有发生而又得不到解决,其结果是市场运作因机制和法制不健全而影响了智慧城市系统工程项目建设的正常进行。这些也都在很大程度上制约了智慧城市建设和信息互联互通与数据共享。

5. 建设实效和作用不明显

由于在智慧城市建设过程中没有重视信息技术的运用与管理改革的互动过程,传统的思想观念、政府体制及运行机制影响了智慧城市建设的实效和作用的发挥。主要表现在如下几个方面:

(1) 随着信息技术的迅速发展,人类已经进入了信息社会,但人们的思想观念,即利用信息、信息技术和信息系统改变自己的工作、生活方式的新观念并未树立起来。例如,现有行政机构的时间限制(现行 8 小时工作制)、空间限制(现行的属地原则)、流程限制(现行的垂直管理体制)、暗箱限制(现行的"人际关系")等方面的人为限制,与数字城市乃至智慧城市的信息化、网络化、数字化、自动化、智能化是格格不入的。现有行政机构的这种传统观念,是影响数字城市乃至智慧城市建设实效和作用发挥的重要因素。

(2) 现行的政府管理运行体制和业务流程是在计划经济下形成和确立起来的,机构设置不够合理,各部门之间职能交叉重叠,办事没有严格的程序且透明度低,业务流程陈旧,这不仅影响智慧城市建设的实效和作用的发挥,而且可能会造成"穿新鞋,走老路",亦即智慧城市建设是一套,实际政府管理运行体制和业务流程还是老一套,导致"建"与"用"两张皮。

(3) 对于政府机构来说,数字城市乃至智慧城市提供了一种全新的工作平台,对政府工作人员的思想素质、业务素质和知识结构都提出了新的、更高的要求。智慧城市战略的实施,肯定要促进体制改革、机构精简、职能转变,这些都涉及政府工作人员的切身利益。一些启动智慧城市建设的地方由于这些问题未解决好,也影响了智慧城市建设的实效和作用的发挥。

1.5 国外智慧城市建设经验

数字城市乃至智慧城市建设以提高公共服务质量为目标。把推动建设智慧城市作为提高政府管理效率,改善公共服务质量的有效手段,是一条值得重视的经验。国外智慧城市的建设旨在整合各种城市信息资源,通过门户网站等方式集中统一,为市民提供一站式服务,注重统一管理、统一规划和顶层设计。智慧城市的规划和实施是一项长期、复杂的系统工程。在发展智慧城市的过程中,各国政府都采取了一定的策略。主要经验有:

1. 建立统一的信息化管理体制

例如,英国首相任命电子事务大臣(e-Minister)全面领导和协调国家信息化工作,并由两名官员(内阁办公厅主任、电子商务和竞争力部长)协助其分管智慧政务和电子商务。联邦政府各部门也相应地设立电子事务部长一职,并组成电子事务部长委员会,为电子事务大臣提供决策支持。内阁办公厅下设电子事务特使办公室,专职负责国家信息化工作。电子事务特使与电子事务大臣一起,每月向首相汇报有关信息化工作的进展,并于年底递交年度报告。由联邦政府各部门、授权的行政机构和地方政府指定的高级官员组成国家信息化协调委员会,协助大臣和特使协调国家信息化工作。

2. 制定统一的信息化发展规划

例如,新加坡制定《政府 ICT 指导手册》,对信息化应用行为进行规范,组织培训。另外,美国的“2002 年电子政务战略”、韩国的“促进信息化基本计划”、“网络韩国 21 世纪”和“2006 年电子韩国展望”、日本的“e-Japan 战略”和“电子政府构建计划”等都是比较成熟的信息化规划,有力推动了这些国家智慧城市的快速发展。

3. 强化数字城市及智慧城市的顶层设计

为了保证数字城市乃至智慧城市建设中先后开发系统的兼容性和互操作性,各国城市政府都采用了一定的技术和手段,进行智慧城市系统的顶层设计。比如,美国以市场需求为导向,应用企业架构(EA)思想构建了“联邦企业体系架构(FEA)”;英国政府基于政府资源的信息管理,发布了电子政务互操作框架(e-GIF);德国政府发布“面向智慧政务应用系统的标准和体系架构(SAGA)”,针对智慧政务应用软件的技术标准、开发过程、数据结构等进行规范。发达城市都非常重视城市基础地理空间信息资源的开发、利用与共享。城市基础地理空间信息是区域自然、社会、经济、人文、环境等信息的载体,是数据城市的基础。比如,瑞典乌普萨拉市把不同的数据库及电子地图连成电子地理信息系统,电子地图上不仅显示城市水管和学校的地理位置,而且显示不同年龄人口的分布信息,为制定全局计划及各种发展计划提供完善的信息。在美国,有关地理空间信息的“开发、使用、共享和发布”,由联邦地理数据委员会(FGDC)负责实施和协调。FGDC 相继向社会发布可共享的数字规划图、数字正射影像、数字高程模型、土地利用和土地覆盖数据、地名信息等测绘产品,以及数据采集的标准、数据的交换标准、元数据标准等数十个标准。

4. 注重政府各部门之间的协调与信息共享

在数字城市乃至智慧城市建设中，成立全国性的领导机构进行统一协调，有利于推动各部门的协调与合作。同时，为了避免同一信息的重复采集和存储，政府建立跨部门的信息交换和分析系统，建立一体化的政府信息分享系统，方便不同部门使用共同的数据库，实现信息共享，大大降低数据保存和维护的费用，避免重复申请和重复认识。比如，2002 年芬兰政府成立了全新的国家信息管理委员会，目的是加强政府各部门在信息管理方面的协调工作。美国行政管理和预算局于 1995 年 4 月提出建立综合部门数据中心，目的是消减数据库的数量，降低成本。政府信息服务基地还能为部门间的信息资源共享提供平台，并在此基础上建设全国性的无线通信服务系统。比如，挪威政府把推进信息的重复使用和共享作为数字城市建设的一项重要工作，并在 1993—1995 年间完成了政府信息资源管理政策的制定。其中，公共数据采集被认为是政策起草所涉及的首项内容，也是信息链中最重要的部分。

第二章 智慧城市建设的现实意义

《"十二五"规划纲要》指出:全面提高国家信息化水平,要大力推进国家电子政务建设,推动重要政务信息系统互联互通、信息共享和业务协同,建设和完善网络行政审批、信息公开、网上信访、电子监察和审计体系。加强市场监管、社会保障、医疗卫生等重要信息系统建设,完善地理、人口、法人、金融、税收、统计等基础信息资源体系,强化信息资源的整合,规范采集和发布,加强社会化综合开发利用。其中在第二十章中特别强调了:要加强城市综合管理。推动数字城市建设,提高信息化和精细化管理服务水平。注重文化传承与保护,改善城市人文环境。

在2011年2月19日,胡锦涛总书记在省部级主要领导干部社会管理及其创新专题研讨班开班式上发表重要讲话,强调社会管理是人类社会必不可少的一项管理活动,并就当前社会管理创新要重点抓好的工作,提出8点意见:

第一,进一步加强和完善社会管理格局,切实加强党的领导,强化政府社会管理职能,强化各类企事业单位社会管理和服务职责,引导各类社会组织加强自身建设、增强服务社会能力,支持人民团体参与社会管理和公共服务,发挥群众参与社会管理的基础作用。

第二,进一步加强和完善党和政府主导的维护群众权益机制,形成科学有效的利益协调机制、诉求表达机制、矛盾调处机制、权益保障机制,统筹协调各方面利益关系,加强社会矛盾源头治理,妥善处理人民内部矛盾,坚决纠正损害群众利益的不正之风,切实维护群众合法权益。

第三,进一步加强和完善流动人口和特殊人群管理和服务,建立覆盖全国人口的国家人口基础信息库,建立健全实有人口动态管理机制,完善特殊人群管理服务政策。

第四,进一步加强和完善基层社会管理和服务体系,把人力、财力、物力更多投到基层,努力夯实基层组织、壮大基层力量、整合基层资源、强化基础工作,强化城乡社区自治和服务功能,健全新型社区管理和服务体制。

第五,进一步加强和完善公共安全体系,健全食品药品安全监管机制,建立健全安全生产监管体制,完善社会治安防控体系,完善应急管理体制。

第六,进一步加强和完善非公有制经济组织、社会组织管理,明确非公有制经济组织管理和服务员工的社会责任,推动社会组织健康有序发展。

第七,进一步加强和完善信息网络管理,提高对虚拟社会的管理水平,健全网上舆论引导机制。

第八,进一步加强和完善思想道德建设,持之以恒加强社会主义精神文明建设,加强社会主义核心价值体系建设,增强全社会的法制意识,深入开展精神文明创建活动,增强社会诚信。

智慧城市的规划和建设应以我国《"十二五"规划纲要》和胡锦涛总书记最近提出的社会管理创新的 8 点意见为规划和建设的原则。通过智慧城市的规划和建设充分体现信息化、网络化、数字化、自动化、智能化科技在社会管理和公共民生服务中的应用和实施。

智慧城市作为城市概念和内涵的拓展,是信息时代城市现代化的必由之路。它将城市的经济、政治、社会、文化、教育等信息有效地组织起来,在信息网络环境下建立起城市级应用平台为城市综合管理(大城管)、城市应急处理指挥、城市综合共享数据仓库、政府电子政务、城市市民卡、城市公共安全、城市交通、城市公共服务、城市社会保障与公共卫生、城市教育与旅游、城市电子商务与物流、城市基础设施监控与管理、城市物业与供暖节能、城市智能建筑与智慧社区等几乎城市经济和生活的所有方面提供现代化科学的综合管理和便捷与有效的公共服务。明天,我们将在智能化的美好环境中享受和谐幸福的生活。

2.1 智慧城市是全面实现"十二五"规划的重要支撑

数字城市乃至智慧城市实质上就是国家信息化在一个城市中的具体体现,也是全面实现"十二五"规划的重要支撑。

《"十二五"规划纲要》中提出了今后五年,要确保科学发展取得新的显著进步,确保转变经济发展方式取得实质性进展。其基本要求是:

(1) 坚持把经济结构战略性调整作为加快转变经济发展方式的主攻方向。构建扩大内需长效机制,促进经济增长向依靠消费、投资、出口协调拉动转变。加强农业基础地位,提升制造业核心竞争力,发展战略性新兴产业,加快发展服务业,促进经济增长向依靠第一、第二、第三产业协同带动转变。统筹城乡发展,积极稳妥推进城镇化,加快推进社会主义新农村建设,促进区域良性互动、协调发展。

(2) 坚持把科技进步和创新作为加快转变经济发展方式的重要支撑。深入实施科教兴国战略和人才强国战略,充分发挥科技第一生产力和人才第一资源作用,提高教育现代化水平,增强自主创新能力,壮大创新人才队伍,推动发展向主要依靠科技进步、劳动者素质提高、管理创新转变,加快建设创新型国家。

(3) 坚持把保障和改善民生作为加快转变经济发展方式的根本出发点和落脚点。完善保障和改善民生的制度安排,把促进就业放在经济社会发展优先位置,加快发展各项社会事业,推进基本公共服务均等化,加大收入分配调节力度,坚定不移走共同富裕道路,使发展成果惠及全体人民。

(4) 坚持把建设资源节约型、环境友好型社会作为加快转变经济发展方式的重要着力点。深入贯彻节约资源和保护环境基本国策,节约能源,降低温室气体排放强度,发展循环经济,推广低碳技术,积极应对全球气候变化,促进经济社会发展与人口资源环境相协调,走可持续发展之路。

(5) 坚持把改革开放作为加快转变经济发展方式的强大动力。坚定推进经济、政治、文化、社会等领域改革,加快构建有利于科学发展的体制机制。实施互利共赢的开放战略,与国际社会共同应对全球性挑战、共同分享发展机遇。

智慧城市建设就是要支撑本地区"十二五"规划的全面实现,要深入贯彻落实科学发展观,以科学发展为主题,以加快转变经济发展方式为主线,以保障和改善民生、低碳环保和可

持续发展为目标,促进经济长期平稳较快发展和社会和谐稳定,为全面建成小康社会打下具有决定性意义的基础。

“十二五”规划对今后五年国家科学发展提出了明确的目标与要求,数字城市乃至智慧城市的建设是实现这些目标与要求的重要支撑,信息化科技为实现和完成“十二五”规划目标与要求提供了科学化的解决方案和技术手段。

为了表述智慧城市与“十二五”规划实现目标与要求之间的支撑关系,下面列表说明(表2.1)。

表2.1　智慧城市与“十二五”规划实现目标与要求之间的支撑关系

序　号	“十二五”规划目标	“十二五”规划要求	智慧城市支撑平台	支撑平台实现功能
第一篇	转变方式,开创科学发展新局面	发展环境,指导思想,主要目标,政策导向	智慧城市数字化应用一级平台(云计算、云数据、云服务、物联网应用)	全面支撑政府管理与服务信息化、城市管理信息化、社会公共服务信息化、企业经营信息化的科学发展和信息互联互通与数据共享及交换,智慧城市一级平台是城市科学管理与公共服务的基础平台和城市级信息化建设的基础设施
第二篇	强农惠农,加快社会主义新农村建设	加快发展现代农业,拓宽农民增收渠道,改善农村生产生活条件,完善农村发展体制机制	智慧农村(公共服务平台)	应用信息化手段提供农村远程医疗、教育、文化以及电子商务与物流。将政府服务和现代服务业延伸到乡镇和村落,全面提高农民的生活质量和提供政府及社会服务
第三篇	转型升级,提高产业核心竞争力	改造提升制造业,培育发展战略性新兴产业,推动能源生产和利用方式变革,构建综合交通运输体系,全面提高信息化水平,推进海洋经济发展	智慧企业(公共服务平台)	应用信息化手段提供中小型企业ERP云服务,促进“两化融合”,为企业转型和低碳环保、可持续发展提供现代科技应用的支撑,全面提高企业信息化水平。将企业电子商务与政府、社会、个人以及商业、金融、物流融为一体,全面支撑企业经济的发展
第四篇	营造环境,推动服务业大发展	加快发展生产性服务业,大力发展生活性服务业,营造有利于服务业发展的环境	智慧电子商务及物流(公共服务平台)	现代服务业的发展以电子商务及物流为基础,应用信息化手段,逐步实现医疗、教育、房产、商业、金融、旅游、物业等服务业电子商务化的现代服务环境
第五篇	优化格局,促进区域协调发展和城镇化健康发展	实施区域发展总体战略,实施主体功能区战略,积极稳妥推进城镇化	智慧城市管理(智慧大城管、智慧平安管理平台)	应用信息化手段强化城市科学化和现代化管理,将城市“常态下”管理和公共安全管理作为城镇化发展的基本保障,为我国城镇化健康发展提供技术手段
第六篇	绿色发展,建设资源节约型、环境友好型社会	积极应对全球气候变化,加强资源节约和管理,大力发展循环经济,加大环境保护力度,促进生态保护和修复,加强水利和防灾减灾体系建设	智慧城市管理(智慧应急指挥、智慧交通、智慧节能减排、智慧基础设施管理平台)	城市的发展应以低碳环保和可持续发展,建设友好型社会为目标。智慧城市管理提供城市交通、城市节能减排监控与管理、城市基础设施管理的信息化和智能化,为城市可持续发展提供技术手段和保障

续表 2.1

序号	“十二五”规划目标	“十二五”规划要求	智慧城市支撑平台	支撑平台实现功能
第七篇	创新驱动，实施科教兴国战略和人才强国战略	增强科技创新能力，加快教育改革发展，造就宏大的高素质人才队伍	智慧教育（公共服务平台）	教育是国家发展之本，是科技创新之源。应用信息化手段，建立覆盖学历教育、成人教育，建立学习型社会的数字化智慧教育平台，将教育延伸到乡镇、社区和家庭
第八篇	改善民生，建立健全基本公共服务体系	提升基本公共服务水平，实施就业优先战略，合理调整收入分配关系，健全覆盖城乡居民的社会保障体系，完善基本医疗卫生制度，提高住房保障水平，全面做好人口工作	市民卡（公共服务平台）	打造集政府服务、社会保障、医疗服务，以及公共服务、商业服务、金融服务、社区服务为一体的市民卡，为市民提供均等化服务
			智慧卫生医疗（公共服务平台）	建设智慧卫生医疗公共服务平台，为民生提供优质医疗服务资源，强化社区医疗，将医疗服务延伸到乡镇、社区和家庭
第九篇	标本兼治，加强和创新社会管理	创新社会管理体制，强化城乡社区自治和服务功能，加强社会组织建设，完善维护群众权益机制，加强公共安全体系建设	智慧社区（公共服务平台）	社区是城市进行社会管理和提供社会公共服务的基层组织。建设智慧社区公共服务平台，将政务服务、民政服务、社会服务延伸到社区、建筑、居住区乃至家庭。管理寓于服务中，创新基层社会管理和强化基层公共安全体系建设
第十篇	传承创新，推动文化大发展大繁荣	提高全民族文明素质，推进文化创新，繁荣发展文化事业和文化产业	智慧文化（公共服务平台）	文化是一个民族的传承，应用信息化手段，实现“三网融合”，打造智慧文化公共服务平台，将民族优质文化、传统文化传播到千家万户
第十一篇	改革攻坚，完善社会主义市场经济体制	坚持和完善基本经济制度，推进行政体制改革，加快财税体制改革，深化金融体制改革，深化资源性产品价格和环保收费改革	智慧政府（公共服务平台）	加快智慧政府建设，实现政府管理创新，通过信息手段建立政府与民众的血肉联系
			智慧金融（公共服务平台）	智慧金融是发展经济和保障民生的重要基础，只有通过信息化手段才能横向理顺税收与价格之间的合理关系

2.2 智慧城市促进政府管理创新

智慧城市的建设始于政府信息化，其目的就是促进政府管理的改革和创新。政府管理创新从本质来讲就是以国家之力来推动政府信息化建设，提高政府的管理能力和服务能力，提升国家在国际社会中的竞争力。

在2010国庆节前夕，胡锦涛总书记在中央政治局集体学习会提出：要着眼于“三个最大限度”，即最大限度激发社会创造活力、最大限度增加和谐因素、最大限度减少不和谐因素。同时还提出“四个注重”，即注重从源头上减少矛盾、注重维护群众利益、注重做好群众工作、注重加强和创新社会管理。

毋庸置疑，改革开放30年来我国经济的高速发展，取得了全世界有目共睹的巨大成就。但是也出现了一些偏差，目前社会稳定的压力开始不断增加，甚至在某种程度上升到政治稳定的高度。这些社会稳定压力的形式林林总总，不一而足，但是都是以公民的权力诉求为基

本特征。其深层的属意却折射出在经济高速发展的过程中,经济和社会的某些环节出现了偏差,以至于使得基层一些民众的利益受到损害。这些偏差的集中表现形式就是政府职能转变不彻底,从而导致政府在市场经济过程中的角色混淆,并由此导出政治与经济的交织,亦即通常所说的官商结合或腐败。若政府公权力对此的把握或定位不准确,那么一个经济模式的问题,很快就会被上升到影响社会稳定,并进而被上升到影响政治稳定的敌我矛盾的高度。从这个意义上讲,胡锦涛总书记提出深刻认识正确处理人民内部矛盾的重要性和紧迫性,理解为什么要强调"注重从源头上减少矛盾"、"注重维护群众利益"具有重要意义。这是胡锦涛总书记在中国经济和社会模式发展的关键路口,指出了需要防范和切实落实的工作要求与重要的行动指示。

根据目前我国的政治体制改革、经济体制改革、行政体制改革的新形势、新任务的迫切需要,加强和改进基层政权的建设势在必行。社区处于政府与社会民众的第一线。要进行政府职能的转变和实行地方行政体制的改革,贯彻和实现胡锦涛总书记提出的"三个最大限度"、"四个注重"重要指示,就必须缩短中央政府和第一线政府的距离。其核心意义就是要拉近政府和社会民众之间的距离,这不仅仅是行政管理学意义上的行政管理改革,更具有政治学意义的内涵。中央和一线基层政权距离的缩短,意味着政府和社会之间的距离被缩短。没有社会基础,任何政权难以生存,而社会基础必须体现在制度设计上。目前现行的中央地方关系的制度设计有效地隔离了中央政权和社会的关系,有效地削弱了政权的社会基础,如果不加以改革,中央政权的社会性就难以得到确立。而地方政府和基层政权处于与社会民众沟通的第一线,一线政府的行政能力和行为决定着政府执政的"民心",越来越甚的社会问题需要透明、廉洁、均等化及高效的正确处理和妥善解决,以及向社会民众提供及时的帮助和服务。实现智慧政府电子政务向社区延伸,有如下重要的作用:

(1) 有利于提高政府政策制定和执行的效率。

(2) 发挥政府行政扁平化管理,减少政权内部职能的重叠和办事不力、相互扯皮的现象,增加行政执法的透明度、均等化和高效率,避免贪污腐败。

(3) 对于一级政府乃至中央政府来说,可以最直接地倾听民间的呼声和诉求,有利于收集社会民生的意愿和社会对政府政策的反馈意见等;对社会来说,有利于社会和公众对政府行使公权力进行有效的监督和绩效评估。

(4) 有利于发挥城乡统筹和整合的作用,改善和协调目前城乡"二元化结构"严重分割的状态,提供城乡均等化服务。

(5) 有利于将胡锦涛总书记提出的"三个最大限度"、"四个注重"重要指示落实到社区,落实到解决民生问题的第一线。

智慧政府信息化应以网上行政审批、网上电子监察、网上绩效考核为突破口,以建设智慧政府电子政务外网为基础,以在一个城市范围内建立政府公共服务体系为目标。重点实现政府各业务单位和部门之间的信息互联互通与数据共享,以此来大力推进智慧政府信息化的建设和发展。

2.3 智慧城市提升城市科学化管理水平

智慧城市管理,是应用现代技术手段建立统一的城市综合管理平台,充分利用信息资源，实现科学、严格、精细和长效管理的新型城市现代化智能化管理模式。目前智慧城市智能化管理已经从前几年的“数字城管”扩大到城市综合管理“大城管”的概念，智慧城市实施城市信息化应以数字城管为起点，以建设城市级综合监控与管理信息中心为基础，重点实现城市在市政、城管、交通、公共安全、环境、节能、基础设施等方面的信息互联互通与数据共享，以在一个城市范围内建立数字化、自动化和智能化的城市综合管理体系为目标，提高管理效率，降低管理成本，提升城市科学化管理水平。

智慧城市智能化管理代表了现代城市管理的发展方向，是建立城市管理长效机制的必经之路。

2.4 智慧城市推动社会民生服务业

社会民生服务是智慧城市建设的立足点和出发点。通过智慧城市社会民生服务信息化平台和智慧政府外网搭建起政府与公共服务、社会服务、商业服务之间互联互通的信息平台。着力发展城市市民卡、电子商务、现代物流和智慧社区。以智慧城市社会民生服务信息化为平台，整合智慧商务、智慧媒体、智慧教育、智慧卫生医疗、智慧社区服务、智慧金融、智慧旅游，以及网络增值服务、现代物流、连锁经营、专业信息服务、咨询中介等新型服务业内的信息资源，实现信息互联互通与数据共享。打造以智慧城市为代表的现代社会民生服务业新模式和新业态。

1. 智慧城市与社会民生服务的关系

现代社会民生服务业是指在工业化比较发达的阶段产生的、主要依托信息技术和现代管理理念发展起来的、信息和知识相对密集的服务业，包括由传统服务业通过技术改造升级和经营模式更新而形成的服务业以及随着信息网络技术的高速发展而产生的新兴服务业。智慧城市现代社会民生服务业发展的模式，就是要坚持服务业的市场化、产业化、社会化的方向原则，克服以往那种由“技术孤岛”、“资源孤岛”形成的“信息孤岛”，实现真正意义上的互联互通，使服务提供商能够高效率、低成本地满足客户的需求。

智慧城市实施社会民生服务信息化应以城市市民卡运用为前导，以建立城市社会化公共服务体系为基础，实现智慧商务及物流、智慧媒体、智慧教育、智慧卫生医疗、智慧社区服务、智慧金融、智慧旅游等方面信息的互联互通与数据共享。

2. 智慧城市社会民生服务业发展原则

智慧城市应以共性支撑、横向协同、创新模式、促进产业为原则，大力推进城市社会民生服务业的发展。

(1) 共性支撑就是在充分利用和集成社会存量服务资源基础上，实施基础性、关键性的共性技术支撑。尤其是形成面向业务重组的服务标准和服务交互标准，为服务模式的创新和新业态的形成提供基础环境，占领社会民生服务业的制高点。

(2) 横向协同就是要在以往行业为主导的纵向发展模式基础上，按照市场化、社会化和产业化的原则，充分利用现代技术和管理手段，通过横向协同突破行业、区域的条块分割，为社会民生服务业协调发展提供示范。

(3) 创新模式就是要在共性支撑基础上，形成新的实物和非实物交易的商务流程，达到信息流、金融流、实物流和内容流的融合和协同；同时优选重点领域，实施有效益和可持续发

展的应用示范工程，充分体现服务业态的创新。

(4) 促进产业发展，以需求为导向，以服务型企业为主体，政、产、学、研结合，通过服务技术和服务交互的标准化，形成有效的社会第三方服务，建立社会民生服务业长期发展的研究和开发支撑体制，加快社会民生服务业产业链的形成。

2.5 智慧城市带动企业信息化应用

以信息化带动工业化是智慧城市建设的重要内容。通过智慧城市企业信息化平台和智慧政府外网搭建起政府与企业间、企业与城市服务业间、企业相互之间的信息互联互通与数据共享的平台。以信息化带动工业化，以工业化促进信息化，走出一条科技含量高、经济效益好、资源消耗低、环境污染少、人力资源优势得到充分发挥的新型工业化道路，这是我国工业化和整个国家现代化的战略选择。

1. 智慧城市推动“两化融合”

工业化和信息化是两个性质完全不同的社会发展过程。所谓工业化，一般以大机器生产方式的确立为基本标志，是由落后的农业国向现代工业国转变的过程。所谓信息化，是指加快信息技术发展及其产业化，提高信息技术在经济和社会各领域的推广应用水平的过程。总体上讲，在现代经济中工业化与信息化的关系是：工业化是信息化的物质基础和主要载体，信息化是工业化的推动“引擎”和提升动力，两者相互融合，相互促进，共同发展。

信息化带动工业化，就是要以智慧城市的建设来带动和推进企业的信息化，整合政府信息化、城市信息化、社会信息化的信息资源。以政府信息化为先导，以社会信息化为基础，走出一条以智慧城市为平台推进整个企业信息化发展的思路和对策。

信息化带动工业化的核心是企业信息化。企业信息化是指利用计算机、网络和通信技术，支持企业的产品研发、生产、销售、服务等诸多环节，实现信息采集、加工和管理的系统化、网络化和集成化、信息流通的高效化和实时化，最终实现全面供应链管理和电子商务。企业信息化的水平直接决定了国民经济以信息化带动工业化的成败和企业竞争力的高低，是我国目前经济发展的战略重点。企业作为国民经济的基本细胞和实现信息化、工业化的载体，其信息化水平既是国民经济信息化的基础，也是信息化带动工业化，走新型工业化道路的核心所在。

智慧城市实施企业信息化应以电子商务为龙头，以在一个城市范围内建立电子商务和现代物流体系为基础，以此来促进和带动当地企业的信息化建设和发展。

2. 智慧城市促进信息化产业发展

智慧城市建设将会带来城市居民的全新体验，比如智慧交通、智慧安防、智慧医疗、智慧校园、智慧教育、智能建筑、智慧房产、智慧社区、智慧家居、移动电子商务等等，这些都是新的“现代服务业”。所以它不仅是投资，也将形成巨大的消费市场。据保守估计，智慧城市产业的发展将至少拉动 10 万亿的经济增长值。

智慧城市建设促进信息化产业在城市智慧管理与运行、社会民生高端服务、企业经济等领域和行业内的应用，在此过程必然出现新的高端信息服务供应商，智慧政府在新一代信息产业支撑下，将在转变政府职能为民众服务中发挥重要的作用。

智慧城市建设中新一代信息技术应用涉及智慧城市的全生命周期的各个阶段，即规划与设计、软硬件开发与应用、系统工程建设、系统平台管理与运行，任何单一的技术应用都很难满足智慧城市全生命周期各个阶段对现代信息化技术的应用。因此必然导致信息化产业的集群和产学研的聚集。

智慧城市建设的现代化信息技术应用应采用产业集聚、企业集群的方式，打造智慧城市科技产业园，重点引进智慧信息和通信产业，涉及智慧城市建设所关联的云计算、物联网、智慧数据仓库、无线城市、移动通信、智能终端、智能显示。智慧城市建设将大大促进以下信息化产业的集群：

(1) 智能感知产业：物联网产业，人工智能和智能视频分析(IVS)产业，图形处理器(GPU)和模式识别产业。

(2) 互联互通和协同共享产业：无线宽带网和移动互联网产业，“三网融合”产业，下一代互联网(NGN)、下一代 IP 协议和组网技术(IPv6)产业。

(3) 云计算产业和大型互联网数据中心(IDC)产业：高性能计算(HPC)产业，数据融合和数据挖掘产业，云计算、云存储和云分析、云安全和可视化互联网数据中心(VIDC)产业。

(4) 高端显示、演示和云服务产业：新型平板显示产业，高端软件(High-End Software)研发、多媒体和动漫制作产业，3D GIS 和虚拟现实技术(VR)产业。

(5) 高端装备研发和制造产业：高端智能成套装备制造产业，高效节能和先进环保产业，生物医药、生物农业、生物制造产业等等。

这些高科技产业是广义上的智慧信息和通信产业，普遍具有高技术、高成长、高利润率的特点，通过引进、扶持这些高端产业，改造长治现有偏重的产业结构，可促进本地产业的提升。

引进和培育智慧信息和通信产业集群，积蓄智慧城市建设的技术池、人才池、资金池和价值池，极大地推动国家“十二五”规划中重点鼓励的七大战略性新兴产业(节能环保、新兴信息产业、生物产业、新能源、新能源汽车、高端装备制造业和新材料)。

第三章　新加坡“智慧岛”建设经验与启示

3.1　新加坡“智慧岛”概述

3.1.1　新加坡“智慧岛”建设历程

2002年新加坡获颁世界传讯协会首次颁发的“智慧城市”的荣称。新加坡获此殊荣，是和新加坡30年来在城市信息化、数字化、智能化技术方面的开发与创新的努力所分不开的。实际上新加坡“智慧岛”的建设分为三个阶段。第一个阶段是从1980年到1990年，新加坡政府提出“国家电脑化计划”，这个计划就是在新加坡的政府、企业、商业、工厂推广采用电脑化的应用。第二个阶段是从1991年到2000年，新加坡进一步提出“国家科技计划”。新加坡交通及资讯科技部林瑞生政务部长在说明“国家科技计划”时指出：“在1991年新加坡政府实施科技发展计划时，就充分注意到，从1980年到1990年，经过将近10年的电脑化，全社会所有的机构都电脑化了，那么一栋建筑物电脑化，叫做智慧型建筑物；一座工厂电脑化，叫做智慧型工厂。但是会不会有一天，新加坡会有许多各自独立的智慧型个体，每一个电脑系统都不兼容？”因此新加坡在第二个阶段主要是在行政和技术层面上解决城市信息互联互通和数据共享的问题，消除“信息孤岛”。新加坡“智慧岛”建设的第三个阶段从2001到2010年，新加坡政府又提出了“信息与应用整合平台-ICT(Information Communication Technology)”计划，该计划成为新加坡在经济领域、现代服务业、资讯社会的重要推动力。新加坡在第三阶段“智慧岛”的实现目标是：推进信息、通讯、科技在新加坡经济和现代服务业领域内的快速成长；使得信息与应用整合平台-ICT成为新加坡重要的经济平台，每一个行业都有能力采用数字化技术应用和电子商务来改变传统的经济模式，将传统的行业改造为知识型的经济；提高人们的生活素质，使新加坡变成为一个信息化的社会。

2006年新加坡政府又启动了“智慧国2015”计划。“智慧国2015”计划的规划原则是：创新(Innovation)、整合(Integration)和国际化(Internationalization)。利用信息与网络科技提升七大经济领域，即数码媒体与娱乐、教育与学习、金融服务、电子政府、保健与生物医药科学、制造与后勤、旅游与零售，使的新加坡在全球化的环境中更具竞争力。“智慧国2015”计划的规划目标是：创建新型商业模式和解决方案上的创新能力，规划目标的核心就是提升跨地区和跨行业的资源整合能力。

本书作者从1991到1998年在新加坡科技电子公司(STE)工作期间，曾参与了新加坡第二阶段“智慧岛”城市综合信息集成平台(ICIS)和电子道路收费(ERP)项目的规划、设计和系统工程实施的工作。从而了解到新加坡“智慧岛”建设和发展过程，并总结其成功的经验,发现对于我国智慧城市建设有很多值得借鉴的地方。新加坡"智慧岛"建设三个阶段的实施过程就是:用了10年的时间实现了全社会的电脑化,再用了10年的时间实现了城市信息互联互通和数据交换与共享,消除了"信息孤岛",又用了10年的时间实现信息与应用的整合。而新加坡政府启动的"智慧国2015"计划,希望通过"创新、整合、国际化",最终实现改造传统的经济为新型的信息化知识型的经济体系,提高国家和全社会的竞争力以及人民的生活水平。新加坡"智慧岛"最值得我们学习的经验就是:提升资源整合的能力,实现城市综合信息的共享和网络的融合。因为这是实现智慧城市综合管理和公共服务信息交互与数据共享以及资源整合的前提和基础。

3.1.2 新加坡信息化管理体制

新加坡国家资讯通信发展管理局——Infocomm Development Authority,简称"IDA",是新加坡信息与通信发展的政府机构,是新加坡信息化与资讯管理的领导核心,是新加坡信息化建设项目规划、设计、实施的审批、监督、管理、验收的主管部门。IDA的使命是借助信息化与通信技术,助力政府和公共机构创建全民共享的信息化资讯社会。新加坡在构思和执行部门范围的智慧型电子政府变革项目上拥有30多年的经验,IDA作为政府机构的首席信息官,在政府IT基础设施和应用系统的总体规划以及项目管理方面具有宝贵经验和专业知识,通过推广"新加坡制造"的城市管理和社会公共服务业资讯通信解决方案,提升"资讯通信新加坡(Infocomm Singapore)"这一品牌。IDA International可提供咨询服务、发挥产业功能以及实施电子政府解决方案,现有的政府客户涉及东南亚、中国以及中东等国家和地区。

新加坡IDA的职能包括以下内容:

1. 制定新加坡信息化建设与发展规划

新加坡"智慧岛"建设与发展着眼于城市管理和对民众的服务,为此制定可持续发展的行动纲领和实施规划。新加坡非常注重勾画全民共同认可的信息化发展远景,引导发展方向,明确共同奋斗目标。2006年新加坡就提出了全新的电子政府发展理念——整合政府2010(iGov2010),意在增加电子服务的范围和丰富应用程度,提升国民智慧与意见在智慧型电子政府中的参与程度,提高国家综合竞争优势,贯彻落实"智慧国2015"计划。

新加坡IDA领导新加坡国家层面和全国各行各业与各领域信息化建设和发展政策的制定。IDA认为指导信息化平台规划及业务应用系统的设计是其重要的职能和工作内容,同时特别强调信息化系统工程项目建设决策的一致性、严密性和科学性。IDA通过其统一领导下的21个专业委员会、ICT委员会、公共领域ICT指导委员会、公共领域ICT审查委员会四个层次,分别履行决策、协调、管理、执行等职能。从而有效地避免了重复建设、多头开发、"信息孤岛"等信息化建设的弊端,大大缩短了信息化系统开发与工程建设的周期,提高了资金的利用率,呈现出"决策严、行动快、效果好"的信息化建设科学与稳健的发展局面。

2. 监督与管理新加坡信息化系统工程建设

新加坡IDA充分认识到信息化系统工程具有与基建、建筑、机电等完全不同的工程运作模式。新加坡信息化系统工程项目建设需要经过需求分析、总体规划、系统设计、系统设备选型、招投标、系统工程实施、系统运营管理与维修保养七个重要的环节。信息化系统工程在整个"智慧岛"建设全生命周期内的各个环节和阶段,是一个互相具有内在联系与持续

不断完善和发展的过程。对于"智慧岛"建设来讲，更是一个具有随着科技进步和需求变化而与之适应和配合的系统工程，是一个数字化与智能化水平不断提升，系统软硬件不断改进和升级换代，系统功能不断增加和扩展的系统工程。"智慧岛"所建设的集成平台和应用系统同时具有在使用中可持续性地完善、改进、提高的能力，只有通过这种具有可持续和不断完善提高的能力，才能使得新加坡"智慧岛"能够在各个领域的应用中充分发挥其功能和效益。为此 IDA 将"智慧岛"所涉及的信息化系统工程项目的规划、设计、招投标、项目管理、工程验收进行统一的规范化和专业化的监督、监管、审计、验收、培训等，从而使得新加坡"智慧岛"建设完全处于有序的可控状态之下。

3. 推行新加坡信息化特派员制度

新加坡实施集中指导与分权执行相结合的信息化管理运作机制。运用财政和工作评估"两根杠杆"，树立 IDA 集中指导的权威，同时 IDA 又依靠各部门的 CIO 和 IDA 的派驻人员，建立沟通与协调的"纽带"，确保分权执行的质量。

IDA 向政府部门和国企派出信息化特派员，指导信息化建设与发展。IDA 有 1 200 名员工，除了 400 多名常驻本部外，其余大多数被分派到各个政府部门的信息中心，有些部门的 CIO 甚至直接由 IDA 派驻人员担任，并且实行定期轮岗制度。派驻在各政府部门的 IDA 员工业务上直接向提供服务的部门领导汇报，技术路线及技术方案的选择则由 IDA 统一协调和制定。分布在不同部门的 IDA 员工有定期的交流会议，互通有无，这样有利于确保国家的战略发展方向，解决了跨部门 IT 建设协调难的问题，而且有效避免了重复建设。这样做有利于实现跨部门业务协同，同时也有利于提高技术保障的专业化水平，降低总体成本。财政部作为电子政府的拥有者，掌控财政经费的划拨，明确 IDA 负责制定信息化政策、规划与标准、项目管理等工作。

4. 新加坡信息化建设遵循了"四统一"原则

IDA 在"智慧岛"建设和发展的过程中，逐步认识到"智慧岛"信息化系统工程建设具有顶层规划、底层设计、信息互联互通、数据共享交换等特点，为了满足这些特殊的需求，必须遵循"统一领导、统一规划、统一标准、统一平台开发"的建设原则。"智慧岛"建设成功的经验，就是在统一部门(IDA)的领导下形成强而有力的执行力，统领协调政府各部门及社会公共资源，有效建立信息互联互通和数据共享交换的机制；统一"智慧岛"所涉及顶层平台及各行各业与各领域业务级平台的规划和应用系统的设计；制定统一的信息互联互通和数据共享交换的标准；统一组织"智慧岛"业务平台及应用系统，以及系统集成互联互通和数据共享交换通信接口的开发，避免了同一业务平台及应用系统的多头、多厂家重复开发和建设。

3.1.3　新加坡"智慧岛"建设经验总结

全面总结新加坡"智慧岛"建设的经验有以下四条：

一是远见，新加坡政府在信息化发展战略上一直有清晰的愿景和战略眼光。

二是执著，政府坚持统筹规划，持续克服各种阻力。

三是带头，政府身体力行，引导信息化在各个领域内的应用。

四是整合，做好城市级层面上的信息资源整合，推动政府、社会、企业、国民共同参与、协同作战。建立统一的信息化管理体制，制定统一的信息化发展规划，强化智慧城市的顶层规划与设计，注重政府内部信息共享与业务协同。

新加坡“智慧岛”建设立足城市管理和民生服务，在智慧政府、智慧城市公共安全、智慧城市智能交通、智慧城市基础设施、智慧社区等多领域多方面进行可持续的规划和建设。

1. 智慧政府建设

新加坡资政吴作栋指出：“一个国家要推行成功的电子政府服务，首先必须拥有形成良好治理的三大要素，即保持透明度、实行问责制和确保公共服务清廉。”新加坡推行电子政府的经验就是：保持对政府运作和计划进行持续地监管和审查，以及有意识地将政府各部门之间各自为政的局面，以一个完整的、统一的、全面的政府形式面对国民和公众。而且整个环节中，良好的政府治理是成功最重要的因素。

2. 智慧城市公共安全建设

重点是城市公共安全体系的顶层规划。在城市公共安全实际运作的层面上，将整个城市综合安全防范与治安监控的整体技术性能和自动化、多功能的协同联动响应能力，作为城市公共安全体系规划的基本原则。重视城市公共安全管理在信息层面上根据城市公共安全防范和应急预案的执行和运作过程，建设新加坡全岛统一的城市级公共安全信息平台，并将城市公共安全各单一业务及监控系统在网络融合、信息交互、数据共享、功能协同等方面作为城市公共安全体系规划的重点。

3. 智慧城市智能交通建设

新加坡城市智能交通体系是以交通信息中心为轴，连接公共BAS系统、出租车系统、城市轨道交通系统、城市高速路监控信息系统、道路信息管理系统、电子收费系统、交通信号灯系统、道路交通通信指挥系统、车辆GPS定位系统等子系统的综合性集成系统。这一建设过程经历了三个阶段：第一阶段是交通管理系统的整合；第二阶段将有关公共交通的信息，例如公交车辆以及地铁的班次、时间和票价等，连接到智能交通管理信息系统上来；第三阶段政府着力打造智能交通体系，建设绿色交通，降低由于城市交通带来的碳排放。在智能交通科技的应用上，设置出租车预订服务、出行者信息服务、道路流量监测、优化交通信号系统等。

4. 智慧城市基础设施建设

“建设花园式城市”是新加坡城市基础设施规划的宏观定位。基础设施配套齐全，功能完善，服务优质，特别在城市公共交通、交通转换枢纽、供排节水设施、电力与燃气供应、污水处理、垃圾焚烧厂、城市管道等关系民生的工程性基础设施方面加大建设力度和资金投入。

5. 智慧社区建设

任何国家的城市社区建设都需要采用多种方式来整合和争取各种资源，这是智慧社区建设的关键。新加坡的社区建设的相当部分资金仍是靠各种社会组织募集、组织或个人捐赠。政府和社区需要大力发展中介组织和民间组织，着力培育居民公益意识和参与精神，这是和谐智慧社区建设的突破口。社区建设还应根据不同的住户和居民的实际需求，提供个性化、具有特色的设施和服务。

3.2 新加坡智慧型电子政府的打造

有500多万人口的新加坡在“全球IT网络化”方面是亚洲最好的，世界排名第二（仅次于美国）。新加坡智慧政府建设的指导思想是：“每一个能够通过电子方式提供的服务都应

该成为电子化的服务";实现所谓"多个机构,一个政府",提供无缝和集成的城市管理和公共服务。

3.2.1　新加坡智慧政府的可持续发展目标

新加坡智慧政府信息化可持续建设的目标,已经从其政府电子政务建设前期的以改善、提高和创新政府在城市管理和公共服务方面的效率、公开、公平与廉洁,促进公众与政府间的互动,拉近公众与政府之间距离,提升到实现政府运作的透明度、实行问责制和确保公共服务清廉三大目标的新高度。

3.2.2　新加坡智慧政府管理的创新理念

许多人都误以为政府信息化实施计划最重要的一环是引进先进的硬件及软件。然而新加坡推行电子政府服务的经验却显示出良好的政府治理(创新)才是更重要的元素,是提高政府效率的基础。成功的电子政府服务不是单靠硬件和软件的部署就能形成,电脑本身并不能提高政府运作和服务的效率,推广宽带网络并不会提升生产力。只有当这些投资加上良好的政府运作流程和环境的治理,才能提升行政效率,并对国民的生活产生积极的影响。

新加坡政府目前推行智慧政府服务的目标,重点体现在政府透明、问责及清廉等良好政府治理的特征上。这一目标对推行电子政府服务非常重要。许多国家之所以抗拒推行这个利民的计划,正是因为当地官僚担心公共服务一旦电子化,他们将失去从制度和掌握的签发准证与执照的权力中抽取油水中饱私囊的好处。

新加坡政府信息化发展已经进入政府利用电子化,进一步深化政府在为公众服务时体现出的透明、问责及清廉的阶段。

3.3　新加坡智慧城市综合管理体系的规划与实施

新加坡位于马来半岛南端,由新加坡岛及附近约 60 个小岛组成,总面积约 714.3 平方公里。新加坡人口为 500 余万,外来流动人口 80 余万,华人占总人口的 76%,马来人占 14%,印度人占 8%,欧亚族占 2%。官方语言为英语、华语、巫语(马来语)和印度语。巫语为国语,英语是行政用语。新加坡的基础设施比较完善,新加坡港是世界最繁忙港口之一,公路运输网密集,总里程达 3 234 公里,地铁、轻轨、公交、出租等公共交通发达。新加坡虽然是一个资源贫乏的弹丸小国,独立建国以来 47 年,却已发展成为一个经济腾飞、政治清廉、社会稳定、风尚良好的现代化绿色国家。2006 年政府财政收入约 300 亿新元,人均国民收入 2.98 万美元。新加坡环境清洁美丽,到处绿树葱茏,鲜花点缀,法律政纪严明,管理井然有序,工作生活便捷,处处体现严格管理、社会安定文明,是一个现代化的城市国家,也是一个现代化的法治国家。

3.3.1　新加坡城市管理理念

新加坡作为一个城市国家,成为世界闻名的"花园城市"和"智慧岛",为大多数亚洲发展中国家树立了现代都市发展的典范。新加坡城市管理之所以取得如此成就,与其树立先进的城市管理理念是分不开的。它强调以人为本,服务为先,法治保障。首先,坚持以人为本,将有利于提高人民群众生活水平、生活质量(这是我们所说的"民生")作为城市规划、建设和管理的重要目标,不断完善、不断超越"花园城市"建设。新加坡城市规划分概念规划和总体规划两个层面。概念规划主要制定土地、交通、生态等方面的规划蓝图,更多的是对城市发展框架的研究。总体规划是在概念规划基础上,整合全国55个分区的控制性规划编制而成,为法定文件,具有法律约束力,对城市管理发挥法律作用。其次,强调服务优先。在经济全球化趋势日益凸显的大背景下,新加坡政府转变传统管制思维,树立亲民和亲商思维与服务理念,政府行为要由服务型方式取代命令型方式。再次,加强法治保障。新加坡是一个法治国家,它强调:法律面前人人平等,法律之内人人自由,法律之外没有特权,法律之上没有权威。新加坡城市管理在法治理念的指导下实现了城市的长效管理机制。

3.3.2 新加坡城市管理体制

新加坡城市管理体制的特点在于:

一是城市管理部门职责明确。在新加坡城市管理中,国家发展部等行政部门的职责是法定的,特别是有关部门下属的多个法定机构均由议会授权设立。

二是城市管理协调有力。新加坡城市管理涉及诸多相关部门职责,有些管理也存在衔接、配合等问题。为了增加管理协调和整合的能力(这是我们所说的"综合治理"能力),例如在城市环境管理方面,成立了"花园城市行动委员会",这个跨部门的委员会在拟定政策、综合协调有关城市园林绿化建设及管理方面发挥了重要作用。

三是建立严格的考评监督制度。建立一套完备的、操作性强的考评体系是新加坡城市管理的一个有效方法。其考评项目非常体系化,对每项指标都有十分具体的评分标准,这就减少了考评中的人为主观评判程度,硬化了考评工作。

3.3.3 新加坡城市管理法制环境

新加坡是一个法治国家,城市管理的法制化水平非常高。一是立法周密、严明。新加坡建立了一整套严格、具体、周密、切合实际、操作性强、责任严厉的法律体系,可以说是"重典治国""严管治城"。如城市规划一经确定即上升为国家法律,不得随意变更。政府通过立法制定严密的制度规范人们的社会行为,行政机关通过严谨执法来保障国家的城市管理政策的落实。严密的法网覆盖了社会经济生活和城市管理的各个方面。

二是执法严厉。新加坡具有良好的社会秩序,靠有法必依、执法必严、严刑峻法"治理"出安全有序的社会环境。有法必依,执法突出一个"严"字,强调以法律为根据,采取严刑峻法、赏罚分明的制度,已成为新加坡法治的重要特点。新加坡保留鞭刑,针对那些对社会危害极大、判刑又不足以惩戒的罪犯实施鞭刑。新加坡采取极为严格的城市管理措施,有"罚款城市"之称,采用数额较高的罚款足以使受罚者心痛(这是我们所说的"违法成本"),使其不敢再犯。在街道上、组屋区、车站、车厢内到处可见罚款警告牌,并严格执行。对乱扔垃圾者,除处以罚款外,还责令其穿着标有"我是垃圾虫"字样的特制服装,在规定的时间和地点打扫公共卫生,并通过电视和报纸等媒体曝光,起到"杀一儆百"的警示作用。严管重罚使新加坡人养成了良好的习惯,创造了文明和谐的生活环境,造就了新加坡干净、整洁和美丽的城市环境。

3.3.4 新加坡城市管理基础设施

新加坡城市管理之所以成为世界各国城市管理的典范，在很大程度上依赖于先进的城市管理基础设施的建设和先进科技的应用。新加坡政府早在20世纪80年后期就开始着手进行城市科学化管理的规划，除了在城市管理法规和管理体系等软环境方面的规划以外，特别重视城市管理硬环境方面的规划工作。新加坡城市管理规划主要体现在城市环境管理、公共安全、智能交通、节能环保、公共设施管理等领域。城市管理规划强调了城市管理监测、监控、监管一体化平台的规划与设计。90年代初新加坡开始着手进行城市管理基础设施的建设，并在90年代中期就形成了城市管理信息互联互通和数据共享的可视化监视与管理平台。新加坡市政管理和警察等执法人员都可以通过移动终端与城市可视化监视与管理平台联网，查询和调取违法人员的个人资料和违法记录、车辆的注册及维修记录等，打印执法通知书，以及实时查询与城市管理执法相关的所有信息和数据资料（如规章条文等）。新加坡城市管理的一个特点是，通常在城市的街道和公共区域看不到执法人员（例如警察），但是在发生违法事件时，执法人员可以在数分钟内及时、迅速地出现在事发现场。这完全是因为应用了城市管理先进的监测、监控、监管的信息化、网络化、数字化、自动化、智能化等科技手段，依赖于城市环境监测、安全监控、交通监管等城市管理基础设施。

3.3.5 发挥基层社区在城市管理中的重要作用

新加坡政府在城市管理上很有特色的一点就是社会和公民角色的确立，并使其成为城市规划建设管理的重要基础。新加坡将城市划分为5个社区，并设立社区发展理事会，人民协会及其下属组织联络所管理委员会联系政府与社区，指导社区工作。同时政府在社区设有16个市镇理事会等机构，负责沟通政府与社区的联系，组织住宅区的管理工作，收集居民对住宅小区的、邻里中心、公共服务设施的规划与建设的意见，为居委会民众俱乐部开展活动提供场所等支持。通过社区管理加强政府与市民的沟通，提高市民接受城市管理策略和政策的认同感，发挥市民积极参与城市管理的热情和良性作用。

3.3.6 强调社会纪律，维护公共秩序，重视人才培养

新加坡非常重视道德的约束力，全社会形成了"国家至上，社会为先；家庭为根，邻里（这是我们所说的'社区'）为本；关怀扶持，尊重个人；求同存异，协商共识；种族和谐，宗教宽容"的共同价值观，认为建设一个稳定的和谐社会，必须事事有规有矩。当社会遇到问题与困难的时候，更应该加强纪律与秩序。在日常生活中对不自觉的人，要用纪律和罚则去约束。因此，在全国上下自觉、自尊的严格要求下，新加坡成为一个有秩序的社会。

新加坡确立"人才立国"战略，高度重视对人才的培养、吸引和使用，提高国民素质，促进了社会经济的全面发展。为了提高国民的整体素质，新加坡高度重视教育培训工作，经费投入充足，实行了教育津贴、助学金、奖学金制度，采取多种形式开展大规模的教育培训工作，鼓励国民积极参加各种教育培训，不断提高工作能力和水平，培养和造就精英人才。实施"持续培训""终生教育"政策，不管是公务员还是企业员工每年都有12.5天的培训，培训时间占年工作时间的5%。国民受教育程度高，人才队伍整体素质较强，为其实施精英治国和人才强国战略奠定了坚实基础，同时也为其推行高效的城市管理提供良好的人力支持和社

会基础。

3.3.7 新加坡城市管理经验的启示

新加坡为典型的城市型国家,地理自然环境是地处赤道热带的海岛滨海城市。新加坡的城市化率非常高,几乎达到100%。新加坡与我国的大部分城市具有一定的城市共性,决定了两国在城市管理方面存在相互借鉴的可能,实践中两国已有相互借鉴的先例,改革开放以来我国不间断地组织全国各地城市到新加坡考察、参观、学习其城市管理的经验,并在借鉴其城市管理方面取得了很好的成效。同时也要充分认识到的我国与新加坡的城市之间也存在着区别。我国城市化进程不断加快,带来了特殊的经济、社会和城市问题,各个城市在经济和社会发展方面也有各自的进程和特殊性,特别是我国在城市管理的行政体制、法制环境、基层社区制度、基础设施等方面还很不完善。这些特殊性决定了学习新加坡城市管理经验时,必须紧密结合我国各个城市的实际情况出发,不能照搬照抄"新加坡模式",而是力求在借鉴中有所取舍、有所创新,务求实效,建立中国城市管理在"创新型城市"和"低碳城市"方面的应用与技术支撑体系,构建适合中国国情的城市管理模式,在城市管理示范和总结经验的基础上,为建设具有中国特色的"智慧城市"打下基础。

3.4 新加坡城市公共安全监管体系的规划与实施

新加坡城市公共安全策略,是以新加坡"智慧岛"所建立的政府信息化、城市信息化、社会信息化、企业信息化体系为基础,充分应用信息化、网络化、数字化、自动化、智能化科技为支撑,建立城市一体化公共安全防范体系,实现主动防范、综合治理、协同打击、管教结合的方针。

3.4.1 新加坡城市公共安全监管体系规划

新加坡城市公共安全监管体系规划,在实际城市公共安全运作的层面上,不再强调单一城市公共安全和保安系统设备的技术先进性和功能优越性,而将整个城市综合安全防范与治安监控的整体技术性能和自动化、多功能的协同联动响应能力作为城市公共安全监管体系规划的基本要求。同时特别重视城市公共安全管理在信息层面上根据城市公共安全防范和应急预案的执行和运作过程,建设新加坡全岛统一的城市公共安全信息平台,并将城市公共安全各单一业务及监控系统在网络融合、信息交互、数据共享、功能协同等方面作为城市公共安全监管体系规划的重点。

3.4.2 新加坡城市公共安全信息平台规划

所谓城市公共安全信息平台,就是提供一个可根据城市公共安全和恐怖事件发生的多样性、突发性、隐蔽性,遵循预先编制好的城市公共安全防范和处置预案,通过城市各单一的公共安全业务及监控系统、设备、功能的相互协同运作,各种及各类信息和实时数据的高度共享,实现对城市公共安全事件的快速发现、实时响应、协同处置的统一监控、信息集成、高效协同指挥的运作平台。城市公共安全信息平台无论从物理上还是从逻辑上都被视为城市公共安全监控指挥的统一整体,即看做一个"单一"的系统。因此在城市公共安全信息平台

的规划设计上，首先要以一个整体和“单一”系统来考虑城市公共安全信息平台在技术应用、功能协同、信息与数据共享方面的统一性和一致性。

3.5　新加坡城市智能交通管理体系的规划与实施

新加坡政府近年来投入巨资研究和建设城市智能交通系统。新加坡建设提供先进高效服务的智能交系统，不仅依赖于交通需求分析与研究的合理缜密的规划方案，同时也离不开动态的交通组织、管理技术和策略。新加坡凭借其前瞻性的智能交通规划理念以及地理、经济、技术等方面得天独厚的条件，在城市智能交通的发展方面已经走在了世界的前列。

3.5.1　新加坡城市智能交通管理体系规划

新加坡陆路交通管理局在规划新加坡道路交通管理的初期，就认为城市的道路交通管理是一个系统工程，需要从城市道路交通管理的整体性、集成性、先进性这三个方面入手，其中整合城市道路交通管理系统，构建集成性智能交通体系是规划和设计的重点。新加坡城市智能交通管理体系是以交通信息中心为轴，连接公交车系统、出租车系统、城市轨道交通系统、城市高速路监控信息系统、道路信息管理系统、电子收费系统、交通信号灯系统、道路交通通信指挥系统、车辆 GPS 定位系统等子系统的综合性集成系统。智能交通管理系统使得道路、使用者和交通系统之间紧密、实时和稳定的相互传递信息与智能管理成为可能，从而为出行者和道路使用者提供了及时准确的交通信息，使其能够对交通线路、交通方式和出行时间作出充分、及时的判断。新加坡城市智能交通管理系统还在不断吸纳和整合最新的智能交通科技而持续发展。自 1997 年以来，新加坡政府将智能交通管理体系的规划和建设分为三个阶段来进行。

3.5.2　交通管理系统的整合

新加坡城市智能交通管理体系的规划和建设的第一阶段是交通管理系统的整合。在这个阶段，将从城市高速路监控信息系统、车速监测系统、电子收费系统、道路信息管理系统、优化信号灯系统等多个子系统中收集信息和数据。每个子系统都将执行各自特定的交通管理职能，它们不仅提供交通和道路路线电子地图等静态信息，而且还提供车辆行驶速度、交通流量、车辆分类、交通繁忙时间和交通事故发生等动态交通信息和数据。为了实现这些功能，各个子系统之间通过系统集成将信息整合起来，这些集成信息经过处理、整合、优化，存储在交通管理信息中心的服务器上，通过互联网和电子通信服务机构使这些实时交通信息能够被社会公众、车辆营运者、政府机构等有效使用。此外，路线导航系统也将建立起来为驾车者在出行前提供实时的交通信息和优化行驶路线方案。第二阶段是公共交通系统的整合，在这个阶段，有关公共交通的信息，例如公交车辆以及地铁的班次、时间和票价等，将连接到智能交通管理信息系统上来。出行者将在出行前得到使用何种交通设施以及是否转车等最新的交通信息来实现最佳的出行方式。这些服务已经在 2001 年实现。

3.5.3　交通信息、监控、管理大集成

在第三阶段，新加坡政府着力打造智能交通体系，建设绿色交通，有效降低由于城市交

通带来的碳排放。全面实现城市公共交通在信息、监控和管理三个方面的大集成,提供一个能够提供多种模式的交通信息化系统,全面应用现代信息化、网络化、数字化、自动化、智能化科技。智能交通管理信息系统不仅为出行者和道路使用者提供方便和便捷,同时更注重对车辆最佳行驶路线、繁忙时间道路控制、公共交通的配合和衔接。通过智能交通管理体系健全和完善其发达的城市交通网和前瞻性的交通规划管理,为高密度的人流与车辆提供优质的服务。新加坡富有成效地开发、建设、运用智能交通管理信息系统,其重要的经验和启示是城市交通发展规划和科学化的实践中引人瞩目的重要一环。

3.5.4 智能交通科技的应用

1. 城市高速路监控信息系统

新加坡城市高速路监控信息系统(EMAS)于 1998 年开始实施,是一个智能化的事故监控管理系统。该系统在高速路边用电子公告板的形式为用户提供及时的交通状况信息,以避免用户进入过分繁忙或有事故发生的路段。EMAS 能实现对事故的及早发现和快速疏通,为用户提供安全舒适的出行。

以新加坡某一条城市高速路 CTE 为例,EMAS 在全长 13.6 公里的高速路上使用两类摄像机进行 24 小时监控,共有 35 台探测摄像机和 12 台监视摄像机与 EMAS 控制中心相连。安装在街灯柱上的探测摄像机在有事故发生或出现交通滞缓迹象时,向控制中心的工作人员发出警示,工作人员立即使用安装在高楼或街灯柱上的监视摄像机进行确认,事故信息随即通过布置在高速路边的电子公告板传递给驾车者,同时也通报给交警及交通媒体等相关部门。

2. 出租车 GPS 定位系统

出租车 GPS 定位系统通过安装在出租车上的全球定位系统接收器,获取不同道路上的平均行驶速度及当前出租车所在的位置,以此了解区域内的整体交通状况。新加坡的出租车公司均使用该系统辅助出租车预订业务。道路使用者可以通过互联网查询出租车 GPS 定位系统的网站以获取该系统所提供的各类信息。该网站支持三种方式的查询:使用街道名称、使用事先定义的区域名以及目前交通状况。系统将不同行驶速度的范围用不同的颜色显示在电子地图上。同时电台也利用出租车 GPS 定位系统所提供的信息,实时通报新加坡全岛的交通状况。

3. 出租车预订服务系统

出租车预订服务系统是基于卫星的出租车自动定位和调度系统,充分利用了全球定位系统、计算机辅助调度、交互语音对讲、公共移动数据网等技术。这个用户友好的系统允许用户使用手机短信、电话、网上预订等多种方式预订出租车服务。该系统通过 GPS 定位距离用户最近的空车,随即把预订服务的详细资料通过公共移动数据网传递给该车司机,一旦预订服务被出租车司机所确认,预订服务系统将自动将出租车的车牌号和所需等待时间通知用户。如果用户使用前述三种方式来预订出租车服务,那么整个过程将不需要人工操作,全部自动完成。这样就大大缩短了出租车预订、空车调度和用户等候的时间。

4. 出行者信息服务系统

出行者信息服务系统的目的是为出行者提供准确实时的地铁、轻轨和公共汽车等公共交通的服务信息。该项服务的核心是通过电子出行指南来收集各种公共交通设施的静态和

动态的服务信息，并在每个公共汽车站和地铁或轻轨站的公交电子站牌上显示车辆到达和离开的时间，出行者也可以通过电话服务来获取这些信息。出行者信息服务还提供地铁、轻轨和公共汽车的基于最少周转、最低票价或最快抵达的交通路线以及相应票价。该项服务的应用使得整个公共交通更加准时可靠，缓解出行者等车的焦急情绪，同时出行者还可以根据出行者信息服务所提供的信息来事先计划他们的出行路线和方式并且减少出行在路途上的时间。

5. 车辆优先服务系统

车辆优先服务分为两种模式，即公路干线车辆优先和高速路紧急车辆优先。为了在最短的时间内到达事故地点，紧急车辆通常高速行驶，甚至穿越处于红灯状态的交叉道口，这样会给其他驾车人带来不同程度的危险。公路干线车辆优先服务系统通过分布的车辆监测器或使用基于 GPS 的车辆自动识别定位系统给予紧急车辆和公共汽车更多的绿灯时间，使得紧急车辆和公共汽车能更快地通过信号交叉道口。

在城市高速路上，车辆优先服务系统通过电子公告板预先向驾车者提供警示信息，使他们有足够的反应时间来准备给紧急车辆让出车道，提高了救护车和消防车等紧急车辆的行驶速度。

车辆优先服务系统使得公共汽车能给乘客提供更快、更为科学的连贯性服务，促进了出行者对公共汽车的使用，从而推动了公共交通的发展。同时，该项服务还提高了普通车辆和紧急车辆在高速路上行车的安全性，并缩短了紧急车辆对其任务的反应时间。

6. 道路流量监测系统

道路流量监测系统在新加坡全岛范围内提供实时在线的道路交通流量、行驶速度和车辆分类等交通实时信息。每个道路流量监测点安装有无线收发器和太阳能电池，收集到的交通数据由无线收发器传送到系统中心服务器上进行分析和存储。有了道路流量监测系统所提供的信息，交通控制中心就可以根据需要直接在道路控制和交通管理上发挥积极主动的作用。

7. 道口监测系统

道口监测系统通过安装在主要交通道口的远程智能摄像机监控道口的运行情况，一旦有事故发生，交通控制中心可以及时采取措施调整交通流量，比如改变该道口的信号灯的转换时间以疏导交通。

8. 优化交通信号系统

优化交通信号系统采用智能分析和判断，自动控制多个道口的交通信号灯被优化的交替时间，以此方式控制全新加坡所有的道路信号设备，以提高城市道路交通控制的优化管理。

上述所有这些交通控制和管理系统由新加坡全岛智能交通管理信息平台连接在一起，实现数据采集、信息发布、道路控制和交通管理一体化，基本满足了对新加坡城市现代化交通控制与管理的职能和调控需求，保证了道路交通的快速、便捷、安全、舒适、方便的公共交通服务水平。

智能交通不仅是传统道路交通的延续和提高，而且是现代交通科技应用的必然趋势。在当前整个世界向信息化社会发展的过程中，智能交通恰恰是充分信息化、网络化、数字化、自动化、智能化的最新科技，正迈向更高层次的绿色交通、环保交通、低碳交通的新纪元。

3.6 新加坡城市基础设施建设的经验与启示

新加坡基础设施规划、建设和管理涉及市区重建局(URB)、土地管理局(SLA)、建设局(BCA)、建屋发展局(HDB)、国家公园局(NPB)、环境部(NEA)、陆路交通管理局(LTA)等政府行政管理部门。新加坡政府非常重视城市基础设施的长期发展战略与近期实施计划相结合,在城市基础设施规划的制定、执行、修订与检讨的过程中,特别强调与城市建设现状、先进技术应用、工程质量管理、环境保护等方面的结合。新加坡在基础设施建设方面的成就有目共睹:先进的国际机场、快捷的地铁和轻轨、便利的公共交通、先进的智能交通、"三网合一"和无线覆盖的通信设施、花园式的城市卫生环境、世界第一繁忙的港口。新加坡是一个没有资源的城市,但是它在城市供电、供气、供水方面的设施和能力堪称世界第一,有一个例子就可以说明。新加坡是一个没有淡水资源的国家,城市供水只有三个渠道:天上的雨水,从海水中提炼淡水,还有就是从马来西亚买水。新加坡把从马来西亚买来的淡水生产成符合国际标准的饮用水后还可以再卖给马来西亚。新加坡每个家庭的水龙头放出来的水完全符合饮用水标准,可以直接饮用,而且没有任何异味。

1. 基础设施建设重在规划

"创造一个花园城市"是新加坡城市基础设施规划和建设的宏观定位。在落实这个定位时,新加坡市区重建局(URB)扮演着重要的角色,它拟定长远的城市基础设施建设规划和详细具体的实施计划与方案,策划着新加坡岛建设的未来。在行动措施上,通过立法手段,确定发展管制委员会—授权规划建设方案审批和总体规划委员会—授权具体项目发展指导规划图审批,公共部门用地审批和基础设施规划建设审批等,为严格执行规划提供了立法保证和组织保证。URB 的规划管理有一套公开、透明的体系,对发展规划建设管制有良好的监管系统,一切都是本着"快速、和谐和可靠"的服务精神成为城市建设管理的领头者,每年平均处理 12 000 宗城市建设和发展申请方案,自 1971 年第一次通过城市基础设施建设总体规划以来,定期检讨规划的可行性、适应性,规定了总体规划图每 5 年至少重新评估和检讨一次,新加坡概念图每 10 年评估和检讨一次,适时地满足城市经济和社会的发展。

检讨和修订工作与制定规划一样,尽量考虑多方面的内容,全方位研究城市发展过程中满足不同功能的需求。如 1991 年,URB 根据新加坡人口与经济增长、技术发展以及日渐提高的富裕水平变化,对概念图作出一次主要修订。仅此概念图的检讨就涉及了 40 多个政府部门,通过他们的协力配合,掌握了对住屋、工业、商业、环境、交通、公用设施、国防的需求,并提出了完善的、详尽的研究报告和修改方案,制定出 1991 年全新的科学规划概念的发展设想和策略,如产业园、区域中心以及地铁/轻轨列车网络,分别扩建第 2 和第 3 机场候机楼和停机坪,发展智能交通等等,为新加坡国民的发展做好一切准备。

新加坡基础设施的规划与建设的主旨,绝不会用短期行为来追求侥幸的利益,而是为了整个城市的共同利益,从长计议,持续发展,为的是创造一个多样化、高素质,有低、中、高密度的国家,一个世界级花园城市以及生气勃勃的大都会,这是新加坡建设的落脚点。从新加坡支持金融业和商贸服务,建立国际级金融中心,营造一个高效率、高生产发展水平的城市这些方面可以看出,土地开发、建设都围绕着商业这个核心,然而在吸引外资、跨国集团办事机构进驻时,以 WTO 诸项原则为前提,不会违背国土规划原则去低价或以政府补贴出让土

地，或随意改变使用功能，背离规划建设既定方案，这种土地开发、建设做得认真且严肃。

新加坡基础设施规划与建设"以人为本"，认为安居才能乐业。新加坡政府在改善国人居住条件，不断提升住屋质量方面，成效卓著，贡献不凡。1960 年成立的建屋发展局，在 1968 年实施"居者有其屋计划"，兴建政府组屋，一改污秽、拥挤和不卫生的居住环境，取而代之的是清洁、高雅的高楼居住环境。HDB 的一大成就是，将有限的土地资源充分合理地使用起来，通过土地征用法令，重画新加坡地图，完善规划、丰富规划，将城市各项配套基础设施适当地分布到新建市镇中去。

新加坡城市基础设施配套齐全，功能完善，服务优质。特别是在城市公共交通、交通转换枢纽、供排节水设施、电力与燃气供应、污水处理、垃圾焚烧厂、城市管道等关系民生的工程性基础设施方面，加大建设和投入的力度和资金。

2. 城市大交通的理念

新加坡一直注重发展大交通建设，在完善路网的同时，配套公交(DB)、地铁(MRT)、轻轨(LRT)规划，方便大多数居民的出行。当年针对是否要在新加坡如此小的地方发展 MRT 时展开过争论，正视现状，反观过去不难看出，智慧永远存在于有前瞻性建议的思维之中。新加坡政府发展城市公共交通的思路遵循三个原则；

一是将公交(DB)、地铁(MRT)、轻轨(LRT)整合为一体化的交通体系，使得三者之间实现有机的结合。具体的做法就是建立大型的交通转换枢纽，使得公交、地铁、轻轨通过交通转换站实现乘客在这三种交通方式之间换乘时无缝连接，基本做到了换乘"零距离"。例如从新加坡市区到城市最北边的兀兰地铁站之间不到 15 公里的距离就设置了大巴窑、宏茂桥、义顺等三处大型公共交通枢纽中心，在这些交通转换站不但实现了公交、地铁、轻轨"零距离"的换乘，同时每个转换站都具备 10 条以上发往城市各个其他转换站的直达公交线路。这使得新加坡公共交通就是一个四通八达的交通传输网，新加坡人出行理所当然就是首选公共交通。

二是方便新加坡人使用公共交通。一方面新加坡公交路线深入居民社区，同时在每个大型交通转换站设置多条围绕居民社区的环形公交线路，使得居民一出门就可以乘坐上公交车，比乘出租车还要便利。同时因为新加坡地处热带，又四面环海，每天都得下几场雨，政府为了让出行者出门不淋雨，专门在政府组屋与公交站或地铁站之间修建了有盖走廊，真是周到至极。

三是限制私家车。新加坡关于拥车证的做法是全世界有名的。在新加坡有钱并不一定就可以买到车，新加坡政府每个月只发放一定数量的购车证，在新加坡叫"拥车证"，而要得到这张拥车证，要通过投标才能获的，也就是谁开价高就有机会。有时标的一张拥车证，所出的价钱甚至超过买这辆车的钱。同时在新加坡停车贵，行车也贵，新加坡是全世界第一个在城市内道路繁忙时间收费(ERP)的国家。总而言之，就是让你感觉到自已开车比起坐公交车来讲是很不划算的。

3. 建设水资源设施是重中之重

新加坡是一个完全没有淡水资源的国家。政府在建国初期就将水资源综合开发和利用作为头等大事来抓。首先进行供水、排水和节水统一规划，建立对水资源综合开发和利用的体系架构来指导城市水资源设施的建设。工程性基础设施的建设以节水为核心，将供水、排水和节水的设施建设结合在一起，实现设施共建和水资源的共享。

我们已经了解新加坡供水的来源是雨水、买水和造水，雨水的成本是最低的。新加坡地处热带海洋性气候，炎热多雨。为了收集雨水，新加坡几乎用了国土资源的10%修建了大大小小的蓄水湖和蓄水池，同时在城市的道路、居民组屋区修建了纵横交错的排水管道(实际上应成为集水管道)通往城市中的各个蓄水设施。在新加坡，每当下过雨，路面马上就没有积水，全部都被收集了。这样既解决了城市排水同时也解决了供水的问题，一举两得。

新加坡为了节水，将排污和造水结合起来。新加坡的全国污水处理率为95%以上，城市的雨水收集管道和污水排放管道是完全物理分开的，工业污水和生活污水也分开输送。新加坡投入巨资修建总长15公里的深隧道污水工程，既节省了土地资源，又避免了污水次生污染地下水资源。排放的污水经污水处理站处理达标后才允许排放。达到中水排放标准的水被送往中水蓄水池，用于工业用水和绿地的灌溉。而达到净水水质标准的水，被直接送往新加坡新生水造水工厂，该新生水厂生产的直接饮用水可以满足新加坡15%的供水需求，甚至可以满足20多家晶片工厂对超净水的大量需求。

4. 无公害的垃圾处理设施

随着新加坡人口不断增加和城市迅速的发展，垃圾剧增。新加坡政府无法坐视“垃圾围城”的危险日益临近，借鉴国际先进国家垃圾处理的经验，新加坡的垃圾处理选择了焚烧的方式，称之为“焚化”。新加坡建设了亚洲最大的大士南垃圾焚化厂、圣马高垃圾填埋场等城市垃圾处理设施。经过30多年的努力，新加坡得以成为看不见垃圾的“花园”国家。

新加坡全国每天产生的垃圾量接近2万吨，这些垃圾的56%被回收以循环利用，不能回收的垃圾中，41%运去焚化，不能焚化的就运去填埋。现在新加坡全国有5座垃圾焚化厂，其中4座在运营，分别是大士焚化厂、胜诺哥焚化厂、大士南焚化厂、吉宝西格斯大士垃圾焚化厂。4座垃圾焚化厂每天焚化量达到6 900吨，焚化后产生1 600吨的灰烬。灰烬和不可回收也不可焚化的垃圾被运到圣马高岛——两个小岛之间搭建的人工岛，离岸8公里，专门用于填埋垃圾。

新加坡建设的垃圾焚化厂十分重视环保和低排放，例如大士南垃圾焚化厂排放出的废气浓度少于1微克每立方米，只是新加坡法律许可范围的1%，其中二噁英含量少于0.1纳克(纳克是一个极微小的质量单位，1 000纳克等于1微克)。同时政府注重环境监测监管，环保部门与各垃圾焚化厂之间联网并装有实时监视系统，24小时检测废气排放量、二噁英含量等。如对圣马高垃圾填埋场四周水质执行检测的是专业的实验室，不属于政府部门，检测报告也对公众开放。有的垃圾焚化厂每年都有固定的开放月。圣马高填埋场的岸堤都包有高密度的塑料膜，用岩石泥沙固定住，确保万一有污染也绝不扩散。岛上有一大片红树林，长得枝繁叶茂，更像一个天然雕饰的海岛公园，去参观游玩的社会团体很多，还经常迎来“新人”拍摄外景婚纱照。

新加坡的垃圾焚化厂和垃圾填埋场都不是自负盈亏的企业，而是直接隶属于国家环境局的政府机构，所有工作人员都是政府公务员身份，所有投资都来自政府财政，也没有税收，所有利润均上缴财政。垃圾焚化厂的运营成本主要包括人工薪资和日常维护费用，运营收入主要来自两个方面：一是垃圾处理费；二是发电收入，每千瓦时约0.15元新币，与普通发电厂价格一致。垃圾处理费和发电收入占运营收入的比例分别约为60%和40%。垃圾处

理费不是由政府补贴，而是由企业、商户、居民用户缴纳。政府对居民用户按照住宅面积的不同，对商家按照每日垃圾量大小的不同，确定垃圾收集费的标准，由电网公司收缴费用（不交不供电），然后支付给垃圾收集商，垃圾收集商分类回收垃圾后，将灰烬等运去垃圾焚化厂，以每吨 77 新币的价格交足垃圾处理费。这种运营模式有效地保证了垃圾处理费的收缴，也保证了垃圾焚化厂的正常运营和投资回收。

5. 可靠的电力供应

新加坡电力供应的可靠性是世界一流中的一流，政府和电力公司长期关注供电可靠性，并把供电可靠性指标（SAIDI、SAIFI）作为企业中心指标，也是政府对电力公司业绩考核的重要依据。保障供电的可靠性主要有两项措施：一是新加坡所有的工厂、商业大厦和居民住宅都采用环网供电线路供电，作者在新加坡居住近 20 年，从来没有遇到过家里停电的情况；二是供电企业注重电力设施的维护和保养，例如供电环网状态的监测。特别是采用先进的信息化科技，建立统一的电力监控管理信息系统，承载大量的电网和设备信息，支撑电力运行的可靠性和稳定性。

新加坡的电厂是采用燃油发电，为了节省发电能耗，除了利用得天独厚的地理环境而建立起来的大型原油加工企业生产次生燃油（一种节能高效燃油），同时与海浪发电、太阳能光伏发电等再生清洁能源并网供电。目前新加坡制造的薄膜太阳能板的成本已经可以达到每瓦 1 美元，并且在两年内随着需求量增加和科技改进，有望下降到每瓦 0.5 美元。

6. 堪称世界一流的通信设施

新加坡是世界上为数不多的在一个城市实现"三网合一"和无线覆盖的国家，早在 2005 年就实现了电信、电视、宽带的"三网合一"，每个家庭只要向新加坡电信公司租用一个网络适配器，就可以实现电视、电话、宽带上网，同时还可以提供收费电视和无线网络服务的功能。新加坡下一代全国资讯通信基础设施（Next Gen NII）是新加坡巩固电信产业在国际上的领导地位以及促成国家新经济活动的战略。它的目标是符合新加坡未来资讯通信基础设施的需要。结合超高速宽带网和大规模无线网络，新加坡将成为世界上网络连接能力首屈一指的国家之一。据介绍，新加坡下一代全国信息通信基础设施包括有线（下一代全国宽带网络）和无线（无线宽带网络）两部分。其中下一代全国宽带网络（Next Gen NBN）将拥有超过 1Gbps 的高速访问能力，网络铺设预计于 2012 年完成。无线宽带网络（WBN）则作为对有线网络的补充，同时兼容 3/4G 和 Wi-Fi 无线通信的方式，以满足公众对移动通信的需要。

3.7 新加坡注重社会民生和社区服务

3.7.1 新加坡社区建设与组织结构

新加坡社区建设的基本模式是：政府依法指导与社区高度自治相结合的城市社区公共管理模式。在新加坡，一方面，政府通过对社区组织的物质支持和行为引导，把握社区活动的方向；另一方面，政府充分给予社区自治组织的发育空间，社区民间组织发育完全，通过自助和他助，分担了政府和社区居委会的大量管理和服务工作，社区居委会的负担明显比我国的低。

新加坡全国社区组织的总机构是人民协会,它是新加坡政府的一个职能部门,也是基层组织的主管机构,它在选区层次上组织、领导和协调社区事务,负责把居民的需要和问题反映给政府,并把政府的有关活动安排和政策信息传达给居民。人民协会下设公民咨询委员会、居民联络所、居民委员会等组织机构,它们是主要的社区组织。

1. 公民咨询委员会(也称居民顾问委员会)

在新加坡,每一个选区设立一个公民咨询委员会,它在社区组织中的地位最高。其主要职责是:负责社区内的公共福利服务,协调另外两个委员会(居民联络所、居民委员会)和其他社区内组织的工作;公民咨询委员会根据社区内居民的要求与政府沟通,在涉及社区的重大问题时,如公共交通线路的设置与走向等,向政府作出建议,维护居民权益;在选区里组织、领导和协调社区事务,还会把居民的需要和问题反映给政府,也把政府的有关活动安排和政策信息传达给居民;负责募集社区基金,用于增进贫困和残障人士的福利、提供奖学金和援助其他社区项目。

2. 居民联络所(也称社区中心管理委员会)

每个选区至少设立一个居民联络所。其下主要设 6 个专业委员会,即老龄执行委员会、青年执行委员会、妇女执行委员会、少年执行委员会、马来执行委员会、印度执行委员会等,这些组织为社区内相应的群体服务。居民联络所的主要职能有:负责居民联络所运行;制定从幼儿体育活动到中青年计算机培训等的一系列计划;代表人民协会行使建设和管理社区民众俱乐部的职权,组织举办诸如文化、教育、娱乐、体育、社交等各种有益的活动,以增进社区和谐;在政府和民众之间起沟通作用等。

3. 居民委员会(相当于我国的社区居委会)

除了上述两个社区组织外,社区里还有其他组织,如居民委员会、邻里委员会、民防委员会和种族委员会等。其中居民委员会是主要的组织,与我国的居委会相似,但与我国居委会相比,它的职责和功能都小得多,这主要得益于社区其他居民自治组织的高度发育和居民参与意识的强烈,分减了居委会的工作负担;邻里委员会负责协调邻里关系、矛盾纠纷等和谐社区建设;民防委员会主要负责社区内治安状况和群防群治等事宜;种族委员会主要负责协调各个不同种族的关系、处理种族之间的矛盾以使各个种族融洽相处等。它们实质负担起了我国社区居委会下设的专业委员会的职责。

新加坡的居民委员会是社区的第三层次组织,其主要职能是:承担治安、环卫(但专业工作由服务公司完成)工作;组织本小区内的居民文体娱乐活动等;为公民咨询委员会和居民联络所提供人力帮助并反馈信息。目前,新加坡共有居委会 493 个,每年开办各种项目和活动 33 167 个,参与人数 390 多万人次。

3.7.2 新加坡社区管理模式

1. 社区管理组织者

社区管理的组织者由两方面组成:一是选区层次上的社区事务,由市镇理事会组织,其成员主要由公民咨询委员会和居民联络所成员组成;二是居民区层次上的社区事务,由居委会组织。

社区管理的内容主要有以下 5 个方面:

(1) 对区内大型公共设施的管理,包括现有设施的维护保养,新建设施的项目申请、

规划。

(2) 美化公共居住环境,发动、组织区内居民实施各种美化公共环境的活动。

(3) 维护社区治安环境,如组织"邻里守望计划"等。

(4) 开展社会公益活动,募集和设立基金,增进贫困人士、残障人士福利,为学生提供资助,组织社区交际项目。

(5) 增强社区凝聚力,密切邻里关系,包括文娱活动、休闲旅游等。

2. 社区事务处理方式

(1) 中介服务:一方面是把社区内的有关信息收集整理起来,反映给政府部门或有关法定机构,并催促其实施;另一方面是把政府或有关机构的信息传达给居民,以取得居民的认同与协助。

(2) 公益支持:主要是为募集、建立管理社区的各种福利基金,提供义务性的人力、物力和财力。

(3) 独立经营:对社区内的一些公共设施按市场化形式运作,以取得经营收入,比如经营民众俱乐部等。

3. 社区活动经费

社区活动经费主要来源于政府补贴和社会募捐。在新加坡的社区里开展所有的活动都是自愿性质的,包括社区的公共环境美化等也都是公民义务参加。社区内各种名目繁多的组织类聚了不同兴趣爱好和心理需求的人,形成了组织、参与和资助各种社区活动项目的群众基础。

3.7.3 新加坡社区建设特色

新加坡社区建设的特色很多,但最能为我们所借鉴的大致有以下两个方面:

1. 大力培育民间组织,政府指导下的居民自治

新加坡社区建设实行统一指导与民主自治并行的原则。国家统一规划,政府有关部门负责制定社区发展计划和评估标准,居民联络所、居民委员会等机构在政府的指导下自主活动,并及时向政府反馈民众意见。各政府部门根据社区居民需要,调整规划和管理方式,按照是否达到社会服务的标准,评估各自治组织的业绩,下拨活动经费。政府行政部门、社区管理机构、基层自治组织及社会团体之间职责分明,上下贯通,形成了科学、合理、灵活的社区建设模式。新加坡的"小政府"理念是有所为有所不为,社区建设贴近民众,凡可自主管理的,政府放手,但是提供指导和经费,通过扶持 NGO,培养社区成员的参与意识,促进公民社会的发展。新加坡重视社区基层组织建设,强调政府主导下的"大众参与",既能弥补社区建设所需公共资源的相对不足,又在一定程度上强化了执政党的基层建设。

2. 大力培养"义工"精神,居民参与中的公民社会

在新加坡,社区中三个主要社区组织的工作者承担的工作完全是兼职的、义务的,在新加坡的社区里开展所有的活动都是自愿性质的,包括社区的公共环境美化等也都是公民义务参加。社区内各种名目繁多的组织类聚了不同兴趣爱好和心理需求的人,形成了组织、参与和资助各种社区活动项目的群众基础。新加坡注重培养一种为社会自愿贡献的"义工"精神,由国家义务工作中心推动,促进民众及社群的广泛参与,使义工活动成为社区服务,减轻了政府的压力,同时节约了社区管理的成本。例如拉丁马士区有义工 350 名,只有 5 个全职的职员。政府还引导社会团体、企业商家参与社区建设，建立社区服务网络，针对不同群众开展平易近人的服务，社区能够为民众提供有效援助，形成了“我为人人，人人为我”、积极、有爱心的社区风气。

3. 推广养老服务的经验，社区服务方式多样化

新加坡的养老服务灵活多样，既符合实际需要，又培育了社会责任感，代表了新加坡走多样化社区服务的发展方向。

一是居家养老。为了防止越来越多的老年人家庭出现“空巢现象”，政府鼓励儿女与老人同住，对年轻人愿意和父母居住在一起或在与父母居住较近的地方购买房屋的，在购买房屋时给予一定的优惠政策，目的是鼓励年轻人赡养父母、照顾老人。正是因为政府为赡养老人的家庭提供了得力的经济援助，使这些家庭的老人在住房、医疗等方面确实享受到实惠，因此绝大部分新加坡人仍选择家庭养老的方式，而且能够在年老之后享受爷孙同堂的天伦之乐。

二是日托养老。这样的照顾中心将托老所和托儿所有机地结合在一起，既照顾了学龄前儿童、小学生，又兼顾到老龄人。有些家庭可能是每天由年轻的夫妇将老人和幼儿一起送到这里。老少集中管理，既顺应了社会的发展需要、解决年轻人的后顾之忧，又满足了人们的精神需求，增进了人际交往与沟通，防止了“代沟”的出现。

新加坡的退休养老制度强调个人和家庭的责任，也是新加坡政府采取以家庭为中心处理社会问题的政策的具体表现。

3.7.4 新加坡社区建设与管理的启示

任何国家、城市的社区建设都需要采用多种方式整合和争取各种资源，这是和谐社区的建设的关键点。新加坡国力雄厚，在经济上有能力支撑高标准社区设施建设的庞大支出，其民主政体又为社区建设创造了自下而上的体制活力和机制动力，但是其社区建设的相当一部分资金仍然是靠各种社会组织募集、各种社会组织和个人捐赠的，我们应该学习借鉴。我们现在用于社区建设的资金确实非常有限，这与我们政府公共财政的支付能力偏小和各种公益性中介组织发育滞后密切相关。解决这一问题是一个循序渐进的过程，因此目前社区组织在社区建设过程中应该去争取和整合更多的资源，挖掘和利用社区内外一切的有效途径来开展工作。

政府和社区需要大力发育中介组织和民间组织，着力培育居民公益意识和参与精神，这是和谐社区建设的突破口。新加坡政府官员几乎都在民间非营利组织中担任职务，带头为社区公益事业贡献力量，但又不代表官方干预社区事务。社区活动在政府部门和民间社团的共同配合下，采取自助式平行管理，所有参与者不存在所属关系，自觉自愿，有钱出钱，有力出力。新加坡大力培育“义工”精神正是其社区建设的巨大突破，我们应该吸收借鉴。社区建设和治理是一个强调参与各方持续互动的连续过程，治理的主体不仅仅是政府，也不仅仅是社区组织、民间组织，而是政府、社区组织与民间组织乃至企业等其他社会组织及社会工作者等各类参与者的综合。这就需要我们每一个组织和个人真正关心社区建设和治理。政府职能部门要理顺和居委会的权力关系并大力支持社区发展，企业、社会组织和个人要乐意为社区作奉献，社区工作者则要根据不同情况找准突破口，创新方法，构建和谐家园。

社区工作者要以居民需求为导向,以服务居民为前提,从实际条件出发,开展各具特色的和谐社区创建活动,这是和谐社区建设的根本点。新加坡的养老服务灵活多样,并且将培育公民社会责任感寓于养老服务中。比如,新加坡华人集中的地方,中华文化传统气息较浓,中文图书馆、佛教寺庙等相应设施则配套齐全;老年住户集中的社区,健康保健、护理等设施就多一些。这是新加坡政府和社区工作者结合居民需要和实际情况探索的成功之路,我们也可以学习借鉴。社区建设要根据社区本身的条件规划建设,不搞一刀切。不同的居民结构、地理环境、历史背景、文化特征,社区需求也各不相同,社区建设模式也应多样化。

第四章　智慧城市建设思路与研究

4.1　智慧城市建设指导方针

建设智慧城市的指导方针，就是要以城市的可持续发展为核心，通过智慧城市建设支撑城市可持续发展战略。要以统筹经济发展、改善民生、社会稳定，针对老百姓最关心、最直接、最现实的利益问题，针对影响社会和谐稳定最突出的问题为基本点和出发点打造高品质城市，包括教育、医疗、环境和社区管理创新。将高品质城市的社会管理和民生服务延伸到社区和基层，让民众切实体验到高品质城市所带来的幸福感，这是智慧城市可持续发展的目标和源泉。

4.1.1　智慧城市与可持续发展的关系

早在2002年中共十六大就将“可持续发展能力不断增强”作为全面建设小康社会的目标之一。可持续发展是以保护自然资源环境为基础，以激励经济发展为条件，以改善和提高民生生活质量和幸福感为目标的发展理论和战略。它是一种新的发展观、道德观和文明观。

建设智慧城市和城市可持续发展具有共同的内涵：

1. 突出发展的主题

发展与经济增长有根本区别，发展是集社会、科技、文化、环境等多项因素于一体的完整现象，是人类共同的和普遍的权利，发达国家和发展中国家都享有平等的不容剥夺的发展权利。

2. 发展的可持续性

城市的经济和社会的发展不能超越资源和环境的承载能力，必须通过现代科技和智能化技术来合理利用资源和确保生态环境，打造绿色城市。

3. 人与自然的协调共生

建设智慧城市必须建立新的道德观念和价值标准，以科学发展观把社会的全面协调发展和可持续发展结合起来，以经济社会全面协调可持续发展为基本要求，学会尊重自然、师法自然、保护自然，与之和谐相处。要促进人与自然的和谐，实现经济发展和人口、资源、环境相协调，坚持走生产发展、生活富裕、生态良好的文明发展道路，保证经济和社会发展的永续性。

4.1.2　智慧城市可持续发展指标体系

智慧城市的建设必须和城市可持续发展结合在一起，以城市可持续发展指标体系(如表

4.1所示)作为智慧城市建设的需求和实现目标。

表 4.1　智慧城市可持续发展指标体系

目标层	准则层	领域层	要素层
可持续发展度(A)	发展水平(B1)	经济发展水平(C1)	经济效益指数(D1)
			国民经济总产值(D2)
			经济开放度(D3)
			产业多样性指数(D4)
		社会发展水平(C2)	恩格尔系数(D5)
			失业率(D6)
			城市生活设施水平(D7)
		环境质量状况(C3)	大气环境质量(D8)
			城市地面水质量(D9)
			饮用水源水质达标率(D10)
			噪声污染状况(D11)
	发展力度(B2)	社会经济增长(C4)	人口自然增长率(D12)
			科教文卫投入比重(D13)
			固定资产投资(D14)
			人均收入(D15)
		城市生态建设(C5)	城市污水处理率(D16)
			新建城区绿化覆盖率(D17)
			城市气化率(D18)
		环境污染控制(C6)	工业废水排放率(D19)
			废气处理率(D20)
			固体废物综合利用率(D21)
	发展协调度(B3)	社会经济协调度(C7)	经济结构协调指数(D22)
			城市化水平(D23)
			人口密度(D24)
		环境经济协调度(C8)	水环境协调关系(D25)
			大气环境协调关系(D26)
			固体废物环境协调系数(D27)
		城乡关系协调(C9)	农产品自给率(D28)
			城乡经济协调指数(D29)
			城镇体系有序度(D30)

其中,可持续发展度(A)作为目标层的综合指标,用来衡量城市生态系统可持续的水平、能力和协调度。准则层包括可持续发展水平(B1)、可持续发展力度(B2)和可持续发展协调度(B3)。领域层由9个指标组成,要素层由30个指标组成。在30项评价指标中,有4项是综合指标,其余为单项指标。

智慧城市可持续发展指标体系的提出基于以下原则和方法:

1. 客观科学性

城市可持续发展系统是由多种要素组合而成的,包括自然、经济和社会生活的诸多方面。评价指标体系的设计必须建立在科学的基础上,客观真实地反映城市可持续发展系统的特征,同时还要体现数据来源的可靠性以及数据处理方式的科学性。

2. 系统整体性

城市可持续发展系统是十分复杂的,每个因子之间既相互独立,又相互制约,故所建指标体系要想充分反映系统的每一个侧面,就必须具有层次性,从宏观到微观层层深入,形成一个完整的评价系统。

3. 可操作性

复杂系统中的各个要素所起的作用并不是相同的。在建立城市可持续发展系统评价指标体系的过程中,力图选择影响城市发展的主要因素,忽视次要因素,以便对城市可持续发展系统进行有效评价。

4. 动态性

可持续发展既是一个目标,也是一个过程,因此要求指标具有动态性的特点,能综合反映城市可持续发展系统的现状特点及其发展趋势。

4.2 智慧城市管理与服务指标体系研究

总结近年来我国在数字城市乃至智慧城市建设中的经验就是,既要采用国际上先进数字化应用理念和信息网络科学技术,学习国际上数字城市建设的成功经验,也要从中国的国情出发,研究和创新出一条具有中国特色的城市信息化发展的道路。

4.2.1 智慧城市管理与服务需求分析

随着我国城市化的建设和发展,科学化的城市管理与服务面临着前所未有的挑战。智慧化城市管理,就是应用现代技术手段建立统一的城市综合管理与服务平台,充分利用信息资源,实现科学、严格、精细和长效管理的新型城市现代化管理模式。目前智慧化城市管理已经从前几年的狭义的"数字城管"扩大到一个智慧城市综合管理与服务的"大城管"的概念,它涵盖了城市的市政管理、城市的市容管理、城市的公共安全管理、城市的交通管理、城市的公共及基础设施管理、城市的水、电、煤、气及供暖管理、城市"常态"下的运行管理和"非常态"下的事故应急处置与指挥等。实行智慧城市综合管理与服务,城市的每一个管理要素和设施都将有自己的数字身份编码,并纳入到整个智慧城市综合管理与服务平台数据库中。智慧城市综合管理与服务平台通过监控、信息集成、呼叫中心等数字化、智能化技术应用手段,在第一时间内将城市管理下的"常态"和"非常态"的各类信息传送到城市综合管理与服务中心,从而实现对城市运行的实时监控和科学化与现代化的管理。

智慧城市管理与服务平台的建设以城市级综合管理监控与服务信息中心为核心,全面实现智慧城市在市政、城管、公共交通、公共安全、环保节能、基础设施、应急指挥等方面信息的互联互通与数据共享的大集成、管理与服务的大应用。以在城市范围内建立数字化与智能化的城市综合管理与服务体系、指标体系、标准体系为先导型研究,以此来指导和支撑具有中国特色的创新型"智慧城市"的全面建设和快速发展。智慧城市管理与服务平台建设应

具有以下需求：

1. 智慧城市管理与服务的创新

智慧城市管理与服务建设的目标，代表了现代化城市管理与发展的方向。随着经济、社会的发展，城市管理与服务必然要从过去那种粗放式管理走向精细化管理；从过去那种行政管理转型到依法管理；从过去那种临时性、突击性的"堵漏洞式"管理转到常态的、经常性的长效管理；从过去那种被动的"批文"处理转到主动地去发现问题和解决问题。要达到上述目的，就必须推进智慧化城市管理，真正使政府管理城市及处理问题的能力从低效迟钝转向高效廉洁。这样就避免了各部门间推诿扯皮、多头管理等"政府失灵"的问题，进一步强化政府的社会管理和公共服务职能。智慧城市管理与服务平台建设开创了智慧城市长效管理与服务机制的创新，具有广泛示范作用。

2. 智慧城市管理与民生服务相结合

智慧城市管理与服务充分体现了"以人为本"的先进观念，将管理寓于服务之中。城市是全体市民的，所以城市管理的出发点和立足点，就是要为广大市民服务，尊重广大市民的意愿，将市民反映的城市管理问题和生活中的诸多不便等"琐事"，通过智慧城市管理与服务平台这个纽带成为政府案头需要解决的"大事"，激发居民参与城市管理的热情，形成市民与政府良性互动、共管城市的格局。并以此密切党和政府同人民群众的血肉联系，为构建社会管理创新、维护安定团结，打造和谐社会夯实基础。同时，对于党政部门转变执政理念和执政方式，提高执政能力和执政水平，都将会产生巨大的影响和发挥积极的促进作用。

3. 提高城市管理与服务效率

智慧城市管理与服务平台大大提高了城市管理与服务的效率并降低了管理成本。智慧城市管理与服务涵盖了政府多个行政部门的管理业务，实现各部门信息资源共享，实现城市管理与服务信息的快速传递、分析、决策和处理，提高了工作效率。由于城市管理人员监督范围扩大，可以节约人力、车辆等巡查成本；由于问题定位精确、决策正确、处置准确，能克服多头处理、重复处理等弊端，单项事件处理成本大大降低。这不仅可以提高城市管理效率，同时也建立了一套对各部门工作绩效进行科学考核的评价体系。

4.2.2 智慧城市管理与服务指标体系研究的意义

智慧城市管理与服务指标体系先导性研究，是量化智慧城市管理与服务目标和绩效考核的标准，是智慧城市综合管理与服务平台设计的重要依据。

智慧城市管理与服务指标体系研究属超大型信息系统先导性研究的范畴，存在着与通常的信息化应用系统完全不同的技术应用和功能实现。智慧城市管理与服务涉及与智慧城市运行、管理和服务相适应的理念、组织、流程、管理、运营等诸多方面。智慧城市管理与服务实现对城市内人与物及其行为的全面感知和互联互通，大幅优化并提升城市运行的效率和效益，实现城市运行管理的科学化、生态环境的友好化、资源配置的集约化、人民生活幸福和谐的可持续发展的智慧城市。智慧城市是新一轮信息技术变革和知识经济进一步发展的产物，是工业化、城市化与信息化深度融合的必然趋势。建设智慧城市，实现以"智慧"引领城市发展模式变革，将进一步促进信息技术在公共行政、社会管理、经济发展等领域的广泛应用和聚合发展，推动形成更为先进的区域发展理念和城市管理模式。

智慧城市管理与服务指标体系包括:城市经济评价指标、城市交通评价指标、城市环境评价指标、城市安全评价指标、城市保障评价指标、城市政府服务电子化评价指标、城市基础设施评价指标。

目前我国部分数字城市乃至智慧城市建设方面存在的一些不成功和不确定的因素。比如,智慧城市多元信息的采集、传输、监控、分析和管理在综合信息化、网络化、数字化、自动化、智能化等技术方面的集成应用与综合展示,缺乏一体化的城市综合管理与服务平台,导致城市缺乏统一的监控、展示、通信、协调、指挥、调度等综合管理的能力,使得政府无法有效地管理现代城市,无法实现长效机制下的城市常态运行监控与突发事件下的城市应急管理的信息集成和快速的协同处理的机制与能力。

又如,在部分数字城市或智慧城市建设中,智慧城市总体框架中的任何一个部分都是复杂巨系统中的一部分,任何一个部门的信息系统都是完整的城市信息系统体系中的一个应用系统,绝不是各自孤立、互不联系的“信息孤岛”。由于缺乏政府部门与城市运行监控管理信息之间互联互通和数据共享交换必要的标准及规范,以至于政府各部门业务应用系统之间无法实现信息集成、网络融合、数据共享和业务协同。

再如,在部分数字城市或智慧城市建设中,缺乏从顶层对城市管理与服务在业务领域、实现功能和运作流程等方面的梳理,无法系统化、规范化、流程化地配置政府各行政业务部门的职能与分工以及工作边界,因而导致政府部门之间业务重叠、业务流程繁琐复杂,办事效率很低。

1. 搭建一体化城市综合管理与服务平台

要实现智慧城市管理与服务功能,必须搭建城市级的一体化信息交换、网络融合、数据共享和业务协同平台,即城市级“一级平台”,将智慧城市中各业务级“二级平台”及应用系统有机地联系在一起,集成为一个相互关联、完整和协调的综合管理、监控、服务系统,使系统信息高度共享和合理分配,克服各系统独立操作、各自为政的“信息孤岛”现象。城市级信息互联互通平台将智慧城市各业务级应用平台及通信接口(如:智能交通、环保监测、政务服务等)集成到统一的计算机网络平台和统一的人机界面环境上,从而实现各业务平台及应用系统之间的信息资源的共享与管理,实现互操作和快速响应与联动控制,以达到智慧城市自动化、智能化的管理、监控和服务。一体化智慧城市管理与服务应以“分散采集、控制,集中管理”为原则,实现信息资源的共享与管理、提高工作效率和提供舒适的工作环境,尽可能地减少管理人员和节约能源,适应环境的变化和工作的多样化及复杂性,及时对全局事件作出反应和处理,为智慧城市提供一个高效、便利、可靠的现代化手段。

2. 编制城市综合信息互联互通与数据共享交换标准

智慧城市建设的指导原则是信息资源的开发与综合利用遵循国家信息化建设的指导方针,充分利用政府电子政务外网的环境和条件,对现有的信息资源进行充分的整合,实现全社会信息资源的互联互通和数据共享交换,消除“信息孤岛”。从而最大限度地满足政府信息化、城市管理信息化、社会民生信息化、企业经济信息化对信息资源共享的根本需求。

建立城市综合信息互联互通与数据共享交换标准的目的是为了在实现各数字化应用平台和各信息化应用系统之间在信息互联互通与数据共享交换时提供一个指导性的基本规定和要求。

制定的信息互联互通与数据共享交换规范包括:结构化数据和非结构化数据访问协议

与数据接口层规范、数据分类编码规范、数据模型规范、数据字典规范、元数据规范、政务信息资源目录服务、视频多媒体数据规范、地理空间数据共享规范,以及共享数据查询规范、数据交换配置规范、数据交换存储规范等。

(1) 数据接口层规范:规定智慧城市各级数字化应用平台和各信息化业务应用系统及智能化监控系统间数据接口层的接口数据类型及接口函数,适用于城市信息系统中数据集层和物理层基于物理独立性的数据动态采集和交换,使得数据能够脱离物理层实现数据的集中和统一的交换、共享及管理。

(2) 数据分类编码规范:规定了智慧城市所辖的地理实体、行业、业务、企事业单位、事件、状态、人员等进行统一分类的原则、方法和分类表,并在分类的基础上给出了上述所管理内容统一标识码的编码规则和方法,适用于城市信息系统数据集的建立、地理实体、部门、业务、事件与人员等的各项管理及不同信息系统间的信息交换。

(3) 数据模型规范:规定了智慧城市中的基础数据集、各个基础数据集的实体组成和概念数据模型,适用于城市信息系统数据模型的建立及不同信息系统间的信息交换。

(4) 数据字典规范:规定了基础数据集各个实体的属性数据项的定义和描述的原则,适用于城市信息系统数据字典的建立及不同信息系统间的信息交换。

(5) 元数据规范:规定了智慧城市中各个基础数据集的元数据内容,适用于信息系统元数据的建立及不同信息系统间的信息交换。

(6) 视频多媒体数据规范:规定了智慧城市各视频及可视化系统中视频流媒体数据编码及提供发布服务的标准和要求,适用于城市可视化管理系统中视频多媒体数据库的建立及不同视频多媒体系统(包括模拟和数字)间视频多媒体信息的交换和共享。

智慧城市各级数字化应用平台和各信息化业务应用系统及智能化监控系统均应执行这个标准。任何不符合上述信息互联互通与数据共享交换标准的数字化应用平台和信息化业务应用系统及智能化监控系统都应通过适当的转换方式,满足本标准所规定的信息互联互通与数据共享交换规范和要求,实现各数字化应用平台和信息化业务应用系统及智能化监控系统间的信息互联互通与数据共享。

3. 构建城市综合管理与服务指标体系、功能体系、业务流程体系

构建城市综合管理与服务指标体系是建设一体化城市管理与服务平台的基础,必须进行先导性研究。同时城市综合管理与服务指标体系应该基于智慧城市功能体系和城市综合管理与服务业务流程体系的基础上。通过梳理智慧城市综合管理与服务业务流程,使得城市管理与服务融合,进一步实现管理寓于服务之中,进一步优化政府职能,可以让民众充分了解政府机构的组成、职能、政策法规、办事流程、行政决定等,使政府与民众的沟通渠道变得十分便捷和畅通,同时也提高了政府工作部门工作的透明度,促进政府的廉政建设。因此构建城市综合管理与服务指标体系使政府管理创新和社会管理创新紧密相连,同时也是政府管理创新的一个重要内容和应用手段。这也更加说明了构建城市综合管理与服务指标体系在促进政府行政的信息化、现代化、民主化、公开化、效率化等方面起着十分重要的作用。

4.2.3 智慧城市管理与服务指标体系研究的方法

在智慧城市管理与服务建设需求的基础上,指标体系研究的思路就是以指标体系研究为先导,形成指标体系、标准体系、管理与服务流程设计的成果,以此指导和支撑城市管理与服务平台建设的总体设计和详细设计，确定平台及应用系统软硬件配置，实现信息与系统集成，完成平台及应用系统管理与服务的全部功能。图 4.1 展示了智慧城市管理与服务指标体系研究阶段的主要模块。

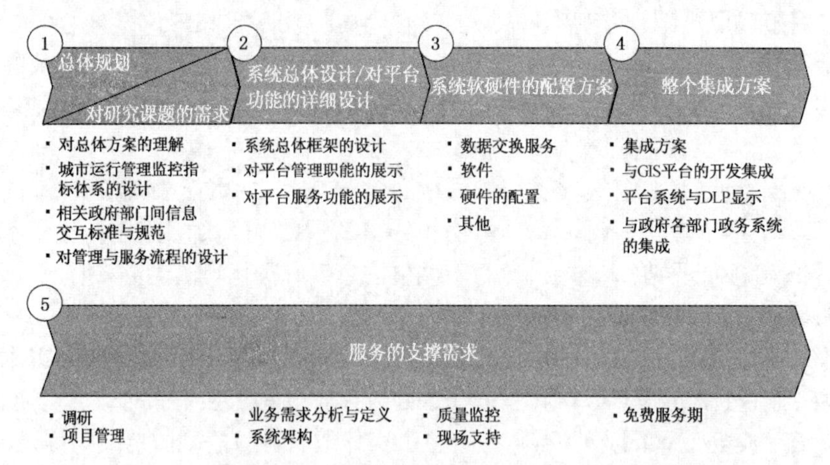

图 4.1　智慧城市管理与服务指标体系研究阶段的主要模块

在智慧城市规划中应明确提出提高城市综合管理能力，以信息共享、业务协同为重点，加快城市信息资源融合利用，建成政务数据中心和综合政务平台，提高政府管理整体效率。

具体来讲，要求汇集权属单位管线基础数据，建设城市地下管网数字化工程，为应急管理、行业监管、企业管理提供综合信息服务。以国家智能交通系统体系框架为指导，采用无线射频、高速影像识别处理、GPS、GIS 等技术形成的综合解决方案，建设以全面感知为基础的新型智能交通工程，加强城市交通管理和服务。以高性能信息处理、云计算、物联网等先进技术应用为重点，加快推进公共安全、环境监测、应急联动等方面的项目建设。构建全市网格化巡防管理机制，实施城管与公安等执法部门联合巡防，市容管理与治安管理对接，建设城市管理信息中心，建立精确、敏捷、高效、全时段、全方位覆盖的指挥和应急处置系统，形成城市特色的长效城市管理模式。

智慧城市规划的要求为智慧城市建设的必要性提供了理论依据，并为研究课题提供了明确的研究方向。针对智慧城市规划的要求，我们理解，智慧城市建设面临两大挑战：面向服务的政府职能转型和体制改革；部门壁垒造成信息共享不畅，跨部门的协同合作效率不高。智慧城市的研究课题目标也正是为应对两大挑战而制定的解决方案。包括以下方面：

1. 指标体系研究

指标体系用于衡量和反映城市综合管理与服务水平的现状和未来发展潜力并为城市管理和服务监控提供明确的、可衡量的标准，同时为政府决策提供依据。

2. 信息互联互通与数据共享交换标准

建立政府管理与服务部门之间的信息共享的长效机制，打破部门壁垒造成的“信息孤岛”，为数据共享平台的建设提供操作基础；制定信息管理准则，对现有各部门系统数据及将来数据共享平台的数据提供元数据管理、数据质量管理、主数据管理、数据生命周期管理、数据安全管理。

3. 城市管理和服务流程的梳理和优化设计

结合城市管理和服务指标体系，将原有面向组织与职能的流程改造为面向管理与服务

的流程，以支持高效管理并向市民和企业提供服务为目标。

指标体系作为衡量智慧城市管理与服务的重要标准，对城市各项工作有着十分重要的指导作用。通过指标体系中某个指标的变化可以较为准确地反映城市运行中某个方面的实际情况，相关部门领导可以根据指标设定的标准对该方面采取相应的措施。

另外，经过多年的发展和系统建设，城市各部门内部的系统已经相对较为完善，各部门的指标体系可以较为准确地反映与本部门相关的实际情况，但对于涉及跨部门相关的、需要信息共享的指标来讲，目前还没有一套有效的方式进行展现。

4.2.4　智慧城市管理与服务指标体系研究的成果

智慧城市管理与服务指标体系研究具有以下成果：

1. 指标体系支撑智慧城市科学发展决策

指标体系研究有助于支撑智慧城市科学发展决策，促进政府对城市进行科学与有效的管理和服务，通过指标体系既可以全面、客观地反映城市综合运行状况，又可以从不同角度反映城市运行的各个方面。

(1) 指标体系与民生发展紧密结合：对智慧城市所应具备的民生发展相关因素的综合归纳，保证智慧城市的建设能够充分满足市民的需求，提高其生活幸福度与和谐程度。

(2) 指标体系与政府施政密切相关：对智慧城市所要求的政府施政相关要素的科学分析，使得智慧城市建设能够切实保证政府部门施政效率的提升，施政过程的阳光透明，施政流程的合理优化，从而有效提升政府部门的施政效率。

(3) 指标体系与产业提升密不可分：对智慧城市所应体现的产业提升相关方面的分析，有效推动智慧产业发展，实现产业结构转型，最终保证经济可持续发展。

(4) 指标体系与信息基础设施相辅相成：通过对智慧城市建设所要求的相关信息基础设施要素的全面考量，为智慧城市建设提供完善的有线、无线网络服务以及相关信息系统的正常运行和安全保障。

(5) 在指标体系设计过程中，不同于一般智慧城市指标体系只单纯从指标当前值和目标值进行评价，我们还将引入范围值概念，并进行分级。根据不同级别应对相应措施，以提高城市运行管理的实效性和支撑性。

综上所述，通过指标体系的研究和完成编制工作，将为智慧城市管理与服务平台建设设定一个详尽完备的整体目标，使得相关业务子平台及应用系统的建设都有一个明确的功能实现的要求，同时将城市运行管理的各个要素进行量化分析，从而给予智慧城市的具体建设更加正确的引导以及良好的数据支持，以此为城市发展的决策提供科学有力的支撑，最终保证智慧城市建设的成功。

2. 为产业转型提供导向指标和精准数据

“十二五”期间，在一、二、三产业协调发展的前提下，提出发展服务业作为产业结构优化升级的战略重点，加快形成服务业大发展的态势，全面实施“服务业倍增计划”，推动服务业发展提速、比重提高、结构提升，率先形成以服务经济为主的产业结构，成为具有较强影响力和辐射力的区域性现代服务业中心。另外，智慧产业作为智慧城市建设过程中的重要部分，对于完善智慧城市建设，优化城市产业结构，提升城市整体实力都具有举足轻重的作用。根据这一指导思想，应按照一、二、三产业的具体分类方式，对相关细分行业的具体发展规模和提升幅度设定相应指标体系，进而较为合理地反映城市产业发展的状况，并对政府决策起到必要的支撑作用。

4.3 智慧城市建设前期工作的重要性

4.3.1 智慧城市建设前期工作的内容与流程

智慧城市建设前期工作包括：需求分析、可行性研究、总体规划、信息化体系结构分析、信息资源共享调查与分析等。智慧城市建设前期工作是智慧城市建设整个生命周期的重要阶段。在智慧城市建设愿景和总体建设目标的前提下，首先要进行智慧城市建设需求分析，通过需求分析了解和明确智慧城市到底需要建设"什么"；接下来进行智慧城市建设可行性研究，通过初步调查和详细调查，搞明白智慧城市需要建设的内容和系统在技术、操作、经济等方面是否"行得通"，是否"做得到"；在可行性研究报告的基础上，根据智慧城市建设就是一个超大规模信息系统工程建设的特点，还需进行智慧城市信息化系统分析；在经过智慧城市需求分析、可行性研究、信息化系统分析的调查、分析、研究的基础上，就有了充分的"发言权"，这对于编制智慧城市总体规划是大有益处的，使得"总规"明确智慧城市建设实施战略和计划，以及指导下一阶段的智慧城市各业务平台及应用系统设计的完整性、准确性和可操作性的原则和要求。智慧城市建设前期工作的流程如图 4.2 所示。

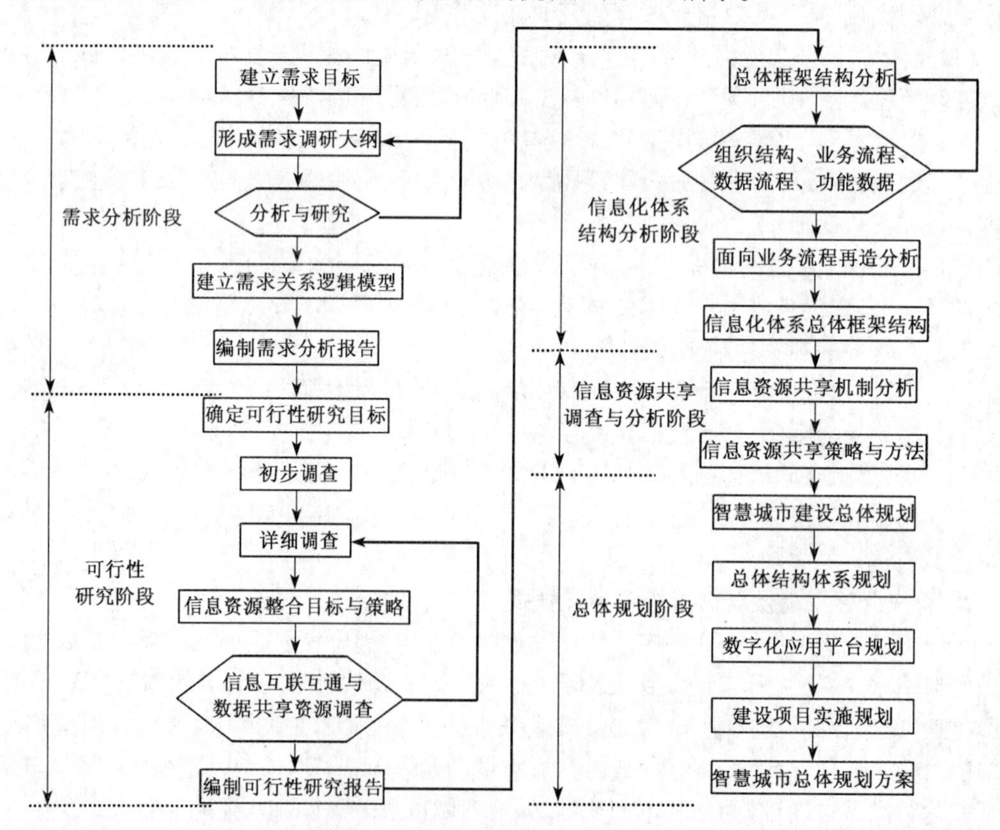

图 4.2 智慧城市建设前期工作流程图

智慧城市建设系统工程与通常的建设工程项目在需求、设计、实施和运作诸多方面具有显著的区别和特殊性。智慧城市建设系统工程属超大型信息系统工程范畴，存在着与通常的建设工程项目完全不同的技术应用和功能实现，以及与整个现代城市运营、管理和服务相适应的理念、组织、流程、管理、运营等。目前我国在智慧城市建设方面存在一些不成功和不确定的因素，例如：在智慧城市多元信息的传输、监控和管理以及一体化信息互联互通与数据共享等综合信息化、网络化、数字化、自动化、智能化等技术应用方面；在智慧城市建设专业人才方面；在智慧城市总体框架结构顶层设计方面；城市级应用平台和业务级应用平台的划分与分类体系还没有标准和规范，特别是在城市级信息互联互通与数据共享等一系列重要的信息化基础设施建设方面还没有成套的标准和成熟可借鉴的经验及案例。另外有些智慧城市建设单位对实施智慧城市系统工程的风险没有足够的认识，对智慧城市系统工程的特殊性和系统工程运作的特点不甚了解，对智慧城市系统工程建设全生命周期中的各个实施阶段工作的内容和操作缺乏经验。因此通过智慧城市建设总体规划的工作，可以全面了解智慧城市建设对信息化和智能化的实际需求，采用科学的观点，从信息、系统、方法的角度来充分认识智慧城市建设的难点和不确定因素，并通过智慧城市建设总体规划大量细致、全面、缜密和认真的工作，将智慧城市由于上述不确定因素所造成的负面影响降到最低。

智慧城市建设系统工程实质上是以城市应用现代科技，实现城市综合管理和公共服务的现代化和信息化，因此智慧城市建设不仅仅是一个科技应用的问题，更重要的是体现了现代城市管理与运营的理念和策略，特别是城市管理和公共服务指导思想和模式的创新。系统技术应用和城市管理理念的结合与创新，完全依赖于智慧城市建设前期的调查研究和统计分析等一系列基础工作的开展，包括现代城市需求分析、现代城市管理与服务总体框架结构分析、现代城市运营流程再造、智慧城市建设可行性研究、现代城市战略性总体规划设计等。尽管这些前期基础工作涉及面广，调查、分析、论证工作量大，技术性强，统计数据繁杂，工作开展起来千头万绪，相当复杂困难，然而只有通过智慧城市建设总体规划的工作和任务的完成，才能够为智慧城市建设目标、建设体系与内容、实施要求、实现功能、技术应用等提供战略性、纲领性、指导性文件和文档，这些也为接下来的智慧城市总体系统设计和系统工程实施提供了规范的依据。由此可见智慧城市建设总体规划工作对智慧城市建设系统工程实施的成败影响巨大，智慧城市建设者们必须高度重视智慧城市建设前期基础工作的重要性、复杂性和关键性。

4.3.2　智慧城市建设需求分析

智慧城市建设需求分析不仅仅限于通常对信息系统需求的分析，还要针对城市综合管理和公共服务的功能方面，分析的重点是政府在城市管理和服务方面的运作流程，通过对政府目前在城市管理和服务的内容、流程、功能方面的现状进行调查、研究、分解和论证，以明确当前问题的所在，充分认识和研究解决这些问题的需求所在，为政府解决这些问题制定的目标和可能的方案提供科学依据。

智慧城市建设需求分析是应用信息论、系统论、控制论的观点，对智慧城市选定的对象与建设范围进行有目的、有步骤的实际调查和科学分析的总称。需求分析的目的是要弄清楚原城市运作体系正在“做什么”，通过对现有城市管理和服务体系在运作流程方面的调研、分析和描述，回答未来智慧城市应该“要做什么”的问题。

在智慧城市建设需求分析成果的基础上,根据科学的判断和决策确定智慧城市"要做什么"以后,就可以开展智慧城市建设可行性研究、智慧城市信息化体系结构分析、智慧城市信息资源共享调查与分析、智慧城市建设总体规划设计等一系列智慧城市建设前期工作。

1. 智慧城市建设需求分析的任务

智慧城市需求分析的任务是:由智慧城市建设部门或聘请专业咨询顾问公司共同对城市管理和服务现状开展充分的调研工作。调研的重点是:

(1) 调研目前政府各业务部门的运作流程及信息处理的流程、内容和采用的方法,分析现有运作流程对于政府部门之间、政府部门与公众服务之间存在的问题,分析现行运作流程的局限性和不足之处,找出制约现行运作的"瓶颈"。

(2) 调研目前政府各业务部门在城市综合管理和公共服务方面对信息的需求,政府部门之间、政府与公众之间、政府与企业之间需要信息互联互通与数据共享的内容和需求。

(3) 调研目前政府在城市综合管理和公共服务方面最薄弱的环节,群众最迫切需要解决的问题,政府相关部门打算解决这些问题的手段和方式。

(4) 调研目前政府和行业信息化程度以及信息系统配置情况,明确本部门与其他业务部门信息共享和业务协同的范围,本部门在信息化建设方面的计划和目标。

在智慧城市上述调研的基础上形成"智慧城市需求逻辑模型"。以科学发展观,应用信息论、系统论、控制论的观点,确定智慧城市应具有的逻辑功能,以一系列分析数据和图表以及文字描述表示出来,形成智慧城市新运营体系逻辑模型,并对智慧城市新运营体系逻辑模型进行深入的解释和说明,形成《智慧城市建设需求分析报告》,它是智慧城市建设总体规划最重要的成果。

2. 智慧城市建设需求分析的基本步骤

智慧城市建设需求分析可以采用信息系统通常的分析步骤进行。

(1) 概要分析

制定智慧城市建设需求分析调研大纲,根据调研大纲对政府运作流程,在城市管理和服务组织结构现状、信息和应用现状方面进行初步调查和统计整理,获得第一手资料并整理成相应的基础数据文档。

(2) 详细分析

将通过调查获得的基础数据文档等资料进行分析、汇总和处理,弄清目前政府组织结构及运作流程与城市管理和公共服务等功能之间的相互关系,特别应重点分析拟建智慧城市与政府、城市、社会、企业在信息化需求方面的关系。建立数据字典和数据之间的逻辑关系、实体与关系模型(E-R 图)、功能与数据间的关系(U/C 矩阵)、基础应用平台和业务应用系统划分、信息互联互通与数据共享软硬件现有资源及环境支撑需求、城市基础网络设施需求等,并在此基础上进一步进行详细调查和确认。

(3) 需求分析成果

通过对前两步得到的分析结果进行总结,建立智慧城市新运营体系逻辑模型,并对智慧城市新运营体系逻辑模型进行深入的解释和说明,形成《智慧城市建设需求分析报告》。

在运用上述步骤和方法进行系统分析时,调查研究将贯穿于智慧城市需求分析、可行性研究、信息化体系结构分析、信息资源共享分析、总体规划设计这整个智慧城市建设前期工作的全过程。调查与分析经常交替进行,需求分析深入的程度将是影响智慧城市建设前期

工作成效的关键。

3. 智慧城市建设需求分析提交的成果

智慧城市通过需求调研、概要分析、详细分析并进行总结，形成《智慧城市建设需求分析报告》并提交，该报告包括以下内容：

(1) 智慧城市内外部环境分析报告。

(2) 智慧城市现状特点和可持续发展趋势分析报告。

(3) 智慧城市建设功能需求分析报告。

(4) 智慧城市发展愿景和总体建设目标报告。

(5) 智慧城市建设总体思路与策略报告。

4.3.3　智慧城市建设可行性研究

1. 智慧城市建设可行性研究概述

在智慧城市建设需求分析的基础上，接下来需要进行智慧城市建设可行性研究，而不能马上着手进行智慧城市总体规划设计工作，因为实践证明，这样做可能会造成在花费了大量人力和物力之后，才发现目前并不具有建设智慧城市的能力以及没有实际建设的动力和需求，造成智慧城市建设的虎头蛇尾。

智慧城市建设可行性研究是智慧城市建设需求分析的进一步深化，同时也是智慧城市建设总体规划设计的前期基础工作。可行性研究通常需要经过初步调查、详细调查、分析研究、形成可性报告四个阶段。初步调查和详细调查为可行性分析提供定性的和定量的根据。在调查的深度与广度上要恰当把握，过浅与过窄可能导致产生错误的结论，而过深与过细也会造成偏离可行研究的目的和将调查研究的内容扩大化，从而造成在时间上和人力成本的浪费。通常在通过《智慧城市建设可行性研究报告》和“立项”后，还需要进行智慧城市总体体系结构和智慧城市信息资源共享的专题研究和分析的工作。

可行性研究是智慧城市建设总体规划工作的重要阶段和工作内容，它是在需求分析的基础上，通过分析当前城市管理和公共服务物理系统导出抽象的逻辑模型，再从技术可行性、操作可行性、经济可行性三个方面对逻辑模型所导出的所有物理系统进行选择。可行性研究为进一步制定智慧城市建设总体规划提供了依据和指导原则。可行性研究是衔接需求分析阶段和规划设计阶段的重要中间阶段。可行性研究调查的目的就是，要用最小的代价在尽可能短的时间内确定所调查的问题，经过缜密的分析和研究，确定是否具有解决这些问题的能力和措施，即是否具有可行性。可行性研究调查的目的不是解决问题的本身，而是确定问题是否值得去解决并且提供如何解决的方针和原则。

初步调查是衔接需求分析和详细调查的一个中间阶段，是在项目意向确定和需求分析之后，对项目的初步调查和评估。详细调查是对拟开发项目的技术、经济、环境及社会影响等方面进行更进一步的深入调查研究。对于智慧城市这个特大型的系统体系更是如此。初步调查可以将详细调查的内容简化，通过调查研究作出粗略的论证和评估，其目的为：确定所分析项目是否具有建设必要和发展前景，从而决定是否应该继续深入进行详细调查和研究；项目中是否存在某些关键性的技术或项目急需解决；必须要做哪些进一步职能方面的研究或工作流程再造方面的辅助研究。

2. 智慧城市建设可行性研究的初步调查

1）目标

初步调查是系统分析阶段的第一项活动。在需求分析阶段,已经确定了智慧城市建设的总体战略目标,组织信息需求分析和资源及应用环境的约束,将整个管理信息系统的建设分成若干项目进行调查。初步调查的工作面向整个组织的,着重于系统的总体目标、总体功能和发展方向,对于项目目标、规模和内容并进行初步的分析。

2）内容

系统分析人员要调查有关组织的整体信息、有关人员的信息及有关工作的信息。还要分析:现在有什么?需要什么?在现有资源下能提供什么?此项目有无必要和可能作进一步的调查与开发?主要内容包括以下几点:

(1) 系统的外部环境:现行系统和哪些外部实体有工作联系,有哪些物质或信息的来往关系,哪些环境条件(包括自然环境和社会经济环境)对该组织的活动有明显的影响。

(2) 现行系统的概况:包括功能、人数、技术条件、技术水平、管理体制、工作效率、可靠性等。

(3) 现行系统的重要性:它和行政领导和各管理部门以及各基层是怎样联系的,信息收集和传送的渠道是什么,它能掌握哪些信息,不能掌握哪些信息,哪些部门向信息系统提出信息要求。

(4) 对现行系统的情况及新系统的研制持怎样的态度:包括各级领导、各管理部门、各基层单位以及有工作联系的外单位,它们对现行系统是否满意,什么地方不满意,希望如何改变,反对如何改变,以及这些看法的理由。

(5) 系统研制工作的资源情况:用户对于研制新的信息系统可以或者打算投入多少人力(何种技术水平及管理水平的人)、物力(多少钱,多少设备)以及时间(可以给出多长研制时间)。

3）结论

(1) 拟开发项目有必要也有可能进行。

(2) 不必进行项目开发,只需对原有系统进行适当调整与修改。

(3) 原系统未充分发挥作用,只需发挥原有系统的作用。

(4) 目前无必要开发此项目。

(5) 目前不具备开发此项目的条件。

如果结论是第一条,系统分析员要向拟定系统的单位主管提出《系统规划建议书》,包括以下内容:项目名称、项目目标、项目规划的必要性和可能性、项目内容、项目规划的初步方案、系统设计的安排等。

4）初步调查的要点

(1) 初步调查要注意宏观上的内容,如组织概况等,不要一下子陷入具体细节之中去。

(2) 注意对组织周围环境情况的调查,如现行的情况、上级的态度、政策法规、发展的前景等。

(3) 多定量、少定性,收集具体数据。

3. 智慧城市建设可行性研究的详细调查

详细调查与初步调查不同,详细调查是要了解现行城市管理与服务系统中信息处理的

具体情况，而不是系统的外部情况，是要弄清现行系统的基本逻辑功能及信息流程，其重点在于调查分析系统内部功能结构，其中包括组织机构、业务流程、数据流程、数据存储及组成等。详细调查的细致程度比初步调查要高得多，工作量也大，参加的人也多，而且要有一些熟悉现行系统业务和管理工作的人员。

由于新系统的开发要"基于原系统，高于原系统"，因此系统分析的关键是对现行系统进行详细的调查。详细调查是为了弄清现行管理信息系统的状况，查明其执行过程，发现薄弱环节，收集数据，为设计新系统提供必要的基础资料。

1）详细调查的目的与原则

详细调查的目的是根据系统初步调查，进一步规定新系统的目标、范围、规模和要求。在对现行系统进行调查的前提下，明确新系统要做什么(What)、怎么做(How)、何时做(When)以及存在什么问题(Problem)。系统的详细调查是一项深入、细致、详尽的调查，它涉及城市管理与服务的内部组织和职能，各部门(或各子系统)、工作流程、信息流、信息处理工作、信息的关联等。

在系统详细调查中，应当遵循真实性、全面性、规范性、启发性的原则，即调查资料应真实、准确地反应现行系统状况，不依照调查者的意愿反应系统的优点或不足；任何系统都是由许多子系统有机地结合在一起而实现的；有一套循序渐进、逐层深入的调查步骤和层次分明、通俗易懂的规范化逻辑模型描述方法；在调查中，需要逐步引导，不断启发，尤其在考虑计算机处理的特殊性而进行的专门调查中，更应该善于按使用者能够理解的方式提出问题，打开使用者的思路。

2）详细调查的准备

由于系统详细调查工作的重要性和特点，在调查开始前做好调查准备是非常重要的。调查的准备工作主要有：熟悉业务、拟订调查提纲、确定部门负责人员和业务配合人员、确定调查线路、动员和人员培训等。

(1) 熟悉业务。首先要展开对与业务工作相关的管理理论、方法、业务、发展动向、趋势等内容的学习，对相关业务工作重点、难点的学习；了解国内外其他企业在该类运作与管理信息系统应用方面的水平、深度和广度，这样对新系统设计的实用性、先进性就有一个大体的把握，便于调查工作的开展。

(2) 拟订调查提纲。拟定调查提纲可以使业务人员事先做好准备工作，使系统分析人员能心中有数。其内容可以根据实际情况来修订。

(3) 确定部门负责人员和业务配合人员。为了使详细调查工作有序、有效地进行，需要在所被调查的部门高层领导中确定负责人，让其具体负责详细调查工作的领导和管理工作，同时还要确定各部门配合调查的负责人，让其对涉及本部门的调查工作进行配合，具体工作由业务配合人员协助调查小组完成。所选的业务配合人员应该非常熟悉业务，具有良好的协作精神，责任心强。在详细调查工作中，由高层领导中的负责人领导工作，将介绍业务、提供资料等工作列入配合人员的必须完成的工作之列，为详细调查和分析工作提供畅通的、融洽的、有保证的工作环境。

(4) 确定调查路线。详细调查一般采取"自上而下"的调研策略，即从被调查部门领导、部门负责人到业务人员。采取这样的调查路线符合系统的观点，这种调查路线有整体性、发现潜在的需求、提出部门对本系统的要求、使新系统的逻辑模型具有一定的前瞻性等诸多益处。

(5) 动员和人员培训。详细调查工作往往涉及面广、时间长,而且在调查的过程中会给相关人员增添工作量,需要多方面人员的配合,因此应该对相关部门的人员进行动员和培训。动员工作使被调查部门人员了解国内外使用信息技术的情况,了解开发新的管理信息系统工作的重要性、必要性和紧迫性,使他们能积极支持这项工作的开展。培训工作使相关的业务人员了解计算机能做什么,并根据拟订的调查提纲,培训他们如何积极主动地参与、配合、协助调查工作以及系统分析的其他工作。

3) 详细调查的内容

详细调查的主要内容涉及输入信息、过程处理、输出信息以及信息编码等。

(1) 输入信息。输入信息的调查对系统分析和设计有很大影响。对每个要输入的信息组,需调查的具体事项有:输入信息组的名称,输入目的和使用场合,采集手段(人工或自动),输入周期、时间,最大输入量、平均输入量,复制份数,送到何处,保存期限,产生输入信息组的部门及人员,数据项、位数、类型、上下界的值等。

(2) 处理过程。对每一处理和加工过程,需调查的具体事项有:处理加工的内容,处理过程名称,过程处理的部门,过程处理采用的方法、算法,过程处理的时间,产生的输出信息,处理时采用的核对检查措施,过程处理的必要性,对异常情况有无处理措施,如对异常情况有处理,则应进一步了解其处理方法、处理负责人、发生的频率、处理所需时间等。

(3) 输出信息。系统是为了获取输出信息而建立的,因此对现行系统的输出信息要做详细的、不遗漏的调查,在此基础上改进和建立新系统。对每个输出信息组,需调查的具体事项有:输出信息组的名称,使用部门或使用者,使用目的及必要性,产生输出信息的部门,产生输出信息的方法,制作时间和周期,发行份数,处理的信息量,送交方法,数据项名、位数、数据类型,核对方法,有关的输入信息等。

(4) 信息编码。编码的具体方法、形式、使用范围与使用编码的方法、方式有密切关系。现行编码对新系统的设计具有很大影响,需调查的具体事项有:编码的名称,编码的方法、规则、要领,编码序号的总数,编码的位数、段数,起始码、最大码,缺码率,追加或作废频率,管理部门等。

4) 详细调研方式

(1) 重点访谈方式

重点访谈方式一般用于对高层管理人员的调查。调查工作开始前一般要准备一组问题,这样一方面能引导调查工作的进行,另一方面可保证调查范围的完备性。这些问题一般要包括以下内容:

① 你所在的工作岗位是什么?

② 你的工作任务是什么?

③ 你每天的工作怎样进行时间安排?

④ 你的工作流程是什么?

⑤ 你所接触的报表、数据有哪些?这些数据在细度、全面性、获取速度上存在哪些问题?

⑥ 从全局考虑,你认为哪些管理业务或工作流程需要改进?

⑦ 你认为新的信息系统应该重点解决哪些问题?

重点访谈的方式除了用于了解高层管理人员的信息和功能需求外,有时还用于对其他

调查方法的补充和对调查结果的确认。

(2) 现场观察方式

有时存在这样的情况,即无法通过简单的填表或访谈准确地掌握某些业务操作的一些细节。在这种情况下,一般需要采取现场观察的方式来了解这些业务细节,即系统分析人员到相应的岗位与具体业务人员一起工作一段时间,亲身感受业务活动的流程和具体操作过程及可能的异常情况和处理方法。

现场观察的调查方法是完善信息系统调查工作的一种方式,这种方法一般用于了解业务处理中的不规范处理情况和处理细节。通常政府和企业的管理过程大部分是规范的,但是这些过程的运行过程中却需要处理许多不规范的情况(事件)。对这些不规范的情况的了解,一般要采取深入实际的调查方法,因为对业务人员来说,他们对这些不规范的业务事件并没有形成系统、全面的认识,无法进行系统、全面的描述。这种方法适用于对特定问题的调查,如了解事故原因、确定定额等问题的调查。

(3) 座谈会方式

座谈会方式是由主持人组织一定的人员在一定的地点对特定问题进行讨论以获取调查结果的方法。这种方法具有调查的范围广、针对性强、获取信息真实等优点,但是存在着对主持人组织能力和参会人员的代表性要求高等缺点。这种方法适用于需要公众参与和可以由职能部门组织召开的问题调查,如了解部门业务范围、工作内容、业务特点、工作流程、存在的问题以及对新系统的想法、建议和要求等。

(4) 问卷调查方式

问卷调查方式是将要调查的问题以表格的形式在规定的时间内发送到一定的人员范围内填写并及时回收,经过统计、归纳后得到调查结果的方法。这种方法具有调查的范围广、及时、准确、科学等优点,但是存在着对问卷设计要求高、动用人力物力较多等缺点。这种方法适用于需要公众参与和可以简单回答的问题调查。

4. 智慧城市建设可行性研究的可行性分析

可行性分析阶段的主要任务是在系统详细调查的基础上,对新系统是否能够实现和值得实现等问题作出判断,以避免在花费了大量的人力和物力之后才发现系统不能实现或新系统投入使用后没有任何实际意义而引起不必要的投入。对新系统可行性的分析,要求用最小的代价在尽量短的时间内确定系统是否可行。在系统详细调查的基础上,分析现行系统及新系统与现行系统之间的差别,为下一步规划新系统提供可行的依据和规划原则。

1) 可行性分析的内容

(1) 技术上的可行性

技术上的可行性是根据新系统的目标衡量所需要的技术是否具备,如硬件、软件和其他应用技术,以及从事这些工作的技术人员数量及水平等。

硬件方面主要考虑计算机的内存、功能、联网能力、安全保护设施,以及输入、输出设备、外存储器和联网数据通信设备的配置、功能、效率等。软件方面主要考虑操作系统、业务系统、数据库系统、信息集成系统、应有软件包的配置及功能等。当然,这里研究的技术必须是已经普遍应用,有现成产品或可二次开发的,而不是待研究或正在研究的。

(2) 操作上的可行性

操作上的可行性应从管理的角度来考虑。具体可从以下方面分析:

① 科学管理的基础工作是建立管理信息系统的前提。只有在合理的管理体制、完善的规章制度、稳定的运营秩序、一套科学的管理方法和程序以及完整、准确的原始数据基础上，才能有效地建立管理信息系统。如果一个待开发的新系统连原始数据都不齐备，无章可循或有章不循、管理混乱，则暂不具备开发新系统的可能性。

② 领导的现代化管理水平，尤其是他们的信息意识如何，是新系统成败的关键。一个具有现代化管理意识的领导会从长远的发展角度看问题，从提高组织的素质、增强组织竞争力的意义上看待建立新系统的必要性，这样才能开发一个成功的系统。

③ 智慧城市是一项长期性的系统工程，要顺利实施智慧城市的进程，组织协调工作至关重要。首先，政府要将智慧城市建设作为“一把手工程”，成立智慧城市建设领导机构，由政府“一把手”任组长，党委、政府的其他相关领导任副组长，政府的直接相关部门、企业负责人为成员。由政府一级部门“信息化委员会”承担智慧城市建设的日常工作。其次，建立智慧城市建设领导机构组织体系和管理制度，明确任务、加强协调配合、通力合作，形成统一指挥调度的命令。实现部门联动，政府各部门、单位和企业要在智慧城市建设领导机构的统一指挥下开展智慧城市建设的各项工作，如需求分析、可行性研究、信息化体系、总体规划、总体设计、施工图设计、系统工程招投标、项目实施、组织验收、技术培训、运行管理、维护保养、提升扩展等。确保智慧城市建设的顺利进行及政府信息化、城市信息化、社会信息化、企业信息化建设同步推进。

④ 智慧城市建设管理和技术人员的培训，是智慧城市建设的重要基础工作。人员培训的目标是要求掌握智慧城市所涉及的各种技术和设备，更有效和更全面地应用、管理系统。对于一般工作人员，应能灵活操作、使用系统；对于系统管理人员和技术人员，要能够达到独立操作、分析、判断解决系统一般性问题。

⑤ 智慧城市是一项复杂的系统工程，其建设周期跨度较大，任务繁重，涉及面广。因此智慧城市建设必须有步骤、分阶段地进行，建设目标相应地分为近期目标、中期目标和远期目标。根据本地区的现状，通常智慧城市建设需要 5 年左右的时间。

⑥ 在智慧城市建设可行性研究和部署过程中，应考虑合理部署及配置，尽量做到统筹集约、均衡负载，充分合理利用硬件设备资源，充分考虑节能环保以及消防、职业安全与卫生等问题的可行性研究。

(3) 经济上的可行性

经济上的可行性主要是对开发项目的成本与效益作出评估，即新系统所带来的经济效益是否超过开发和维护所需要的费用，在经济上是否合适。

智慧城市建设项目的投资估算应依据国家建设项目投资估算的有关规定编制，投资测算遵循“符合规范、结合实际、经济合理、不重不漏、计算正确”的指导原则。

智慧城市投资估算的编制应包括以下内容：

① 项目前期费用：包括需求分析和可行性研究调研及考察费用、专家及咨询顾问费用、总体规划、总体设计及施工图设计费用、项目招投标费用等；

② 项目实施费用：包括系统软硬件、数字机房、系统设备安装及调试的费用；

③ 项目开发费用：系统开发所需要的人工的费用及其他有关开支；

④ 运行费用：包括运行所需的各种材料的费用、设备的维护费用以及其他与运行有关的费用；

⑤ 培训费用:包括用户、管理人员、操作人员以及维护人员等的培训费用。

2）可行性分析的步骤

可行性分析所需的时间取决于系统的规模,一般从几周到几个月,所需经费为整个项目花费的 2%～5%,大型项目还需要建立开发原型。可行性分析的一般步骤如下:

① 确定系统的规模和目标。分析系统的出发点是否正确,目标是否正确。

② 明确基于城市管理与服务的主要信息需求是什么。明确现行系统是否能够满足目前的需求,如果不能,问题出在什么地方。这就需要对现行系统进行有针对性的调查。这一调查活动容易出现的问题是在现行系统调查上费时太多。系统分析人员要明确这一调查活动不是要详细描述系统做什么,而是要理解现行系统在做什么。通常只需调查现状,以便系统分析员明确问题的所在。

③ 提出拟建新系统的初步设想。在调查的基础上要勾画出顶层数据流图和相应的数据字典,不需进行详细分解(除非在哪一方面发现问题而有必要时)。要弄清楚新系统与其他系统的接口,这在设计新系统时是很重要的约束条件。

④ 审查新系统。与用户交换意见,对要解决问题的规模、目标与关键技术应用进行审查,以数据流图和数据字典为基础,对初步设想的新系统进行评估,如发现问题和不一致之处,找出解决问题的办法,重新审定。反复几次以使系统逻辑模型满足新系统的需求。

⑤ 提出并评估可能的替代方案,并进行可行性研究。这里可行性研究要涉及新方案,即解决问题的可能途径,如软硬件的配置等。

⑥ 给出项目做还是不做的选择,同时确定方案。

⑦ 制定项目开发计划,包括人、财、物的安排。

⑧ 撰写可行性分析报告。

⑨ 向用户和专家审查小组或可行性研究指导委员会(顾问单位)提交结果。

3）编制可行性分析报告

经过详细调查与可行性分析后的结果需要编写成为可行性分析报告,其内容包括以下几个方面:

① 项目概述:包括系统名称、任务由来、存在的问题和重要程度。

② 系统目标:经过详细调查,用户和系统研制人员共同确定的系统目标与范围。

③ 项目投资:包括人力、资金、设备及时间。

④ 可行性分析:从技术、经济、管理、软环境等多方面,分析在现有的资源及其他条件下,系统目标是否可以达到,是否有必须达到的内容和要求。

⑤ 分析结论:根据以上分析,对提出的新系统研制做出是否可行的模型结构。

4）可行性分析的结论

① 可立即开始进行下一步总体规划设计的工作。

② 需要增加资源才能开始进行(例如增加投资、增加人力、延长时间等)。

③ 需要推迟到某些条件具备后才开始进行(如管理工作的改进、组织机构的调整等)。

④ 需要对目标进行某些修改才能进行。

⑤ 不能或没有必要进行(如经济或技术条件不具备等)。

可行性分析报告反映了新系统研制人员对系统开发的看法。这一报告应提交到正式会议上进行讨论,充分评估各种可能出现的问题。应聘请对本项目具有经验的专家和技术顾问参加“可行性报告评审会”，集思广益，作出尽可能符合实际的判断和评估。如果可行性分析报告获得通过，这就成为一个正式的《项目可行性研究报告》文件，文件中确定的系统目标和范围就成为下一个“项目总体规划”阶段工作的依据和指导原则。

5. 智慧城市建设可行性研究提交的成果

智慧城市通过建设可行性初步调查、详细调查以及建设效益与风险评估研究，最终形成《智慧城市建设可行性研究报告》并提交，该报告包括以下内容：

(1) 智慧城市建设可行性初步调查报告。

(2) 智慧城市建设可行性详细调查报告。

(3) 智慧城市建设效益与风险评估报告。

(4) 智慧城市建设可行性分析报告。

4.3.4 智慧城市建设总体规划

总体规划通常是指关于一个项目或组织的发展方向、环境条件、中长期目标、重大政策与实施策略等方面的策划、筹划和计划的综合。任何规划都在动态中形成和发展，具有在不同规划实施期间由于环境和政策的变化而进行及时调整的可能。智慧城市建设总体规划已经摆脱了传统的迟缓与分散的规划方式，采用顶层自上而下，总体和阶段性相结合的高效率、多专业、多元化、大集成的规划模式。

1. 智慧城市建设总体规划概述

智慧城市建设属超大型信息系统工程，根据国外调查和统计结果表明，信息系统工程项目的失败差不多有70%是由于规划不当造成的。在总体规划中，一个操作错误如果造成几万元的损失，一个设计错误就会损失几十万元，一个局部规划的错误会损失几百万，而总体规划的错误所导致的不仅仅是几千万甚至上亿金钱的损失，甚至造成整个信息系统工程项目的失败。特别是对于大型信息系统工程的损失不仅仅是巨大的，而且还是隐性的、长远的，往往要到系统工程项目全面实施，甚至完工后才能在实践和使用中慢慢显现出来。目前国内外专家和学术界高度重视大型或超大型甚至巨型信息系统工程的总体规划和分步实施规划的编制工作。智慧城市建设总体规划是智慧城市信息化系统工程建设之本，没有科学和顶层的规划，就不可能有智慧城市建设的成功和取得成果。

智慧城市建设总体规划是智慧城市信息系统工程长远发展的规划。它将建设目的、实施目标、组织结构、技术应用、实现功能、项目实施计划等所需的信息要素集成为“总体规划方案”，是智慧城市纲领性的建设宗旨、目标和实施战略。

智慧城市建设总体规划要提出和解决以下主要的问题：

(1) 如何保证智慧城市建设总体规划同它在城市管理和公共服务的内容与任务在总体战略上的一致性？

(2) 怎样为完成智慧城市在城市管理和公共服务等方面的内容和任务，提出、组织、设计出一个智慧城市建设总体框架结构，并在此基础上设置和开发相应的业务应用系统平台？

(3) 对于在业务范围和实现功能上具有重叠与竞争的业务应用系统，应如何拟定优先实施计划和运营资源的分配与安排？

(4) 面对智慧城市系统工程分期和分阶段实施的工作内容和任务，应如何遵循信息论、系统论和控制论的观点和原则制定具体项目实施的策略、措施、方法和计划等。

智慧城市建设总体规划是智慧城市系统工程实施生命周期中的第一个阶段，是智慧城市超大型信息系统开发的第一步，其规划编制质量直接影响系统开发的成败。正是由于智慧城市信息系统工程是一项耗资巨大、技术复杂、系统开发和建设周期长，就需要一个从顶层的规划，以城市级的信息互联互通与数据共享作为整个智慧城市系统平台分析的切入点和根本对象，从战略上把握智慧城市信息系统工程建设目标和功能框架。

2. 智慧城市建设总体规划原则

智慧城市建设总体规划的编制应遵循以下原则：

(1) 支持智慧城市建设的总目标。智慧城市建设和发展战略目标是其超大型信息系统规划的出发点。信息系统规划从智慧城市建设目标出发，分析智慧城市的信息需求，逐步导出信息系统的战略目标和总体结构。

(2) 智慧城市建设总体规划必须从顶层自上而下进行，并着眼于高层和综合管理的规划，同时满足各级管理和业务应用的需求。

(3) 摆脱信息系统对组织机构的依从性，首先着眼于建设的流程，智慧城市建设最基本的活动和决策可以独立于任何管理层和管理职责。组织机构可以有变动，但最基本的活动和决策大体上是不变的。对智慧城市建设过程的了解往往从现行组织机构入手，只有摆脱对它的依从性，才能提供总体规划的应变能力。

(4) 智慧城市系统平台结构具有良好的整体性和集成性。信息系统平台的规划和实现过程如图 4.3 所示，是一个“自顶而下规划，自底向上实施”的过程。采用自上而下的规划方法，可以保证系统平台结构的完整性、集成性以及与信息的一致性。

(5) 为便于智慧城市系统工程实施，总体规划应给后续的工作提供指导，要具有连贯性和整体性。设计方案选择应追求时效，宜选择最经济、简单、易于实施的方案；技术应用手段强调实用，不片面追求品牌和脱离主流技术的“超前性”。

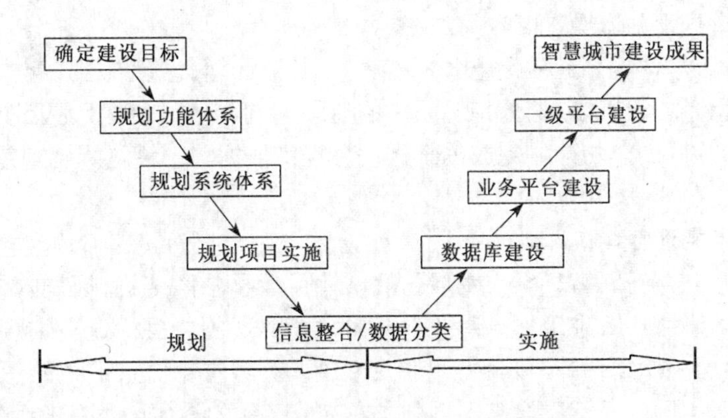

图 4.3 智慧城市信息系统平台规划与实施

3. 智慧城市建设总体规划步骤

制定智慧城市建设总体规划的步骤如下：

(1) 确定总体规划编制大纲，包括编制的目标、原则、范围、内容和方法。

(2) 收集来自本地区城市内部和外部环境与本规划编制相关的各种信息，将收集的各种信息进行归纳和整理，并根据智慧城市建设总体规划编制大纲中提出的目标、原则、范围、内容和方法等进行智慧城市建设需求分析。

(3) 在智慧城市建设需求分析的基础上,结合智慧城市建设战略性、可行性的研究,对总体规划编制大纲中提出的建设目标、建设原则、范围、内容和方法、功能结构、分期阶段性实施计划与安排、财务情况以及建设风险程度和软环境等多方面进行全面的研究和论证。

(4) 定义约束条件。根据财政情况、人力资源、基础设施、信息资源等方面的限制,定义智慧城市建设项目的约束条件和相应的支撑政策与法规。

(5) 明确智慧城市建设战略目标。根据需求分析和可行性研究以及约束条件,确定智慧城市建设战略目标,也就是在建设项目(可分期)结束时,智慧城市应具有怎样的能力,包括智慧城市管理和服务的范围、功能结构、技术应用、项目实施要点和分期阶段性进度计划和项目概算等。

(6) 提供智慧城市总体结构体系图。通过智慧城市总体结构体系图勾画出未来智慧城市信息系统建设框架,体现系统平台之间的层次和相互之间的关联性与集成性。

(7) 确定智慧城市建设项目的分类和分期阶段性实施的战略规划。根据建设资源的限制条件,选择智慧城市建设周期和分期实施的计划,确定优先实施项目的内容和任务,以及制定建设项目实施先后的顺序。

(8) 提出项目实施的进度计划。在确定建设项目实施顺序后,估算项目建设的成本,制定对人力资源和信息资源整合的要求等具体实施计划,以此作为整个实施阶段的任务、成本和进度计划。

(9) 通过智慧城市总体规划。将上述根据总体规划编制原则完成的资料经过整理而形成《智慧城市建设总体规划方案》。在此过程中不断征求各方面业务应用信息系统平台用户和信息系统专家的意见和建议,并经相关部门组织"智慧城市建设总体规划方案评审",在通过后可执行。"总体规划方案"应作为下一步智慧城市"总体设计"和"施工图设计"的指导性文件和设计依据。

4. 智慧城市建设总体规划内容

智慧城市建设总体规划通常提出3~5年的中长期计划,也会包括1年内的近期实施计划。智慧城市建设中长期计划部分指明了总的建设方向和建设目标,而近期计划部分则为确定近期具体实施的内容和计划完成的工作任务提供依据。一般总体规划包括以下方面的内容:

1) 智慧城市建设总目标规划

该部分编制内容包括:智慧城市发展的战略性目标和总体结构,规划内外部环境、发展和建设内部制约条件,业务应用信息系统平台的功能实现的总目标、技术应用、实施计划和业务应用系统平台总体结构等。其中,智慧城市建设业务应用信息系统的总目标为信息系统的发展方向提供准则,而发展战略规划则是对完成工作的具体衡量标准。

2) 智慧城市总体结构体系规划

该部分编制内容包括:智慧城市建设体系和智慧城市总体结构体系两部分。智慧城市建设体系主要体现了智慧城市建设的功能体系、系统体系、技术体系、信息体系、标准系统、保障体系和基础设施体系的内容和组成;智慧城市总体结构体系则规定了智慧城市系统平台之间的层次和相互之间的相关性与集成性,包括公共信息展现服务层、信息共享基础层、数据存储基础层、基础网络设施基础层、业务平台及系统应用层的类型和其主要子系统的组成,为智慧城市建设建立了系统平台应用体系的结构框架。

3）智慧城市信息系统分类规划

该部分编制内容包括：智慧城市建设项目的分类原则和分类方法，确定智慧城市信息系统体系结构、信息与系统集成平台、业务管理平台、业务应用系统及功能子系统的范围、边界和接口。

4）智慧城市建设实施规划

该部分编制内容包括：建设实施规划要点、信息系统安全规划要点、建设环境规划要点、系统工程建设阶段划分，以及近期项目实施的工作内容、计划和时间进度安排。详细和具体地落实在近期（在一年以内）优先安排实施项目在设计阶段、系统工程招投标阶段、系统工程施工阶段、项目验收阶段、系统工程维护保养运营阶段的工作内容、任务、时间进度、财务资金和项目工程预算等。

5. 智慧城市建设总体规划方法

智慧城市建设总体规划是信息系统工程建设实施的关键步骤，以合理的模型与方法作为指导是提高信息系统规划的重要基础。“模型”刻画了智慧城市信息系统规划过程中的指导模式，而“方法”则描述了具体实施规划的步骤。目前使用信息系统规划模型的种类很多，本书推荐采用三阶段模型，在规划方法上建议采用战略数据规划法。

智慧城市建设总体规划中信息系统规划模型是搭建信息与系统集成和业务应用系统平台最关键的工作。目前，已经有许多模型用于信息系统的规划工作，采用由 B. Bowman、G. B. Davis 等人提出的具有普遍意义的、对规划过程和方法论进行分类研究的“三阶段模型”，较适合智慧城市信息系统模型规划。“三阶段模型”由战略计划（或称为战略规划）、信息需求分析和项目实施资源分配三个一般性的任务组成，其在智慧城市建设中相应的任务及有关方法论的分类描述如表 4.2 所示。

表 4.2　智慧城市信息系统规划三阶段模型

阶段 规划	第一阶段	第二阶段	第三阶段
一般活动	战略计划	信息需求分析	项目实施资源分配
主要任务	在总的建设目标和实现功能计划与信息系统计划之间建立关系	识别智慧城市综合管理与公共服务广泛的信息需求，建立战略性的信息系统总体框架结构，指导业务应系统平台的建设与开发	对信息系统的应用与系统建设及开发资源和运营资源进行分配
选择方法	战略集合变换根据规划制定实施策略、方案和计划	智慧城市总体规划目标、总体结构规划、应用体系规划、信息系统分类规划、项目实施规划	项目总体预算、人力资源配置、系统软硬件配置、系统实施优先阶段

1）战略计划

为智慧城市在整个建设规划和信息系统规划之间建立联系，内容包括：提出智慧城市建设目标和实施目标的战略，确定信息系统平台的任务，估计系统平台开发的环境，制定出信息系统平台的目标和战略。其方法有战略集合变换、根据建设组织制定战略和根据组织集合制定战略等。

2）信息需求分析

为广泛研究智慧城市建设及相关服务所需信息的需求，建立信息系统平台结构，并用来指导具体业务应用系统的开发。内容包括：确定建设过程决策支持、城市运营业务流程、城市管理、公共服务和政府业务管理与日常事务处理中的信息需求。根据上述信息需求分析，制定智慧城市信息系统平台目标、内容、任务、开发等方面的规划。

3）项目实施资源分配

在智慧城市建设信息需求分析基础上，确定建设项目的分类、实施内容、分期分阶段计划、时间进度安排、人力资源分配、建设资金计划等资源分配的规划。

6. 智慧城市建设总体规划目标

智慧城市建设总体规划目标依据建设部《数字城市示范工程技术导则》和《数字城市示范工程总体规划设计方案评审指标》进行《智慧城市建设总体规划方案》的编制工作。《智慧城市建设总体规划方案》应体现促进国家智慧城市建设的健康发展，提高城市规划、建设、管理与服务的水平，推动城市、行业、社区智慧化和产业化基地示范工程的建设取得成效，满足和达到国家城乡建设部在"十五"期间组织实施智慧城市示范工程(以下简称"示范工程")的规范和要求。国家智慧城市示范工程的总体目标是：通过在示范工程中应用数字化技术、信息互联互通与数据共享系统集成技术、网络通信技术、地理信息技术、软件集成和应用集成技术、管理信息系统和电子政务办公自动化等现代高新科技，逐步改变城市规划、建设、管理和服务的信息技术基础和手段，以信息化技术的广泛应用提升整个城市规划、建设、管理和服务的效率、水平和能力，同时促进与之相关的政府信息化、城市信息化、社会信息化和企业信息化的同步发展。

智慧城市建设总体规划应遵循以下基本原则：

(1) 智慧城市工程的建设必须符合国家信息化建设的方针、政策和规划的要求。

(2) 智慧城市工程的建设必须遵循国家和地方的信息化标准和规范。

(3) 智慧城市工程应在省、市级建设和信息化行政主管部门领导下进行。

(4) 智慧城市工程必须实行严格的质量和过程监控，达到有关部门规定的验收标准。

(5) 智慧城市工程应推广成熟和适度超前的先进、适用、优化集成的应用系统。

(6) 智慧城市工程应推进信息资源共享，促进我国信息设备和软件产业的发展。

(7) 智慧城市工程应优先使用具有自主知识产权的软硬件，支持民族产业的发展。

7. 智慧城市建设总体规划提交的成果

智慧城市建设总体规划在需求分析和可行性研究的基础上，明确总体规划目标，进行智慧城市总体结构体系规划、智慧城市信息分类规划、城市级信息互联互通一级平台规划、各领域业务应用二级平台规划以及智慧城市建设实施规划，最终形成《智慧城市建设总体规划方案》并提交，该方案包括以下内容：

(1) 总体规划目标。

(2) 总体结构与体系规划，包括：总体框架结构、功能体系、系统体系、技术体系、信息体系、标准体系、保障体系、基础设施体系等。

(3) 城市级信息互联互通一级平台规划，包括：信息集成平台、数据资源管理平台、数据交换与共享平台、数据存储与分析展现平台、统一认证平台、信息安全平台、可视化管理平台、数据仓库平台、信息管理中心与数据机房、互联网及物联网基础设施等。

(4) 各领域业务应用二级平台规划，包括：智慧政府电子政务平台、城市综合管理(大城管)平台、城市应急指挥平台、城市公共安全平台、城市智能交通平台、城市节能减排平台、城

市基础设施管理平台、城市市民卡平台、城市智慧卫生医疗平台、城市智慧教育平台、城市电子商务及物流平台、城市智慧社区服务平台、城市智能建筑物业及设施管理平台等。

4.4 智慧城市建设目标和任务

可持续发展战略是建设智慧城市的纲领和指导方针，将指导未来的智慧城市建设的方向。智慧城市发展战略将紧密结合经济社会发展目标，以社会管理创新和社会民生服务作为实施任务。

4.4.1 智慧城市促进经济发展

智慧城市的经济发展侧重于利用充分的信息互通和共享，分析确定城市经济的优先改善领域，通过兴建信息产业园实现产业聚集和产业集群，并推进公共信息平台建设，改善公共服务质量，吸引投资，支持城市产业结构转型和城市经济可持续发展。在快速发展的过程中不断摸索产业创新，同时相应转变政府职能。选择适合自身城市特点和战略目标的新兴产业并提升产业服务水平，以及提高政府服务质量并为企业营造最优的软硬件环境，是政府所面临的重要课题。

城市各个体系之中广泛存在各类信息，包括各个产业相关的动态信息。城市管理者需要鼓励这些信息之间的互联互通和高效共享。在识别各类信息的使用者和提供者后，通过充分挖掘各个信息利益相关者的需求，开发新的、有针对性的公共服务以及企业对客户的服务，以实现产业服务创新和提升整体产业服务水平。

同时，城市管理者还需要根据城市的有关经济指标和与经济发展、招商引资相关领域(如基础建设、劳动力、经营成本、知识和创新能力、生活环境等)的表现指标，进行数据的收集与监控机制，使城市管理者可以根据城市的实际经济表现对有关领域开展及时调控。

以克拉玛依为例，该市以石油石化产业为基础，计划以智能油田为切入点，逐步提升油田信息获取与整合能力、数据模拟与分析能力、预测和预警能力、过程自动处理能力、专家经验与知识运用能力、系统自我改进及生产持续优化能力。从过程控制、研究管控和决策支持三个层面，提升油气产业的发展水平，建立在国内乃至国际领先的产业智慧能力。

4.4.2 智慧城市环境管理

1. 资源管理

智慧城市通过信息技术评估资源的可用性和质量，调节资源的使用水平，监控供应网络条件并对资源供应做出长期的规划。通过收集数据以充分了解、建模和预测资源的流动，对资源的产生、消耗以及与其他资源的依赖关系和影响做出分析，实现智慧管理。例如，智慧的水管理通过实时监测和智能分析水质环境和污染水平，预测水环境问题；通过对供水系统的使用进行最优化评估，合理布局供水设施，及时管理泄漏问题；通过对城市用水情况进行实时监控，进行智能调配，根据数据的监控与分析为城市用水提供决策支持。

再如，智慧的能源管理能够提高清洁能源的使用率，降低能源消耗。包括智能削峰填谷、管理和监控温室气体排放量、远程监测和诊断检测能源设备故障等。

2. 环境管理

智慧城市运用智能监测和分析，评估环境污染水平和污染源之间的联系，优化管理污染排放活动，减少污染的影响。同时，通过对环境污染数据进行实时处理，并与其他相关数据集成，为环境管理机构提供决策支持。

4.4.3 智慧城市基础设施管理

城市基础设施覆盖水、能源、交通、通信、IT 等方面，智慧城市通过对城市基础设施历史数据的分析，深入理解用户需求，并通过对相关基础设施的能力进行场景模拟，设计更好的建设规划及日常维护计划。智慧的基础设施管理可以根据终端用户的需求特点向其提供有关信息和个性化的服务，调节终端用户的使用/消费模式。

智慧城市可以根据基础设施运行的实时数据，对基础设施运行进行调整和优化，提高基础设施的利用率和使用效率。

智慧城市能够快速、准确地获取基础设施的资产信息，提高贵重资产状态的可见度，减少资产的损坏和丢失情况，同时提高资产管理服务水平，降低资产管理成本。对资产的实时管理还有助于发现其潜在故障，从而制定相应的维修计划和调配资源。

4.4.4 智慧城市生活品质管理

智慧城市应满足市民对城市生活品质不断提升的期望，需要积极运用智慧的方式，在教育、医疗、社会保障、交通、文体娱乐等方面继续提升服务质量与效率。

通过在多个政府部门间进行自动的数据收集和信息共享，对市民服务的需求给予快速回应。同时，通过提供畅通信息，有效跟踪相关部门的绩效，推动公共服务水平的持续改进。

通过智慧的公共服务管理，可以提供多渠道、一站式的市民公共服务，把多个政府部门的流程整合起来，以共享服务方式提高公共服务成效。

通过智能市民卡，政府可以向市民提供个性化的服务，如市民社保、医保服务等，有助于政府向以市民为中心的服务模式转变，在提高服务质量的同时降低成本。通过智能市民卡，政府还可以建立有效的市民需求分析视图，根据市民的不同特征(例如不同的年龄阶段)进行分析，预测潜在问题，并提供主动有效的服务。

4.4.5 智慧城市安全管理

为了保障“最安全的城市”，基于宽带信息网络，实现公安市局、分局、派出所三级监控联网；充分利用视频监控技术、地理信息系统、全球定位系统、计算机技术、通信技术和多媒体技术，并整合和利用现有信息化资源，统一构建平安城市基础平台，实现信息共享。

智慧城市安全管理主要包括安全监控与指挥和应急管理。

1. 智慧的安全监控与指挥

建设智慧安全监控与指挥体系，主要内容包括：网络化的实时视频监控、远程图像调度、数字化信息(含视频)存储/检索及分析、人员/车辆位置轨迹监控、面向多渠道、多平台的报警联动、安全管理指挥中心。

其中，对于数字化信息的检索与多维分析越来越成为智慧城市安全管理的典范。通过这一手段，可以进行基于人脸识别(模式识别)的视频检索，基于人口库、犯罪记录库、指纹库

等信息共享的多维关联分析与数据挖掘。还可以对互联网舆论、公众信息、内部情报等进行综合分析,帮助公安机关寻找有价值的线索。

智慧的城市安全管理指挥中心整合城市安防监控系统、城市报警系统、电子警察系统、治安卡口系统、三台合一接出警系统,运用智能手段实现快节奏、高效率的警力资源调度管理,满足政府职能部门在治安管理、城市管理、交通管理、公安应急指挥方面的需求,建立统一指挥、科学监控、协调有序的平安城市运行机制。

2. 智慧的应急管理

对于城市中的各类突发事件,包括食品药品安全、犯罪预防、公共疾病事件等,进行有效预警和响应是建设和谐城市的必然要求。

智慧城市通过及时收集城市重点管理对象的信息、分析趋势、提供预警、优化反应,实现防止、控制或减轻危机的影响,快速响应潜在的危机,优化应急资源的调动。

智慧城市集成使用现有的位置、人口、地理空间等多种信息,建立模型进行预测,提高预防能力。同时,推进跨部门与多职能的协作,整合跨部门的信息并实现共享,设立跨部门监控和指挥中心,保障快速、坚决、有效的应急管理。

概括而言,通过在以上领域的智慧城市建设,在城市各个主要领域及其子系统迈向卓越。智慧城市建设和发展的步骤并没有结束,还需要适时跟踪智慧城市整体效果和各个系统的运营绩效,并与既定目标进行比对,不断优化和调整发展战略,为下一轮智慧城市战略目标制定提供有效输入,形成一个完整的闭环工作流。

4.5 智慧城市指标体系

智慧城市是指综合利用各类信息技术和产品,以信息化、网络化、数字化、自动化、智能化技术应用为主要特征,通过对城市内人与物及其行为的全面感知和互联互通,大幅优化并提升城市运行的效率和效益,实现生活更加便捷、环境更加友好、资源更加节约的可持续发展的城市。

智慧城市指标体系主要是基于城市"智慧化"发展理念,统筹考虑城市信息化水平、综合竞争力、高品质城市、最平安城市、绿色低碳、人文科技等方面的因素综合量化而成,主要目的就是为了较为准确地衡量和反映智慧城市建设的主要成果和发展水平,为进一步提升城市竞争力,建设绿色、人文、和谐社会,促进经济社会转型发展提供评估的标准。

智慧城市指标体系的制定主要遵循以下原则:

(1) 指标具有可采集性,历史和当前数据采集是可靠、方便和科学的。

(2) 指标具有代表性,可较全面反映某个方面的总体发展水平。

(3) 指标具有可比性,不同城市间、城市不同历史阶段可根据指标进行科学比较。

(4) 指标具有可扩展性,可根据实际发展情况对指标体系内容进行增减和修改。

根据以上的原则以及现阶段智慧城市建设的主要内容,智慧城市指标体系主要可分为智慧城市基础设施、智慧城市社会管理和公共服务、智慧城市信息服务经济发展、智慧城市人文科学素养、智慧城市市民主观感知等。

4.5.1 智慧城市基础设施

指保障智慧城市各项功能通畅、安全、协同运作的相关基础设施。主要包括3个二级指标,8个三级指标。

1. 宽带网络覆盖水平

指各类有线和无线形式的宽带网络在城市中的覆盖比例。包括4个三级指标:

(1) 家庭光纤可接入覆盖率。光纤接入是指局端与用户之间完全以光纤作为传输媒体。光纤接入覆盖率是反映城市基础网络设施发展水平的核心指标之一。智慧城市的家庭光纤可接入覆盖率应在99%以上。

(2) 无线网络覆盖率。指通过各种无线传输技术实现的无线网络连接在城市区域的覆盖率。智慧城市的无线网络覆盖率应在95%以上。

(3) 主要公共场所WLAN覆盖率。指大专院校、交通枢纽、商业集中区、公共活动中心等主要公共场所WLAN的覆盖率。智慧城市的主要公共场所WLAN覆盖率应达99%以上。

(4) 下一代广播电视网(NGB)覆盖率。指电信网、计算机网和有线电视网融合发展、互通互联以及相关衍生业务的发展水平。智慧城市的NGB覆盖率应在99%以上。

2. 宽带网络接入水平

指城市居民通过各类宽带接入渠道可实际享受的网络带宽。主要包括2个三级指标:

(1) 户均网络接入水平。指城市内每户家庭实际使用网络的平均带宽(包括各种家庭网络接入方式)。智慧城市的户均网络接入水平应在30M以上。

(2) 平均无线网络接入水平。指通过各种无线网络传输方式实现的室外网络连接的平均实际带宽。智慧城市的平均无线网络接入水平应在5M以上。

3. 基础设施投资建设水平

指在智慧城市相关领域的投资和建设水平。包括2个三级指标:

(1) 基础网络设施投资占社会固定资产总投资比重。指城市基础网络设施投资的总量占社会固定资产总投资的比重。智慧城市年度基础网络设施投资占社会固定资产总投资比重应在5%以上。

(2) 传感网络建设水平。指通过各种渠道(包括政府和社会)在安装传感终端、建设传感网络方面的固定资产投资。"十二五"期间,智慧城市的传感网络建设投资力度应保持较高水平(占社会固定资产总投资的1%以上)。

4.5.2 智慧城市社会管理和公共服务

城市社会管理和公共服务是智慧城市建设的最核心领域,主要包括智慧化的政府行政、公共安全、道路交通、医疗卫生、文化教育、环境监测、能源管理、社会保障等方面的管理和服务,是城市居民幸福感的直接影响因素。主要包括8个二级指标,34个三级指标。

1. 智慧化的政府服务

指当地政府部门整合各类行政信息系统和资源,提供开放协同、高效互动的行政服务方面的发展水平。包括5个三级指标:

(1) 行政审批事项网上办理水平。指可实现全程网上办理的区域内行政审批事项占总

数的比例。智慧城市的行政审批事项网上办理水平应在90%以上。

(2) 政府公务行为全程电子监察率。指通过各类信息化手段对行政许可类事项办理的全程电子监察率。智慧城市的政府公务行为全程监察率应达到100%。

(3) 政府非涉密公文网上流转率。指政府非涉密公文通过网络进行流转和办理的比例。智慧城市的政府非涉密公文网上流转率应达到100%。

(4) 企业和政府网络互动率。指城市区域内通过各类信息化手段和政府进行沟通和互动的企业在与政府有交互行为的企业中的比例。智慧城市中企业和政府网络互动率应在80%以上。

(5) 市民与政府网络互动率。指城市市民通过各类信息化手段和政府进行沟通和交互的比例。智慧城市的市民与政府网络互动率应在60%以上。

2. 智慧化的交通管理

指通过信息化技术,改善车辆通行效率,提高交通流畅度,优化市民出行体验,使城市交通管理更为精细化和智能化。主要包括5个三级指标:

(1) 市民对交通信息的关注率。指经常关注各类交通信息的市民所占的比例。智慧城市的市民对交通信息的关注率应在50%以上。

(2) 公交站牌电子化率。指电子公交站牌在城市所有公交站牌中的比例。智慧城市的公交站牌电子化率应在80%以上。

(3) 市民交通诱导信息服从率。本指标针对驾车出行的市民,指在驾车出行的市民中,服从交通诱导信息提示的比例。智慧城市的驾车出行市民交通诱导信息服务率应在50%以上。

(4) 停车诱导系统覆盖率。指安装停车诱导系统的停车场在城市所有停车场中的比例。智慧城市的停车诱导系统覆盖率应在80%以上。

(5) 城市道路传感终端安装率。指各类交通信息传感终端在城市次干道级以上道路中的安装率。智慧城市的城市道路传感终端安装率应在100%。

3. 智慧化的医疗体系

指市民可切实享受到的具有便捷性、准确性的医疗卫生服务。主要包括3个三级指标:

(1) 市民电子健康档案建档率。指拥有电子健康档案的市民所占的比例。智慧城市的市民电子健康档案建档率应达到100%。

(2) 电子病历使用率。指城市内使用电子病历的医院占医院总数的比例。智慧城市的电子病历使用率应达到100%。

(3) 医院间资源和信息共享率。指城市内实现医疗资源及信息共享的医院占医院总数的比例。智慧城市的医院间资源和信息共享率应在90%以上。

4. 智慧化的环保网络

指通过各种传感终端和感知网络,对环境(主要是大气、水源等)实施监测、预警并做出相应的处理。主要包括3个三级指标:

(1) 环境质量自动化监测比例。指通过信息化手段对大气和水源实现自动化实时监测的比例。智慧城市的环境质量自动化监测比例应达到100%。

(2) 重点污染源监控水平。指对城市内重点污染源的信息化监控比例。智慧城市的重点污染源监控水平应达到100%。

(3) 碳排放指标。指单位国内生产总值二氧化碳排放量。智慧城市的碳排放量应比2005年下降40%以上。

5. 智慧化的能源管理

指城市能源管理的智能化水平,这是体现城市绿色低碳的重要指标。包括5个三级指标:

(1) 家庭智能表具安装率。指居民家庭中安装智能型电、水、气表具的比例。智慧城市的家庭智能表具安装率应在50%以上。

(2) 企业智能化能源管理比例。指企业中应用各类信息技术进行管理和平衡能源消耗的比例。智慧城市的企业智能化能源管理比例应达到70%以上。

(3) 道路路灯智能化管理比例。指城市次干道级以上道路的路灯中实现智能化管理的比例。智慧城市的道路路灯智能化管理比例应在90%以上。

(4) 新能源汽车比例。指新能源汽车在城市所有机动车辆中所占的比重。智慧城市的新能源汽车比例应达10%以上。

(5) 建筑物节能比例。指城市乙级以上办公楼中采用信息化技术实现节能降耗的比例。智慧城市的建筑物数字化节能比例应达30%以上。

6. 智慧化的城市安全

包括城市应急联动、食品药品安全、安全生产、消防管理、防控犯罪等领域。主要包括6个三级指标:

(1) 食品药品追溯系统覆盖率。指可实现从生产到销售的食品药品追溯系统在主要食品药品种类中的覆盖比例。智慧城市的食品药品追溯系统覆盖率应达到90%以上。

(2) 自然灾害预警发布率。指一年内对城市遭遇的自然灾害(如地震、暴雨、台风等)及时发布预警的比例。智慧城市的自然灾害预警发布率应在90%以上。

(3) 重大突发事件应急系统建设率。指城市管理各个领域中对重大突发事件信息化应急系统的建设水平。智慧城市的重大突发事件应急系统建设率应达到100%。

(4) 城市网格化管理覆盖率。指实现网格化管理的城市区域在总区域中的比例。智慧城市的城市网格化管理覆盖率应在99%以上。

(5) 危化品运输监控水平。指对各类危化品运输车辆的实时监控比例。智慧城市的危化品运输监控比例应达到100%。

(6) 户籍人口及常住人口信息跟踪。指对户籍人口及常住人口详细身份信息的采集和跟踪。智慧城市户籍人口及常住人口信息库应覆盖99%以上的城市内人员。

7. 智慧化的教育体系

指市民获得各类教育资源和信息的便捷、精准程度,以及教育设施的信息化程度。主要包括3个三级指标:

(1) 城市教育支出水平。指用于教育方面的硬件和软件投入。智慧城市的财政性教育支出占GDP的比例应达5%。

(2) 家校信息化互动率。指各类中小学中,通过各类信息化技术实现家校互动的比例。智慧城市的家校信息化互动率应在90%以上。

(3) 网络教学比例。指城市中各类学生通过信息化手段接受网络教育的比例。智慧城市的网络教学比例应在50%以上。

8. 智慧化的社区管理

指依托信息化手段,为社区(以居委为单位)管理中的居民管理、信息推送、养老服务等提供便捷。主要包括 4 个三级指标:

(1) 社区信息服务系统覆盖率。指拥有综合性信息服务系统的社区在所有社区中所占的比例。智慧城市的社区信息服务系统覆盖率应在 99%以上。

(2) 社区服务信息推送率。指社区管理机构通过信息化手段向社区居民主动推送各类服务信息占信息总量的平均比例。智慧城市的社区服务信息推送率应在 95%以上。

(3) 社区老人信息化监护服务覆盖率。指对社区实际提供的养老监护服务数占需要监护的老人总数的比例。智慧城市的社区老人信息化监护服务覆盖率应在 90%以上。

(4) 居民小区安全监控传感器安装率。指城市内具有独立物业的居民小区中安全监控类传感器的安装率。智慧城市的居民小区安全监控传感器安装率应达到 95%以上。

4.5.3　智慧城市信息服务经济发展

主要指由于智慧城市建设和发展而催生衍化或支撑智慧城市建设运行的信息服务业的发展情况。主要包括 2 个二级指标,7 个三级指标。

1. 产业发展水平

指城市信息服务业发展的总体实力。主要包括 3 个三级指标:

(1) 信息服务业增加值占地区生产总值的比重。主要用于衡量信息服务业总体发展水平。智慧城市的信息服务业增加值占地区生产总值比重应在 10%以上。

(2) 电子商务交易额占商品销售总额的比重。主要用于衡量区域经济运行的电子化程度(包括以销售为主的电子商务平台和采用电子商务手段销售的相关生产与服务型企业)。智慧城市的电子商务交易额占商品销售总额的比重应在 30%以上。

(3) 信息服务业从业人员占社会从业人员总数的比例。智慧城市的信息服务业从业人员占社会从业人员总数的比例应在 10%以上。

2. 企业信息化运营水平

指通过信息化系统支撑企业生产经营的发展水平。主要包括 4 个三级指标:

(1) 工业化和信息化融合指数。指城市工业化和信息化融合发展的水平。智慧城市两化融合指数应在 85 以上。

(2) 企业网站建站率。指拥有网站的企业数占企业总数的比例。智慧城市的企业网站建站率应在 90%以上。

(3) 企业电子商务行为率。主要用于衡量企业在采购和销售等过程中是否具有电子商务行为。智慧城市的企业电子商务行为率应在 95%以上。

(4) 企业信息化系统使用率。指企业在研发、生产和管理过程中使用各类信息化系统的比例。智慧城市的企业信息化系统使用率应在 95%以上。

4.5.4　智慧城市人文科学素养

主要衡量市民对智慧城市发展理念的认知、对基本科学技术(包括信息化技术)的掌握以及市民生活的幸福程度等。主要包括 4 个二级指标,7 个三级指标。

1. 市民收入水平

主要用于衡量城市居民富裕程度。包括1个三级指标:人均可支配收入。指智慧城市的人均可支配收入应达到或超过中等以上发展国家水平(50 000元人民币)。

2. 市民文化科学素养

主要衡量市民总体文化水平以及基本科学文化知识在市民中的普及度。包括2个三级指标:

(1) 大专及以上学历占总人口的比重。主要用于衡量城市居民文化水平,是反映居民文化素质的重要指标。智慧城市的大专及以上学历占总人口的比重应在30%以上。

(2) 城市公众科学素养达标率。主要衡量城市居民对基本科学科普知识的了解程度。智慧城市的城市公众科学素养达标率应在20%以上。

3. 市民信息化宣传培训水平

主要指市民接受各种形式的信息化宣传培训的水平。包括1个三级指标:每年相关宣传培训人员占总人口的比例。这是保障城市居民不断更新信息化知识、提升对数字化设施和系统认知及使用程度的重要指标。智慧城市的年宣传培训人员占总人口的比例应在8%以上。

4. 市民生活网络化水平

指通过应用各种智慧化的应用系统、技术和产品,实现智慧化的生活。包括3个三级指标:

(1) 市民上网率。指经常上网的市民在总体中所占的比例。智慧城市的市民上网率应在60%以上。

(2) 移动互联网使用比例。指移动终端用户中使用移动终端上网的比例。智慧城市的移动互联网使用比例应在70%以上。

(3) 家庭网购比例。指经常进行网络购物的家庭的比例。智慧城市的家庭网购比例应在60%以上。

4.5.5 智慧城市市民主观感知

主要以市民主观感知性的指标为主,采取抽样调研的形式,对智慧城市建设的相关重要方面进行评价和衡量(采用主观打分的方式,非常满意为10分,非常不满意为0分)。主要包括2个二级指标,9个三级指标。

1. 生活的便捷感

指市民在出行、就医、教育等各方面办事的便捷程度。包含5个三级指标。

(1) 网络资费满意度。用户对缴纳的网络资费的满意程度。智慧城市的网络资费满意度应在8分以上。

(2) 交通信息获取便捷度。主要指市民日常出行过程中对交通信息获取的便捷程度的满意度。智慧城市的市民对交通信息获取便捷度的满意度应在8分以上。

(3) 城市就医方便程度。主要指市民在就医过程中,对时间花费、医院态度、医疗手段和效果等方面的满意度。智慧城市的市民对就医方便程度的满意度应在8分以上。

(4) 政府服务便捷度。指市民对在办理与政府管理和服务相关事项时的便捷程度的满意度。智慧城市的市民对政府服务便捷程度的满意度应在8分以上。

(5) 教育资源获取便捷度。指市民对就学、再教育等方面的便捷程度的满意度。智慧城市的市民对获取教育资源便捷度的满意度应在 8 分以上。

2. 生活的安全感

主要指市民在城市生活中,对食品药品安全、环境安全、交通安全、防控犯罪安全等方面的安全满意度。包括 4 个三级指标。

(1) 食品药品安全满意度。指市民对食品药品的安全满意程度。智慧城市的市民对食品药品安全的满意度应在 8 分以上。

(2) 环境安全满意度。指市民对城市环境污染治理和监控、突发事件的及时响应和处理等的满意程度。智慧城市的市民对环境安全的满意度应在 8 分以上。

(3) 交通安全满意度。指市民对城市交通安全(包括道路交通安全、轨道与航空交通安全等)的满意程度。智慧城市的市民对交通安全的满意度应在 8 分以上。

(4) 防控犯罪满意度。指市民对城市的犯罪行为发生率以及相应的监控、预警和处理的满意程度。智慧城市的市民对防控犯罪的满意度应在 8 分以上。

第五章 智慧城市顶层规划

5.1 概述

规划通常是指关于一个项目或组织的发展方向、环境条件、中长期目标、重大政策与实施策略等方面的策划、筹划和计划的综合。任何规划都在动态中形成和发展,具有在不同规划实施期间由于环境和政策的变化而进行及时调整的可能。智慧城市建设顶层规划已经摆脱了传统的迟缓与分散的规划方式,采用自上而下的顶层规划与业务专项规划及底层应用相结合的高效率、多专业、多元化、大集成的规划模式。

5.1.1 顶层规划的必要性

智慧城市建设属超大型信息系统工程,根据国外调查和统计结果表明。信息系统工程项目的失败差不多有70%是由于规划不当造成的。在一个大型信息系统工程建设过程中,一个操作错误如果造成几万元的损失,一个设计错误就会损失几十万元,一个局部的专项业务规划会损失几百万,而如果顶层规划的错误所导致的不仅仅是几千万甚至上亿金钱的损失,甚至造成整个智慧城市建设系统工程的失败。特别是对于像智慧城市这样大型信息系统工程的损失不仅仅是巨大的,而且还是隐性的、长远的,往往要到系统工程项目全面实施,甚至完工后才能在实践和使用中慢慢显现出来。目前国内外专家和学术界高度重视智慧城市大型或超大型,甚至巨型信息系统工程的顶层规划和分步实施专项业务平台的规划编制工作。智慧城市顶层规划是智慧城市信息化系统工程建设之本。没有科学和顶层的规划,就不可能有智慧城市建设的成功和取得成果。

5.1.2 顶层规划概念

智慧城市顶层规划是智慧城市信息系统工程长远发展的规划。智慧城市顶层规划是将建设目的、实施目标、知识体系、建设体系、实施计划、组织结构、技术应用、实现成果等所需的信息要素集成为"顶层规划方案",是智慧城市纲领性和路线性的建设宗旨、目标和实施战略。

智慧城市顶层规划要提出和解决以下主要的问题:

(1) 如何保证智慧城市顶层体规划同它在城市管理和公共服务的内容与任务在总体战略上的一致性?

(2) 为完成智慧城市在城市管理和公共服务等方面的内容和任务,怎样提出、组织、设计智慧城市建设总体框架结构,并在此基础上设置和开发相应的业务应用系统平台?

(3) 对于在业务范围和实现功能具有重叠与竞争的业务应用系统,应如何拟定优先实施计划和运营资源的分配与安排?

(4) 面对智慧城市系统工程分期和分阶段实施的工作内容和任务,应如何遵循信息论、系统论和控制论的观点和原则制定具体项目实施的策略、措施、方法和计划等?

智慧城市顶层规划是智慧城市系统工程实施生命周期中的第一个阶段,智慧城市超大型信息系统开发的第一步,其规划编制质量直接影响智慧城市建设的成败。正是由于智慧城市信息系统工程耗资巨大、技术复杂、系统开发和建设周期长,就需要一个从顶层的规划,以智慧城市知识体系研究和智慧城市建设体系规划为智慧城市顶层规划的核心内容,以城市级的信息互联互通及数据共享作为整个智慧城市系统平台分析的切入点和根本规划的对象,从战略上把握智慧城市信息系统工程建设目标和功能框架。

在现代社会中,信息化已经成为城市建设、规划、管理、服务的生命线,信息资源是城市重要的财富,充分利用城市信息资源是城市可持续增长的源泉和动力。城市管理和公共服务是智慧城市重要的内容和组成部分,其信息系统的运行与智慧城市运营息息相关,所以,不仅要在资源上、经费上、时间上给予充分考虑,而且在观念上要高度重视,实施"一把手"工程,作出全方位的顶层规划。

5.1.3 顶层规划原则

智慧城市顶层规划的编制应遵循以下原则:

(1) 社会管理创新与民生服务是顶层规划的重点。顶层规划要进一步加强和完善社会管理格局,强化政府社会管理职能,强化各类企事业单位社会管理与公共服务职责,增强服务社会能力;进一步加强和完善流动人口和特殊人群管理与公共服务,建立覆盖人口基础信息库,建立健全实有人口动态管理机制;进一步加强和完善基层社会管理与公共服务体系,把人力、财力、物力更多投到基层,努力夯实基层组织、壮大基层力量、整合基层资源、强化基础工作,强化城乡社区自治和服务功能,健全新型社区管理与公共服务体制;进一步加强和完善公共安全体系,健全食品药品安全监管机制,建立健全安全生产监管体制,完善社会治安防控体系,完善应急管理体制。

(2) 支持智慧城市建设的总目标,智慧城市建设和发展战略目标是其超大型信息系统规划的出发点。信息系统规划从智慧城市目标出发,分析智慧城市的信息需求,通过智慧城市知识体系研究,逐步导出智慧城市建设体系规划的战略目标和总体结构。

(3) 智慧城市顶层规划,必须从顶层自上而下进行规划,并着眼于高层和综合管理的规划,同时满足各级管理和业务应用的需求。

(4) 摆脱信息系统对组织机构的依从性,首先着眼于智慧城市运营的流程再造,智慧城市建设最基本的活动和决策可以独立于任何管理层和管理职责。组织机构可以有变动,但最基本的活动和决策大体上是不变的。从智慧城市建设过程的了解往往从现行组织机构入手,只有摆脱对它的依从性,才能提供顶层规划的应变能力。

(5) 智慧城市系统平台规划应具有良好的整体性和集成性。信息系统平台的规划和实现过程,是一个"自顶而下规划,自底向上设计"的过程。采用自上而下的规划方法,可以保证系统平台结构的完整性、集成性,以及与信息的一致性。

(6) 便于智慧城市系统工程实施,顶层规划应给后续的专项业务平台和底层应用系统设计提供指导，并要具有连贯性和整体性。设计方案选择应追求时效，宜选择最经济、简单、易于实施的方案；技术应用手段强调实用，不片面追求品牌和脱离主流技术的“超前性”。

5.1.4 顶层规划步骤

制定智慧城市顶层规划的步骤如下：

(1) 确定顶层规划编制大纲（或称之为“概念规划”），包括编制的目标、原则、范围、内容和方法。

(2) 收集来自本地区城市内部和外部环境与本规划编制相关的各种信息，将收集的各种信息进行归纳和整理，并根据智慧城市顶层规划编制大纲中提出的目标、原则、范围、内容和方法等进行智慧城市建设需求分析。

(3) 在智慧城市建设需求分析的基础上，结合智慧城市建设战略性、可行性的研究，对顶层规划编制大纲中提出的建设目标、建设原则、范围、内容和方法，以知识体系研究为先导，以建设体系规划为核心内容，落实分期阶段性实施计划与安排、财务情况，以及建设风险程度和软环境等多方面进行全面的研究和论证。

(4) 定义约束条件，根据财政情况、人力资源、基础设施、信息资源等方面的限制，定义智慧城市建设项目的约束条件和相应的支撑政策与法规。

(5) 明确智慧城市建设战略目标，根据需求分析和可行性研究，以及约束条件。确定智慧城市建设战略目标，也就是在建设项目（可分期）结束时，智慧城市应具有怎样的能力（如指标体系），包括：智慧城市在管理与公共服务的范围、功能结构、技术应用、项目实施要点和分期阶段性进度计划和项目概算等。

(6) 提供智慧城市顶层规划的知识体系研究和建设体系规划结构图，通过智慧城市顶层规划体系结构图勾画出未来智慧城市信息系统建设框架，体现系统平台之间的层次和相互之间的关联性与集成性。

(7) 确定智慧城市建设项目的分类和分期阶段性实施的战略规划，根据建设资源的限制条件，选择智慧城市建设周期和分期实施的计划，确定优先实施项目的内容和任务，以及制定建设项目实施先后的顺序。

(8) 提出项目实施的进度计划。在确定建设项目实施顺序后，估算项目建设的成本、制定对人力资源和信息资源整合的要求等具体实施计划，以此作为整个实施阶段的任务、成本和进度计划。

(9) 通过智慧城市顶层规划。将上述根据顶层规划编制原则完成的文档，经过整理而形成《智慧城市顶层规划方案》。在此过程中不断征求各方面业务应用信息系统平台用户和信息系统专家的意见和建议，并经相关部门组织的《智慧城市顶层规划方案》评审，在通过后可执行。“顶层规划方案”应作为下一步智慧城市各专项业务平台规划和底层应用系统设计的指导性文件和设计依据。

5.1.5 顶层规划内容

以作者对智慧城市顶层规划的研究和从事智慧城市建设工程实践的经验。智慧城市顶层规划内容主要应分成两个部分，分别是：智慧城市知识体系研究和智慧城市建设体系规划。智慧城市建设是一个复杂而长期的综合性信息化巨系统工程，根据作者参与新加坡“智

慧岛”到“智慧国”的实践和经验，认为在全面实施智慧城市建设之前应组织进行智慧城市顶层规划，并通过顶层规划继而被深化为各专项业务平台规划和底层应用系统设计，最终形成成套而科学完整的智慧城市建设路线图和行动计划，以及能够指导各专项业务平台和应用系统工程可实施的方案和建设图纸的编制与设计。如图5.1所示。

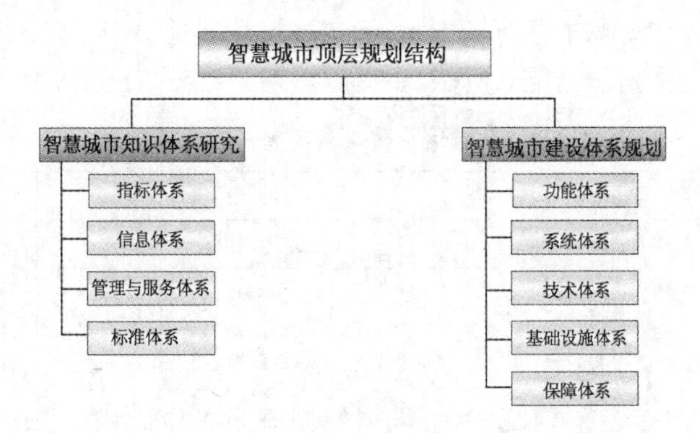

图5.1　智慧城市顶层规划结构图

智慧城市顶层规划通常要提出3～5年的中长期智慧城市系统工程设施计划。包括1年内的近期实施详细计划，中长期智慧城市建设计划部分指明了总的建设方向和建设目标，而近期计划部分则为确定近期具体实施的内容和计划完成的工作任务提供组织、行政、资金、人员的保障。

5.1.6　顶层规划方法

智慧城市顶层规划是实施信息系统的关键步骤，以合理的模型与方法作为指导是提高信息系统规划的重要基础。“模型”刻画了智慧城市信息系统规划过程中的指导模式，而“方法”则描述了具体实施规划的步骤。目前使用信息系统规划模型的种类很多，本书推荐采用三阶段模型，在规划方法上建议采用战略数据规划法。

1. 三阶段模型

智慧城市顶层规划中信息系统规划模型是搭建信息与系统集成和业务应用系统平台最关键的工作。信息系统规划模型是针对信息系统规划所面临的基本问题。目前，已经有许多方法用于信息系统的规划工作，采用由B. Bowman、G. B. Davis等人提出的具有普遍意义的、对规划过程和方法论进行分类研究的“三阶段模型”，较适合智慧城市信息系统模型规划。“三阶段模型”由战略计划(或称为战略规划)、信息需求分析和项目实施资源分配三个一般性的任务组成。其在智慧城市相应的任务及有关方法论的分类描述如表5.1所示。

(1) 战略计划

为了智慧城市在整个建设规划和信息系统规划之间建立联系，内容包括：提出智慧城市建设目的和实施目标的战略，确定信息系统平台的任务，估计系统平台开发的环境，制定出信息系统平台的目标和战略。其方法有战略集合变换，根据建设组织指定战略和根据组织集合指定战略等。

(2) 信息需求分析

为了广泛研究智慧城市建设及相关信息的需求，需建立信息系统平台结构，并用来指导具体业务应用系统的开发。内容包括:确定建设过程决策支持、城市运营业务流程、城市管理和公共服务和政府业务管理与日常事务处理中的信息需求。根据上述信息需求分析,制定智慧城市信息系统平台目标、内容、任务、开发等方面的规划。

(3) 项目实施资源分配

在智慧城市建设信息需求分析基础上,确定建设项目的分类、实施内容、分期分阶段计划、时间进度安排、人力资源分配、建设资金计划等资源分配的规划。

表 5.1　智慧城市信息系统规划三阶段模型

规划	第一阶段	第二阶段	第三阶段
一般活动	战略计划	信息需求分析	资源分配
主要任务	在总的建设目标和实现功能计划与信息系统计划之间建立关系	识别数字城市综合管理与公共服务广泛的信息需求,建立战略性的信息系统总体框架结构,指导业务应系统平台的建设与开发	对信息系统的应用与系统建设及开发资源和运营资源进行分配
选择方法	战略集合交换根据规划制定实施策略、方案和计划	数字城市总体规划目标,总体结构规划,应用体系规划,信息系统分析规划,项目实施规划	项目总体预算,人力资源配置,系统软硬件配置,系统实施优先阶段

2. 企业系统规划法

企业系统规划(BSP)法是一种对企业管理信息系统进行规划和设计的结构化方法,它是美国 IBM 公司在 20 世纪 60 年代末创造并逐步发展起来的。BSP 法主要基于用信息支持企业运行的思想,是把企业目标转化为信息系统战略的全过程,BSP 法所支持的目标是企业各层次的目标,实现这种支持需要许多业务子系统来实现。

BSP 法的规划指导思想和智慧城市顶层规划的思想完全一致,在智慧城市总体结构体系构建上也是采用由多层目标支持实现智慧城市建设的总体目标;在系统及平台结构上也同样需要多个业务应用平台和子系统构成。

应用 BSP 法从智慧城市建设目标开始,然后规定顶层规划的方法,自上而下地推导信息需求。智慧城市事务处理是数据收集和分析的基础,通过事务处理程序的梳理和业务流程的再造,明确决策方法和问题,找出逻辑上相关的数据以及事务处理的关系。这些信息可以用来确定智慧城市信息系统结构。根据信息系统结构就可以建立业务应用的优先级别,并根据业务应用系统功能的分类,确定智慧城市信息化系统及平台的层次、系统组成、技术应用、实现功能,以及具体项目系统工程分期分阶段实施的计划和时间进度安排等。

BSP 法对于智慧城市顶层规划的要点是:

(1) BSP 的主要目标

BSP 的主要目标是提高智慧城市信息管理系统的规划,用以支持智慧城市短期和中长期对信息的需要,而且作为整个智慧城市建设中不可缺少的部分。

(2) BSP 方法的基本原则

① 顶层规划必须支持智慧城市建设的战略目标;

② 顶层规划的战略应当表达出智慧城市的各个功能和管理层次的需求;

③ 根据顶层规划建立起来的智慧城市信息系统及平台,应该向整个智慧城市提供一致的信息;

④ 顶层规划应该促进政府机构和管理体制的改革和变化;

⑤ 顶层规划应该是先“自上而下”的设计，再“自下而上”的实现。

(3) BSP方法的基础

① 定义智慧城市建设过程。智慧城市建设过程是指智慧城市各类管理与公共服务所需的、逻辑相关的一组决策和活动。智慧城市整个业务活动就是由一系列业务流程所组成。定义智慧城市业务流程可以帮助理解智慧城市如何依靠信息化技术完成其目标，着手建立各个系统及平台的业务流程，按照各自系统及平台内部业务的逻辑关系，将它们划分为若干个功能区域，然后建立各功能区域中所包含的全部业务流程。

② 定义数据类。数据类是指支持智慧城市业务流程所必要的逻辑上相关的数据。通过数据类定义，可以识别当前支持智慧城市业务流程数据的准确性和实时性，识别在建立信息总体结构中要使用的数据类；发现智慧城市业务流程中的数据共享；发现各个独立的应用系统在其业务流程中所产生、使用和缺少的数据等。BSP方法将数据类和业务流程两者作为定义智慧城市总体结构体系的基础，并利用业务流程和数据类矩阵来表达两者之间的关系。

(4) BSP方法的核心

BSP方法的核心是提供规划智慧城市信息系统平台总体结构的方法。智慧城市系统平台总体结构体系由城市管理和城市公共服务中的功能体系结构、信息系统平台体系结构、信息基础设施体系结构组成。

通常信息系统平台体系由若干相对独立和自治的系统及平台组成，其在应用和管理方面也必然是采用分布式管理和集中管理相结合的模式。自顶向下的进行整体系统平台的总体结构规划，将有利于系统平台之间的信息与系统集成，实现城市级的信息互联互通和数据共享。确定各个独立系统及平台信息与系统集成的边界就显得特别重要。通过系统平台总体结构图表达智慧城市业务流程所需应用平台和业务系统及子系统之间的关系。“结构图”应勾画出所需系统平台的业务范围，实现功能、数据支撑，以及系统平台间数据共享关系等。

5.2 智慧城市知识体系规划

智慧城市知识体系研究是智慧城市建设的先导性和理论性的研究工作，是指导智慧城市建设体系规划的基础。

5.2.1 概述

通常智慧城市知识体系规划包括：指标体系规划、信息体系规划、城市管理与公共服务体系规划、标准体系规划。

(1) 智慧城市指标体系

智慧城市指标体系用于衡量和反映城市综合管理和公共服务水平现状和未来发展潜力，并为城市管理和公共服务运行提供明确的、可衡量的标准，同时也是智慧城市建设绩效和可评估的量化标准。

(2) 智慧城市信息体系

建立智慧城市部门间信息互联互通和数据共享的长效机制，打破部门壁垒造成的信息孤岛，为大数据共享平台的建设提供操作基础；制定信息管理准则，对现有各部门系统数据及将来数据共享平台的数据提供元数据管理、数据质量管理、主数据管理、数据生命周期管理、数据安全管理。

(3) 城市管理和公共服务体系

将智慧城市指标体系与城市管理和公共服务运行指标结合在一期,将原有面向组织与职能的流程改造为面向管理与服务的流程,以支持高效管理、并向市民和企业提供服务为目标。

(4) 智慧城市标准体系

智慧城市不但包括顶层规划、专项业务平台和底层应用系统设计,同时涉及信息与系统集成,城市级“一级平台”和业务级“二级平台”的建设。智慧城市是一个互联互通和数据共享的整体。智慧城市建设系统体系框架中的任何一个专业平台及应用系统都是智慧城市巨系统中的一部分,都是整体智慧城市系统体系中的一个应用系统,绝不是各自孤立、互不联系的“信息孤岛”。为了实现这一目标必须统一制订智慧城市标准体系。

5.2.2 智慧城市指标体系规划

智慧城市是指综合利用各类信息技术和产品,以信息化、网络化、数字化、自动化、智能化技术应用为主要特征,通过对城市内人与物及其行为的全面感知和互联互通,大幅优化并提升城市运行的效率和效益,实现生活更加便捷、环境更加友好、资源更加节约的可持续发展的城市。智慧城市是新一轮信息技术变革和知识经济进一步发展的产物,是工业化、城市化与信息化深度融合的必然趋势。建设智慧城市,实现以“智慧”引领城市发展模式变革,将进一步促进信息技术在公共行政、社会管理、经济发展等领域的广泛应用和聚合发展,推动形成更为先进的区域发展理念和城市管理模式。

智慧城市指标体系主要是基于城市“智慧化”发展理念,统筹考虑城市信息化水平、综合竞争力、高品质城市、最平安城市、绿色低碳、人文科技等方面的因素,综合量化而成,主要目的就是为了较为准确的衡量和反映智慧城市建设的主要成果和发展水平,为进一步提升城市竞争力、建设绿色、人文、和谐社会,促进经济社会转型发展,提供评估的标准。

通常智慧城市指标体系规划分为四个步骤进行,即:指标体系规划方法、指标体系框架与组成、指标体系编制内容和形成智慧城市指标体制,如图 5.2 所示。

图 5.2 智慧城市指标体系研究步骤

1. 指标体系规划方法

智慧城市指标体系规划方法是整个指标体系中最为基础和核心的部分。这部分内容实际上是要将指标体系中每个具体指标是如何产生的描述清楚。通过智慧城市需求的调研和访谈，案例分析和经验总结，如何从这些素材中挑选和整理出真正能反映智慧城市真实状况的若干个关键指标是十分重要的。在这方面，按照方法论要求，从调研需求入手，从调研的指标备选库中选取能够涵盖智慧城市发展目标的所有指标，接下来对指标清单进行评估、论证和沟通，初步圈定其中的重要指标，然后对这些指标进行横向评估和优化，完善有冲突、有重叠和有缺失的关键指标，最终确定关键指标。

根据指标体系构建的原则，从指标的名称、定义、衡量标准、数据来源、基准值、目标值、范围值和应对策略等几个方面对各项指标进行具体的描述。

① 指标名称：根据调研结果，从政府管理运行的效能、市民和企业对城市管理与公共服务的要求并结合国内外案例的分类方法，提出各项具体的指标名称。指标的名称要言简意赅，充分表达指标的内涵，不易产生混淆。

② 指标定义：对每一项指标的名称进行详细的解释，说明指标所反映的城市运行具体相关的管理与公共服务领域，指标的涵盖范围，指标所能实现的业务支撑等。

③ 指标衡量标准：针对各项指标，描述指标具体的计算方法和评估标准。

④ 指标数据来源：介绍数据的获取渠道（从具体哪个业务部门的哪个信息系统或渠道获取），以及数据的更新频率等。

⑤ 指标的基准值：根据现有的定义和衡量标准，计算现阶段的数值。

⑥ 指标的目标值：根据该指标基准值、过去 3 到 5 年的演进趋势以及未来发展规划的要求确定指标的目标值。

⑦指标的范围值和应对策略：指标正常情况下所处的范围，以及不同等级的相关应对措施。

2. 指标体系框架

指标体系框架实际上是在之前指标方法和指标内容设计的基础上，像盖房子一样将每个指标按照一定的分类、分级方式搭建成一个整体体系。

通常来讲，指标框架会分为以下三个不同层级：

第一层是几个主要的维度，一般会按照城市中管理与公共服务的主体和对象并结合相应的支撑要素，如：政府、城市管理、社会民生服务、企业经济、信息基础建设等几个维度展开。

第二层是与第一维度相关联的第二级的业务或行业，例如第一维度城市管理相关联的第二级的业务有：城市智慧城管、应急指挥、公共安全、交通管理、节能减排、基础设施等方面。

第三层是第二维度业务或行业实现的功能和体现的成果，第二维度智慧城管所实现的各项功能和可供量化绩效考核的成果。

另外，企业和市民的主观评价指标也是重要的组成部分，将作为单独部分进行呈现。

指标体系的主要内容，假设按照研究的维度分类方法，如城市经济、服务电子化、交通、环保、公共安全、社会保障和基础设施建设，对架构中的每一个具体指标设定相应的名称、定义、衡量标准、数据来源、基准值、目标值、范围值和应对策略等，从而丰富和完善整个指标体系。

3. 指标体系编制内容

根据智慧城市指标体系编制原则以及现阶段智慧城市建设的主要内容，智慧城市“指标体系”主要可分为智慧城市基础设施、智慧城市社会管理和公共服务、智慧城市信息服务经济发展、智慧城市人文科学素养、智慧城市市民主观感知等。具体内容在 4.5 节已作介绍。

5.2.3 智慧城市信息体系规划

随着城市信息化的深入推进,智慧城市的信息资源规划在城市现代化进程中的作用日益重要,信息资源的深度开发和综合利用已经成为智慧城市建设的核心内容。信息管理的过程经历了传统管理时期,技术管理时期,信息资源管理时期,现在正逐渐向“网络信息资源管理”阶段演进。这种演进和发展对信息管理工作模式和服务模式势必造成巨大的变化,对智慧城市信息资源做统筹规划有利于搭建高档的数据环境,促进信息资源的深度开发和高效应用。

1. 信息体系规划的概念

信息资源是指人类在社会实践过程中所涉及的一切文件、资料、图表和数据等信息的总称。

(1) 信息资源特点

① 能够重复使用,其价值在使用中得到体现;

② 信息资源利用具有很强的目标导向,不同信息在不同的用户中体现不同的价值;

③ 具有整合性,对其检索和利用,不受时间、空间、语言、地域和行业的制约;

④ 它是社会财富,任何人无权全部或永久买下信息的使用权;它是商品,可以被销售、贸易和交换;

⑤ 具有流动性。

信息体系规划的实质是对信息资源的规划。信息资源规划(Information Resource Planning, IRP)是人类在社会实践过程中所需要的信息,从采集、处理、传输到使用的全面规划。信息资源管理,是指为达到预定的目标运用现代的管理方法和手段对相关的信息资源和信息活动进行组织、规划、协调和控制,实现对信息资源的合理开发和有效利用。

(2) 信息体系规划步骤

通常智慧城市信息体系规划分为五个步骤,即:信息体系需求与研究分析、信息体系与信息资源研究方法、信息体系与信息资源分类原则、信息体系与信息资源规划、形成智慧城市信息体系。如图 5.3 所示。

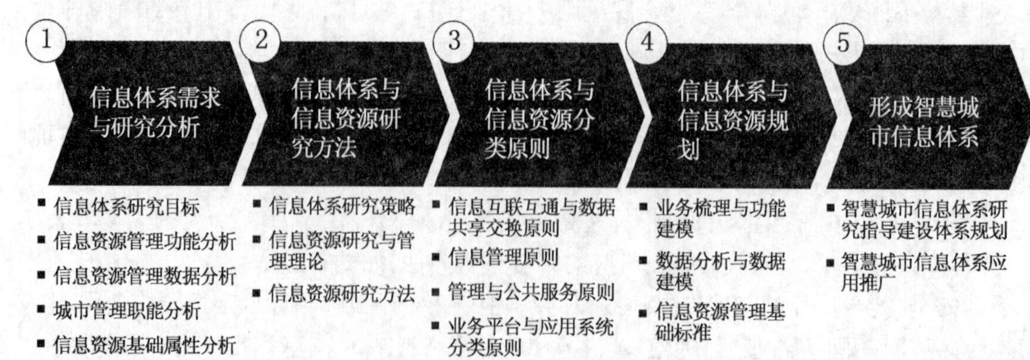

图 5.3 智慧城市信息体系规划步骤

2. 信息资源规划的必要性

(1) 为提高政府管理与服务能力提供了新的思路

强调信息资源对政府实现战略目标的重要性,通过信息资源的优化配置和综合管理,可以提高管理与服务能力。

(2) 帮助理清并规范表达用户需求并落实应用主导

贯彻信息化建设的"应用主导"方针,其前提是要摸准用户需求。只有正规的信息资源规划,才能通过分析和建模真正反映用户的需求。

(3) 整合信息资源,消除"信息孤岛",实现应用系统集成

"信息孤岛"产生的技术原因,是缺乏信息资源管理基础标准。信息资源规划过程就是开始建立数据标准的过程,从而为整合信息资源,实现应用系统集成奠定坚实的基础。

(4) 指导智慧城市建设的应用软件选型并保证成功实施

企业通过信息资源规划"建立两种模型和一套标准",就有了应用软件选型与实施的主动权,否则,虽然经过管理咨询、多方考察和论证,但由于自己心中无"数",容易犯"削足适履"的错误。

(5) 信息资源规划是云计算中心建设的基础工程

信息资源规划成果主要包括信息模型(功能模型、数据模型、架构模型)和数据标准体系(概念数据模型、逻辑数据模型、数据元素、信息分类编码、用户视图),可用于在实施云计算中心之前勾画云计算模式下城市信息化蓝图,并建立确保云计算提供的软件系统之间能够集成化、标准化和一体化的数据标准体系,解决了云计算中心的云模型和云标准问题,很好地补齐当前云计算解决方案中缺乏解决"信息孤岛"手段的"短板"。

3. 信息体系规划需求与研究分析

(1) 信息资源规划预期目标

① 把城市的信息资源作为一个整体进行系统性规划。

② 一数一源,整个城市一套基础体系。

③ 建立智慧城市的数据库模型体系及全局的 E-R 图。

④ 建立智慧城市的逻辑数据库标准及管理基础标准。

⑤ 市辖区及各委办局所有的信息资源总量及资源共享量。

⑥ 无障碍的高效互联互通,彻底消除"信息孤岛"与"信息烟囱"。

(2) 信息资源规划功能需求

信息资源规划内容按功能划分主要由信息组织、信息检索和信息服务三个部分构成。信息服务是目的,信息组织是基础,信息检索是手段。

① 信息组织

亦称信息整序,是利用一定的规则、方法和技术对信息的外部特征和内容特征进行揭示和描述,并按给定的参数和序列公式排列,使信息从无序集合转换为有序集合的过程。信息组织的发展方向是知识组织,这也一直是信息资源管理讨论的热点。知识组织,简而言之就是揭示知识单元(包括显性知识因子和隐性知识因子),挖掘知识关联的过程或行为,最为快捷地为用户提供有效的知识或信息。其特征在于自动化、集成化、智能化。然而想要有效地揭示隐性知识是其中的难点也是重点。

② 信息检索

相当于信息组织的逆过程,是根据特定的需求,运用某种检索工具,按照一定的方法,从信息资源库中查出所需的资料或信息的过程。

③ 信息服务

就是用不同的方式向用户提供所需信息的一项活动。它包括两个方面的内容:一是对分散在不同载体上的信息进行收集、评价、选择、组织、存储,使之有序化,成为方便利用的形式;二是对用户及信息需求进行研究,以便向他们提供有价值的信息。

(3) 信息资源规划数据需求

建设智慧城市信息资源的统一规划,可以把信息资源细分成系统数据、基础数据、业务数据、融合数据、共享数据、交换数据和服务数据七大类,这些数据互为支持,形成一个统一的数据支撑平台。

① 系统数据

指满足信息系统运作所需的数据,例如:用户数据、账号数据、单点登录数据、安全证书数据、工作流数据、系统日志数据、消息提醒数据等。

② 基础数据

包括城市的人口信息、法人信息、空间信息、宏观经济信息四大基础数据。

③ 业务数据

指各级行政主管单位的日常管理业务数据。

④ 融合数据

指业务数据和基础数据进行充分融合的数据集。

⑤ 共享数据

指在数据资源中心授权访问的数据。

⑥ 交换数据

指供各委办局与数据资源中心间交换的数据。

⑦ 服务数据

指经过多级处理,形成初级、中级、高级服务的数据,为各级行政主管部门、相关委办局以及公众、企业提供服务。

(4) 城市管理行政职能分类

① 行政许可

执业许可证,包括餐饮、教育、法律、建筑等行业。

② 审核审批

重要建设项目方案、资源规划方案、人事调整方案等的审批。

③ 资质认证

资质的调查与核准,包括教育、测绘、房产评估等。

④ 注册备案

对社会和企业资源进行登记,包括出生、婚姻、师资、科技成果等。

⑤ 行政监督

对重大工程、企业行为、群体性社会活动等进行过程监管。

⑥ 裁决确认

对纠纷、争议的裁决以及土地、矿产等归属权确认。

⑦ 征收给付

税务、资源占用等费用的征收以及残疾、军属、公益等事项资金的给付。

⑧ 行政处罚

企业、社团、个人违章违法行为的处罚。

⑨ 行政强制

财产封存与收缴、违章建筑拆除等。

⑩ 咨询服务

个人、社团、企业关于就业、教育、气象等方面的咨询服务。

(5) 信息资源基本属性分析

信息资源种类繁多,分类方法多样。但无论哪种信息资源,都具有最基本的6项共同属性:所有者、时间、地点、产生方法、产生依据、资源体。简单地说就是:什么人、在什么时间、在什么地点、用什么手段、依据什么标准、生成了什么结果。

(6) 信息资源存储格式分析

信息资源的存储格式可以划分为两大类。一类信息能够用数据或统一的结构加以表示,我们称之为结构化数据,如数字、符号;而另一类信息无法用数字或统一的结构表示,如文本、图像、声音、网页等,我们称之为非结构化数据。据统计,城市中20%的数据是结构化的,80%则是非结构化或半结构化的。当今世界结构化数据增长率大概是32%,而非结构化数据增长率则是63%,至2012年,非结构化数据占有比例将达到互联网整个数据量的75%以上。非结构化数据中50%～75%的数据都来源于人与人的互动,都是以人为中心产生的。

① 结构化数据

我们都很熟悉结构化数据,典型的就是事务数据、定量的数据。政府或企业收集、存储、查询、利用它们来制定发展战略、预判趋势、运行报表、进行分析、优化运营。目前结构化数据的利用方面已经做得较好,通过它能提供重要的业务洞察力,更有效率地服务于客户,遵循监管法规,为决策制定者提供所需的即时的、持续的关键信息以优化业务。

② 非结构化数据

信息技术在不断发展,而电子商务、移动应用、社交网络等日益活跃,这导致大量的像影像资料、办公文档、扫描文件、Web页面、电子邮件、微博、即时通信以及音视频等非结构化数据量迅猛增长。

4. 信息体系与信息资源规划方法

(1) 信息体系与信息资源规划策略

① 信息体系与信息资源规划从实践中来到实践中去,从应用需求中来到应用系统中去。

② 智慧城市的人、事、物的高度协调统一,时间、地点、人物三要素贯穿始终。涉及人的内容以居民身份证号码为主线,涉及物的内容以地址编码为主线,涉及事的内容以流程化的时间为主线并相互贯通。

③ 实现"标准一致、源头唯一、集中集成、共建共享"。

(2) 信息体系与信息资源规划和管理理论

信息体系与信息资源规划是智慧城市顶层规划的重要内容,规划的最终成果包括一个科学的、恰如其分的目标集合,一套实现这个目标的战略路径,一系列由路径和目标规定的任务和措施。要科学、合理地确定目标集合、战略路径和任务措施,前提和依据是对现状和趋势的客观判断,对基础条件的科学分析,对需求的正确把握,对操作性的深入透视。按照如此定义,规划要素包括:目标、路径、任务措施以及现状、趋势、条件、需求、操作性。

(3) 信息工程理论

霍顿(F. W. Horton)和马钱德(D. A. Marchand)等人是美国信息资源管理(Information Resource Management, IRM)学家,是 IRM 理论奠基人、最有权威的研究者和实践者。他们关于 IRM 的论著很多,其主要观点有:

① 信息资源(Information Resources)与人力、物力、财力和自然资源一样,都是企业的重要资源,因此应该像管理其他资源那样管理信息资源。IRM 是企业管理的必要环节,应该纳入企业管理的预算。

② IRM 包括数据资源管理和信息处理管理。前者强调对数据的控制,后者则关心企业管理人员在一定条件下如何获取和处理信息,且强调企业中信息资源的重要性。

③ IRM 是政府、企业管理的新职能,产生这种新职能的动因是信息与文件资料的激增、各级管理人员获取有序的信息和快速简便处理信息的迫切需要。

④ IRM 的目标是通过增强企业处理动态和静态条件下内外信息需求的能力来提高管理的效益。IRM 追求"3E"——Efficient、Effective 和 Economical,即高效、实效、经济,"3E"之间关系密切,相互制约。

⑤ IRM 的发展具有阶段性。到 20 世纪 90 年代,IRM 的发展大约可分为物理控制、自动化技术管理、信息资源管理和知识管理四个阶段。

信息工程的基本原理是:数据位于现代数据处理系统的中心;数据结构是稳定的,处理是多变的;最终用户必须真正参加开发工作。

霍顿的信息管理思想可以概括为:闭合而开放的信息生命周期观;广义的信息资源和信息资源管理观;集成的信息管理观;"会通"的信息管理观。

(4) 信息资源规划方法

按照通行的信息工程理论来讲,信息资源规划可主要概括为"建立两种模型和一套标准"。"两种模型"是指信息系统的功能模型和数据模型,"一套标准"是指信息资源管理基础标准。信息系统的功能模型和数据模型实际上是用户需求的综合反映和规范化表达,而信息资源管理基础标准则是进行信息资源开发利用的最基本的标准,这些标准都要渗透和体现在数据模型之中。

5. 信息体系与信息资源分类原则

智慧城市信息体系分类规划是指按照一定的信息分类原则,对智慧城市涉及的所有信息进行分类、汇集和集成。由于智慧城市建设体系是一个超大型信息系统工程,所涵盖的范围之大、体系之复杂、系统类型之多、应用及功能之广,不是一般管理信息系统(MIS)可以比拟的。

智慧城市信息体系分类规划的目的,就是确定智慧城市信息分类与集成,以及与信息体系相适应的系统体系,如信息与系统集成平台、业务管理平台、业务应用系统及功能子系统

的范围、边界和接口。从以往一些智慧城市建设的教训中得知,由于没有从智慧城市顶层规划设计,没有从城市信息互联互通与数据共享这一根本任务的高度,没有从信息集成、系统集成、软件集成、应用集成的实际需求出发,因而忽略了"信息资源分类规划"这项基本而重要的工作。如果没有科学的和全面的"信息资源分类规划",将会导致智慧城市各领域、各行业、各业务、各应用信息平台及系统在智慧城市整个信息体系中的逻辑位置和相互之间信息需求的不明确,平台及系统的边界不清晰,系统与信息集成时的接口方式不确定。

智慧城市建设的实质是建成一个支撑现代城市运营、管理、服务的超大型信息系统。所涉及范围涵盖政府信息化、城市信息化、社会信息化、企业信息化各领域的信息平台、行业管理平台、业务应用系统等系统的各种类型的信息和数据。涉及的这些不同的领域和行业主要是:政府职能、城市管理、社会服务、企业经济。从城市级信息互联互通与数据共享的角度看,信息分类涉及政府管理与政务信息、城市监控与管理信息、社会政务服务、公共服务与商业服务信息、企业管理、生产、市场、财务、人事等信息。从城市管理和服务的需求出发,信息与数据流向有纵向、横向,甚至斜向。要实现这些错综复杂、功能各异的信息系统的分类、汇集和集成,必须制定相应的信息资源分类原则和方法。

(1) 以信息互联互通与数据共享需求为第一原则

城市级的信息互联互通与数据共享是智慧城市建设的根本任务,因此信息资源分类要以满足城市级信息互联互通与数据共享需求为第一原则。从智慧城市系统和信息集成需求的角度,根据系统与信息集成按"分层集成"的原则,将智慧城市信息体系分为:城市级系统与信息集成(一级平台)、各领域各行业系统与信息集成(二级平台)、各应用及功能系统与信息集成(三级平台)。城市级的信息互联互通与数据共享,是通过城市级"一级平台"汇集和集成智慧城市四大类领域各业务级信息与系统集成平台(二级平台)的行业应用与管理信息和数据。

(2) 以信息管理的需求为原则

从智慧城市信息管理的需求角度,根据各领域行业管理的业务范围,可以分为四大类,即:政府管理类、城市管理类、服务管理类、企业管理类,并将隶属这些领域行业管理的各个应用及管理信息汇集和归属于上述四大类领域业务级信息与系统平台(二级平台)。

(3) 以城市管理和公共服务的需求为原则

从智慧城市管理和公共服务的需求出发,根据城市管理和公共服务的内容和功能,可分为两大类,即:城市综合管理类(包括"常态"管理和"非常态"管理)、社会公共服务类(包括政务服务、公共服务、商业服务等),智慧城市各领域行业管理类所属各应用及功能系统,均可实现与城市综合管理和社会公共服务各业务级信息平台的互联互通与数据共享。

6. 智慧城市信息平台及应用系统分类

根据信息资源分类原则,可按决策信息层次和管理信息相结合的方式进行信息平台及应用系统分类。该分类方式既可以满足信息互联互通与数据共享"分层集成"的要求,又可以根据各领域行业管理业务范围,满足对信息系统管理的需求,同时满足城市"常态"管理和"非常态"管理,以及社会公共服务的需求。

(1) 按决策信息层次分类

信息平台及应用系统按决策信息层次分类,可以根据决策组织结构和对信息的需求,将信息系统分为战略信息系统、战术信息系统、业务应用信息系统;对应于信息互联互通与数据共享"分层集成",则为城市级数字化应用一级平台、业务级数字化应用二级平台、企业级数字化应用三级平台。按决策信息层次分类,实质上就是通过一、二、三级平台实现在不同决策层面上的"横向"系统和信息集成。图 5.4 为决策信息层次分类图。

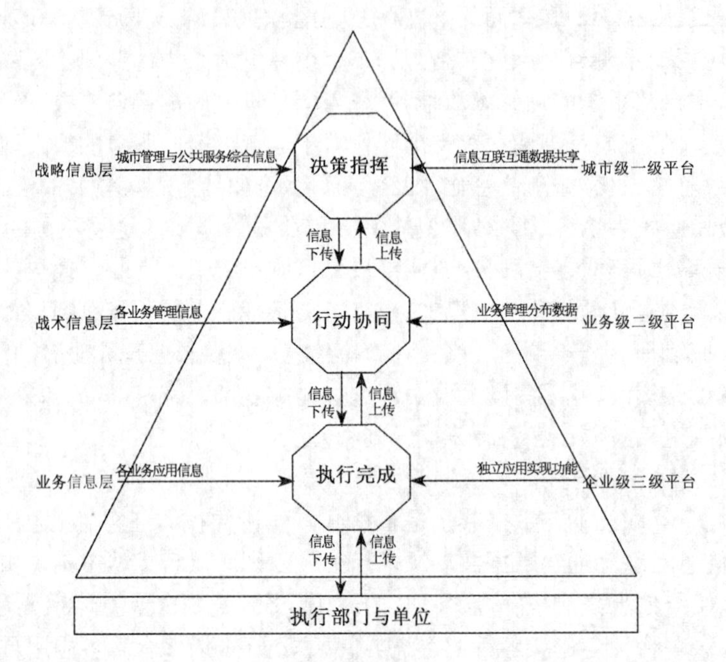

图 5.4　按决策信息层次分类图

① 战略信息

通过城市级数字化应用一级平台,实现智慧城市全社会信息的互联互通与数据共享,完成信息的采集与输入、数据的存储与管理、数据的加工与分析、信息的优化与展现,最终提供给城市管理和公共服务的顶层领导人在进行战略决策时使用。战略信息涉及:"一级平台"系统内外、过去和现在、各行业、各业务及应用的综合大量的信息资源。

② 战术信息

根据行业管理业务范围,分为四大类,即:政府管理、城市管理、服务管理、企业管理信息平台,即业务级数字化应用二级平台,并将隶属于这些行业管理的各个应用及功能系统汇集和归属于上述四大类业务管理信息平台上来,提供给智慧城市各行业的主管部门和领导人在编制行业计划和资源分配等工作时使用。战术信息涉及:各行业"二级平台"系统内外、过去和现在、各所属业务应用、各企业及部门、各种环境的综合大量的信息资源。

③ 业务信息

业务信息是提供给智慧城市各行业所属企业或部门基层决策者和管理者在执行计划、组织管理(生产)或服务活动时使用。业务信息涉及:实施业务计划和组织业务管理的所有相关的数据和信息,业务信息的特点是:要求及时和准确,并以当前和实时的数据与信息为最重要。

(2) 按管理信息分类

信息平台及应用系统按管理信息分类,实质上就是按照管理职能在"纵向"上进行分类,智慧城市主要行业职能分为四大类,即:政府、城市、服务、企业。按照管理信息进行分类的

好处是:通过行业的纵向管理信息,可提高各领域各行业和各业务部门在城市管理、社会公共服务、经济市场上的快速响应能力和决策的科学性,增强各行业自身在市场上的竞争力。行业管理信息系统通常由各领域行业管理信息平台及子平台(在智慧城市中称为"业务级'二级平台'")和所属各业务应用系统及功能子系统(在智慧城市中称为"企业级'三级平台'")构成。

7. 智慧城市信息体系规划

(1) 业务梳理与功能建模

在信息体系规划工作中进行业务分析,以便能系统地、本质地、概括地把握政府的功能结构,这就是人们常说的"业务梳理"。经过分析梳理,我们采用"职能域—业务过程—业务活动"这样的三层结构来表达业务框架,就是所谓的业务模型(Business Model)。

(2) 数据分析与数据建模

用户视图(User View)是一些数据的集合,它反映了最终用户对数据实体的看法,包括单证、报表、账册和屏幕格式等。基于用户视图做数据需求分析,可大大简化传统的实体-关系(E-R)分析方法,有利于发挥业务人员的知识经验,主动参加分析工作。用户视图的分析过程,就是调查研究和规范化表达用户视图的过程,包括定义用户视图的标识、名称、流向等概要信息和用户视图的组成信息。

(3) 信息资源管理基础标准

所谓信息资源管理基础标准,是指那些决定信息系统质量的标准,因而也是进行信息资源开发利用的最基本的标准。信息资源管理基础标准有:数据元素标准、信息分类编码标准、用户视图标准、概念数据库标准和逻辑数据库标准。这些标准都具体地体现在数据模型之中,而且在后续的数据库建设和应用开发中要处处用到。对用户视图分析和规范化表达,实际上就是建立用户视图标准的过程;在数据元素标准、信息分类编码标准和用户视图标准的基础上,就可以建立概念数据库标准和逻辑数据库标准。

5.2.4　智慧城市管理与公共服务体系规划

1. 概述

城市是一个复杂的组织,具有复杂的各种功能和业务需求,这些需求涉及政府、城市管理、社会民生、企业经济的方方面面。因此城市需要一个具有秩序而有效的城市管理与公共服务体系,实现城市复杂功能和业务之间跨领域、跨部门、跨业务平台的协同。智慧城市将通过城市管理与公共服务体系有效提高城市日常运营效率,及时处理突发事件。

智慧城市管理与公共服务体系规划,是智慧城市知识体系规划的重要课题。为了建立满足智慧城市现代化管理和公共服务的要求,智慧城市管理与公共服务体系不是在一般定义的城市管理信息系统基础之上实现智能化管理,而是要覆盖城市管理与服务体系的功能、任务、职责、工作相关联的所有政府部门、区(县级市)政府有关机构,根据其职责分工确定各分管业务在城市管理与公共服务中的角色,梳理城市管理运行的业务及信息,构建统一的数据库和应用平台,进一步规划和完善城市管理与公共服务信息系统建设,最终实现整个城市的管理与运行数字化、信息化和智能化。

智慧城市管理与公共服务体系必然要以本地区城市电子政务已经建立的信息基础设施、数据库、数据交换平台、应用支撑平台、视频监控系统、公共视频会议系统为基础,要在

“智慧城市”顶层规划大框架下以实现智慧城市管理与公共服务为目标，因此，必然要考虑设计科学合理的管理和公共服务的流程，这些流程在覆盖性、有效性、时效性以及安全性上都需要进行细致的分析和论证。

智慧城市管理与公共服务体系规划，可以通过五步骤来开展工作，如图 5.5 所示。首先对管理和公共服务流程的现状进行调研；以最终服务用户作为维度，可以切分出对内及对外的流程；以应用渠道和范围作为维度，可以切分本地、计算机门户、移动门户等；以流程相关的部门作为维度，可以切分为若干跨部门流程的集聚；然后通过研究现有流程提出流程优化的建议；接着进行管理与公共服务流程的设计；随后对流程的风险进行分析并提出控制建议；形成智慧城市管理与公共服务体系。

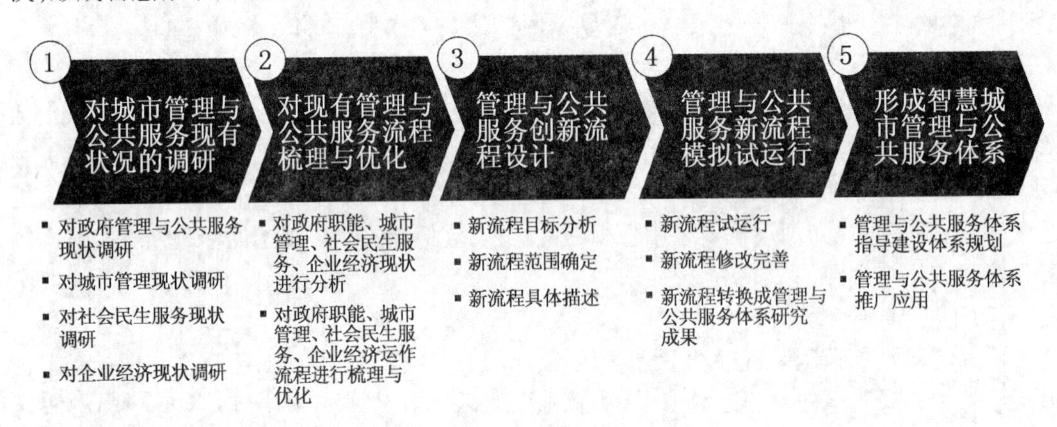

图 5.5 管理与公共服务体系规划步骤

2. 管理与公共服务流程的梳理和优化设计

智慧城市建设对城市管理与公共服务体系研究，应以城市管理创新和社会民生为出发点和立足点。智慧城市通过管理体制创新和服务模式转变来提升城市综合服务能力，智慧城市管理与公共服务体系实质是通过对现有管理与公共服务流程的梳理和优化，方能适应智慧城市城市管理与公共服务复杂功能和业务之间跨领域、跨部门、跨业务平台协同的新需求。

1）管理与公共服务流程的现状调研

在流程梳理和优化项目中，对现状的调研非常关键，优化不是重新创造，而是对流程的有效性和效率的一种提升。在现状调研中，需要得到与城市管理智慧化运行相关的管理的事项全集以及服务的事项全集。然后从管理及服务的全集出发从若干维度进行流程梳理，以流程目的作为维度，我们可以切分出管理及服务流程。同时结合对国内外政府管理与公共服务职能的理解，对现有管理与公共服务流程展开详细的调研，分析现有流程体系中是否存在流程缺失、不足的问题、在流程中是否存在多头管理、交叉管理等问题，为流程优化奠定基础。

(1) 管理流程现状调研

管理流程是指政府各部门在行使管理职能的过程中使用的流程。我们将按照项目目标和范围要求，分析管理现状，评估工作内容、步骤、方法、格式模板等，明确需要配合、参与和负责的工作节点和要求，完成对现状问题的分析，确定问题和改进点的重要程度和优先次

序。采用深度访谈和问卷调研的方式收集现有的管理流程,并通过内部研讨的方式分析管理流程现状。

(2) 服务流程现状调研

服务流程是指政府各部门在进行内部和外部服务的过程中使用的流程,与流程的使用部门的服务职能存在对应的关系。按照项目目标和范围要求,从各委办局部门管理职能入手,依次确定与各服务职能相关的服务流程。并从各个服务流程现状入手制订业务现状评估分析的工作内容、步骤、方法、格式模板等,明确需要配合、参与和负责的工作节点和要求,完成对现状问题的分析,确定问题和改进点的重要程度和优先次序。

采用深度访谈和问卷调研的方式收集现有的服务流程,并通过内部研讨的方式分析服务流程现状。由于各相关部门以及政务服务中心的服务职能涉及面广,还将通过“以点带面”的方式,重点关注那些跨部门的关键服务流程。

2) 对现有管理与公共服务流程的优化

在了解了流程现状的基础上,进一步对流程进行分析和诊断,以确定流程中是否存在问题。综合分析所有问题并归纳总结出问题的类型,并且对从流程的有效性、效率(时效性)以及风险管理几个维度出发找到流程中存在的问题。

(1) 与流程有效性相关的问题可能包括:流程缺失、流程执行者不明确、缺少协同以及多头管理等问题;

(2) 与流程效率相关的问题可能包括:流程环节不当、流程冗余、流程环节处理时间缺陷、分工不当、资源安排不当以及集中化不当等问题;

(3) 与流程的风险管理相关的问题可能包括:监控点缺失、控制点缺少、风险管理机制不完善等。

针对以上的问题,需提出改进的具体建议,例如针对流程有效性的问题的改进方法、针对流程效率相关的改进方法以及针对流程风险管理相关问题的改进方法等。

3) 管理与公共服务流程的设计

在对管理与公共服务流程现状调研和问题分析的基础上,与流程的拥有者及相关部门一起合作,结合指标体系和信息体系的需求,利用流程优化的方法论对管理与公共服务流程进行设计。

(1) 流程目标分析

对需要进一步优化和重新设计的流程,首先要明确流程优化想要达到的目标。针对于管理相关的流程,需要确保能够最有效地通过使用指标体系来管理平台,提高管理的有效性和管理效率,利用信息化手段并借助信息共享管理办法加强跨部门间的信息共享入手。针对于服务相关的流程,能够严格遵守部门之间的信息交互标准和规范,能够确保管理信息和指示的可达性,确保服务更加高效、及时和灵活。

(2) 流程范围确定

根据各流程设计和优化的目标,下一步将确定各流程的范围。流程的范围包括流程所涉及的业务内容,流程涉及的相关部门和岗位,流程的起止点以及与其他相关流程的关系等。确定流程的范围需要从具需要实现的管理与公共服务功能/职能入手,首先确定完成该职能需要哪些具体的活动,接下来会对完成这些具体的活动需要哪些部门的相关人员和岗位参与进行分析和罗列,最终确定流程的起止点从而确定流程份额范围。

(3) 流程描述

在确认了流程目标以及流程范围后,开展流程的具体设计工作。

棕榈纸法(图 5.6)是一种互动性很强的流程设计常用方法,这种方法既直观又简便,可以最大限度地集合流程相关的各个部门人员和他们共同确认、调整相应的流程环节,并且最高效地解决复杂的流程问题。

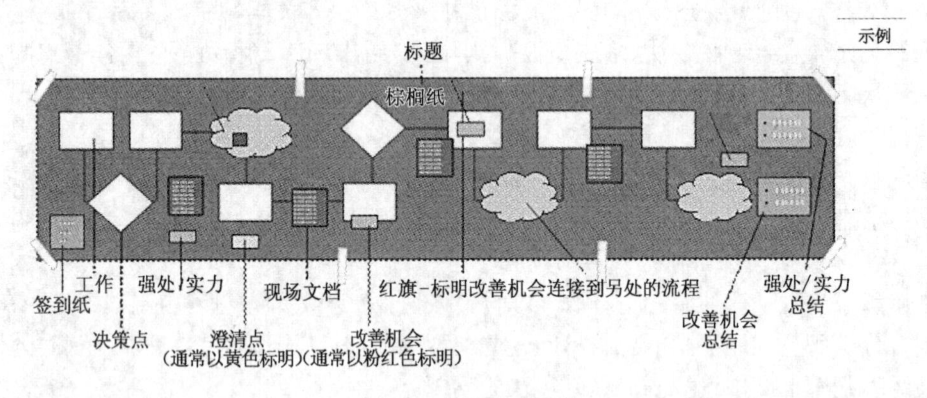

图 5.6　棕榈纸法示例

在设计阶段首先需要筛选并分析流程中的主要参与方,确认该流程所必须包括的职能部门,并与流程重要的角色或负责人进行沟通,收集流程相关的信息,绘制草图。同时进一步与政府各部门进行沟通,绘制高阶流程,深入分析每个环节(泳道、输入输出、工具、时间等),最终确认流程步骤的准确性,并起草流程配套的表单、模板、岗位职责说明书等内容。

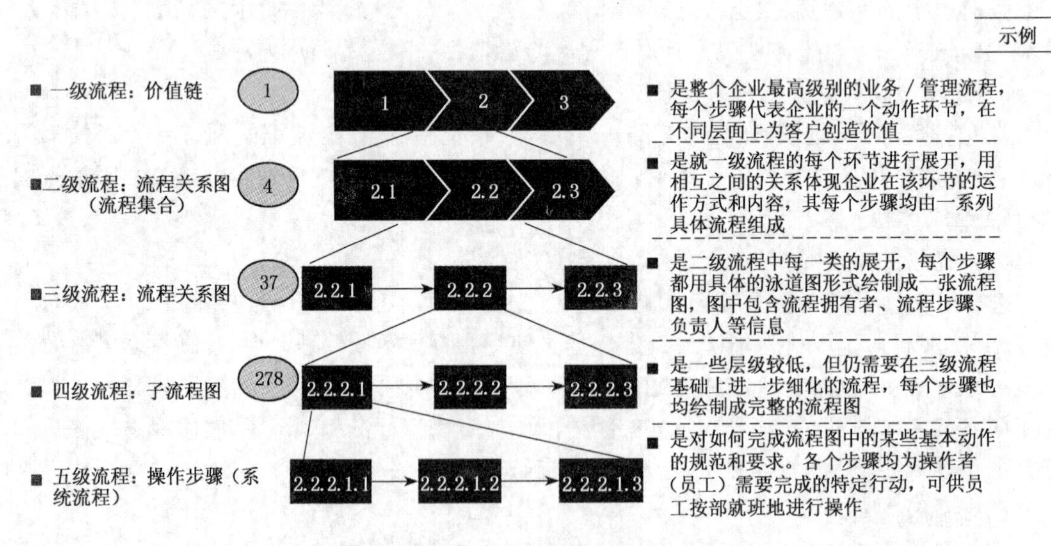

图 5.7　流程框架示意图

根据流程范围,对流程进行进一步展开,确定各级流程的细化范围。流程分级的依据是流程分类体系,会根据智慧政府的核心业务流程展开的到四级流程,如图 5.7 所示。以下是项目组对业务流程层级的定义和分类原则:

一级流程是价值链最高级别的管理与公共服务流程，每个步骤代表组织的一个部门，在不同层面上创造价值。

二级流程是一个流程集合，对一级流程的展开，用相互之间的关系体现该部门的运作模块和环节，例如，每一个政府部门可以进一步展开为政府服务，民生发展，产业扶持等二级流程。

三级流程是对二级流程中每一类的展开，确定每个二级流程所包括三级子流程范围。

四级流程是三级流程中每一子流程的展开，每个流程步骤都用具体的泳道图形式绘制成一张流程图，图中包含流程拥有者、流程步骤、负责人等信息，四级流程将在流程具体设计中展开讨论。

流程概述：对流程的相关基本信息进行总体介绍，主要包括流程的目的、范围、职责和角色、定义和缩略语等。

流程权限：通过使用 RACI 工具细化流程中的职责，用于结构化分析以及确定流程权限表。如图 5.8 所示。

示例

RACI介绍

R　Responsible 有人负责
每一项工作都有人负责

A　Accountable 责任
对一项工作的最终负责人都有一个可以量化的考核

C　Consulted 咨询
工作开始前需要向其咨询建议的人员

I　Informed 通知
工作开展后需要通知的相关人员

举例：新员工招聘

人员 行为	MD	DIR HR	RECR	TRG	CMP
HR 政策	C	A/R	C	C	C
HR 营销		A	R	I	I
申请审查		A/R	R	R	R
面试	A	R	R		
报酬谈判		A	R		C
相关事务		C		A	
工资决定	A	R			R

图 5.8　RACI 方法介绍

流程图：在具体绘制流程图时，我们会应用专业的流程绘制软件，如 ARIS 软件绘制流程，并最终形成详细的流程图和流程手册。如图 5.9 所示。

(1) 流程控制点描述

每个流程里设置监控点，分析关键控制点并进一步对流程执行进行分析，便于发现流程运营中的各种问题并及时规避。如图 5.10 所示。

(2) 流程备查文件的编制及模板

所有的四级流程，在流程绘制完成后，都需要获得相关流程负责人的确认，并编制流程配套文档：流程说明、流程配套表单等，并作为最终交付件一起存档。

4) 管理与公共服务新流程模拟运行

为应对管理与公共服务新流程运行初期中可能带来的设计不完善、部门权责界定不清、

示例

ARIS Business Designer for SAP NetWeaver
流程图要素
责任部门/责任人
经营计划部
功能点
核对供应商的服务范围
逻辑符“异或”
事件点
资格审核文件已收到

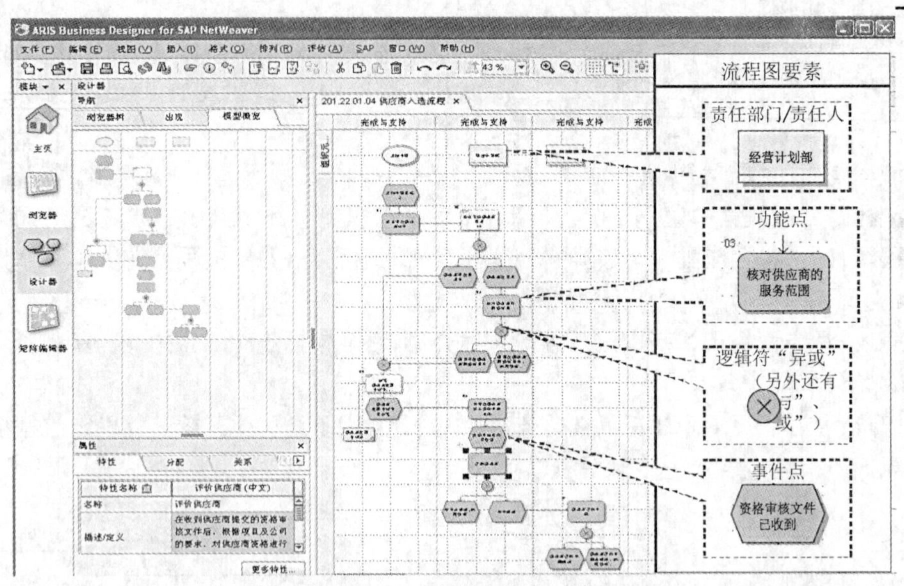

图 5.9　详细流程示意图

示例

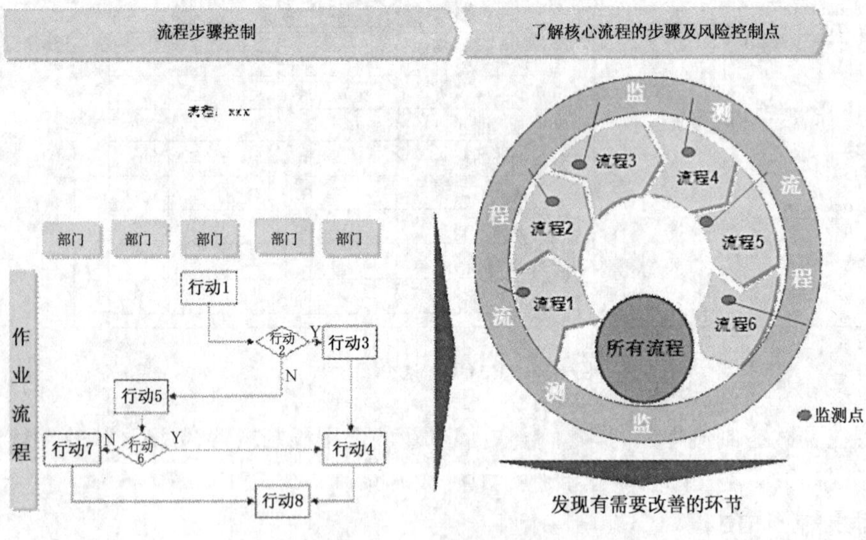

流程步骤控制
了解核心流程的步骤及风险控制点
部门
部门
部门
部门
部门
作业流程
行动1
行动2
行动3
行动5
行动6
行动7
行动4
行动8
Y
N
流程1
流程2
流程3
流程4
流程5
流程6
所有流程
监测
流程
监测点
发现有需要改善的环节

图 5.10　流程关键控制点分析

沟通不畅、审批环节过短或过长、员工不适等问题，在确认管理与公共服务新流程运行前会加入流程模拟试运行阶段，有效降低新流程带来的风险。

在一定范围内试验性运行初始流程方案，获取改善与优化建议，当发现流程环节过于复杂，流程不畅时，我们会根据需要将步骤进行进一步细分；当发现流程审批环节过短，不能满足管理与公共服务指标体系、信息体系需求时，增加调整和优化流程环节，减少风险。所有流程修改以及可能存在风险的关键点都将记录并整理成流程风险文档，以供查备。在根据

运行效果反馈后进一步完善流程方案,并最终转换成管理与公共服务体系研究成果。如图5.11所示。

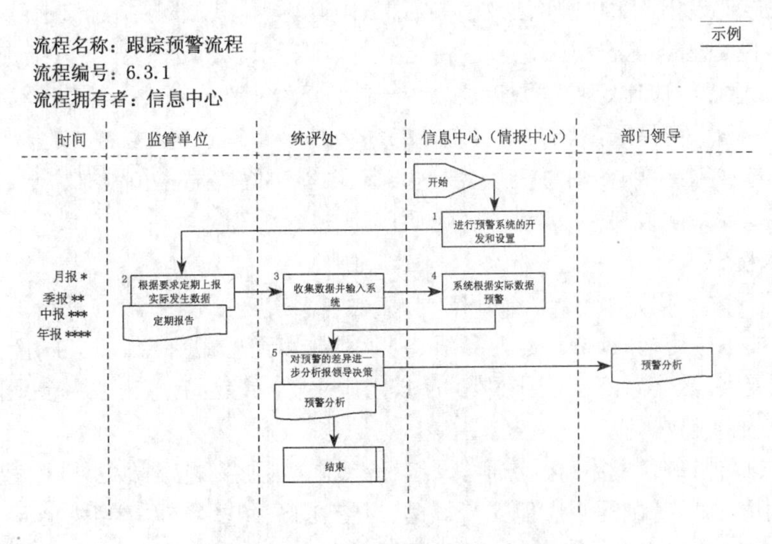

图 5.11　流程备查文档示意图

5.2.5　智慧城市标准体系规划

智慧城市标准体系规划涉及智慧城市"一级平台",各业务"二级平台"以及各应用系统实现互联互通和数据共享,提取和交换相关数据信息。因此进行智慧城市标准体系的研究是非常必要进行的先导性研究课题。提出了建立相关智慧城市各业务平台及应用系统间信息交互的标准和规范,在智慧城市指标体系、信息体系、管理与服务体系研究的基础上,通过充分指标体系、信息体系、管理与服务体系之间的关系,提出编制相关指南、导则、规范和标准的需求,最终形成智慧城市标准体系。如图5.12所示。

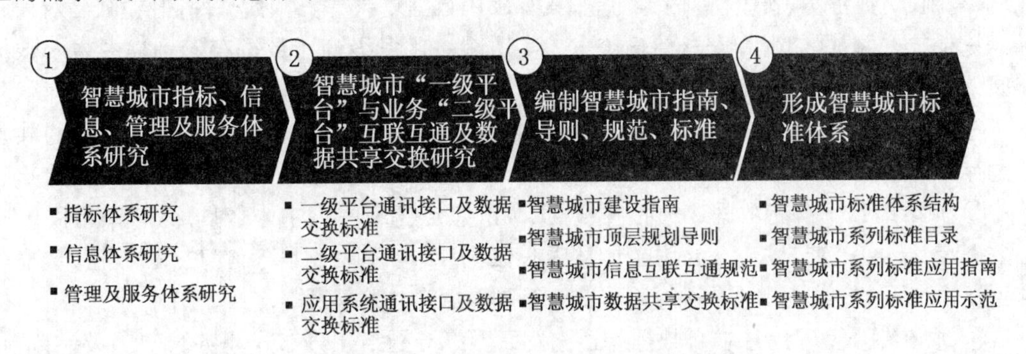

图 5.12　智慧城市标准体系研究步骤

通常智慧城市标准体系规划的基本内容包括:《智慧城市建设指南》《智慧城市信息互联互通及数据共享交换标准》《智慧城市信息安全规范》等。

1.《智慧城市建设指南》

各级信息平台,规范智慧城市网络和信息资源的综合开发与利用,提高智慧城市综合应用信息化技术的能力，全面提升城市现代化城市社会管理和公共民生服务的水平。应通过《智慧城市建设指南》指导智慧城市顶层规划的编制工作。

《智慧城市建设指南》的内容涉及建设目标、内容、指标以及网络融合、信息交互、数据共享、各类数字化与智能化应用系统和设备之间的互联互通，促进全社会信息资源的开发利用。智慧城市建设时应制定智慧城市建设统一的信息化、网络化、数字化、自动化、智能化技术应用的实施指南，打造智慧城市建设统一的城市综合管理、公共服务、安全监控的综合信息平台，避免造成网络融合、信息交互、数据共享、功能协同的障碍和颈瓶。

通常《智慧城市建设指南》编制内容包括：

(1) 技术构成

以信息化、数字化、网络化、通信技术、信息集成、应用软件、数据库、地理空间信息(GIS)、IC 卡技术应用构成城市级、业务级、企业级数字化应用平台。以自动化、智能化、系统集成、控制网络、数字家庭智能化、数据库技术应用构成综合信息集成平台。

(2) 信息化基础网络

包括：信息(计算机)网络、电话通信网络、有线电视网络、电子政务外网、智慧城市可视化视频及控制网络。基础网络应能支持数据、语音、图像和多媒体等各种业务信息的传输。智慧建筑、智慧社区、住宅小区、工业或科技园区在建设项目规划时，应包括信息化基础网络的总体规划和综合管线路由的设计。信息化基础网络应采用 EPON 技术，实现信息(计算机)网络、电话通信网络、有线电视网络的“三网融合”。城市级应用一级平台与业务级应用二级平台应采用电子政务外网进行互联。智慧建筑和智慧社区应采用信息网络和控制网络的“双网”设计和建设。

(3) 建立城市级、业务级、企业级多级数据存储结构

数据存储应采用集中数据存储和网络化分布式数据存储相结合的模式。

① 城市级数据存储数据库中心应采用集中数据存储的方式，业务级和企业级数据存储数据库可采用网络化分布式数据存储的方式。各级数据存储数据库应具有数据存储、管理、优化、复制、防灾备份、安全、传输等功能，具有采用数据复制等多种数据保护技术、多对一的远程复制技术、数据加密和安全传输技术。实现网络化多级分布数据存储到集中中心数据存储，存储数据采用分布与集中的数据管理和数据防灾备份。

② 各级数据存储系统应在物理上相互独立、互不干扰，在逻辑上应视为一体化的共享数据存储仓库。

③ 城市级数据存储数据库中心应包括：城市综合管理信息中心数据库、城市市民卡中心数据库、社会保障与城市公共卫生信息中心数据库、电子政务服务信息中心数据库、电子商务及物流服务中心数据库、智慧社区物业管理及服务中心数据库。

④ 城市综合管理信息中心数据库通过互联网络与网络化分布式业务级(“二级平台”)，如公安、交通、城管、企业、生态环境、流动人口等业务数据库，实现数据交换和共享。

⑤ 城市市民卡中心数据库通过互联网络与网络化分布式业务级，如银行、公交、交通、商业网点、信息亭等与“一卡通”业务相关的数据库，实现数据交换和共享。

⑥ 社会保障与城市公共卫生信息中心数据库通过互联网络与网络化分布式业务级，如社保、保险公司、医院、医药、医保等业务数据库，实现数据交换和共享。

⑦ 电子政务服务信息中心数据库通过互联网络与网络化分布式业务级，如工商、税务、

建设、科技、文化、院校、房产、公安、交通、城管等政府职能部门与人民群众服务相关的业务数据库,实现数据交换和共享。

⑧ 电子商务与物流服务中心数据库通过互联网络与网络化分布式业务级,如商业、餐饮、车船票、邮电、影剧院、图书馆、银行、运输、仓储等业务数据库,实现数据交换和共享。

⑨ 智慧社区物业管理及服务中心数据库通过互联网络与网络化分布式业务级,如智慧建筑、智能小区、社区安全、社区设施监控、社区增值服务等业务数据库,实现数据交换和共享。

(4) 地理空间信息技术的应用

开发和利用城市地理空间信息库的设施建设,是实现城市数字化的重要技术支撑,也是城市规划、电子政务、公共安全监控管理、智能交通监控管理、城市基础设施监控管理、市政数字城管、城市突发事件应急处理等城市综合规划与管理的基础数字化应用平台。地理空间信息数据包括:大比例尺地形数据及相关数据、城市高分辨率正射影像图和数据。地理空间信息数据的内容和组织应符合国家现行标准《城市地理空间框架数据标准》和《城市基础地理信息系统技术规范》的规定。地理空间信息系统(GIS)应采用 Web 技术以及 B/S 和 C/S相结合的计算机结构模式。远程用户可以通过互联网访问和利用地理空间信息系统(GIS),以浏览器方式调用、显示、操作、查询、下载、打印 GIS 相关的信息、数据、图形等。

(5) 信息集成

智慧城市建筑、住宅社区、工业或科技园区在建设项目规划时,应包括信息集成系统的总体规划设计。信息集成系统应采用 Web 技术以及 B/S 和 C/S 相结合的计算机结构模式。远程用户可以通过互联网访问信息集成系统,以浏览器方式显示、控制、查询、下载、打印信息集成系统相关的信息、影像、数据等。信息集成系统通过智能化控制网络与信息网络的融合,将机电设备和安全防范监控信息融入管理与服务信息中,实现功能协同和控制联动。

2.《智慧城市信息互联互通与数据共享交换标准》

智慧城市建设的原则是信息资源的开发与综合利用遵循国家信息化建设的指导方针。充分利用政府电子政务外网的环境和条件,对现有的信息资源进行充分的整合,实现全社会信息资源的互联互通与数据共享交换,消除"信息孤岛",从而最大限度地满足政府信息化、城市管理信息化、社会民生信息化、企业经济信息化对信息资源共享的根本需求。

1) 信息交互标准概述

(1) 信息交互标准

信息交互标准框架及内容如图 5.13 所示。在此信息交互标准框架下应包含信息交互标准定义、信息资源共享目录、信息交互接口标准以及编码定义和索引定义。其中信息交互标准定义部分描述了整个文件涉及的所有术语与定义,并规定了文件的使用方法;编码定义部分主要用于定义信息对象编号、数据元编号、代码集编号的编码规则;索引定义部分主要用于定义共享目录、信息对象、数据元、代码集的索引方式,便于查阅各部分内容。信息资源共享目录和信息交互接口标准是本文件的主要内容,将在下文详细展开说明。

作为信息交互的核心基础文件,信息交互标准应具备较强的理论性和专业性,能指导数据共享平台的数据库架构师完成数据库架构的设计。

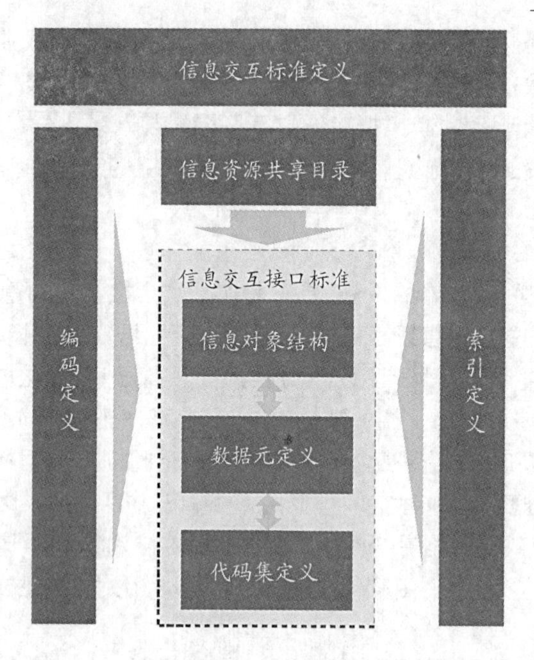

图 5.13 信息交互标准框架

(2) 共享目录

根据智慧城市各相关部门信息交互需求报告中信息拥有部门为分类方式，列出每个部门能提供的信息对象，以及该信息对象的共享方式。

其中，信息对象是指描述某个具体信息的一系列信息项。例如：人口信息就是一个信息对象，它包含了公民身份证号码、姓名、性别、民族、出生日期、籍贯、出生地等信息项。这个信息对象属于公安局，因此公安局是该信息拥有部门。该信息的共享方式则由信息交互需求报告中此项信息的共享方式(可共享，不可共享，有条件共享)决定，对于有条件共享方式，还需要注明详细的共享条件。

图 5.14 是信息资源共享目录的一个示例，该示例中描述了南京市发改委、科技局、人事局三个部门提供的信息共享资源，信息对象编号可以帮助信息需求者查询该信息对象的详细内容，其中内容仅供参考。

(3) 信息交互接口标准

信息交互接口标准详细列出了各个共享的信息对象内容规范，可作为实现数据共享的操作标准。它包含三部分的内容：

第一部分，信息对象结构描述，以信息对象为单位，定义了每个共享信息的编号、名称、共享方式、共享条件、信息状态、需求部门，以及属于此信息对象的所有信息项清单。

其中共享方式可以分为“无条件共享”、“有条件共享”、“不共享”，与信息交互需求报告中“可共享”、“有条件共享”、“不可共享”三种方式一一对应。

信息状态则根据信息交互需求报告中该信息对象所属职能与信息系统的覆盖分析结果，分为“未统计”、“手工”、“已规划”、“系统”。“未统计”表示该部门有此职能但未统计记录

示例

信息拥有部门	信息对象编号	信息对象名称	共享类型	共享条件
南京市发改委	3201002-02AA001	项目审批信息	有条件共享	项目审批单位能共享由他提交项目的审批信息，财政局、监察局能共享所有项目审批信息
	3201002-02AA002	重点建设项目信息	无条件共享	
	3201002-02AA003	发改委行政处罚信息	无条件共享	
南京市科技局	3201005-05AA001	高新技术企业认定信息	无条件共享	
	3201005-05AA002	综合类科技社会团体信息	有条件共享	需要通过科技局审批才能获得需要的科技社会团体信息
	3201005-05AA003	科技进步奖信息	无条件共享	
	3201005-05AB001	专家库	有条件共享	需要通过科技局审批才能获得需要的专家信息
	3201005-05AC001	科技项目信息	无条件共享	
南京市人事局	3201013-13AA001	人才中介服务机构许可证信息	无条件共享	
	3201013-13AA002	聘请外国文教专家单位资格认可信息	无条件共享	
	3201013-13AB001	专业技术人员职称信息	无条件共享	
	3201013-13AB002	国家公务员管理信息	有条件共享	需要通过人事局审批才能获得需要的公务员管理信息

图 5.14　信息资源共享目录示例

该信息对象，"手工"表示该信息对象已经被手工记录或存储在非结构化文件中(如:word)，"已规划"表示该信息对象已经在该部门的信息规划或智慧城市相关平台规划中进行记录，"系统"表示该信息对象已经被存储在系统中，可借助共享平台进行信息共享。

需求部门来源于信息交互需求报告中对此项信息对象的需求部门。信息项包含信息项编号、名称、描述、数据元编号。图 5.15 以南京市发改委项目审批信息为例，说明信息对象具体描述方法，内容仅供参考。

示例

信息对象编号	3201002-02AA001	信息对象名称	项目审批信息
共享类型	有条件共享	信息状态	手工
共享条件	一般部门能共享信息项"项目建设单位"或"项目审批单位"的值为该部门的项目审批审批信息，财政局、监察局能共享所有项目审批信息		
需求部门	教育局、公安局、民政局、司法局、财政局、劳动局、国土资源局、建设局、水利局、农业局、审计局、环保局、统计局、物价局、林业局、监察局、质监局、安全监管局、知识产权局、旅游局		
信息项编号	信息项名称	说明	对应数据元编号
29002-02AA001001	名称	项目的名称	20384
29002-02AA001002	类别	项目类型	20385
29002-02AA001003	建设单位	建设单位的名称	20392
29002-02AA001004	建设规模	项目的建设规模	20386
29002-02AA001005	投资概算	项目的投资概算	20387
29002-02AA001006	资金来源	项目的资金来源	20388
29002-02AA001007	建设地点	项目建设的地址	20389
29002-02AA001008	批准文号	项目的批准文号	20390
29002-02AA001009	审批单位	审批项目的机关名称	20018
29002-02AA001010	审批时间	项目审批的时间	40013

图 5.15　信息对象示例

第二部分，数据元定义。数据元是通过定义、类型、格式以及有效值域等一系列属性描述的数据单元，是不可再分的最小数据单元。不同的信息对象中的信息项可能会对应同一个数据元，比如公安局的人口信息中的姓名与劳动局的就业保障信息中的姓名都对应到“姓名”这个数据元。通过对该数据元的统一定义，将不同条线部门描述同一数据元的属性一致化，使这两个系统根据姓名实现相关信息交互和共享。

数据元包含数据元编号、数据元名称、定义、数据类型、数据格式、有效的域值、是否可空、默认值、备注等信息，以“姓名”数据元为例，图 5.16 描述了如何表述和定义一个数据元。

示例

数据元编号	001001	数据元名称	姓名
定义	在公安户籍管理部门正式登记注册、人事档案中正式记载的中文姓氏名		
数据类型	字符	数据格式	C..30
有效值域	无	是否可空	否
默认值	无		
备注	人的姓和名中间不应存在空格，最长不能超过 30个汉字		

图 5.16　数据元示例

建议数据元定义遵循国家标准 GB/T 19488.1—2004，该标准定义了电子政务数据元的概念、结构、表示规范等特性。

第三部分，代码集定义。代码集是数据元值域的一系列枚举值集合，比如数据元“性别”，他的值域是固定的，即“男”或“女”，而“男”和“女”即构成了一个简单的代码集。统一代码集可以使各个部门在描述相同数据元时的表述保持一致，确保数据共享和交互过程中有值域的数据元使用同一个代码集。比如“身份证件”代码集包含三个代码，分别是“身份证”、“军官证”、“护照”，只要所有涉及“身份证件”的数据元都使用这三个值构成的值域，就不会在信息交互和共享中出现“身份证”、“居民身份证”这类表述不同但实际是指同一事物的代码集错误。

图 5.17 以“身份证件”代码集为例，介绍如何表述和决定一个代码集。

示例

代码集编号	C.2.18	代码集名称	身份证件类别代码
对应数据元	身份证件类别		
说明	各类行政审批中申请人身份证件类别		
表示方式	1位数字		
编码规则	（如果使用了国标，需注明国标编号）		
代码	名称	说明	
1	身份证		
2	军官证		
3	护照		

图 5.17　代码集示例

(4) 建立信息交互规范

信息交互规范是实现政府部门间信息交互和共享的指导策略,是信息交互标准执行的保障。从数据管理角度来分析,需要建立元数据管理规范、数据质量管理规范、主数据管理规范、数据生命周期管理规范四方面的信息交互管理规范。

元数据是指描述数据的数据,因此元数据的新增、修改、删除都会影响使用该元数据的所有数据元。元数据管理规范就是需要定义在何种情况下可以对现有元数据进行新增、修改及删除,并确保元数发生变化后不对现有的信息交互与共享产生冲击。通过制定元数据管理规范,也可为将来实施元数据管理模块提供管理策略。

数据质量管理包含对数据完整性、规范性、一致性、准确性、唯一性、关联性六个维度的评估。完整性用于度量哪些数据丢失了或者哪些数据不可用;规范性用于度量哪些数据未按统一格式存储;一致性用于度量哪些数据的值在信息含义上是冲突的;准确性用于度量哪些数据和信息是不正确的;唯一性用于度量哪些数据是重复数据或者数据的哪些属性是重复的;关联性用于度量哪些关联的数据缺失或者未建立数据关系。通过制定这六个维度的评估规范,对现有数据质量予以保障。

主数据管理是为了维护各个条线部门都会使用到的业务数据的一致性、完整性、相关性和精确性。由于各个部门统计信息的口径不一致,可能会发生同一个信息在不同部门获得了不同的值。因此需要借助主数据管理来保障此类信息的一致性,确保共享的信息精确。

数据生命周期管理是指对各类数据进行贯穿其整个生命周期的管理。通过建立完善的数据生命周期管理规范,分离数据库中的业务数据与非业务数据,并为核心业务数据制定分类策略及每一类数据捕获、创建、发布、删除、迁移、归档的条件。数据生命周期管理规范也将作为未来数据管理自动化系统的指导策略。

2)《智慧城市信息互联互通及数据共享交换标准》编制内容

(1) 建立智慧城市建设数据标准系列的目的是为了实现各数字化应用平台和各信息化应用系统之间在信息共享与数据交换时,提供一个指导性的基本规定和要求。

(2) 制定的数据共享与交换规范包括:结构化数据和非结构数据源访问协议与数据层接口规范、数据分类编码规范、数据模型规范、数据字典规范、元数据规范、政务信息资源目录服务、视频多媒体数据规范,空间地理数据共享规范;以及共享数据查询规范、数据交换配置规范、数据交换存储规范等。

(3) 数据接口层规范,规定智慧城市各级数字化应用平台和各信息化业务应用系统及智能化监控系统间数据接口层的接口数据类型及接口函数,适用于城市信息系统中数据集层和物理层基于物理独立性的数据动态采集和交换。使得数据能够脱离物理层实现数据的集中和统一的交换、共享及管理。

(4) 数据分类编码规范,规定了智慧城市所辖的地理实体、行业、业务、企事业单位、事件、状态、人员等进行统一分类原则、方法和分类表,并在分类的基础上给出了东胜区内上述所管理内容统一标识码的编码规则和方法,适用于城市信息系统数据集的建立、地理实体、部门、业务、事件、人员等的各项管理及不同信息系统间的信息交换。

(5) 数据模型规范,规定了智慧城市中的基础数据集、各个基础数据集的实体组成和概念数据模型,适用于城市信息系统数据模型的建立及不同信息系统间信息交换。

(6) 数据字典规范,对基本数据集各个实体的属性数据项规定定义和描述的原则,适用于城市信息系统数据字典的建立及不同信息系统间信息交换。

(7) 元数据规范,规定了智慧城市中各个基本数据集元数据内容,适用于信息系统元数据的建立及不同信息系统间信息交换。本规范将以附录的形式,提供各业务部门之间数据交换和数据共享内容和格式的数据项规范。

(8) 视频多媒体非结构数据规范,规定了智慧城市各视频及可视化系统中视频流媒体数据编码及提供发布服务的标准和要求,适用于城市可视化管理系统中视频多媒体数据库的建立及不同视频多媒体系统(包括模拟和数字)间视频多媒体信息的交换和共享。

(9) 智慧城市各级数字化应用平台和各信息化业务应用系统及智能化监控系统均应执行本规范。任何不符合上述数据共享与交换规范的数字化应用平台和信息化业务及智能化监控系统都应通过适当的转换方式,满足本规范所规定的数据共享与交换规范的标准和要求。实现各数字化应用平台和信息化业务及智能化监控系统间信息互联互通数据共享的要求。

3.《智慧城市信息安全规范》

信息安全是保障智慧城市信息平台及应用系统正常运行的根本。在实现互联网、物联网、无线网、电子政务外网间的互联互通时,必须遵循国家信息安全规范和标准,以及满足GB/T 25058《信息系统安全等级保护实施指南》中规定的5级标准要求。

通常《智慧城市信息安全规范》编制内容包括:信息系统安全规范、互联网络安全规范、政务外网安全规范、政务内网安全规范。

智慧城市政务内网和政务外网的建设要按照信息安全等级保护的有关要求,分别采取相应的保护措施。要通过建立统一的密码和密钥管理体系、网络信任体系和安全管理体系,分级、分层、分域保障信息安全。涉及国家秘密的信息系统建设和管理要严格按照党和国家的有关保密规定执行。

5.3 智慧城市建设体系规划

智慧城市建设体系规划主要包括功能体系、系统体系、技术体系、信息资源体系、标准系统、基础设施体系和保障体系的内容。智慧城市系统工程建设属信息系统工程的范畴。智慧城市建设体系规划应遵循系统学的思想,应用信息论、控制论、运筹学等理论,以信息化技术应用为基础,采用现代工程的方法研究和管理系统的应用技术。从信息化系统工程的观点出发,在确定智慧城市建设需求分析和可行性研究的基础上,以及在明确了智慧城市建设目标和原则的前提下,进行功能、系统、技术、信息资源、标准、基础设施和保障体系规划,并将各体系规划始终贯穿于智慧城市建设的全生命周期中。每一个体系规划都应体现具体的规划目标、内容和成果的内容。例如系统体系规划,通过公共信息展现服务层、信息共享基础层、数据存储基础层、基础网络设施基础层、业务平台及系统应用层的类型和其主要支撑系统的组成,以确定智慧城市系统平台之间的层次和相互之间的相关性及集成性,为智慧城市建设建立了系统平台应用体系的架构。

智慧城市建设体系规划必须围绕实现智慧城市功能体系为总目标,同时建设体系总体规划还应体现各体系之间的相关性、连续性和可持续性,整个建设体系应视为一个不可分割的整体,前一个体系规划的成果则是下一个体系规划应遵循的依据和原则,将各建设体系规

划贯穿在整个智慧城市建设的过程中。如通过功能体系规划决定系统体系规划的结构和组成;技术体系规划则决定了信息化平台与应用系统的先进性、可靠性和经济性;信息资源体系规划则决定系统体系与技术体系的构成和应用;统一的标准体系则全面指导和约束系统构成、技术应用和信息安全等;基础设施体系提供了功能体系和系统体系正常运行的基础;保障体系是保证智慧城市建设工期、质量和成本,全面实现智慧城市建设目标所必需的。

5.3.1　智慧城市功能体系规划

智慧城市功能体系以信息技术为支撑,以智慧城市城市级"一级平台"为中心,以现代化与科学化的城市综合管理和便捷有效的城市公共服务为目标。智慧城市功能体系总体框架分别由政府管理与公共服务、城市综合管理、社会民生服务、企业管理与服务等业务功能构成。通过建立起城市级基础数据管理与存储数据仓库和一系列智慧城市各业务级智能化应用二级平台,在城市"大城管"、应急指挥、智慧安全、智慧交通、低碳节能、基础设施、智慧电子商务及物流、智慧社区、智慧卫生医疗、智慧教育、智慧房产、智慧文化、智慧金融、智慧旅游等各个领域,形成一体化的智慧城市综合管理和公共服务的功能体系。图 5.18 为智慧城市功能体系结构图。

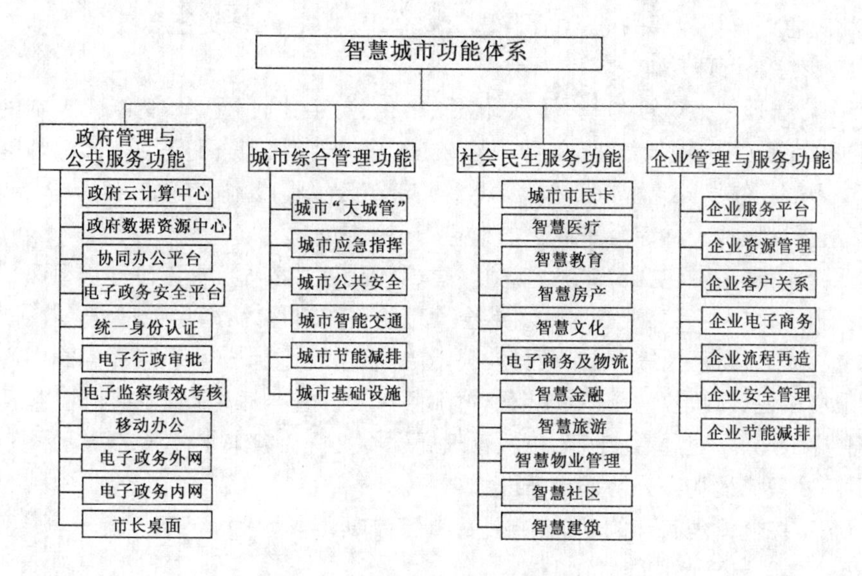

图 5.18　智慧城市功能体系结构图

1. 政府管理与公共服务功能

政府管理与公共服务就是应用现代信息和通信技术,将管理和服务通过网络技术进行集成,以及通过对政府需要的和拥有的信息资源的开发和管理来提高政府的工作效率、决策质量、调控能力,从而改进政府的组织结构、业务流程和工作方式,向社会公众提供高质、高效的管理和服务。政府在制定政策、规划、标准和资金投入、引导智慧城市建设等方面扮演着不可替代的重要角色。智慧城市建设就是要以政府信息化为先导,带动和推进城市信息化、社会信息化、企业信息化的建设和发展。

政府管理与公共服务业务规划的重点主要体现在以下几个方面:

(1) 转变政府职能、提高行政效率、推进政务公开的有效手段。各级政务部门利用信息技术，扩大信息公开，促进信息资源共享，推进政务协同，提高了行政效率，改善了公共服务，有效推动了政府职能转变。金关、金卡、金税等工程成效显著，金盾、金审等工程进展顺利。

(2) 改善公共服务。逐步建立以公民和企业为对象、以互联网为基础、中央与地方相配合、多种技术手段相结合的智慧政府公共服务体系。重视推动智慧政府公共服务延伸到街道、社区和乡村。逐步增加服务内容，扩大服务范围，提高服务质量，推动服务型政府建设。

(3) 强化综合监管。满足转变政府职能、提高行政效率、规范监管行为的需求，深化相应业务系统建设。围绕财政、金融、税收、工商、海关、国资监管、质检、食品药品安全等关键业务，统筹规划，分类指导，有序推进相关业务系统之间、中央与地方之间的信息共享，促进部门间业务协同，提高监管能力。建设企业、个人征信系统，规范和维护市场秩序。

2. 城市综合管理功能

智慧城市综合管理业务的核心功能就是体现在城市和社会的整合监控与管理的能力上。通过整合城市管理要素和资源，形成全面覆盖、高效灵敏的城市及社会监控与管理体系和信息网络，以增强社会综合治理能力。采用政府和社会协同共建的模式，完善城市和社会“常态”和“非常态”下的预警和应对突发事件的网络运行机制，增强对各种突发性事件的监控、决策和应急处置与指挥的能力，保障国家安全、公共安全，维护社会稳定。

(1) 城市综合管理功能

城市综合管理(“大城管”)基于信息化、网络化、数字化、自动化、智能化技术的支撑，集成地理空间信息(GIS)框架数据、单元网格数据、管理部件数据、地理编码数据等多种数据资源，通过多部门信息共享协同工作，实现对城市市政工程设施、市政公共设施、市容环境与环境秩序监督管理的一种综合集成化的信息管理系统。

城市综合管理范围包括：市政、应急、城建、环卫、公共安全、消防、交通、环保、基础设施以及卫生、防疫、水、电、气、暖等。城市综合管理的工作流程为：事件受理、登录、显示、核实、立案、派遣、督办、核查、反馈、结案、回复、公示等，它实现了综合管理监督控制中心、指挥中心、信息采集单位、市政执法单位、城管监督部门以及城管与政府各职能部门，包括公安局、消防部门、环卫局、城建局、卫生局、市政管理局、电力公司、自来水公司、供热公司、天然气公司等在事件处理流程和办公协同等方面的功能。

智慧城市综合管理实现的功能主要包括以下方面：

① 事件受理与登录功能；

② 3D GIS 事件与数据可视化显示功能；

③ 事件协同(联动)处理功能；

④ 事件调度通信及指挥派遣功能；

⑤ 事件结案与查询功能；

⑥ 城市综合管理基础数据存储功能。

(2) 城市应急指挥功能

城市应急处置和指挥的能力，体现在预防和妥善应对自然灾害、事故灾难、公共卫生事件和社会安全事件等各类突发事件；建立健全应对突发公共事件的预测预警、信息管理、应急处置、应急救援及调查评估等机制，提高应急处置能力和指挥水平；整合资源，建立健全快速反应系统，建立和完善联动机制。

智慧城市应急指挥实现的功能主要包括以下方面：

① 突发事件报警与分级管理功能；

② 突发事件显示及通知功能；

③ 应急处理视频会议功能；

④ 应急处理辅助决策功能；

⑤ 应急预案管理功能；

⑥ 应急通信及指挥功能；

⑦ 灾害预测及灾情评估功能；

⑧ 应急信息发布功能。

(3) 城市公共安全功能

城市公共安全功能就是要体现维护城市的公共安全。综合运用数字视频和信息网络化技术，建设城市视频安防监控与管理体系，以应对危害社会公共安全的各类突发事件。城市公共安全保障体系通常由：城市安全预警信息发布平台、突发事件应急处理平台、城市视频安防监控平台组成。

智慧城市公共安全监管实现的功能主要包括以下方面：

① 公共场所安全监控功能；

② 商业网点安全监控功能；

③ 智慧社区安全监控功能；

④ 智慧建筑安全监控功能。

(4) 交通监控与管理功能

交通监控与管理功能就是要体现维护城市公共交通秩序和安全。综合运用数字视频、智能监控技术、智能传感技术、信息网络技术，建设城市一体化交通信息监控、管理体系，以应对日益严重的城市交通拥挤、车辆能源浪费、交通事故、环境污染等一系列社会问题。城市智能交通监控管理平台通常由：交通灯智能监控、道路状况监控(电子警察)、交通流量信息管理、交通状况及疏导信息发布与显示、公交车及出租车监控管理、交通突发事件应急与救援处理等应用子系统构成。

智慧城市智能交通监管实现的功能主要包括以下主要方面：

① 交通灯智能监控功能；

② 道路状况监控(电子警察)功能；

③ 交通流量信息管理功能；

④ 交通状况及疏导信息发布与显示功能；

⑤ 公交车及出租车监控管理功能；

⑥ 交通突发事件应急与救援处理功能。

(5) 城市节能减排监控与管理功能

城市节能减排监控与管理，采用现代信息化、网络化、数字化、自动化、智能化、可视化技术，构建智慧城市一体化节能减排管理信息集成平台。实现城市温室气体监测信息、气候变化监测信息、建筑节能监控信息、道路交通碳排放监测信息、工厂企业三废及污染监测信息等城市节能减排信息的整合、优化和信息共享，实现节能减排的可监、可控、可复查。通过城市信息化促进资源的综合利用和减低能源的消耗和浪费，遏制二氧化碳/硫的过量排放。城市节能减排管理信息集成平台，提供城市节能减排综合信息集成和态势分析，提供城市公共环境监测(包括：温室气体监测、道路交通监测、气候变化监测)的信息和数据。

智慧城市节能减排监管实现的功能主要包括以下主要方面：

① 城市节能减排综合信息采集与监管管理；

② 城市节能减排可视化(视频＋GIS)管理功能；

③ 城市空气质量监测功能；

④ 城市交通排放监测功能；

⑤ 城市建筑能耗监测功能；

⑥ 城市企业能耗及排污监测功能。

(6) 城市基础设施监控与管理功能

城市基础设施监控与管理功能主要体现在：城市公共及基础设施 3D GIS 地理空间信息、城市公共及基础设施运行监控、城市水、电、煤气及供暖设备运行监控、城市公共及基础设施管道数字化、水务及节能环保监控与管理、环境监测与管理、矿山开采、运输、安全监控与管理功能、城市公共及基础设施数据库管理等方面。

智慧城市公共及基础设施监管实现的功能主要包括以下方面：

① 城市公共及基础设施 3D GIS 地理空间信息展现功能；

② 城市公共及基础设施地下综合管道数据可视化展现功能；

③ 城市公共及基础设施数据库功能；

④ 城市公共及基础设施运行监控功能；

⑤ 城市水、电、煤、气及供暖设备运行监控功能；

⑥ 城市水务及节能环保监测与管理功能；

⑦ 矿山开采、运输、安全监控与管理功能。

3. 社会民生服务功能

社会民生服务业务是指人们的社会生活信息化及其为提高人们的社会生活品质和水平的社会服务、社会管理的信息化，包括社会生活信息化、社会服务信息化和社会管理信息化。从社会生活所涉及领域来讲，社会生活信息化涵盖经济生活、政治生活、文化生活、社交生活的信息化等。社会服务信息化通常包括商品流通、金融保险、交通邮政、医疗卫生、文化教育、房产物业、信息传播、社会中介等服务行业的信息化。社会管理信息化指政府和社区管理机构充分利用信息技术、网络技术和各种信息化的办公技术等来不断提高社会行政和民政服务的效率和效益，从而更好地发挥政府和社区管理机构在社会服务中的职能和作用。

和谐社会信息化建设的重点主要有：

(1) 教育科研信息化，提升基础教育、高等教育和职业教育信息化水平，持续推进农村现代远程教育，实现优质教育资源共享，促进教育均衡发展。构建终身教育体系，发展多层次、交互式网络教育培训体系，方便公民自主学习。建立教育与科研基础条件网络平台，提高教育与科研设备网络化利用水平，推动教育与科研资源的共享。

(2) 加强医疗卫生信息化建设。建设并完善覆盖全国、快捷高效的公共卫生信息系统，增强防疫监控、应急处置和救治能力。推进医疗服务信息化，改进医院管理，开展远程医疗。统筹规划电子病历，促进医疗、医药和医保机构的信息共享和业务协同，支持医疗体制改革。

(3) 完善就业和社会保障信息服务体系。建设多层次、多功能的就业信息服务体系，加

强就业信息统计、分析和发布工作,改善技能培训、就业指导和政策咨询服务。加快全国社会保障信息系统建设,提高工作效率,改善服务质量。

(4) 推进智慧社区。整合各类信息系统和资源,构建统一的社区信息平台,加强常住人口和流动人口的信息化管理,改善社区服务。

和谐社会信息化实现功能主要体现在以下几个方面:

(1) 智慧城市市民卡

智慧城市市民卡在城市现代服务业、社会医疗保障体系、城市公共交通、电子金融等为民服务领域的应用,以促进智慧城市社会信息应用和技术改造、提升,促进传统服务业的转型,大力促进电子商务,降低物流成本和交易成本。城市市民卡基于多界面IC卡技术,集感应、接触、条形、磁条功能为一体,实现一卡多用、一卡通用。城市市民卡通过智慧城市社会信息化公共服务平台,实现公交、社保、银联、缴费、小额消费(电子钱包)、出租车、路桥收费、园林、医疗、身份、企业、校园、门禁等方面的功能。

(2) 社会民生服务

智慧城市现代服务业功能通过智慧城市社会信息化公共服务平台,整合智慧社区、智慧电子商务及物流、智慧卫生医疗、智慧教育、智慧房产、智慧文化、智慧旅游、智慧金融,以及网络增值服务、信息服务、咨询中介等新型服务业内的信息资源,实现与智慧城市政府信息化电子政务外网平台信息的互联互通和数据共享,充分利用政府各业务部门,如公安局、交警部门、工商局、税务局、教育局、卫生局、商业局、旅游局、交通局、出租车公司、旅游局、市政公司、自来水公司、电力公司、供热公司、天然气公司等在公共服务方面的信息和设施资源。全面实现智慧城市公共服务平台在智慧政府公众服务指南、商业服务指南、旅游服务指南、交通服务指南、娱乐服务指南、网上一站式申报、网上缴费、网上购物、网上电子银行、网上预定、网上文化娱乐、网上医疗、网上教育、网上旅游等综合服务功能。

(3) 智慧电子商务及现代物流

智慧电子商务及现代物流是指采用数字化电子方式进行的商务数据交换和开展商务交易的活动,它是在互联网的广泛联系与传统信息技术系统的丰富资源相互结合与集成的背景下应运而生的一种相互关联的新型商业运营模式。智慧电子商务运作的特点就是基于城市级应用一级平台的信息互联互通与数据共享,将成熟的Web分布式集群服务与政府信息化、城市信息化、社会信息化、企业信息化功能结合起来,从而支撑起以整个智慧城市为应用与服务对象的开放性、全分布、集成化的信息化、数字化、智能化的电子商务服务体系。

智慧城市现代物流是在电子商务总体框架下体现商品流的信息化应用,只有将虚拟的电子商务与实体形式的现代物流有效地结合,才能使得电子商务和现代物流共同发展。智慧城市现代物流运作的特点就是基于城市级应用一级平台的信息互联互通与数据共享,将成熟的Web分布式集群服务与政府信息化、城市信息化、社会信息化、企业信息化功能结合起来,从而支撑起以整个智慧城市为应用与服务对象的开放性、全分布、集成化的信息化、数字化、智能化的现代物流服务体系。

现代物流的信息化、网络化、数字化、智能化技术应用,提高物流信息快速及时的处理能力和物流作业的高效率,形成智慧城市现代物流服务体系是智慧城市社会信息化和企业信息化建设的重要内容。

(4) 智慧建筑

智慧建筑是构成智慧城市的智能细胞。智慧建筑以建筑物为平台,兼备信息集成系统、信息化应用系统、建筑设备管理系统、综合安防管理系统等,集结构、系统、服务、管理及其优化组合为一体,向使用者和管理者提供安全、舒适、高效、便捷、节能、环保、健康的建筑环境。

(5) 智慧社区及智能小区

智慧社区是智慧城市信息化的基本节点。社区是指我国最基层的一级政府行政管理机构,包括:街道办事处、居民委员会、住宅小区(居住区)等。智慧社区公共服务利用信息化、数字化、智能化及其相关计算机技术、网络技术和控制技术的手段,对街道办事处、居委会、住宅小区、建筑及建筑群、工业或科技园区等的行政管理、基础设施、电子商务、生活环境进行全方位的信息化优化处理和利用。智慧社区公共服务与管理功能包括:社区综合信息集成平台、社区物业及设施管理、社区便民利民服务、社区文化教育、社区综合治安监控、社区环境卫生、社区医疗及社会保障、社区福利与救助、社区流动人口管理、社区计划生育管理、社区老龄人口管理、社区就业及培训等功能。智慧社区同时实现对公共建筑物和住宅小区的物业、设施、安全、商务、节能、生态、环保等一系列应用系统进行数字网络化的监控、管理、服务的信息集成功能。

4. 企业管理与服务功能

企业管理与服务指企业在作业、经营、管理等各个环节、各个层面上利用计算机和通信等现代信息技术,通过科学的方法利用、配置和优化企业内外部资源,提高企业作业、经营、管理和决策的能力,从而提高企业的市场竞争力和效率与效益水平。

(1) 智慧企业信息化

以信息化带动工业化,以工业化促进信息化,走出一条科技含量高、经济效益好、资源消耗低、环境污染少、人力资源优势得到充分发挥的新型工业化道路,这是我国工业化和整个国家现代化的战略选择。在现代经济中工业化与信息化的关系是:工业化是信息化的物质基础和主要载体,信息化是工业化的推动“引擎”和提升动力,两者相互融合,相互促进,共同发展。

(2) 信息化带动工业化的核心是企业信息化

企业信息化实施的内容包括:利用计算机、网络和通信技术,支持企业的产品研发、生产、销售、服务等诸多环节,实现信息采集、加工和管理的系统化、网络化、集成化以及信息流通的高效化和实时化。通过建立企业信息共享与管理平台,包括企业资源计划平台(ERP)、企业业务流程再造平台(BPR)、企业客户关系管理平台(CRM)、企业电子商务平台(EBI)的建设,最终全面提升企业在制造、管理和服务等方面综合的竞争力。企业信息化的水平直接决定了国民经济以信息化带动工业化的成败和企业竞争力的高低,是我国目前经济发展的战略重点。企业作为国民经济的基本细胞和实现信息化、工业化的载体,其信息化水平既是国民经济信息化的基础,也是信息化带动工业化,走新型工业化道路的核心所在。

5.3.2 智慧城市系统体系规划

1. 系统总体架构设计

在智慧城市建立一体化的城市级应用一级平台,该平台为智慧城市提供数据存储、关系数据库、业务逻辑运行(应用服务器)、安全认证、统一的智能卡管理、风格一致的门户网站等基本设施和功能。业务子系统(采用 B/S 模式)只要把业务逻辑(程序代码)配置在应用服

务器上并在关系数据库中创建数据库实例即可完成主要部署工作。对于少数业务子系统(采用C/S模式),则在配置完关系数据库之后即可完成服务器端的部署。对于安全性要求较强的业务子系统,可以设立单独的中间层应用服务器。

(1) 系统总体架构设计应满足刚性和柔性相结合的要求。刚性是指框架结构不轻易改动,最大限度地保持框架结构的完整性。柔性是指在必要时根据业务子系统的要求对架构进行非实质性调整,如允许调整数据交换的方式、设立业务子系统专用的门户网站、特殊的安全认证方法。

(2) 系统总体架构设计应满足标准化的要求。系统所选用的基本架构模式、框架性软硬件设备都应该选用符合国家、国际和行业标准的产品。

(3) 系统总体框架设计应满足统一门户网站的要求。系统以统一的使用界面和相同的登录方式展示给智慧城市用户。智慧城市门户网站的风格和样式可以定制,支持不同用户的个性化设置。对于C/S模式的应用也需要统一规定主界面的风格以及主要的使用方式。

(4) 系统总体框架设计应满足统一安全体系的要求。系统设立统一的安全认证服务器,把智慧城市内行政人员和普通用户的安全权限进行统一管理。在用户登录时,首先通过统一的认证,智慧城市信息平台及应用系统以及办公业务系统再根据该用户的管理和权限级别进行系统内授权和验证。

2. 系统体系规划

智慧城市系统体系以信息基础网络设施平台、城市空间信息共享平台、城市级共享数据仓库、信息互联互通与数据共享“城市级应用一级平台”为智慧城市信息交互、数据共享、网络融合、功能协同的共享基础设施平台,以智慧城市“业务级应用二级平台”为核心应用,以智慧政府电子政务外网门户网站和“一级平台”信息与系统集成门户网站为城市管理和公共服务的展现手段和方式,以组织领导、政策法规和运营机制为保障环境的城市智能化规划、建设、管理和服务的完整体系。图5.19为智慧城市系统体系结构图。

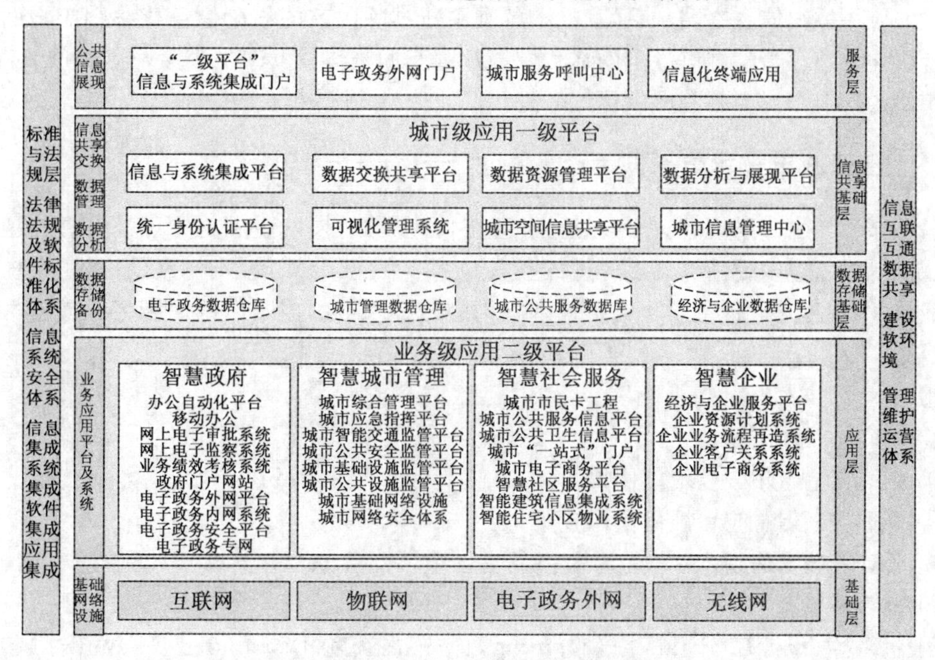

图5.19　智慧城市系统体系结构图

(1) 智慧城市系统体系基础层

智慧城市系统体系基础层由城市信息基础网络设施平台、城市空间信息共享平台、城市级共享数据仓库、信息互联互通与数据共享城市级应用一级平台,以及城市基础空间信息共享框架标准、地理编码标准和信息安全体系等要素构成。

智慧城市基础层建设的重点是城市级共享数据仓库和信息互联互通与数据共享城市级应用一级平台,以及相关标准和规范的编制工作。

(2) 智慧城市系统体系应用层

智慧城市系统体系应用层由业务级应用二级平台为核心应用。从智慧城市综合管理和公共服务的实现功能目标来看,智慧城市通过应用层体现政府信息化、城市管理信息化、社会信息化、企业信息化在业务层面上的应用集成和功能协同。

智慧城市系统体系应用层建设的重点,应该是从解决政府管理最薄弱的环节入手,应以人民群众最迫切需要解决的问题入手,要将为民、利民和便民的惠民项目放在建设的首位。通常城市市民卡、智慧城管、智慧安全、智慧交通、智慧社区、智慧卫生医疗、智慧教育、智慧房产、智慧文化的建设为智慧城市先期实施的系统工程项目。

智慧城市系统体系应用层业务系统平台的项目实施应遵循“长远规划、统筹规划、循序渐进、先易后难、统一领导、重点突破、以点带面、分步实施、务求实效”的规划指导思想。

(3) 智慧城市系统体系服务层

智慧城市系统体系服务层是智慧城市综合管理与公共服务的展现层,主要通过电子政务外网门户网站、“一级平台”信息与系统集成门户网站、城市信息服务呼叫中心和各类在线、移动或离线的信息化终端设备构成。

智慧城市系统体系服务层建设的重点是:智慧城市门户网站集成,实现“一站式”门户服务,城市政府的信息门户网站是智慧城市综合管理和公共服务信息最为集中的表现窗口,也是国家“十二五”期间现代服务业重点建设和发展领域。同时基于空间信息以及关联空间信息的行业应用系统信息终端、信息家电和各类不断推陈出新的移动信息化终端等方面。在这些信息化终端在智慧城市基础网络和信息互联互通与数据共享“一级平台”的支撑下,智慧城市将为政府和社会公众提供更加先进和便捷的公共服务。

5.3.3 智慧城市技术体系规划

智慧城市技术体系规划应以先进性和经济性为原则,技术应用的要点是:选择成熟、实用、主流的技术,应以目前国际上先进的互联网络技术、云计算技术、物联网技术、系统与信息集成技术、地理空间信息与可视化技术等构成智慧城市的技术体系。智慧城市技术应用的重点是:

① 云计算技术应用;

② 物联网技术应用;

③ 系统与信息集成技术应用;

④ 地理空间信息与可视化技术应用。

1. 云计算技术应用

1) 云计算概念

云计算是并行计算(Parallel Computing)、分布式计算(Distributed Computing)和网格

计算(Grid Computing)的发展,或者说是这些计算机科学概念的实际应用和实现。云计算是虚拟化(Virtualization)、效用计算(Utility Computing)、IaaS(基础设施即服务)、PaaS(平台即服务)、SaaS(软件即服务)等概念混合演进并跃升的结果。

云计算(Cloud Computing)是分布式计算技术的一种,其最基本的概念是透过网络将庞大的计算处理程序自动分拆成无数个较小的子程序,再交由多部服务器所组成的庞大系统经搜寻、计算分析之后将处理结果回传给用户。透过这项技术,网络服务提供者可以在数秒之内完成处理数以千万计甚至亿计的信息,达到和“超级计算机”同样强大效能的网络服务。

2) 云计算基本原理

云计算革命的三大基本要素就是:互联网、智能终端和服务器集群。云计算分为前台的智能终端(瘦客户机)和后台的服务器集群两大部分,同时汇集了网格计算、虚拟化技术、嵌入式技术、高速网络、无线通信、RFID、传感器、MEMS技术等。云计算将开创一个全新的智能科技服务时代。云计算的基本原理就是基于高速互联网,“云”所提供的所有应用和服务来自服务器集群,用户智能终端所需的应用、数据、存储和计算都由后台的服务器集群来完成和提供。“云”架构的核心是应用,未来所有的应用要能够同时在位于全球不同地方的各种不同的智能终端和设备上显示出来。这就要求这朵“云”本身必须变成一种OS,只有当用OS的概念来构建这朵“云”以后,才能实现各种有线和无线网络的无缝整合,也才能允许更多的厂商去发展各种不同的应用。

目前云计算根据提供应用的不同可分为三类:一种是像微软和MSN这样的公司提供的能够开放在互联网上的“云”,称之为公有“云”;第二种是相对公有“云”的私有云,这种私有“云”通常是政府和企业为了能够与政府各部门及客户互动和沟通而构建的;第三种是介于私有和公有之间的“云”,也有称之为“租用云”,通常有电信部门或“云”应用服务商。

3) 云计算技术应用特点

(1) 超大规模

“云”具有相当的规模,Google云计算已经拥有100多万台服务器,Amazon、IBM、微软、Yahoo等的“云”均拥有几十万台服务器。政府或企业私有“云”一般可以是数十上百台服务器。“云”能赋予用户前所未有的计算能力。

(2) 虚拟化

云计算支持用户在任意位置使用各种终端获取应用服务。所请求的资源来自“云”,而不是固定的、有形的实体。应用在“云”中某处运行,但实际上用户无需了解也不用担心应用运行的具体位置。只需要一台“上网本”或者一个移动智能终端(如3G手机或iPad等),就可以通过网络服务来实现我们需要的一切,甚至包括超级计算这样的任务。

(3) 高可靠性

“云”使用了数据多副本容错、计算节点同构可互换等措施来保障服务的高可靠性,使用云计算比使用本地计算机可靠,不用担心病毒入侵、应用软件升级和数据存储的安全性。

(4) 通用性

云计算不针对特定的应用,在“云”的支撑下可以构造出千变万化的应用,同一个“云”可以同时支撑不同的应用运行,是实现智慧城市城市级信息互联互通和数据共享,消除“信息孤岛”最有效的手段和方法。

(5) 高可扩展性

“云”的规模可以动态伸缩,满足应用和用户规模增长的需要。

(6) 按需服务

“云”是一个庞大的资源池,完全可以按需应用,它可以像自来水、电、气那样计费和使用。

(7) 极其廉价

由于“云”的特殊容错措施,可以采用极其廉价的节点来构成“云”,“云”的自动化集中式管理使大量企业或用户无需负担日益高昂的数据资源中心管理成本,“云”的通用性使资源的利用率较传统系统大幅提升,因此用户可以充分享受“云”的低成本优势,通常只要花费几百美元、几天时间内就能完成以前需要数万美元、数月时间才能完成的任务。

4) 智慧城市云计算技术应用

通过云计算的概念、原理和特点可知,目前我国的政府信息化是云计算应用和推广一个大有作为的领域。这是因为政府信息化具有以下应用需求与优势:

(1) 云计算提供了最可靠、最安全的数据存储中心

智慧城市建设的基础是城市级“一级平台”,从“数字东胜”建设的经验可知,建立城市级“一级平台”和城市级数据资源中心是智慧城市和电子政务的基础设施与平台。对于其在信息互联互通、数据共享、数据安全等方面的所有核心需求,云计算都可以提供堪称完美的解决方案。政府数据资料的安全性是政府信息化的核心需求,存放于云计算的后台政府数据资源中心大型数据仓库中,如同进了保险箱,数据仓库系统可以采用顶级和完备的安全防护手段与措施,防毒、防破坏、防盗取、防丢失、防灾害,甚至可以实施异地备份存储,这个优势是无论什么 PC 都无法比拟的。

由于云计算可以通过分级授权来提供“云”端的应用服务,简单来说,未经授权访问互联网的用户端无法实现与互联网的互联和提供服务,这样就避免了政府信息和数据的泄漏,提高了政府信息和数据的安全性。同时可以杜绝利用政府资源做私人的事情。用户端的操作日志可以全部记录在政府信息中心数据库中,可供政府“云”管理者随时调出和查询。

(2) 云计算用户端的设备要求最低,使用起来最方便

目前我国各级政府已经基本实现了电脑化,也就是每一个公务员都配置了计算机终端设备(PC),每台 PC 的操作系统费用、应用软件费用、软件系统维护费用、硬件维修费用、计算机升级换代的费用对于政府来说无疑是一个庞大财政开支。而采用云计算后,用户端只需要使用“瘦客户机”(或称之为智能终端)即可。无论你在哪里,只要带上一个音视频、多用途、轻便小巧的智能终端就可通过互联网或智慧政府外网实现网上办公。政府所有部门办公的个人计算机都无需安装操作系统、办公软件、工具软件,防毒软件等,办公计算机都通过政府电子政务外网与政府私有“云”的后台服务器集群和数据仓库连接,所有的操作系统、办公软件、工具软件、防毒软件全部共享,同时后台服务器为前台用户客户端动态分配计算资源,使得政府办公计算机得到所需的不同计算速度,实现了最大化的软硬件资源共享。用户可以通过政府办公浏览页面直接编辑存储在“云”的另一端的文档。政府办公文档和数据资料都存放在政府数据资源中心为每一个公务员开设的数据存储区内,存取调用方便快捷,同时也便于政府对信息和数据的安全管理。

(3) 云计算可以满足信息互联互通和数据共享

智慧城市建设的核心就是信息互联互通和数据共享。云计算的特点就是通过后台计算机集群和数据中心提供前台用户端的应用和服务。因此云计算是解决政府间“信息孤岛”最有效的手段和方法。这一切都是在严格的安全管理机制下进行的，只有对数据拥有访问权限的人，才可以使用或与调用城市级“一级平台”和城市级数据资源中心数据。

(4) 云计算可以提供无限多的应用可能

智慧城市城市级数据资源中心提供了几乎无限多的存储空间，也为完成各类应用提供了几乎无限强大的计算能力。只要通过智能终端(3G 手机、iPad、上网本等)连入政府电子政务外网，就可以直接连接到自己办公的工作页面和城市级“一级平台”的所有信息与数据。离开了云计算，单单使用个人电脑或手机上的客户端应用，是无法享受这些便捷的接入。个人电脑或其他电子设备不可能提供无限量的存储空间和计算能力，但在“云”的另一端，由数百台、数千台甚至更多服务器组成的庞大的集群却可以轻易地做到这一点。个人和单个设备的能力是有限的，但云计算的潜力却几乎是无限的。当把共享数据和最重要的应用功能都放在“云”上时，将给政府的运作和办公效率带来彻底的改变。

2. 物联网技术应用

物联网是以感知为核心的物物互联的综合信息系统，它是继计算机、互联网之后信息产业的第三次浪潮。据预测到 2020 年，物物互联业务将是人人互联业务的 30 倍，将成为一个具有超级发展潜力的新兴行业。物联网连接现实物理空间和虚拟信息空间，可以应用于各行各业和日常生活的各个方面，它与国家安全、经济安全息息相关，已经成为各国综合国力竞争的重要因素，欧、美、日、韩等主要发达国家和地区均将物联网纳入国家战略性计划。我国也高度重视物联网技术和产业发展，在 2009 年下半年，已经将物联网定位于国家重要支持和发展的方向。

伴随工业化向信息化的发展，智能化管理和服务已经进入快速发展的阶段，物联网正是在这种背景下发展起来的新兴产业。物联网的发展将促进传统生产生活方式向现代方式转变，将大大提高生产力，提升人们的生活质量，极大拓展信息网络和信息技术应用空间，并将成为我国加快培养战略性新兴产业的重要突破口和未来经济发展的重要引擎。

1) 物联网应用发展趋势

当前，世界各国的物联网基本都处于这个阶段：美、日、韩、中以及欧盟等国家和地区都正投入巨资深入研究探索物联网，并启动了以物联网为基础的“智慧地球”“U-Japan”“U-Korea”“感知中国”等国家或区域战略规划。由于其建立在现有的微电子技术、计算机网络与信息系统处理技术、识别技术等成熟而完整的产业链基础之上，许多概念正通过研究而实现，进入试验阶段。

与历次信息化浪潮革命不同，中国在物联网领域几乎与美国等国家同时起步。2009 年 8 月 7 日，温家宝总理在视察中科院嘉兴无线传感网工程中心无锡研发分中心时便提出“在传感网发展中，要早一点谋划未来，早一点攻破核心技术”，并且明确要求尽快建立中国的传感信息中心，或者叫“感知中国”中心。

物联网的发展从早期以 RFID 为核心逐步延伸和扩展开来，并正在逐步融合传感器网络、M2M、CPS、泛在计算等诸多技术领域。从发展阶段上看，物联网的发展可以大致分为以下三个阶段：

(1) 探索培育阶段(2005—2010)

典型应用需求驱动物联网关键技术创新,并形成相对独立、定制的物联网应用解决方案。

(2) 规模成长阶段(2011—2015)

物联网运营商将出现并迅速增加,物联网的共性技术将得到充分发展,典型行业或领域的物联网应用规模进一步深化。

(3) 成熟应用阶段(2016—2020)

物联网相关的技术将进一步趋于成熟,物联网应用普及到各个行业领域,物联网产业进一步融合。

2) 物联网技术应用特点

物联网作为一个庞大、复杂的综合信息系统,其技术应用涉及多个技术领域,其中感知互动、网络融合和应用服务等相关技术是物联网技术应用的关键技术和应用的重点。

(1) 感知技术

感知技术是物联网技术应用的基础,其关键技术包括传感器技术和信息处理技术。传感器技术涉及数据信息的采集,信息处理技术涉及数据信息的加工和处理。

传感器处于感知对象和测控系统的接口位置,是测量、采集和监测信息的主要感知终端和传感器材或装置。如果说计算机是人类大脑的扩展,那么传感器就是人类五官的延伸。传感器技术是涵盖半导体技术、测量技术、计算机技术、控制技术、信息处理技术、微电子学、光学、声学、精密机械、仿生学和材料科学等众多学科相互交叉的综合性和高新技术密集型的前沿研究之一,是现代新技术革命和信息社会的重要基础,是现代科学技术发展的一个重要标志和方向,它与通信技术、计算机技术共同构成信息产业的三大支柱。

传感器的定义是:传感器是能感受被测量并按照一定的规律转换成可用输出信号的器件或装置。从广义上讲,传感器是获取和转换信息的装置,在某些领域中又被称为敏感元件、检测器、转换器等。传感器通常由敏感元件和转换元件组成。其中,敏感元件是指传感器中能直接感受或响应被测量的部分,而转换元件是指传感器中能将敏感元件感受或响应的被测量转换成适于传输或测量的电信号的部分。通常传感器种类繁多,可按不同的标准分类。按外界输入信号转换为电信号时采用的效应分类,可分为物理、化学和生物传感器;按输入物理量分类,可分为温度、湿度、压力、位移、速度、加速度、角速度、力、浓度、气体成分传感器等;按工作原理分类,可分为电容式、电阻式、电感式、压电式、热电式、光敏、光电传感器等。

(2) 网络融合技术

信息传输是实现物联网应用和管理的重要基础,物联网的实质就是网络的融合和互联互通。物联网实际上就是互联网、通信网、传感网、控制网、泛在网的融合和信息的互联互通与数据共享交换。

① 物联网与互联网

首先应明确的是物联网不是互联网。物联网是物与物互联的网络,它传输的信号具有实时、在线、连续、动态的特点,和互联网传输的分时信息完全不同。同时物联网还可对每一个感知对象实现可寻址、可通信、可控制三大特征。从某种意义上来讲互联网是虚拟的,而物联网是现实的,实现互联网与物联网的互联互通和网络融合,就可实现虚拟和现实的结合。物联网更像是互联网的延伸和扩展。

② 物联网与通信网

通信网是实现物联网实时信息和数据传输的重要手段。通信网包括：3G、Wi-Fi、M2M、蓝牙、IEEE 802.16.4、IEEE 802.11、TD-SCDMA、WCDMA和LTE。实现物联网与通信网的无缝互联，可以使得物联网信息无所不在，无所不能。

③ 物联网与传感网

实际上传感网是物联网的基础，传感网传输信号的特征和物联网基本上是一致的，具有实时、在线、连续、动态等特点。物联网强调网络的互联互通和网络融合。

④ 物联网与控制网

控制网的概念是监测传感器、控制执行器、管理网络操作系统和提供网络数据全面接入的装置的集合。控制网不但具有传输检测元件所采集的实时、在线、连续、动态的信息和数据，同时具有传输实时控制和互操作指令的能力。通常控制网应用于工业自动化和军事领域的武器群控系统等。物联网与控制网的互联互通和网络融合可以将物联网应用推广到工业自动化和军事应用领域，使得物联网技术应用更完善，更具有现实意义。

⑤ 物联网与泛在网

泛在网实质上是一个大通信的概念，它不是一个全新的网络技术，而是在现有技术基础上的应用创新，是不断融合新的网络，不断向泛在网络注入新的业务和应用，直至“无所不在、无所不包、无所不能”。从网络技术层面上来讲，泛在网是物联网、互联网、通信网、传感网、控制网的高度融合的目标，它将实现多网络、多行业、多应用、异构多技术的融合和协同。泛在网将实现人与人、人与物、物与物的通信，涵盖传感器网络、物联网和已经发展中的电信网、无线网、移动互联网等。

3）物联网在智慧城市中的应用

智慧城市的基本特征体现在更透彻的感知、更全面的互联互通、更深入的智能化。IBM认为建设智慧城市需要三个步骤：第一，各种创新的感知科技开始被嵌入到各种物体和设施中，从而令物质世界被极大程度地数字化；第二，随着网络的高度发达，人、数据和各种事物都将以不的同方式连入网络；第三，先进的技术和超级计算机可以对这些海量数据进行整理、加工和分析，将数据转化成可用的信息，并帮助人们作出正确的行动决策。具体实现方法就是将感知传感器嵌入和装备到各种智慧化的监测和控制系统中去，形成“物联网”，实现物联网与互联网的互联互通。物联网在智慧城市中体现在智慧政府、智慧城管、智慧安全、智慧交通、智慧电力、智慧卫生医疗、智慧教育、智慧物流、智慧建筑、智慧社区、智慧家庭等方面。

3. 系统与信息集成技术应用

智慧城市技术应用的核心是信息系统集成。在城市级数字化应用一级平台中，其体现的信息系统集成的内容包括：技术环境的集成、数据环境的集成和应用环境的集成。对于城市级应用一级平台这个超大型信息系统的设计者来说，如何从顶层自上而下地考虑它的体系结构，如何实现信息系统集成，是必须要进行深思熟虑的头等大事。信息系统集成的关键就是实现被集成系统间信息的互联互通和数据的交换与共享，将各个“信息孤岛”的小运行环境集成，并统一在信息互联互通与数据共享、应用功能协同的一个大的运行环境中。

智慧城市信息系统集成技术应用是整个智慧城市技术应用的总路线，智慧城市所有涉及的一级、二级、三级的网络集成平台、数据集成平台、软件集成平台、应用集成平台、系统硬件集成平台都必须在智慧城市信息系统集成技术应用总路线的规范和指引下，进行系统的配置、开发、定制、选型、部署、运行、管理。智慧城市信息系统集成规划和设计必须遵循开放性、结构化、先进性、主流化的原则。

智慧城市系统与信息集成技术应用包括以下方面：

1）网络集成技术应用

从技术应用的角度来讲，网络集成不仅涉及不同的网络设备和管理软件，也涉及异构和异质网络系统的互联问题。确定网络集成的总体架构是网络集成的首要问题。

2）数据集成技术应用

数据集成是将与数据库有关的信息和数据在逻辑上集成为一个属于异构分布式数据库的全局模式，以达到信息和数据共享的目的。数据集成可以分为 4 个不同的层次，即：基本数据集成、多级视图集成、数据源模式集成、多粒度数据集成。

3）软件集成技术应用

软件集成是在一定的技术框架下面向软件内部的软部件之间的相互集成与连接。随着对象技术和网络技术的发展，信息系统开发环境也逐步体现出从结构化到面向对象、从集中到分布、从同构到异构、从独立到集成、从辅助到智能、从异步到协同的发展过程。特别是随着互联网技术的发展，应用系统的开发已从以单机为中心逐步过渡到以网络环境为中心，数以万计的个人电脑与工作站已经变成智慧城市共享的庞大的计算机信息资源。开放系统可让用户透明地应用由不同厂商制造的不同硬件平台、不同操作系统平台组成的异构型计算资源，在千差万别的信息资源（异构的、网络的、物理性能差别很大、不同厂商和不同语言的信息资源）的基础上构造起信息共享的分布式系统。面对这样的需求和趋势，必须对面向对象的技术进行改进和扩展，使之符合异构网络应用的要求。

4）应用集成技术应用

应用集成是在一定的技术框架下，实现各应用系统之间的集成。随着互联网的发展及分布式系统的日益流行，大量异构网络及各计算机厂商推出软硬件产品导致在分布式系统的各层次（如硬件平台、操作系统、网络协议、计算机应用）乃至不同的网络体系结构上都广泛存在互操作的问题，分布式操作和应用接口的异构性严重影响了系统间的互操作性。因此要实现在异构环境下的信息交互，实现系统在应用层的集成。这也是在本书中提出城市级应用一级平台技术创新的核心所在。

从信息系统集成技术的角度看，在集成的堆栈上应用集成在最上层，主要解决应用系统互操作的问题。拿语言作比喻，语法、语义、语用三者对应到系统集成技术上，网络集成解决语法的问题，数据集成解决语义的问题，应用集成解决语用的问题。应用集成技术应用主要体现在应用间的互操作性，分布式环境中应用的可移植性，系统中应用分布的透明性等。

智慧城市信息系统集成是一个多成分、多层次、多功能的超大型信息系统。系统的顺利运行依赖于其内部各层次业务级“二级平台”、企业级“三级平台”及系统之间的信息互联互通、数据交换与共享、应用集成与功能协同。智慧城市信息系统集成的多层次的结构特征决定了系统间各部分连接的重要性，其信息内容的金字塔结构及其专业性和动态性决定了智慧城市信息集成系统平台与各业务级“二级平台”、企业级“三级平台”及系统连接的分布性，即信息的有效数据和处理不是集中在某个中心，而是分布到各个具体的单位、部门、企业中。因此智慧城市应用集成采用分布式系统是必然的选择。

4. 地理空间信息与可视化技术应用

地理空间信息与可视化技术是智慧城市的核心技术。智慧城市中的各个业务应用系统的展现都离不开地理空间信息与可视化技术的应用。通过城市二维或三维景观电子地图，可以实现信息数据在GIS电子地图上的定位、属性、景观的展示、查询、分析等,甚至通过虚拟现实技术将传统的信息数据符号及视觉变量表现为动态、时空变化、多维和多时相的交互虚拟环境,以提高地理空间信息数据复杂变化过程和分析的洞察能力。地理信息与可视化技术应用主要包括以下方面：

1）城市地理信息系统基础软件平台支撑技术

城市地理信息系统(GIS)是地理空间信息与可视化技术应用的基础平台,作为智慧城市基础地理空间信息共享平台,是实现城市信息共享的核心。只有当城市信息被定位在城市基础地理空间数据上时才能反映其空间位置和空间分布特征。城市地理信息系统基础软件平台支撑技术应用的要点,首先是将城市各种比例尺(如:1∶500、1∶1 000、1∶2 000等)地图数据,以城市数字正射影像数据、数字高程模型数据等整合为城市各种信息应用系统的基础框架和图层,在此基础平台上才可以实现可视化的信息展现、查询和统计分析。城市地理信息系统基础软件平台主要支撑以下智慧城市信息平台的应用：

(1) 城市级"一级平台"信息互联互通与数据共享；

(2) 电子政务内外网业务；

(3) 城市综合监控与管理(包括:数字城管、环保节能、市政市容等)；

(4) 城市应急指挥；

(5) 城市公共安全监控与管理；

(6) 城市智能交通监控与管理；

(7) 城市公共及基础设施监控与管理；

(8) 城市社会民生服务(包括电子商务和现代物流)；

(9) 数字企业；

(10) 智慧建筑与智慧社区。

2）地理空间信息共享数据互操作技术

地理信息系统技术与网络技术的结合实现了地理信息系统的网络化,使得GIS的应用扩展到智慧城市的各个应用领域和广泛的地理区域,并出现了大量不同类型、分布、异构数据库或地理信息系统,因此地理信息集成和共享就成为一个亟待解决的问题。采用基于Web Service的数据互操作技术是可行的解决方案。

3）城市三维景观重建与信息查询分析技术

城市的地形景观主要由数字高程模型和数字正射影像两种数据进行逼真的展现,通过三维城市模型数据表现地形地物千变万化的几何结构和表面属性是一个重要课题。中国解放军信息工程大学测绘学院结合对城市三维可视化技术研究课题,成功建立起一个功能强、性能稳定的三维景观重建与信息查询分析系统(PowerCity3D)。该技术应用的特点是基于地形地物三维几何模型数据生成技术、地形地物表面纹理数据生成技术、地形地物属性数据生成技术,使得在城市三维景观中实现对城市地形地貌、建筑、道路、桥梁等在GIS电子地图上更生动、更逼真、更客观地进行展现。

4）信息可视化与虚拟现实技术

信息可视化技术(Information Visualization)是一种将物理性和逻辑性元素进行形象化、显性化的信息数据呈现技术。现阶段的信息可视化技术的研究和应用已经超出了传统城市地图符号及视觉变量表示方法的水平,而进入到在动态、时空变化、多维和多时相的交互虚拟环境下探索城市,在提高对空间数据的复杂过程和分析的洞察能力、多维和多时相数据的显示等方面将有效地改善城市地理空间信息的传输时效。

虚拟现实(VR)技术是可视化技术最有效的应用和发展。虚拟现实技术综合利用了计算机图形学、仿真技术、多媒体技术、人工智能技术、计算机网络技术、并行处理技术和多传感器技术,模拟人的视觉、听觉、触觉等感觉器官功能,使人能够沉浸在计算机生成的虚拟境界中,并能够通过语言、手势等自然的方式与之进行实时交互,创建了一种人性化的多维信息空间。使用者不仅能够通过虚拟现实系统感受到在客观物理世界中所经历的“身临其境”的逼真性,而且能够突破空间、时间以及其他客观限制,感受到真实世界中无法亲身经历的体验。在虚拟现实技术的支持下,以虚拟和形象的方式来描述智慧城市的物理性和逻辑性元素,完全代替了用传统的抽象地图来解释、分析和展现城市要素。

空间信息可视化与虚拟现实技术的发展和应用,为智慧城市物理元素提供了三维描述方法和人机交互的虚拟城市环境,具有多维动态可视化和实时交互式操作的效果,而地理信息系统具有强大的海量空间数据存储、管理、处理和空间分析能力。二者优势互补,集成与一体化是必然的发展趋势,用户可以在地理信息系统与虚拟现实集成框架和集成平台上,对智慧城市各个信息应用系统进行支撑,对城市的规划、建设、管理方案进行模拟。

5.3.4 智慧城市基础设施体系规划

智慧城市基础设施体系规划包括:电子政务外网规划、城市物联网规划、城市互联网接入规划、城市无线网络接入规划。智慧城市网络体系规划应能满足城市级数据、语音、图像和多媒体等各种业务信息的传输,实现有线互联专网与无线互联网的互联互通。

智慧城市网络体系应采用三层交换结构,网络分为核心层、分布层、接入层,三层之间以树型拓扑结构相连接。核心层设置于城市级应用一级平台,分布层设置于业务级应用二级平台,接入层设置于各企业级应用三级平台。

智慧城市应以物联网为基础,实现互联网与物联网的互联互通和数据共享交换。城市网络应采用 EPON 技术,实现信息(计算机)网络、电话通信网络、有线电视网络的“三网融合”。凡支持互联网络通信协议的任何移动设备都可以实现与无线互联网的互联互通。智能建筑和数字社区应采用信息网络和物联网的“双网”设计和建设。

1. 电子政务外网规划

智慧政府电子政务外网规划应根据国信办对于电子政务外网进行分层设计和部署的要求,并按照政府所辖各区、街道办、乡镇、社区的物理位置和职能关系进行规划。电子政务外网应采用分层次的设计方法。

根据分层次设计的原则,电子政务外网包括以下三个层次(如图 5.20 所示):

(1) 互联网接入区

电子政务外网“互联网接入区”的外网安全接入平台通过防火墙与互联网实现逻辑隔离,并由外网安全接入平台提供互联网服务。

(2) 公共网络区

电子政务外网“公共网络区”通过 VPN 逻辑隔离实现与外网“互联网接入区”的互联互通，在外网“公共网络区”部署统一身份认证和用户管理，提供政府各业务单位横向业务之间信息交互、数据共享和业务协同。

(3) 专用网络区

电子政务外网“专用网络区”通过 VPN 逻辑隔离实现与外网“公共网络区”的互联互通，在外网“专用网络区”部署电子政务后台数据仓库系统，提供政府直属部委、行政部门、业务单位纵向之间的信息交互、数据共享和业务协同。

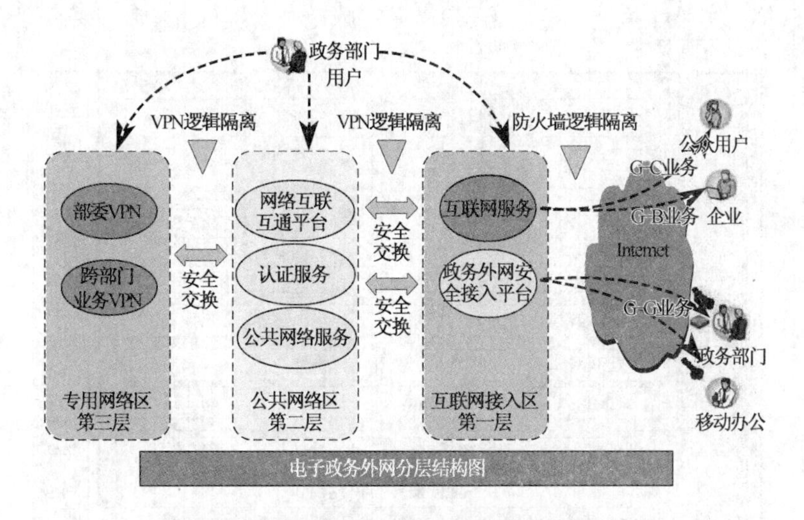

图 5.20 智慧政府电子政务外网分层结构图

电子政务外网由三层网络接入结构，即核心网络层、骨干网中心节点和外网接入点构成。

(1) 核心网络层

电子政务外网核心网络层部署核心网络交换机，通过电子政务外网骨干网连接第二层的汇聚网络交换机中心节点。

(2) 骨干网络层

电子政务外网骨干网络层中心节点部署汇聚网络交换机，通过电子政务外网接入网连接第三层的接入网络交换机节点。

(3) 接入网络层

电子政务外网接入网络层节点部署接入网络交换机，接入网节点设置于政府所辖各直属部门和业务单位。

根据政府信息化电子政务系统的上下级的隶属关系及现有业务模式，电子政务外网骨干网的业务流向以市、县、区、街道办、乡镇这样的纵向流为主，并包含各专项部门内部的纵向业务流量。根据业务走向，最适合的网络模型是星型组网，即以政府信息化电子政务数据资源中心为核心，区县、街道办、乡镇节点通过第三层外网接入网和第二层骨干网络接入智慧城市政府信息化数据资源中心核心网络层。从而构成一个从政府信息化数据资源中心到政务外网骨干网节点，再通过外网接入网连接街道办、乡镇、社区的三级星型组网架构。

2. 城市物联网规划

物联网具有三个基本的特征：一是全面感知，即利用各类传感器测量和获取物体各种物理变化的信息，如温湿度、压力、流量、位移等；二是分析处理和传递，将采集到的海量数据和信息，利用云计算、数据库、自动化、智能化等技术进行智能处理和控制反馈，并通过各种形式的网络和线路的融合，将物体的信息和控制实时准确地传递出去；三是应用，物联网应用极其广泛，涉及政府、城市管理、社会服务、企业经营的方方面面，物联网的实际应用是建设物联网的终极目标。因此城市物联网规划的重点就是根据其基本特征来规划物联网系统体系架构。目前物联网系统体系架构大致被分为三个层次，即：底层是测量和采集物体变化数据的感知层，第二层是数据传输的网络层，最上层则是应用层(如图 5.21 所示)。

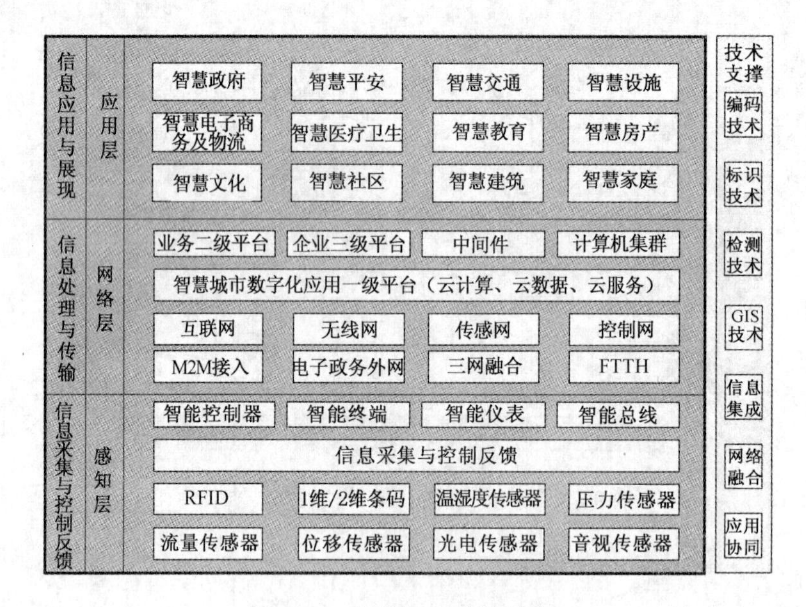

图 5.21　物联网系统体系架构

(1) 感知层

感知层包括传感器等数据采集设备以及数据接入到网关之前的传感器网络。感知层是物联网发展和应用的基础，RFID 技术、传感器技术、控制与反馈技术、检测技术是感知层涉及的主要技术，其中又包含芯片研发、通信协议研究、RFID 材料、智能探测设备制造等。传感器设备是感知层的核心，它是感知物质世界的“感觉器官”，通过传感器可以感知物体的热、力、光、电、声、位移等信号，为网络系统的处理、传输、分析和反馈提供最原始的信息。随着科学技术的不断发展，传统的传感器正逐步实现微型化、智能化、信息化、网络化。

(2) 网络层

物联网的网络层将建立在现有的移动通信网和互联网基础上。物联网通过各种接入设备与移动通信网、互联网、传感网、控制网等实现互联互通和数据共享交换。物联网的网络层实质上是网络融合的具体应用和延伸。物联网的网络层中的感知数据管理与处理技术是实现以数据为中心的物联网的核心技术，其包括传感网数据的存储、查询、分析、挖掘、控制及基于感知数据决策和行为的自动化控制、遥控遥测及信息应用技术的综合展现。云计算平台作为海量感知数据的存储、分析平台，将是物联网网络层的重要组成部分，也是应用层

众多应用与服务的基础。

(3) 应用层

物联网的应用层利用经过分析处理的感知数据为用户提供丰富的特定服务,如:智慧政府、智慧平安、智慧交通、智慧电子商务及物流、智慧医疗卫生、智慧教育、智慧房产、智慧文化、智慧社区、智慧建筑、智慧家庭等一系列的具体应用。应用层是物联网发展的目标,物联网应用平台的开发和智能控制技术将为用户提供丰富多彩的物联网应用。各行各业和智慧家庭的应用开发将会推动物联网的普及和迅速,也给物联网产业链带来丰厚的利益回报。

3. 城市互联网接入规划

通常城市互联网建设由电信部门规划与实施,智慧城市的政府、企业、社会的各单位、部门及个人主要考虑互联网的接入规划。以政府互联网接入规划为例,主要涉及互联网与电子政务外网的互联互通。电子政务外网"互联网接入区"分别设置电子政务外网内部办公和电子政务公共信息服务与互联网互联的出口。接入电子政务外网内部办公的各厅(局)可通过设置在外网第一层"互联网接入区"的"公共网络区互联网接入路由器"统一出口访问互联网。电子政务外网"公共网络区"用户在外网第一层"互联网接入区"设置的"安全互联接入平台"的保护下访问互联网。社会公众可以通过设置在电子政务外网第一层"互联网接入区"的"公共信息服务门户网站互联网接入路由器"统一的互联网出口访问政府公共信息服务门户网站(如图 5.22 所示)。

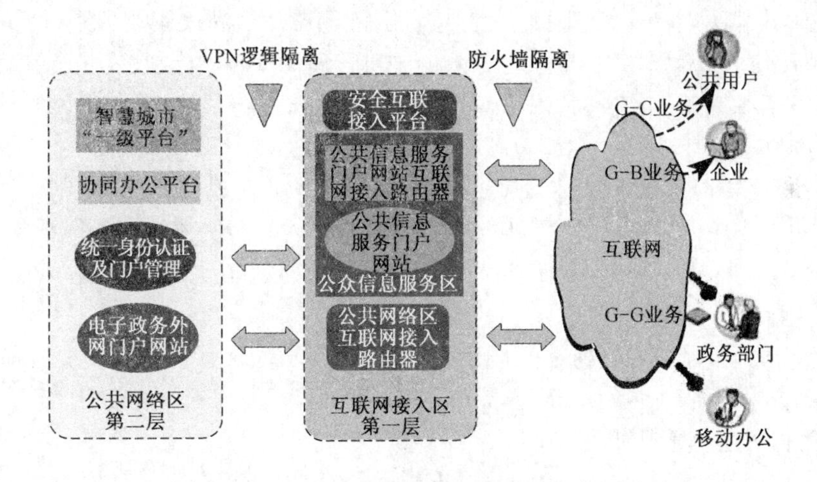

图 5.22 互联网与电子政务外网接入示意图

4. 城市无线网络接入规划

通常城市无线网络建设由电信部门规划与实施,智慧城市的政府、企业、社会的各单位、部门及个人主要考虑无线网络的接入规划。城市无线网络接入应遵循 VPN 接入的方案,主要是为了解决移动用户通过无线网络访问互联网、物联网和政府电子政务外网等,并通过统一身份认证和用户管理的验证与访问等级授权。这对于政府移动用户在外需要办公的公务员来说是十分必要的。在电子政务外网上开设移动用户 VPN 接入服务所需的设备很少,只需在电子政务外网第一层"互联网接入区"设置一台 SSL VPN 网关设备就可以了。移动用户直接或间接(通过 NAS)呼叫 VPN 网关服务器建立隧道连接,完成移动用户对电子政务外网设置在"公共网络区"的内部门户网站进行访问。在移动用户侧无须安装任何客户端软件，通过标准 IE 界面直接发起 VPN 连接请求，在电子政务外网“互联网接入区”部署的集中式 VPN 网关上对这些移动用户发起的 VPN 连接请求做统一的处理。集中式 VPN 网关还可以将 MPLS VPN 和 IP VPN 很好地结合起来，使移动用户可以不同的身份分别通通过不同的 MPLS VPN 登录到电子政务外网第二层“公共网络区”和第三层“专用网络区”。

社会企业及个人移动用户的 VPN 接入比较简单。移动用户无论身处何处，只要能登录互联网(无论任何接入方式，无论任何带宽)，即可实现 VPN 接入。VPN 是通过在网关设备建立一条虚拟专用连接进行数据传输的。在移动用户 VPN 接入时，移动用户处只需要能访问互联网，无须安装任何软件即可接入电子政务外网。通过 VPN 网关，汇聚来自众多移动用户的 VPN 接入请求，这样就实现了一个逻辑点到多点的星型结构，对每个移动用户而言，实现了与集中 VPN 网关的单独逻辑连接。

5.3.5 智慧城市保障体系规划

1. 建立财政与政策保障体系

(1) 建立集约化财政投资建设机制。统筹智慧城市管理与运行体系建设资金，进一步规范全市信息化立项审核和资金管理制度，建立集约化的财政投资机制，杜绝多头投资、重复建设。

(2) 完善政策法规保障。建立健全智慧城市管理与运行的政策及规定、智慧城市管理责任监督体系，建立以行政效能监察为保障的城市管理评价考核机制，将城市管理评价考核结果纳入电子监察范畴，完善智慧城市管理有效的协调和督办机制，为智慧城市管理运行提供强有力的制度保证。

2. 建立健全协同工作机制

(1) 信息共享机制。集约管理共享信息资源，以业务协同为核心，整合各类专题资源，建立部门信息资源和应用系统目录，建立资源共享更新责任制度，实现共建共享共用，促进业务协同应用。

(2) 业务协同机制。建立跨部门应用机制，整合优化城市管理跨部门业务流程与数据流程，实现跨部门业务联动协同，促进城市管理运行协同化能力明显提高。

3. 强化长效建设管理机制

加强公共信息化基础设施支撑。强化政府电子政务外网、电子政务数据中心、电子政务信息资源交换平台、无线城市、800 兆数字集群网络的建设和运营，有效承载智慧城市管理建设和保障运行。深化社会治安视频监控系统建设，建立长效建设、管理机制，保障智慧城市管理与运行的共享应用。

4. 整合管理与运行专业队伍

(1) 结合事业单位改革，整合优化城市管理相关部门的信息化建设管理机构队伍，逐步建立资源整合、集约建设的信息化建设管理体制。

(2) 整合区、街两级城市管理部门工作队伍，建立健全城市管理网格化、精细化巡查监督队伍。

5.4 智慧城市云计算技术应用

5.4.1 智慧城市云计算技术应用总体思路与目标

云计算是继个人计算机和互联网之后的第三次 IT 浪潮，是重构信息产业格局的历史机遇和未来产业竞争的制高点。加快云计算基础设施建设，推动云计算广泛应用，促进云计算产业发展，是坚持“五化并举”和“两化融合”发展战略，加快构建智慧城市的重大举措。

(1) 总体思路

按照智慧城市建设的总体要求，坚持“政府引导、企业主体、应用牵引、产业聚集”的思路，以完善技术体系为基础，形成分布式共享的计算和数据资源池；以构建应用体系为核心，务实打造面向公共服务、社会管理、智能化生活和经济建设领域的云服务平台；以打造产业体系为重点，不断完善产业链和壮大产业规模，形成产业集群，促进战略性新兴产业快速发展。

(2) 发展目标

以智慧城市建设为依托，建设云计算产业发展基地。到 2015 年，基本建成云计算模式下的技术、应用和产业三大体系，构建政务云、社会云、企业云和高性能计算云四大基础平台，形成云服务、基础软硬件设备生产和云终端产品制造三大产业集群，培育一批具有较强实力和影响力的云计算领先企业。

5.4.2 国内外云计算应用与产业发展现状

世界信息产业强国和地区已把云计算作为未来战略产业的重点，开始部署国家级云计算基础设施。2011 年 2 月美国政府发布《美国联邦政府云计算战略》，规定在所有联邦政府信息化项目中云计算优先。英国开始实施“政府云(G-Cloud)”计划，所有的公共部门可以根据自己的需求通过 G-Cloud 平台来挑选和组合所需的服务。日本提出霞关云计划以推动政府云服务，并计划建设云计算特区以支持大规模的市场应用。欧盟提出“第七框架计划(FP7)”为云计算项目提供资金支持。IBM、Microsoft、Google、Sun、Amazon 等知名电子信息公司相继推出云计算产品和服务，Intel、Cisco 等传统硬件厂商也纷纷向云计算服务商转型。国际专业机构预测，近年全球云计算市场规模将达到 1 600 亿美元，12％的全球软件市场将转向云计算。同时，云计算受到了国际资本市场的高度关注，VMware 因在云基础架构领域的领先优势成为继 Google 上市后美国融资额排名第二的科技公司，Salesforce 等多家新兴云计算技术和服务企业也凭借先发优势成功在欧美证券市场上市，发展势头强劲。

我国高度重视云计算应用和产业发展，国务院出台《关于加快培育和发展战略性新兴产业的决定》(国发〔2010〕32 号)，把促进云计算研发和示范应用作为发展新一代信息技术的重要任务。国家发展和改革委、工业和信息化部在北京、上海等 5 个城市启动云计算服务试点，电信、移动、联通三大通信运营商和 IT 龙头企业大举向云计算转型。国内专业机构认为，我国云计算产业已走过市场准备期，即将大规模突破发展。预计未来几年，中国云计算市场规模年均复合增长率将超过 80％，到“十二五”末，产值规模将突破 1 万亿元。

5.4.3 智慧城市云计算发展重点

1. 以云服务为重点

构建核心技术体系，以基础设施服务（IaaS）和平台服务（PaaS）为支撑，构建各类软件服务（SaaS）和数据服务（DaaS）子集，形成完整的云服务核心技术体系。

1）基础设施服务

按"1＋N"模式构建虚拟化、分布式和异构管理的基础设施服务体系。重点建设高端云计算中心和新一代绿色云数据中心，满足密集数据计算、高性能计算和数据存储、容灾备份的应用需求。

2）平台服务

推进云计算标准体系建设，形成云计算模式下的开发、部署和管理架构规范。加强虚拟化技术、云管理、云存储、云中间件、跨平台操作系统以及云安全等关键技术的研发，着力发展安全审计平台、虚拟化平台、IT资源管理平台，以及新一代海量信息智能搜索、智能挖掘系统等，丰富和完善平台服务。

3）软件服务

整合通信运营商、软件提供商、信息服务提供商、内容提供商等信息服务业资源，加快转型步伐，创新服务模式，重点发展云计算模式下的办公辅助系统、公共管理系统、行业应用系统和个人服务系统等软件服务产品，促进计算资源和信息服务按需交付、无所不在。

2. 以提升IT资源效能为重点

构建完备的应用体系，推进云计算在公共服务、社会管理、智能生活和经济发展等领域的应用，重点打造政务云、社会云、企业云和高性能计算云等四大基础平台，实现IT资源的集约建设、弹性扩展、动态分配和资源共享。

1）政务云

（1）协同资源：重点建设和完善政府网站、呼叫热线、目录与交换、协同办公、基础数据库、信息安全等应用系统。

（2）城市管理：重点建设和完善城市管理、环境监测、应急管理、食品卫生安全、社保救助、劳动就业、车辆管理、市场监管等应用系统。

2）社会云

（1）公共服务：重点建设和完善智能交通、智能水务、智能电网、智能燃气、城市一卡通、医疗卫生、教育、科技、社会信用等应用系统。

（2）社会应用：重点发展智能家居、文化旅游、网络购物、物流配送等应用系统。

3）企业云

（1）园区服务：重点发展园区公共服务平台、协同办公系统、开发测试系统、产业协作系统等应用系统。

（2）企业服务：重点发展人力资源管理、供应链管理、财务管理、客户关系管理、生产管理、CAD/CAM/EDA/FMS等应用系统。

3. 以培育云服务产业集群为重点

（1）打造完善的产业体系，推动通信运营商和其他第三方数据中心向云计算基础设施服务商转型，推出面向不同需求的云计算基础设施和平台服务，形成按资源使用付费等新型

服务模式，不断提高基础设施的使用效率。基于现有高性能计算、密集数据计算、数据存储与系统灾备等基础架构，引导基础通信运营商与专业化公司进行产业协作，以云计算服务平台为载体整合资源，培育云计算龙头企业，打造云计算服务集群。大力发展商业化运营的数字音乐、网络视频、网络游戏等数字娱乐云平台，医疗健康、教育资源等公共服务云平台，信息安全、企业服务等行业服务云平台。

(2) 产业引进。重点引进国内外 IT 龙头企业，通过与本地优势企业合作，组建云计算旗舰服务商，立足本地，面向国内外市场提供云服务，打造全球最大的云服务基地。

5.4.4 智慧城市云计算应用保障措施

(1) 加强组织协调。成立云计算应用与产业发展推进组，由市政府分管领导任组长，市政府分管副秘书长、市经信委主要负责同志任副组长，市发改委、市经信委、市财政局、市科技局、高新区管委会等为成员单位，负责制定云计算应用与产业发展政策，统筹产业规划布局，确定年度发展计划，审定重点项目建设方案，协调推进云计算应用与产业发展。推进组办公室设在市经信委，负责推进组日常工作。

(2) 强化基础设施。加快推进光网城市、下一代移动通信、新一代广播电视网、Wi-Fi 等泛在网络建设，提高光纤入户和无线宽带普及率。重点打造一批具有国际水准、节能环保、安全可控的新一代绿色云计算服务平台，为拓展云服务市场提供基础支撑。加强供配电设施建设，进一步提升电力保障水平。

(3) 完善安全环境。依托中国移动、中国电信、中国联通等优势企业和专业机构，打造云安全服务基地。重点开展云安全关键技术研发，构建云安全服务基础平台，提供云安全解决方案，打造可靠的云服务生态环境。支持企业和科研机构研发跨平台、支持多操作系统的虚拟化技术，优化虚拟化技术的安全性，实现虚拟机之间的完全隔离与资源的动态调整。

(4) 推动行业应用。整合政府应用需求，统一采购云计算服务，实现基础网络平台化、应用资源云端化和专业服务社会化的新型电子政务架构。引导信息化应用依托云计算基础设施，发展针对行业领域业务应用的解决方案，降低社会信息化的整体成本。在科学研究、工业设计、气象预报、灾难预测、地质勘探、油气开采等领域利用云计算资源开展科学计算。

(5) 探索商业模式。支持通信运营商、计算服务商、数据服务商和安全服务商以云服务平台为中心进行资源整合，提供按量计费、按需调配、自助选择的一体化服务。引导系统集成商和行业信息中心合作，按云计算架构对业务系统进行构建、改造和移植。以应用示范为牵引，引导社会投资参与云计算服务体系建设，着力培育全国一流的云计算服务旗舰提供商。

(6) 优化发展环境。建立云计算应用与产业发展专项资金，引导和支持云计算平台建设、应用示范项目建设、产业园区和企业应用试点。出台财政支持、人才引进、产业扶持、科技创新、能源供应、投融资帮扶等专项政策，进一步优化发展环境，促进云计算产业又好又快发展。

5.5 智慧城市物联网技术应用

5.5.1 概述

物联网是互联网和通信网的网络延伸与应用拓展，具有整合感知识别、传输互联和计算处理等功能，是对新一代信息技术的高度集成和综合运用。物联网通过信息共享和业务协同，将人与人之间的信息交互沟通向人与物、物与物扩展延伸，它的应用为优化资源配置、加强科学管理、缓解资源能源约束提供了可能，拓宽了道路。

智慧城市物联网应用规划，以统筹部署物联网技术研发先导，着力抓好物联网应用示范为引导。加强政府与企业间的协调，抓紧制定促进智慧城市物联网发展的指导意见，明确物联网产业发展的定位与路线。

智慧城市物联网应用具有以下重要意义：

(1) 加快发展物联网是构建现代产业体系、走新型工业化道路的内在要求。作为信息技术新的突破方向，物联网成长潜力大、带动力强、综合效益好，不仅本身蕴含着巨大的战略增长潜能，而且能够有力地推进信息化和工业化深度融合，带动传统产业转型升级，催生新的经济增长点。加快发展物联网，将为我国建设结构优化、技术先进、清洁安全、附加值高、吸纳就业能力强的现代产业体系，提供强有力的支撑和保障。

(2) 加快发展物联网是提高人民生活水平、全面实现小康社会的迫切需要。物联网在教育、医疗卫生、政府管理、社区服务等方面的广泛应用，必将带来社会管理和公共服务模式的创新，极大地促进社会公共服务改善，从而最终改变人们的生活方式，更好地满足人民群众日益增长的物质文化需要。近年来，物联网在公共服务领域加速拓展，为提高人民生活质量与水平开创了一条有效途径。

(3) 加快发展物联网是构建国际竞争新优势、建设创新型国家的战略选择。物联网技术涵盖面广、关联度高、辐射力强，对带动技术创新具有重要作用。加快推进物联网研发与应用，对于增强我国自主创新能力、提高科技对经济发展的贡献率的意义重大，已成为各国抢占未来战略制高点的重要领域。目前，物联网在全球尚处于起步阶段，各国基本处在同一起跑线上。因此，抓住难得的战略机遇，加快推进物联网发展，是增强我国国际竞争力的必然选择。

5.5.2 智慧城市物联网应用规划思路与重点

目前，我国在智慧城市建设的基础上，已经具备了发展物联网的技术、产业和应用基础，部分领域形成了可观的产业规模，技术研发和标准化工作取得了初步成果，掌握了一批具有自主知识产权的关键技术，物联网在交通、物流、金融、工业控制、环境保护、医疗卫生、公共安全、国防军事等领域已有了初步应用。但是，物联网技术集成性高、应用跨度大、产业链长、产业分散度高，多数领域的核心技术尚在发展中，从物联网核心架构到各层次的技术与产品接口大多还未实现标准化，大规模应用所需的条件和市场还需要一个长期而渐进的过程。针对我国物联网发展所处的阶段和目前已有的基础，我们要加强统筹协调，着力营造良好的发展环境，促进物联网在重点领域的深入应用，力求实现重大突破。

(1) 构建自主创新体系,提升产业核心竞争力。技术的创新突破是物联网发展的关键。要支持建设一批重点实验室、工程中心、技术中心,支持重点科研基础设施和大型科技资源平台的整合和共享,组织开展重点关键领域技术攻关。对关系国家安全的核心技术,要大力开展原始创新,努力实现自主可控。同时学习借鉴世界先进成果,博采众长,加强引进技术的消化、吸收、再创新。发挥企业在自主创新中的主体作用,增加研发投入,提升知识产权拥有水平。加快突破一批关键核心技术,形成从研发、生产到应用的完整创新链条。

(2) 推进标准体系建设,掌握发展主动权。要加快建立跨行业、跨领域物联网标准化协作机制,加强对物联网系统结构、参考模型等总体标准,物联网信息安全、网络管理等基础共性标准,以及智能传感器、传感器网络等关键技术标准的研制。积极推动网络架构、标识和网络业务安全研究,为实现不同行业物联网协同融合奠定基础。鼓励和支持企业积极参与国际标准化工作,推动我国具有自主知识产权的技术成为国际标准。

(3) 加强产业合作,面向重点领域开展应用。物联网技术涉及多行业、多领域、多学科,产业链环节众多。要重点发展核心产业,大力扶持支撑产业,积极带动关联产业,促进产业链的形成和完善。根据现有条件,要选择基础设施和民生服务等示范效应突出、产业带动性强、关联性高的重点领域积极开展应用示范。在工业和交通运输领域,要大力建设发展智能电网、智能交通、智能物流和智能工业,加快物联网在相关行业和领域的渗透与融合。

(4) 发挥市场优势,培育和壮大物联网产业。要支持企业发展专业服务、增值服务等新业态,鼓励和支持产业链上下游探索培育新型商业模式,加快形成市场化运作机制。发挥政府的引导作用,加强规划、标准和产业政策的制定和实施,支持鼓励企业创新,加强知识产权保护,抓好物联网的示范应用和市场培育,积极营造公平竞争的市场环境。支持物联网产业公共服务平台建设,加快建立健全中介服务体系。加快培育骨干企业,促进中小企业发展,形成具有国际竞争力的物联网产业集群。

5.5.3　智慧城市物联网应用重点领域

我国"十二五"规划纲要明确指出,要"推动物联网关键技术研发和在重点领域的应用示范"。即将出台的国家物联网"十二五"规划,将锁定十大物联网应用重点领域,分别是智能电网、智能交通、智能物流、智能家居、环境及安全检测、工业与自动化控制、医疗健康、精细农牧业、金融与服务业、国防军事;预计将建成 50 个面向物联网应用的示范工程和约 5 到 10 个示范城市。

在智慧城市建设的基础上,物联网应用示范应与智慧城市建设重点领域相结合,以物联网金融及服务与智慧城市市民卡相结合,以物联网智能电网与智慧城市基础设施管理相结合,以物联网智能家居与智慧城市智慧社区相结合,以物联网环境及安全检测与智慧城市节能减排相结合,以物联网医疗健康与智慧城市智慧医疗卫生相结合,并且加强在智慧城市智能交通、智慧城市电子商务及物流、智慧城市公共安全等领域内的应用。

5.5.4　智慧城市物联网应用保障措施

当前,要加快发展物联网,必须着眼长远,科学谋划,多措并举。

(1) 加强组织领导,建立协同工作机制。建立政府部门、行业、地方之间的统筹协调机制,指导、推动物联网产业发展。协调物联网在重点行业应用及示范项目建设推广,共同解决物联网发展面临的标准、关键共性技术、产业支持、基础设施建设、安全保障等问题,形成各地区、各环节发挥优势、分工合作、协同推进的格局。及时掌握行业发展情况,加强统计分析和预测、预警,加强对重大项目建设的监督、检查和处理。

(2) 加强统筹规划,推进典型应用示范。深入开展物联网发展战略研究,编制国家发展规划,统筹部署物联网技术研发、产业发展和应用示范。加强各部委间协调,抓紧制定促进物联网发展的指导意见,明确物联网产业发展的定位与路线。着力抓好典型应用示范,加快国家传感网创新示范区建设,引导各地区因地制宜地开展物联网区域试点应用,促进资源共享和优势互补,逐步形成分工合理、特色鲜明、相互支持的产业发展格局。

(3) 完善政策法规,营造健康发展环境。落实国家支持高新技术产业和战略性新兴产业发展的税收优惠政策,设立国家物联网发展专项资金,建立长效稳定的财政扶持机制。完善物联网发展的投融资政策,鼓励银行和风险投资及社会资金投向物联网产业,促进金融机构加大支持企业发展的力度,支持企业在海内外资本市场直接融资。加快影响物联网发展的关键问题的相关立法,强化政策间的协调和衔接,为物联网深入发展提供法律保障。

(4) 高度重视信息安全,提升安全保障能力。信息安全在物联网发展中至关重要,必须超前谋划。要研究制定相关法律法规,加强信息应用的监管,建立和完善安全政策与技术标准、身份识别机制与认证授权机制、信用体系与信用环境等,有效保障信息采集、传输、处理等各环节的安全可靠。加强物联网重大项目安全评测和风险评估,构建有效的预警和管理机制。

(5) 加强人才队伍建设,构建人才支撑体系。物联网发展,人才是根本。要实施物联网高层次人才引进培养计划,依托国家重大专项、重大工程和重点企业,培养高端领军人才,积极引进和用好海外人才。研究制定切合实际的分配政策和激励措施,形成主要由市场配置人才资源、促进人才流动的机制,营造人才脱颖而出的环境。要在有条件和基础的院校中增加物联网相关专业,加强同教育培训机构的交流与合作,积极推进分层次、分类别的人才教育和培训,满足产业不断发展的需要。

5.6 智慧城市无线通信技术应用

无线通信技术是智慧城市重要的技术支撑,也是引导移动通信网络建设和发展的方向。通常无线通信技术应用有传统的公众移动通信技术,包括:GSM、CDMA、GPRS、CDMA 1X 等 2.5G、3G、4G 无线数据业务,还有宽带固定无线接入技术,包括:WLAN 技术、WiMAX 技术、UWB 技术等。这些技术的出现和发展,给整个无线通信技术的发展提供了动力。

5.6.1 无线通信技术应用类型

1. 第三代无线通信技术(3G)

3G 是英文 3rd Generation 的缩写,指第三代移动通信技术。相对于第一代模拟制式手机(1G)和第二代 GSM、TDMA 等数字手机(2G),第三代手机一般是指应用无线通信与国际互联网等多媒体通信结合的新一代移动通信系统的移动电话。它能够处理图像、音乐、视频流等多种媒体形式,提供包括网页浏览、电话会议、电子商务等多种信息服务。为了提供

这种服务，无线网络必须能够支持不同的数据传输速度，即在室内、室外和行车的环境中能够分别支持至少 2 MB/s、384 KB/s 以及 144 KB/s 的传输速度。3G 通信的名称繁多，国际电联规定为“IMT-2000（国际移动通信-2000）标准”，欧洲的电信业巨头们则称其为“UMTS（通用移动通信系统）”。

第三代移动通信系统具有如下特点：具备支持从话音到多媒体业务的能力，特别是支持 Internet 业务；全球无缝覆盖；高频谱利用率；高服务质量；高保密性；低成本。第三代移动通信标准分为核心网和空中接口两大部分。

2. 无线局域网（WLAN）技术

与无线个人局域网相较之下，无线局域网能提供强大的无线网连接能力，范围可涵盖访问点到客户端中间大约 100 米的距离。目前的无线局域网以 IEEE 802.11 标准为基础，称为Wi-Fi网络。目前常见所谓的“双频”Wi-Fi 访问点及客户端无线网卡，同时结合了支持 802.11a、802.11b、802.11g 三种规格。另外还有高集成度的单芯片解决方案，不但体积较小，电量需求也较低，因而带动了各种新型设计与应用。

除此之外，新标准也特别考量到 Wi-Fi 网络的安全性，其中 Wi-Fi 保护访问规范（WPA）及 802.11i 规范（或 WPA2）特别加强用户的身份验证与数据加密。WPA2 采用新一代的先进加密安全（AES）技术进行加密。

下一代的无线局域网标准为 IEEE 802.11n，其规范目前还在制订当中。

3. 无线城域网（WMAN）技术

无线城域网是一种可覆盖城市或郊区等较大地理区域的无线通信网。以往具备 T1 或 T3 等级数据传输率的远距离无线通信技术都是由大型电话业者、本地交换运营商（Incumbent Local Exchange Carriers, ILEC）以及其他供应商所专有及经营，用来连接距离较远的地区或大范围校园。目前 IEEE 已经将一套新的无线城域网技术加以标准化，这套新技术采用需要执照以及免执照的多个频带。

其中最为人知的是 IEEE 802.16d，也称为“WiMax”，将在 2～11 GHz 之间的频率范围运行（在美国将采用 2.5 GHz、3.5 GHz、5.8 GHz 三个频带），在理想状况下若无障碍物阻隔，50 公里距离的最高数据传输率高达 70 Mbps。

4. 无线广域网（WWAN）

无线广域网是移动电话及数据服务所使用的数字移动通信网络，由电信运营商所经营，例如 Cingular Wireless、Vodafone、Verizon Wireless 等公司。无线广域网的连线能力可涵盖相当广泛的地理区域，但到目前为止数据传输率都偏低，只有 115 Kbps，和其他较为区域性的无线技术相去甚远。目前全球的无线广域网主要采用两大技术，分别是 GSM 及 CDMA 技术，预计将来这两套技术仍将以平行的步调发展。欧洲对 GSM 的标准化相当早，目前包括 GSM 以及相关的无线数据技术 GPRS 及新一代 EDGE 技术（Enhanced Data GSM Evolution），大约共掌握了全球三分之二的市场，分布的范围包括北美、欧洲及亚洲。新一代的 EDGE 技术可提升 GPRS 的数据传输率达 3～4 倍。而其他 GSM 业者，尤其已经购买新 3G 频谱的业者，则主打 WCDMA（Wideband CDMA）规范，WCDMA 预计数据传输率可达 2 Mbps。另外还有一套延伸技术称为 HSDPA（High-Speed Downlink Packet Access），于 2006 年开始架设，其数据传输率可高达 3.6 Mbps 以上。主导 CDMA 技术的发展在美国，CDMA 2000 无线广域网技术在北美、日本、韩国及中国的建设已有相当规模。CDMA

2000 1×RTT 技术(Single-Carrier Radio Transmission Technology)已得到相当广泛的部署,而下一代的 1×EV-DO 技术(1×Evolution-Data Optimized)也正由美国的 Verizon Wireless 以及 Sprint PCS 公司紧锣密鼓部署之中,预计可支持 2.4 Mbps 的数据传输率。之后,电信业者采用规范 A 版继续发展 EV-DO,以支持更高的数据传输率以及 VoIP(Voice over Internet Protocol)通话功能。

5. 新兴的 RFID 无线技术

一种新型的无线通信技术,无线射频识别(Radio Frequency Identification,RFID),目前正开始由大型零售商及其他企业率先采用,以取代传统条码,用于物品管理或库存追踪。在 RFID 系统中,每项物品或库存货品都附有一个 RFID 标签,标签上储存有仅该项货品所有的信息,例如独一无二的识别码,这些信息可用特别的 RFID 读取器予以辨识。而读取器本身又与后台数据库应用程序相连,可利用读取到的数据来进行货品的追踪、监控、报告及管理,以掌握货品运送的流向。

RFID 技术的另一个全新应用领域称为"近距离无线通信(Near Field Communication,NFC)"。NFC 技术主要针对近距离(大约 7 厘米)、需要高度安全性的消费应用系统所设计。例如,RFID 晶片的智慧卡,用于安全付款机制、安全交易等。

5.6.2 无线通信技术应用发展趋势

1. 移动数据通信

当前移动数据通信发展迅速,被认为是移动通信发展的一个主要方向。近年来出现的移动数据通信主要有两种,一种是电路交换型的移动数据业务,如 TACS、AMPS 和 GSM 中的承载数据业务以及 GSM 系统的 HSCSD;另外一种是分组交换型的移动数据业务,比较著名的有摩托罗拉的 DataTAC、爱立信的 Mobitex 和 GSM 系统的 GPRS。

目前,无线数据业务所占 GSM 网络全部业务量中的份额还不大,但这种状况正在开始扭转并大大改变。随着 HSCSD、GPRS 等新的高速数据解决方案成为数据应用的新的焦点,无线数据将成为运营商经营计划中越来越重要的部分,它预示着未来大量的商业机遇。

2. 个人多媒体通信

对随时随地话音通信的追求使早期移动通信走向成功。移动通信的商业价值和用户市场得到了证明,全球移动市场以超凡的速度增长。移动通信演进的下一阶段是向无线数据乃至个人移动多媒体转移,这一进展已经开始,并将成为未来重要的增长点。个人移动多媒体通信根据地点为人们提供无法想象的、完善的个人业务和无线信息,将对人们工作和生活的各个方面产生影响。在个人多媒体世界里,话音邮件和电子邮件被传送到移动多媒体信箱中;短信成为带有照片和视频内容的电子明信片;话音呼叫与实时图像相结合,产生大量的可视移动电话。还实现了移动因特网和万维网浏览,像无线会议电视这样的应用随处可见,电子商务蓬勃开展。对于运动中的用户还有随时随地的各种信箱和娱乐服务。

3. 移动通信网络宽带化

在电信业历史上,移动通信可能是技术和市场发展最快的领域。业务、技术、市场三者之间是一种互动的关系,伴随着用户对数据、多媒体业务需求的增加,网络业务向数据化、分组化发展,移动网络必然走向宽带化。

通过使用电话交换技术和蜂窝无线电技术,20 世纪 70 年代末诞生了第一代模拟移动

电话。AMPS(北美蜂窝系统)、NMT(北欧移动电话)和TACS(全向通信系统)是三种主要的窄带模拟标准。第一代无线网络技术的一大成就就是去掉了将电话连接到网络的用户线。用户第一次能够在他们所在的任何地方无线接收和拨打电话。

第二代系统引入了数字无线电技术,它提供更高的网络容量,改善了话音质量和保密性,并为用户引入了无缝的国际漫游。今天世界市场的第二代数字无线标准,包括GSM、D-AMPS、PDC(日本数字蜂窝系统)和IS-95CDMA等,均仍为窄带系统。

第三代移动系统,即IMT-2000,是一种真正的宽带多媒体系统,它能够提供高质量宽带综合业务并实现全球无缝覆盖。2000年以后,虽然窄带移动电话业务需求依然很大,但随着Internet等高速数据通信及多媒体通信需求的驱动,宽带多媒体综合业务逐步增长,而且就未来信息高速公路建设的无缝覆盖而言,宽带移动通信作为整个移动市场份额的子集将显得愈来愈重要。

4. 移动通信网络智能化

移动通信需求的不断增长以及新技术在移动通信中的广泛应用,促使移动网络得到了迅速发展。移动网络由单纯地传递和交换信息,逐步向存储和处理信息的智能化发展,移动智能网由此而生。移动智能网是在移动网络中引入智能网功能实体,以完成对移动呼叫的智能控制的一种网络,是一种开放性的智能平台,它使电信业务经营者能够方便、快速、经济、有效地提供客户所需的各类电信新业务,使客户对网络有更强的控制功能,能够方便灵活地获得所需的信息。移动智能网通过把交换与业务分离,建立集中的业务控制点和数据库,进而进一步建立集中的业务管理系统和业务生成环境来达到上述目标。通过智能网,运营公司可以最优地利用其网络,加快新业务的生成;可以根据客户的需求来设计业务,向其他业务提供者开放网络,增加效益。伴随着移动网络向第三代系统的演进,网络的智能化程度也在不断地提升。智能网及其智能业务成为构成未来个人通信的基本条件。

5. 更高频段的应用

从第一代的模拟移动电话,到第二代的数字移动网络,再到将来的第三代移动通信系统,网络使用的无线频段遵循一种由低到高的发展趋势。1981年诞生的第一个具有国际漫游功能的模拟系统NMT的使用频段为450 MHz,1986年NMT变迁到900 MHz频段。我国目前的模拟TACS系统的使用频段也为900 MHz。在第二代网络中,GSM系统的开始使用频段为900 MHz,IS-95CDMA系统为800 MHz。为了从根本上提高GSM系统的容量,1997年出现了1 800 MHz系统,GSM900/1800双频网络迅速普及。2000年投入商用的第三代系统IMT-2000则定在2GMHz频段。

6. 更有效利用频率

无线电频率是一种宝贵资源。随着移动通信的飞速发展,频谱资源有限和移动用户急剧增加的矛盾越来越尖锐,出现了"频率严重短缺"的现象。解决频率拥挤问题的出路是采用各种频率有效利用技术和开发新频段。模拟制的早期蜂窝移动通信系统采用频分多址方式,主要通过多信道共用、频率复用和波道窄带化等技术实现频率的有效利用。随着业务的发展,模拟系统已远不能满足用户发展的需求。数字移动通信比模拟移动通信具有更大的容量。同样的频分多址技术,数字系统要求的载干比较小,因而频率复用距离可以小一些,系统的容量可以大一些。而且,数字移动通信还可采用时分多址或码分多址技术,它比模拟的频分多址制在系统容量上大4～20倍。CSM作为最具代表性和最为成熟的数字移动通信系统，其发展历程就是一部频率有效利用技术的演进史。CDMA(窄带)系统，以无线技术的先进性和大容量等特点著称。作为第三代移动通信系统主流无线接入技术的 WCDMA(宽带码分多址)能够更高效地利用无线电频率。它利用分层小区结构、自适应天线阵和相平解调(双向)等技术，网络容量得到大幅提高，可以更好地满足未来移动通信的发展要求。

7. 网络融合

第三代系统的主要目标是将包括卫星在内的所有网络融合为可以替代众多网络功能的统一系统，它能够提供宽带业务并实现全球无缝覆盖。为了保护运营公司在现有网络设施上的投资，第二代系统向第三代系统的演进遵循平滑过渡的原则，GSM、D-AMPS、IS-136等第二代系统演变成为第三代系统的核心网络，从而形成一个核心网家族，核心网家族的不同成员之间通过 NNI 接口联结起来，成为一个整体，从而实现全球漫游。在核心网家族的外围，形成一个庞大的无线接入家族，几乎所有的无线接入技术及 WCDMA 等第三代无线接入技术均成为其成员。第三代系统充分显示了未来电信网络的融合特征。

技术的发展和市场需求的变化、市场竞争的加剧以及市场管理政策的放松将使计算机网、电信网、电视网等加快融合为一体，宽带 IP 技术成为“三网融合”的支撑和结合点。未来的网络将向宽带化、智能化、个人化方向发展，形成统一的综合宽带通信网，并逐步演进为由核心骨干层和接入层组成、业务与网络分离的构架。

5.6.3 无线通信技术在无线城市中的应用

无线城市是指利用一种或多种无线宽带接入技术，建成覆盖整个城市或其主要区域的无线宽带信息网络系统，实现信息网络连接的扩展和延伸，为公众、企业、政府乃至整个社会提供方便快捷的信息技术和互联网应用服务的城市。

近年来，随着移动通信和互联网技术的快速发展，无线城市受到国际社会的重点关注，并在世界各地进行了多年的建设。其中，美国、加拿大、英国、法国、德国、澳大利亚、新西兰、意大利、韩国、日本等经济发达国家都有多个城市启动了无线城市的建设计划，马其顿、新加坡甚至在建无线国家；一些欠发达国家，如肯尼亚、孟加拉等国也有中心城市或港口城市启动了无线城市的建设。

在我国，香港已为无线城市建设做出表率，北京、上海、天津、广州、杭州、深圳、珠海、厦门等城市也相继确立了无线城市计划并业已付诸实施。此外，还有众多城市有类似建设无线城市的计划，这些城市主要集中在环渤海经济圈、长三角地区、珠三角地区、经济发达的中心城市、沿海旅游城市、新兴城市等，无线城市在中国已经成为城市信息化工作的一个重要发展潮流。

总体而言，从全球范围来看，无线城市的建设和发展模式虽不尽相同，但可以从中得到共性的借鉴和启示。

1. 美国费城：全球第一个无线城市

发展战略：费城无线城市的目标是在全市(350 km^2)范围内建设无线网络，成为美国最大的公共无线网络。通过无线城市带动经济的发展，为更多的用户提供宽带服务。

覆盖情况：采用 Wi-Fi+Mesh 为主要组网技术方式。户外覆盖率达到 95%，室内则覆盖 90%建筑物的一楼和二楼靠近外墙的房间。

应用发展:用户定位上重点发展政府和企业用户,同时提供新的以及个性化的服务和内容以支撑 Wi-Fi 网络的增长,如网络电话、视频、"P-Walker"服务等。

赢利模式:政府提出推动计划,签约一家网络建设服务商进行网络建设和运营。政府提供市政公共设施(如路灯)来置换运营商利益。

收费和免费双管齐下:面向一部分民众提供免费的窄带接入服务,而宽带 Wi-Fi 服务则收费,通过收取宽带接入费用来获得资金支撑运营。但在拥有 170 万人口的费城,仅有 6 000用户注册使用无线服务。

借鉴:政府是推动无线城市发展的重要因素。

2. 新加坡:免费的第五公共事业

发展战略:在全国范围内建立一个无线网络,提高新加坡信息化普及程度,推动城市的发展。无线城市融入城市整体的发展规划之中,无线城市的建设被誉为继"水、电、气、路"之后的第五大城市公共基础设施。

覆盖情况:主要采用 Wi-Fi+Mesh 的技术,通过部署 Wi-Fi 热点组建网络实现。热点总数目前达 7 500 个以上,热点密度为 10 个 $/km^2$。覆盖场所包括家庭、办公室、学校以及中心商业区、市区购物带、市中心以及建屋发展局镇中心等高密度人流公共区域。

赢利模式:运营商投资 1 亿新元部署,新加坡资讯通信发展管理局(IDA)也计划为此投入 3 000 万新元,向公众提供免费无线宽带接入服务(至少为期两年),在此期间政府对运营商提供一定补贴。而针对高端企业用户提供收费服务,以满足用户对上网速率、QoS、用户安全等方面的更高要求。

借鉴:新加坡进行统一的市政规划有利于无线城市和谐发展,避免了网络重复建设。政府对无线城市的发展采取了大力的支持,政府本身是重要的用户,整个无线城市运营状况良好,注册用户超过全国人口的十分之一。

3. 中国香港:运营商主导热点数量

发展战略:香港电讯管理局和运营商合作推行无线城市项目,并于 2007 年 8 月 1 日起正式启动全城免费 Wi-Fi 无线上网服务,到 2009 年 6 月底,在全市 350 个公共场所实现了这项服务。该项目旨在为市民的信息化普及和推动城市的信息化进程提供更为完善的保障,并逐步成为城市的基础设施。

覆盖情况:目前热点总数达到 8 000 个,热点密度为 6 个 $/km^2$,覆盖场所包括公共图书馆、体育场馆、康乐中心、就业中心、社区会堂、大型公园和政府大楼等高密度人流公共区域。

赢利模式:先由运营商投资建设,然后政府投入 2.1 亿购买服务,同时,运营商对非公众服务部分进行赢利运作。其中免费服务涵盖了诸如公共图书馆、就业大厅等公共场所,而针对商业楼、宾馆、餐厅等营业场所由运营商建设并进行收费的商业运营,这样既获得了收益,又满足了用户对网速、安全等方面的特殊要求。

借鉴:政府投入资金购买,为运营商的初期建设提供了保障,而运营商在收费领域的运营可以保证其持续稳定的发展,目前运营良好,香港已跻身于先进无线城市之列。以电讯盈科为主导运营商,保证了项目的有序进行,避免了利用频谱资源的冲突。电讯盈科推出的电话亭免费上网服务,有力地提升了运营商的企业形象和项目宣传效果。

4. 中国珠海:政府为民众提供免费无线宽带接入服务

发展战略:珠海政府无线城市 Wi-Fi 通项目于 2011 年 11 月正式开通,珠海也是广东省首个政府免费向公众提供 Wi-Fi 服务的无线城市。政府向市民提供免费高速的无线接入服务,市民可以通过智能手机、移动终端(iPad)和便携计算机登录珠海政府门户网站获取其向全体市民提供的政府公开信息、民生公共服务信息、政府注册申报、水电煤气缴费、国内外新闻等服务,以及浏览百度、新浪等 10 多个国内商业网站。

覆盖情况:珠海政府采用政府采购的方式,由珠海电信建设 40 多个热点,分布在口岸广场、公园、交通客运站、旅游景点等。目前珠海市无线宽带网络覆盖率已达 68%,除了政府提供的免费 Wi-Fi 无线接入服务,广大市民还可以通过电信、移动、联通 3 家运营商提供的 3G 商业无线宽带服务。

赢利模式:先由运营商投资建设,然后政府购买服务,同时,运营商通过 Wi-Fi 无线宽带接入,对非政府公众服务部分进行赢利运作。其中政府免费服务涵盖了城市主要公共场所,而针对商业楼、宾馆、餐厅、社区等场所由运营商建设并进行收费的商业运营,这样既获得了收益,同时又满足了市民免费登录政府门户网站,浏览政府民生服务和查询诸如社保医保、公共事业缴费等信息的需要。

借鉴:政府投入资金购买,为运营商的初期建设提供了保障,而运营商在收费领域的运营可以保证其持续稳定的发展,目前珠海无线城市运营良好,珠海已跻身于先进无线城市之列。以电信为主导运营商,为今后将宽带固网与无线宽带网结合提供了保障,并避免了通信网络资源的浪费。有力地提高了珠海政府形象和政府信息导向宣传效果。

第六章　智慧城市城市级“一级平台”规划与设计

6.1　智慧城市城市级“一级平台”规划原则与总体架构

城市级“一级平台”，简称“一级平台”，顾名思义就是智慧城市最顶层的或称为最高层的平台，在国外称之为“e-City Top Level Platform (TLP)”。智慧城市“一级平台”建设的目的就是为了实现国家信息化在政府信息化、城市信息化、社会信息化、企业信息化各级应用平台和业务应用系统(如城管、应急指挥、公安局110指挥中心等)间的信息互联互通与数据共享，促进国家全社会信息资源的开发与利用，避免在一个城市范围内政府各部门之间，政府与社会、企业、公众之间形成一个个的“信息孤岛”，造成在网络融合、信息交互、数据共享、功能协同时的障碍和瓶颈以及资源上的浪费。

城市级“一级平台”采用面向服务的技术架构(Service Oriented Architecture, SOA)，使用广泛接受的标准(如XML和SOAP)和松耦合设计模式，并且采用基于SOA的技术架构和开放标准，这将有利于整合来自相关系统的信息资源，并为将来与新建第三方系统平台、应用和信息资源进行整合提供手段，构建易于扩展和可伸缩的弹性系统。智慧城市城市级“一级平台”总体架构如图6.1所示。

6.1.1　“一级平台”总体架构

从图6.1可以看出，“一级平台”的总体架构可以分为9个大的方面：

1. 网络硬件层

网络硬件层包括网络、服务器等硬件设施以及操作系统等系统软件平台。

2. 数据资源层

数据资源层是整个项目的数据库系统，主要包括业务数据库、分析数据库、数据交换数据库等。

3. 应用支撑层

应用支撑层为项目建设提供应用支撑框架和底层通用服务，主要由两个层次构成，包括应用支撑组件和基于SOA的基础中间件。应用支撑组件由7个部分组成：数据交换组件、统一认证组件、门户组件、报表工具、系统管理组件、资源管理和OLAP展现。

(1) 数据交换组件：提供了数据适配器、数据组件、路由管理、配置工具等应用支撑。

(2) 统一认证组件：提供了身份管理、认证管理、日志管理、登录管理等应用支撑。

(3) 门户组件：提供了门户网站模板、内容管理、展现组件、协同办公应用支撑。

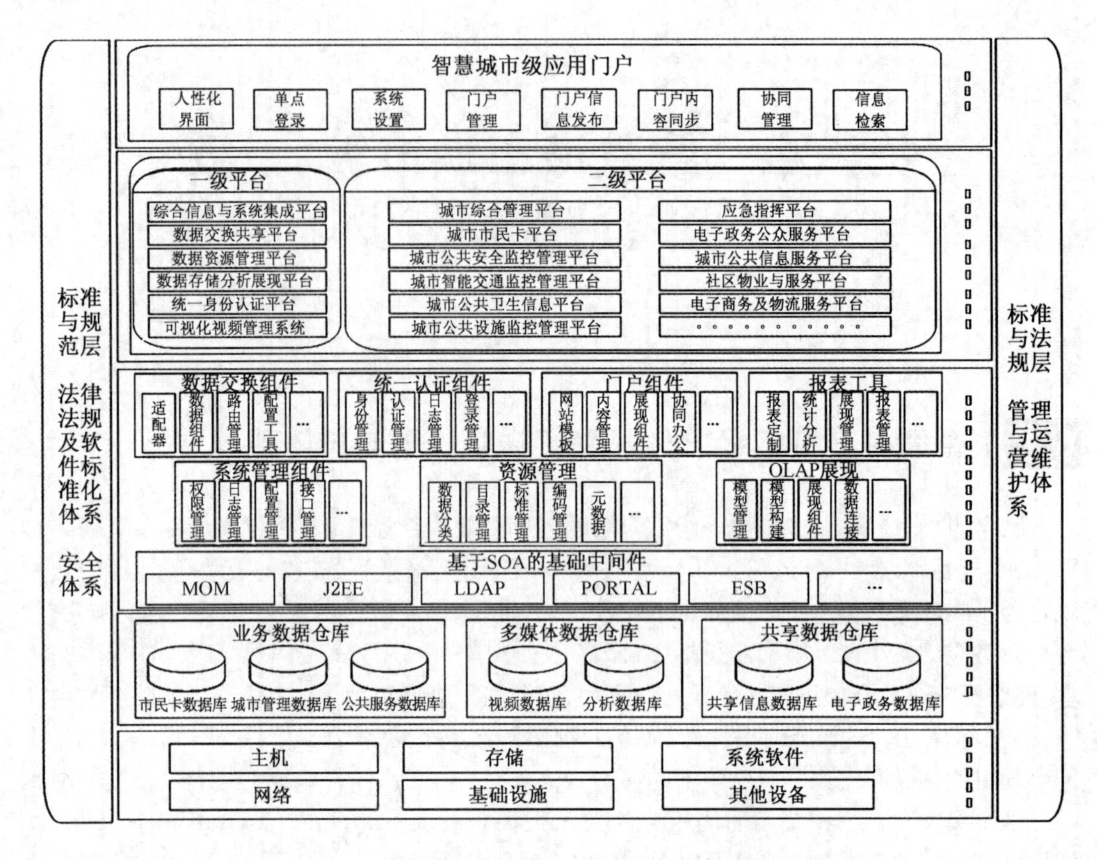

图 6.1　智慧城市城市级"一级平台"总体架构图

(4) 报表工具:提供了报表定制、统计分析、展现管理、报表管理等应用支撑。

(5) 系统管理组件:提供了权限管理,日志管理、配置管理、接口管理等系统管理的应用支撑。

(6) 资源管理:提供了数据分类、目录管理、标准管理、编码管理、元数据等应用支撑。

(7) OLAP 展现:提供了模型管理、模型构建、展现组件、数据连接等应用支撑。

基于 SOA 的基础中间件包括 MOM、J2EE、LDAP、PORTAL 等基础性运行支撑环境。

4. 应用层

应用层以应用支撑平台和应用构件为基础,除了向最终用户提供"一级平台"功能的各类应用模块,还可以整合"二级平台"的相关业务应用系统。

5. 表现层

表现层提供了智慧城市"一级平台"应用门户,为用户进行信息查询和信息互动提供统一的入口和展示。

6. 标准与规范层

标准与规范层包含了系统的标准规范体系内容。

7. 法律法规及标准规范体系

法律法规及标准规范体系贯彻于整个体系架构,是整个项目建设的基础,并指导其他平

台系统的建设。

8. 管理及运营维护体系

管理及运营维护体系是智慧城市"一级平台"的两个支柱之一,贯穿于整个体系架构各层的建设过程中,并指导其他平台系统的建设。

9. 安全体系

安全体系是智慧城市"一级平台"的安全规范,并指导其他平台系统的建设。

6.1.2 "一级平台"总体架构特点

从"一级平台"总体架构图可以看出,此架构具有以下特点:

1. 层次结构清晰

其结构体系采用分层的模式,从满足整体需求出发,根据系统建设的设计原则和技术路线,采用面向对象、面向服务、面向模式的系统架构设计方法作指导,描述智慧城市"一级平台"应用系统软件部分的整体架构。系统的总体架构将以系统业务架构为核心,形成智慧城市"一级平台"应用系统整体架构的完整架构模型。

2. 统一框架结构易于扩展和部署

采用统一框架结构,简化了应用的结构,避免了因为存在不同的应用结构而可能引起的不易集成的可能性。采用统一的框架结构,使得将来容易增加新的应用。统一开发新应用,可以降低开发成本,保证应用的兼容性和集成性。

3. 统一数据易于利用

通过实现对智慧城市"一级平台"各类数据以及其他系统相关数据的集中整合,为相关决策提供依据,并辅助智慧城市"一级平台"进行业务监督和管理。

6.2 智慧城市城市级"一级平台"业务架构

智慧城市城市级"一级平台"业务架构设计强调标准化、平台化、组件化。系统业务架构主要反映系统的业务功能结构,描述了"一级平台"与"二级平台"中主要业务系统与平台间的相互作用关系。智慧城市城市级"一级平台"业务架构如图 6.2 所示。

6.2.1 "一级平台"业务架构说明

系统业务架构共分为三大部分:智慧城市城市级应用门户、智慧城市"一级平台"业务应用、智慧城市"二级平台"业务应用。其中,智慧城市城市级应用门户、智慧城市"一级平台"业务应用均属于智慧城市"一级平台"。

1. 智慧城市城市级应用门户

智慧城市城市级应用门户提供了信息发布和信息交换等功能,并将管理平台业务应用系统集中到管理网站中。

2. 智慧城市"一级平台"业务应用

智慧城市"一级平台"业务应用包含统一管理监控平台、统一认证管理、数据交换分析管理和数据加工等。这些业务应用构成了用户进行具体业务操作的应用支持。

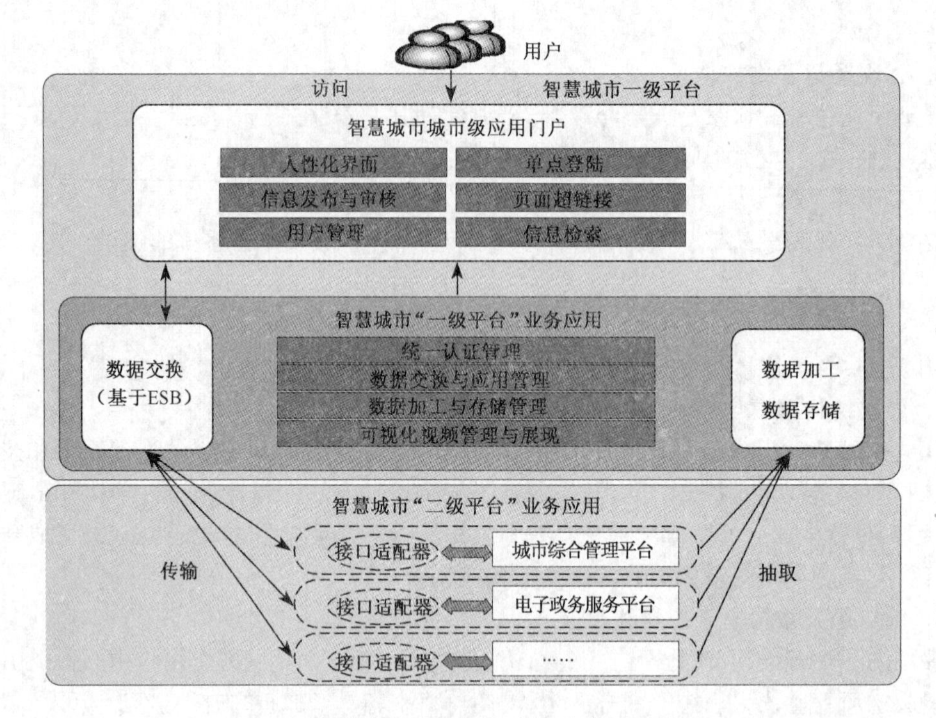

图 6.2　智慧城市城市级“一级平台”业务架构图

3. 智慧城市“二级平台”业务应用

智慧城市“二级平台”业务应用是指数据的来源系统和未来可能进行数据交换的系统，包括城市综合管理平台、应急指挥平台和电子政务应用平台等。

6.2.2 “一级平台”业务架构特点

1. 层次明确，扩展性强

系统通过将业务层次分开，相互相对独立，并通过数据交换平台进行数据交换支持，使业务系统间可通过完善的接口进行相互调用和消息传递，并可以通过标准与规范进行未来新建业务系统的嵌入。

2. 有利于将来的业务扩展

如图 6.2 所示的总体业务架构有利与将来的业务扩展，无论新接入的业务系统是开放的、半封闭还是封闭，都可以通过以上架构进行业务扩展、整合接入和协调管理。

6.3 智慧城市城市级“一级平台”逻辑架构

“一级平台”逻辑架构描述应用系统的组成结构，反映了满足应用系统业务和系统需要的软件系统结构，明确了应用系统的基本构成及功能。

6.3.1 “一级平台”逻辑架构说明

1. 数据库系统

智慧城市“一级平台”的数据资源主要来源于智慧城市“二级平台”业务应用系统和其他

业务系统的数据交换,包括数据整理数据库、业务数据库、数据交换数据库等。

2. 数据交换平台

数据交换平台基于 EBS 技术提供了与智慧城市"二级平台"及其他相关系统间数据交换的接口管理和交换实现。

3. 智慧城市"一级平台"业务应用

智慧城市"一级平台"业务应用进行相应的业务操作和业务管理,并进行数据分析和数据抽取。

4. 总体逻辑架构优势

智慧城市"一级平台"采用基于"浏览器—应用服务器—数据库"的三层架构。该种架构目前已经成为业界开发应用系统的主流模式。在这种架构模式下,整个系统的资源分配、业务逻辑组件的部署和动态加载、数据库操作等工作均集中于中间层的应用服务器上,能够实现系统的快速部署,降低管理成本。智慧城市城市级"一级平台"逻辑架构如图 6.3 所示。

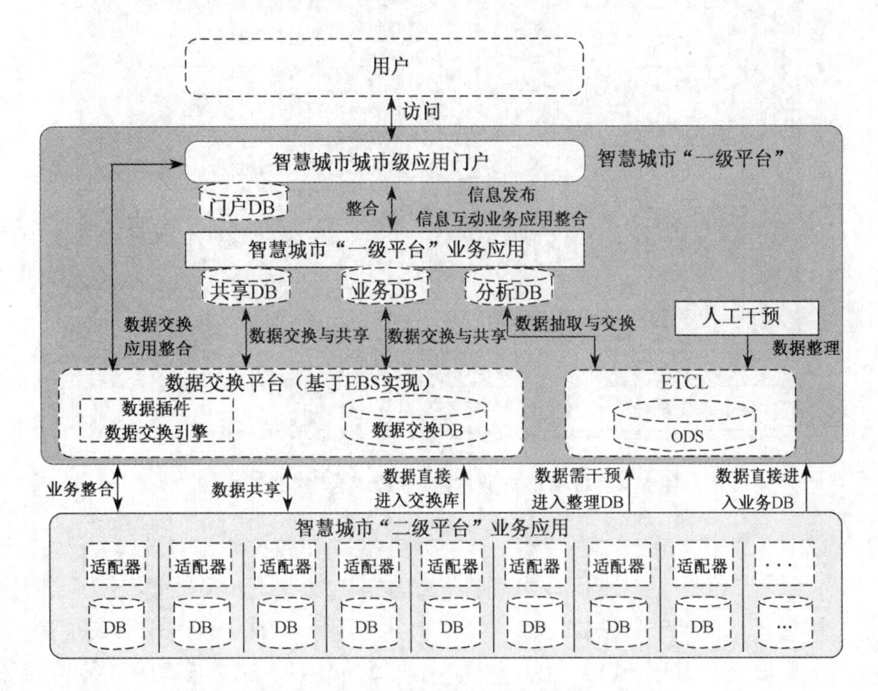

图 6.3　智慧城市城市级"一级平台"逻辑架构图

6.3.2　系统平台总体逻辑架构特点

在面向服务的体系结构中,集成点是规范而不是实现。这提供了实现透明性,并将基础设施和实现发生的改变所带来的影响降到最低限度。通过提供针对基于完全不同的系统构建的现有资源和资产的服务规范,集成变得更加易于管理,因为复杂性是隔离的。

6.4 智慧城市城市级“一级平台”接口架构

6.4.1 “一级平台”接口架构说明

“一级平台”接口架构是基于SOA思想设计的，系统内部各系统通过ESB总线实现信息集成整合，系统接口关系从总体上可以分为智慧城市“一级平台”、智慧城市“二级平台”业务应用系统之间和相关系统之间三个部分。图6.4显示了智慧城市城市级“一级平台”的接口关系。

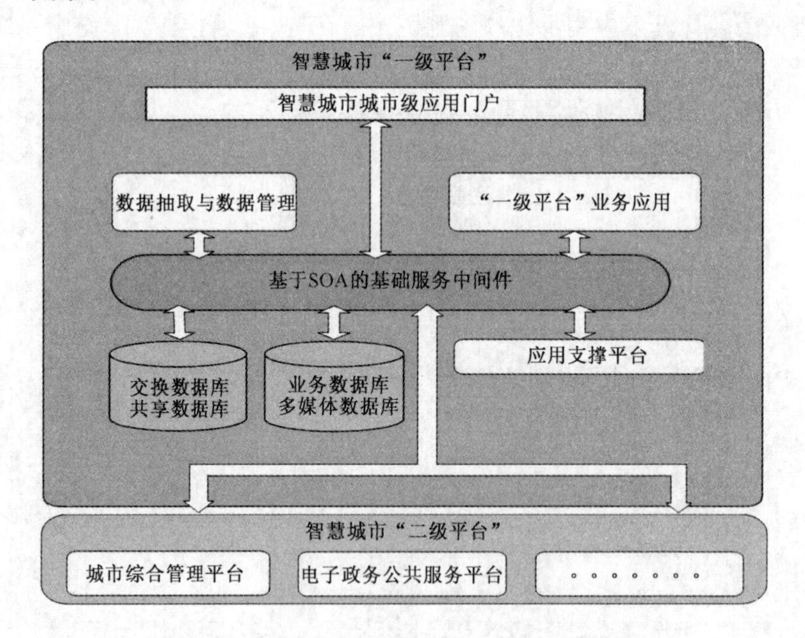

图6.4 智慧城市城市级“一级平台”接口架构图

系统可以分为智慧城市城市级应用门户、数据抽取和数据管理部分、智慧城市“一级平台”业务应用、基于SOA的基础服务中间件、基础应用支撑、分析数据库和业务数据库、交换数据库和整理数据库、智慧城市“二级平台”业务应用系统等几大逻辑系统部分，各逻辑系统部分均通过接口调用基于SOA的基础服务中间件的相关接口与其他系统进行相应的业务交互和信息交换，因此系统的总体接口即为基于SOA的基础服务中间件所开放的公共接口，该公共接口是构成智慧城市“一级平台”的总体接口。

6.4.2 “一级平台”运行环境

(1) 采用B/S结构设计开发。

(2) 支持运行在UNIX平台、Linux平台和Windows平台上。

(3) 采用SOA架构进行软件开发。

6.5 智慧城市城市级"一级平台"技术特点

6.5.1 "一级平台"技术特点

(1) 建设智慧城市公共信息资源库，为政府信息化、城市信息化、社会信息化、企业信息化提供有力的保障和技术支撑。

(2) 打破政府、社会、企业、公众间的"信息孤岛"，实现全面的信息互联互通与数据共享。

(3) 建立基于城市级数字化应用一级平台的政府信息化应用，完善政府内部的协同机制，提高政府工作效率，提升政府在城市综合管理与和谐社会公共服务的能力。

(4) 建立基于城市级数字化应用一级平台的城市管理信息化应用，提供实时城市监控状态数据和可视化管理信息，支撑城市在常态下的管理和非常态下的应急处置与指挥，为城市的管理者和决策者提供监控、管理、决策信息服务。

(5) 建立基于城市级数字化应用一级平台的社会和企业信息化应用，为城市社会公共服务应用和各种不同的企事业业务的整合，提供强大的信息互联互通与数据共享的基础设施平台。

6.5.2 "一级平台"应用子平台

(1) 城市综合信息与系统集成平台；
(2) 数据交换共享平台；
(3) 数据资源管理平台；
(4) 数据分析与展现平台；
(5) 统一身份认证平台；
(6) 可视化管理系统；
(7) 城市级共享数据仓库。

6.5.3 "一级平台"总体技术框架

智慧城市建设背负着重要的战略使命。智慧城市综合信息与系统集成平台的建设不仅要满足政府部门办公的需求，同时还要起到拉动城市各部门信息化发展的作用。能够通过数字化城市系统集成平台的建设，提高政府部门的信息化水平，为公众提供服务。

"一级平台"总体技术框架的核心在于对信息资源的整合即信息互联互通与数据共享以及可视化管理。因此，城市级数字化应用一级平台技术创新就是以一个城市范围内的信息互联互通与数据共享技术(包括软件集成和应用集成)整合为核心应用，结合城市管理和社会公共服务实际情况，实现现代互联网科技、信息网络科技、数字化与智能化科技的集成和创新。"一级平台"建设总体技术框架通过整合城市范围内的各种要素信息与系统集成，利用可视化、网格化的管理模式，面向应用集中管理，同时面向各行业和部门的使用者提供信息资源查询、检索、定位的服务平台，并在规范的安全机制下，通过交换共享体系获得信息资源，向使用者提供数据访问服务。

1. 技术创新特点

城市级数字化应用一级平台技术创新主要体现以下技术的整合和综合应用:

(1) 兼容 .NET 和 J2EE 体系架构;

(2) 符合国家电子政务标准体系;

(3) 运用 Web Service 的应用技术;

(4) 运用 XML 的数据交换技术;

(5) 采用 SOA 业务整合技术;

(6) 采用基于 GIS 的可视化视频技术。

2. 总体技术框架部署和实施

"一级平台"总体框架结构采用分层的结构模式,从满足智慧城市整体城市信息化的需求出发,根据"一级平台"技术创新的目标、内容、总体技术框架,确定"一级平台"总体技术路线,采用面向对象、面向服务、面向模式的系统架构设计。

"一级平台"总体技术框架部署和实施的重点是:

(1) 统一的框架结构易于扩展和部署;

(2) 统一数据的交换、管理、共享、分析、展现;

(3) 统一的智慧城市城市级应用门户;

(4) 统一的业务应用;

(5) 采用标准化、平台化、组件化。

6.5.4 "一级平台"总体技术路线

(1) 为了实施智慧城市,消除"信息孤岛",在智慧城市范围内分别建立城市级、业务级、企业级三级数字化应用平台,实现城市级的信息交互、数据共享、网络融合、功能协同。

(2) 智慧城市数字化应用平台分别由城市级数字化应用一级平台、业务级"二级平台"、企业级"三级平台"构成。

(3) 智慧城市数字化应用各级平台基本设置包括:门户网站、数据中心(仓库)、网络中心、基础网络、服务器组、应用软件、网络安全、系统与数据通信协议接口等。

(4) 智慧城市数字化应用各级平台采用开放的 TCP/IP 网络通信协议、标准规范的信息与数据的接口和通信协议,实现各级数字化应用平台与第三方应用系统间互联互通。

(5) 智慧城市数字化应用各级平台和智能化应用系统应采用浏览器/服务器(B/S)和客户机/服务器(C/S)相结合的计算机系统结构模式。

(6) 用户可以通过统一的浏览器方式访问各级数字化应用平台,实现对各级数字化应用平台的信息、图片、视音频进行显示、操作、查询、下载、打印。

(7) 城市级数字化应用一级平台总体实现对业务级"二级平台"信息与数据的汇集、存储、交互、优化、发布、浏览、显示、操作、查询、下载、打印等功能,为城市管理、监督控制、安全监控、医疗卫生、公共服务、惠民利民提供现代化与信息化的技术支撑。

(8) 城市级数字化应用一级平台共享数据仓库由政府电子政务(内外网)数据存储及CA认证数据仓库、城市综合管理数据仓库、社会公共服务数据仓库、经济与企业数据仓库共同构成。实现上述数据存储中心间数据的交换、数据的共享、数据的业务支撑、数据的分析与展现、系统统一的身份认证等。各业务和企业级数据库在物理上相互独立,在逻辑上则

是一体化的共享数据仓库。

6.5.5 “一级平台”信息互联互通与数据共享

“一级平台”信息互联互通与数据共享技术支持信息的自动采集、动态更新、自动分类，以安全共享的方式汇聚政务、城市管理、社会公共服务、经济与企业信息资源，并为所有接入的政府部门、企事业单位、社会公众提供广泛的综合信息服务。除了支持实现信息与系统集成外，还支持跨部门(工商、税务、交通、公安等)、跨平台(.NET 和 J2EE)异构数据的集成和共享。

通过“一级平台”集成的“综合信息与系统集成平台”可以按业务类型组织、采集和应用信息资源。采用分布式多源异构的数据共享机制，将城市内各类信息资源按照政府电子政务、城市管理、社会公共服务、经济与企业进行分类、组合、优化、共享，从信息的供需角度组织信息资源和建立信息互联互通与数据共享的通道，建立城市分类信息资源目录和应用目录，并实现两种目录之间(或信息的供需之间)的映射和对接。同时基于数据层的权限控制管理，实现共享信息“谁发布，谁授权，谁维护”的机制，保证数据的安全共享和传输。

1. 以元数据方式管理各种分散异构信息，包括文件和数据库

(1) 直接共享访问资源文件和数据库，实现信息资源的自动编目、分类和安全共享。

(2) 通过简单的拖拽式操作即可完成共享信息的自动编目和分类。

(3) 以资源目录树的方式对共享目录进行组织和展现。

2. 海量业务数据管理能力

(1) 支持元数据自动提取、自动编目、自动更新。

(2) 支持元数据和资源唯一性检验、全文检索。

(3) 支持主题和业务分类资源导航。

(4) 支持国家电子政务目录体系标准。

3. 提供业务综合信息资源服务

(1) 提供个性化的信息定制、信息发布与获取、信息订阅等服务。

(2) 支持用户自行建立业务应用目录。

(3) 根据业务需要，自定义信息目录、实时订阅最新信息。

(4) 基于 Web、E-mail、短信的信息变化实时通知服务。

4. 提供地理空间信息管理与服务

(1) 通过无缝集成 ArcGIS 等地理信息平台，提供分布式异构数据源的整合和管理能力。

(2) 内嵌中文分词、分类、全文检索、多媒体文件播放等工具，提供强大的海量业务数据管理能力。

(3) 支持以 OGC 标准 Web 地图服务访问空间资源。

(4) 可以按照元数据中的空间位置项，在基础地图上管理和查询信息资源。

6.6 智慧城市城市级“一级平台”实现功能

城市级数字化应用一级平台是整个智慧城市与各二级业务应用系统集成、数据交换、数据共享、数据支撑、数据分析与展现、身份统一认证的统一平台，是智慧城市的核心信息枢纽。“一级平台”位于整个城市数字化应用的最顶层，各个二级业务应用平台与“一级平台”相连接形成一个星型结构的分布式系统体系，各三级企业应用平台（系统）与二级业务应用平台相连接，从而形成一个以“一级平台”为核心的雪花型结构。“一级平台”作为智慧城市信息与数据的中心节点，承担二、三级平台各节点的系统集成、数据交换、数据共享、数据支撑、数据分析与展现、身份统一认证等重要功能。智慧城市“一级平台”总体功能结构如图6.5所示。

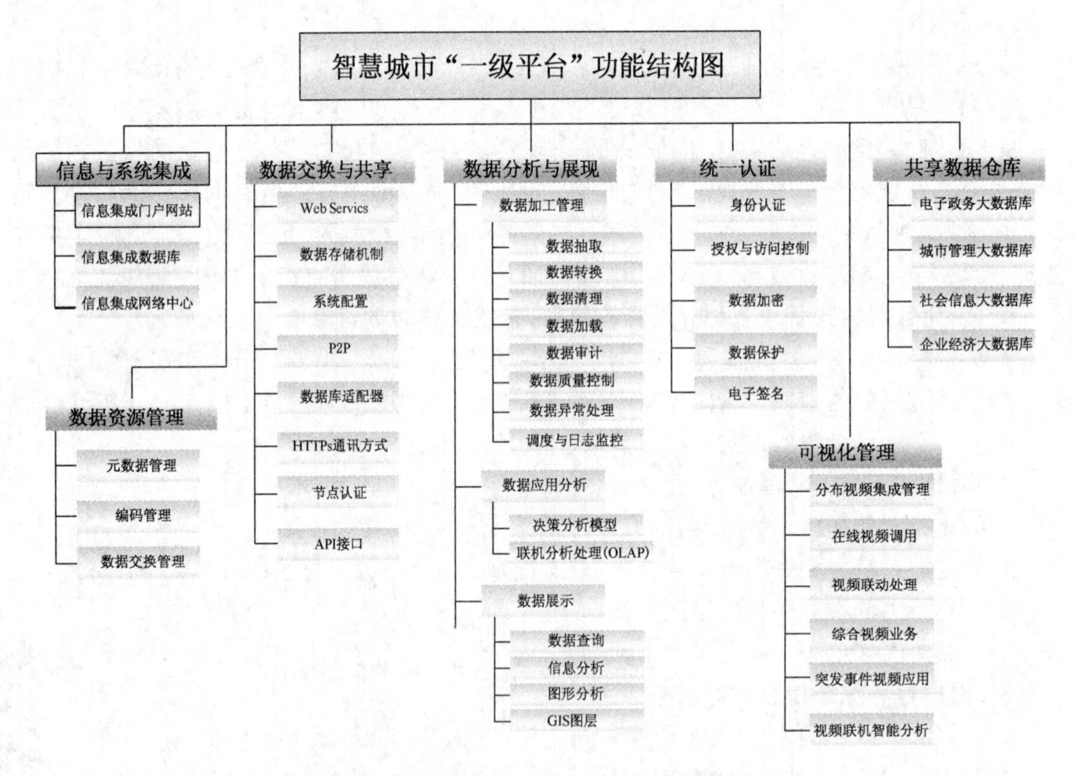

图6.5 智慧城市“一级平台”总体功能结构图

6.6.1 综合信息与系统集成功能

1. 综合信息集成门户网站功能

综合信息集成门户网站定位为智慧城市数字化应用城市级大型门户网站。其功能是将智慧城市城市级数字化应用一级平台和智慧城市业务级数字化应用二级平台的相关应用系统和监控、管理、服务信息，通过信息集成和 Web 页面的方式连接到“门户网站”上来。网络注册用户可以通过网络浏览器方式实现对整个智慧城市的城市管理、城市市民卡、城市公共服务等综合信息进行浏览、可视化展现、查询、下载。城市综合信息集成门户网站是全面提供智慧城市数字化应用人-机界面的交互平台。

2. 综合信息集成应用数据库功能

城市综合信息集成应用数据库的主要功能是支持综合信息集成门户网站的历史和实时数据的调用，同时通过内防火墙实现与城市级共享数据仓库的连接，通过数据融合和集成方

式在逻辑上共同构成的信息交互和数据共享，在物理上城市综合信息集成应用数据库与城市级共享数据仓库实现隔离。

3. 综合信息集成网络中心功能

综合信息集成网络中心支撑“一级平台”和各业务级“二级平台”，以及各平台网络设备基于城市互联网和电子政务外网的运行环境。综合信息集成数据中心是连接城市互联网和政府电子政务外网的中心节点，主要承担网络路由、网络交换、网络管理、服务器托管、服务集群、服务代理、域名服务、目录服务、用户认证、电子邮件、文件传输、主页发布等网络服务功能。

6.6.2　数据资源管理功能

“一级平台”数据资源管理子平台实现信息资源规划相关标准的管理、元数据管理、数据交换管理等功能，是智慧城市应用“一级平台”技术的前提和保证。数据资源管理子平台是对信息资源规划提供辅助作用，并方便普通用户使用规划成果、维护规划的成果、数据的工具平台。该平台基于智慧城市信息化规划的成果，对于信息化规划的成果，为用户提供直接浏览和查询的界面，并将该成果进一步规范化管理，将数据元目录、信息编码分类、信息交换标准等进一步落实，以指导支持智慧城市“一级平台”的建设以及智慧城市在政府、城市管理、社会公共服务、企业信息化系统方面的建设。

“一级平台”数据资源管理子平台实现以下功能：

(1) 元数据管理功能；

(2) 编码管理功能；

(3) 数据交换管理功能。

6.6.3　数据交换共享功能

“一级平台”数据交换共享子平台实现和保障智慧城市“一级平台”共享数据仓库间以及“一级平台”和“二级平台”间数据交换与共享的功能，能够在其应用系统之间实现共享和交换。数据交换与应用平台利用面向服务的要求进行构建，以XML为信息交换语言，基于统一的信息交换接口标准和数据交换协议进行数据封装，利用消息传递机制实现信息的沟通，实现基础数据、业务数据的数据交换以及控制指令的传递，从而实现智慧城市“一级平台”各应用间的业务协同和应用系统的集成。

“一级平台”数据交换共享子平台实现以下功能：

(1) 对于城市的现有系统和在建系统以及新增加的系统，通过在数据交换节点上配置数据交换适配器，可以方便地将其封装成标准的接口(如Web Service)，从而能够接入交换平台并提供一致的访问方式和接口。

(2) 整个数据交换和共享的底层实现和存储机制对各应用节点是透明的。该结构是松耦合的，很容易进行层次化的结构扩展。

(3) 提供数据交换过程的系统配置、安全监控告警和异常处理等功能，主要完成接口、管理配置、监控管理等功能。

(4) 数据支持以XML格式在交换节点之间采用端对端(P2P)的方式直接交换，数据路由可根据数据内容自动分发，包括节点地址信息、业务数据信息等；数据路由也可按业务规则进行流转,而且支持动态灵活地连接和构建新的业务系统。

(5) 支持与多种数据库(如 Oracle、Sybase、MS SQL、DB2 等)无缝对接,可重用的接口适配器支持配置管理。

(6) 支持多种通信传输方式,如 HTTPS、异步可靠事件方式(JMS、Web 服务等)。

(7) 提供穿防火墙的数据库、文件同步机制;提供数据交换的安全机制,包括对传输内容的压缩加密和解压解密,节点身份认证(CA/PKI)等安全管理功能。

(8) 提供集成一体化的远程统一部署、监控、跟踪、日志、测试功能,适应平台集中部署和管理的需求。

(9) 提供丰富的 API 供应用系统直接使用,以支持各节点的异构环境和操作系统平台,并支持 Portal (B/S)接口集成。

6.6.4 数据分析与展现功能

"一级平台"数据分析与展现子平台主要由数据仓库(DW)和数据抽取、转换和加载(ETL)以及前端展现部分组成。通过 ODS 库(操作型数据存储库)将智慧城市已建的和未建的各个业务系统中的数据按照要求集中到规范数据库中;然后再进一步抽取到数据仓库,为数据分析、数据挖掘、决策支持等数字智能提供高质量的数据来源,为智慧城市"市长桌面"和各级业务领导及部门提供可视化展现,为领导管理决策提供支撑和服务。

数据分析与展现子平台主要是对从数据源采集的数据进行清洗、整理、加载和存储,构建数据仓库,并且针对不同的分析主题进行分析应用的平台,以辅助政务工作者的决策工作。数据加工管理过程包含 ETCL,即数据抽取(Extract)、转换(Transform)、清洗(Clear)和加载(Load),是数据仓库实现过程中将数据由数据源系统向"一级平台"的 ODS 加载的主要过程,是"一级平台"建设过程中数据整合的核心技术与主要手段。

1. 数据加工管理功能

(1) 数据抽取;

(2) 数据转换;

(3) 数据清理;

(4) 数据加载;

(5) 数据审计;

(6) 数据质量控制;

(7) 数据异常处理;

(8) 调度与日志监控。

2. 数据应用分析功能

(1) 建立各种决策分析模型,能够对数据进行进一步数据挖掘。比如对数据进行预测和关键因素影响分析,构建决策分析模型等。

(2) 利用数据仓库和联机分析处理(OLAP)、前端展现等商业智能(BI)技术将业务操作层采集形成的海量数据经过整理、分析、挖掘之后形成辅助决策的数据。提供多种分析展现方式,为各级领导提供政务管理、城市管理、城市公共服务的决策支持功能,提升政府的管控能力。

3. 数据展示功能

决策分析应用的展示界面直观简洁、美观大方、操作简便，包括以下功能：

(1) 数据查询功能

可灵活设定查询条件，快速查找符合条件的记录。支持模糊查询，提供关联跳转功能，支持从明细表的数据区中跳转到另一个明细表或者查询结果集。系统可以选定所需的指标、时间段、客户类型、项目等条件，显示所需查询数据，并且可以对查询结果进行排序、分组求和、合计等操作。

(2) 信息分析功能

具备较多的统计方法，包括一般统计方法：最小值、最大值、平均值、合计、小组合计等；现状分析：绝对值分布分析、中心趋势分析、离散趋势分析、比重分析、异常值分析、强度分析、平衡性分析；发展分析：基比分析、环比分析、增长率分析等。支持 OLAP 分析功能，可提供前期值、前期比、同期值、同期比等功能。

(3) 图形分析功能

报表和查询结果可以方便地用图形展现，直观地显示出形势发展趋势、各项目占比等。在图形上也可以快速进行各种 OLAP 分析操作，绘制出总指标所包含的子指标图形。

6.6.5　统一认证功能

"一级平台"统一认证子平台采用数字身份认证方式，符合国际 PKI 标准的网上身份认证系统规范要求。数字证书相当于网上的身份证，它以数字签名的方式通过第三方权威认证有效地进行网上身份认证，帮助各个实体识别对方身份和表明自身的身份，具有真实性和防抵赖功能。

"一级平台"统一认证子平台实现以下功能：

(1) 身份认证：包括用户的身份标识和身份鉴别，只有通过身份认证的合法用户才能够进入系统，进行后续操作。

(2) 授权与访问控制：根据"最小授权"的基本原则，保证用户只具备完成工作所需的最小操作权限，杜绝超越合法授权的操作行为。

(3) 数据加密：采用密码学算法，对重要数据进行加密保护，避免数据中所包含的敏感信息泄露。

(4) 数据完整性保护：采用密码学算法，对数据的完整性进行校验，发现可能存在的数据内容非法篡改。

(5) 数字签名：采用公钥密码算法，对操作行为进行签名确认，提供数字化的证据，避免抵赖行为的发生。

6.6.6　可视化管理功能

可视化(视频)管理系统实现智慧城市视频图像的"互联互通和视频资源共享"，确保各业务应用平台的可视化视频资源系统"形成合力，产生规模效益"，切实保障各级政府和社会应用在系统建设中的投入能"物有所值，科学发展"。

1. 分布式数字视频集成管理功能

数字视频平台分为平台核心应用、平台核心数据、平台共享应用和系统管理安全 4 个层次。

(1) 平台核心应用由若干个专用视频服务器、城市公共安全报警数据采集系统组成。提供将模拟监控系统里的模拟视频数字化后接入到数字视频平台,将城市公共安全报警设备的前端数据采集到数字视频平台的数据库中的功能。

(2) 平台核心数据包括结构化数据,如治安案情、智能建筑、住宅小区智能化系统等数据库,也包括文件数据,如分布式视频数据库(分布式存储在区、各派出所);

(3) 平台共享应用以多种技术方式向第三方业务应用提供共享服务。

2. 在线视频调用功能

视频平台通过多种接口技术,向业务系统提供切、播、控、推、解、巡、截、叠、录、调、编等共 11 种基本视频服务,业务系统通过这些基本视频服务,可以实现在业务系统中根据业务需求切换视频、播放视频、保存视频等操作。

3. 视频联动功能

(1) 联动报警:接收来自业务系统提供的报警信息,调出与报警信息可能相关的实时视频。

(2) 方案应用:接收来自业务系统的视频显示方案编辑、启动、关闭等要求,结合基本视频服务的功能,实现对视频显示方案的定义、优化和应用。

(3) 智能分析:响应业务系统的要求,对指定通道的视频进行视频智能分析,并向业务系统输出智能分析结果信息。

(4) 视频事件:业务系统可以对录像进行事件标记并保存在视频平台中,允许业务系统根据事件标记对录像进行检索。

4. 综合视频业务服务功能

(1) 业务管理:提供业务数据交换接口,允许业务系统向视频平台增/删/查/改视频相关的结构化业务数据,如视频显示方案、系统资源等。

(2) 系统安全:向业务系统提供功能调用方式进行用户认证、权限管理等。

(3) 系统监控:向业务系统提供功能调用方式了解系统运行的实时状态和历史数据。

5. 视频应用和突发事件信息交换服务功能

(1) 响应业务系统关于报警采集信息的查询要求,向业务系统提交视频记录、报警记录。

(2) 响应业务系统对突发事件实时视频查询,返回查询结果。

(3) 从业务系统下载应用系统中的布控信息。

(4) 响应业务系统下发的应用系统控制、配置信息。

6.6.7 共享数据仓库功能

"一级平台"共享数据仓库由政府电子政务数据仓库、城市综合管理数据仓库、社会公共信息数据仓库、经济与企业数据仓库构成,并采用城市级、业务级、企业级多级数据存储结构。数据存储采用集中数据存储和网络化分布式数据存储相结合的模式。城市级共享数据仓库采用集中数据存储的方式,业务级和企业级数据存储数据库可采用网络化分布式数据存储的方式。各级数据存储数据库具有数据存储、管理、优化、复制、防灾备份、安全、传输等功能,数据库采用海量数据存储与压缩技术、数据仓库技术、网络化分布式数据存储技术、数

据融合与集成技术、3D GIS 数据可视化技术、多对一的远程复制技术、数据加密和安全传输技术、数据挖掘技术、数据共享技术、元数据管理技术。智慧城市数据存储采用分布与集中的数据管理和数据防灾备份,各级数据存储系统在物理上相互独立、互不干扰,在逻辑上应视为一体化的共享数据存储仓库。

1. 政府电子政务数据仓库构成

(1) 人口数据库;
(2) 法人数据库;
(3) 宏观经济数据库;
(4) 地理空间信息库;
(5) 政府方针政策库;
(6) 共政事务数据库;
(7) 政府行政业务数据库;
(8) 人大数据库;
(9) 政协数据库;
(10) 党政组织人才库。

2. 城市综合管理数据仓库构成

(1) 城市公共交通数据库;
(2) 城市基础设施数据库;
(3) 城市公共安全数据库;
(4) 城市公共卫生数据库;
(5) 城市可视化视频信息库;
(6) 城市管理网格化部件库;
(7) 城市管理案件数据库;
(8) 城市设备库;
(9) 城市管理专家库;
(10) 城市应急救援物资库;
(11) 城市应急救援队伍库;
(12) 城市应急预案库;
(13) 城市应急典型案例库。

3. 社会公共信息数据仓库构成

(1) 城市公共信息库;
(2) 城市市民卡数据库;
(3) 城市常驻居民信息库;
(4) 城市流动人口数据库;
(5) 城市及智慧社区电子商务数据库;
(6) 城市及智慧社区物流配送数据库;
(7) 城市智慧社区数据库;
(8) 城市智能建筑数据库。

4. 经济与企业数据仓库构成

(1) 经济基础数据库；

(2) 制造业数据库；

(3) 林业数据库；

(4) 矿产业数据库；

(5) 旅游业数据库；

(6) 服务业数据库。

第七章　智慧城市业务级"二级平台"规划与设计

7.1　智慧城市业务级"二级平台"总体架构与规划原则

7.1.1　"二级平台"总体架构

智慧城市业务级"二级平台"由政府信息化、城市信息化、社会信息化、企业信息化各业务级平台和企业级应用平台(系统)构成。各业务级"二级平台"通过信息、系统、网络集成和通信协议接口实现与智慧城市城市级"一级平台"的信息互联互通与数据共享交换。"二级平台"同时实现对企业级"三级平台"的信息与数据的汇集、存储、交互、优化、发布、浏览、显示、操作、查询、下载、打印等功能。

业务级"二级平台"是智慧城市整体框架中的中间层平台,起到上联城市级"一级平台",下接各领域企业级"三级平台"的重要功能和作用。"二级平台"为智慧城市政府信息、城市管理信息、社会民生信息、企业经济信息的互联互通与数据共享,全面实现网络融合、信息交互、数据共享、功能协同发挥重要的作用。

智慧城市"一级平台"、"二级平台"、"三级平台"的总体架构如图 7.1 所示。

7.1.2　"二级平台"构成

智慧城市"二级平台"主要由以下业务级平台构成:

(1) 智慧政府协同办公平台;

(2) 智慧政府平台;

(3) 智慧政府数据资源中心;

(4) 智慧城管管理平台;

(5) 智慧城市应急指挥管理平台;

(6) 智慧城市公共安全管理平台;

(7) 智慧城市智能交通管理平台;

(8) 智慧城市节能减排管理平台;

(9) 智慧城市基础设施管理平台

(10) 智慧城市市民卡服务平台;

(11) 智慧城市社会民生服务平台;

(12) 智慧社区服务平台;

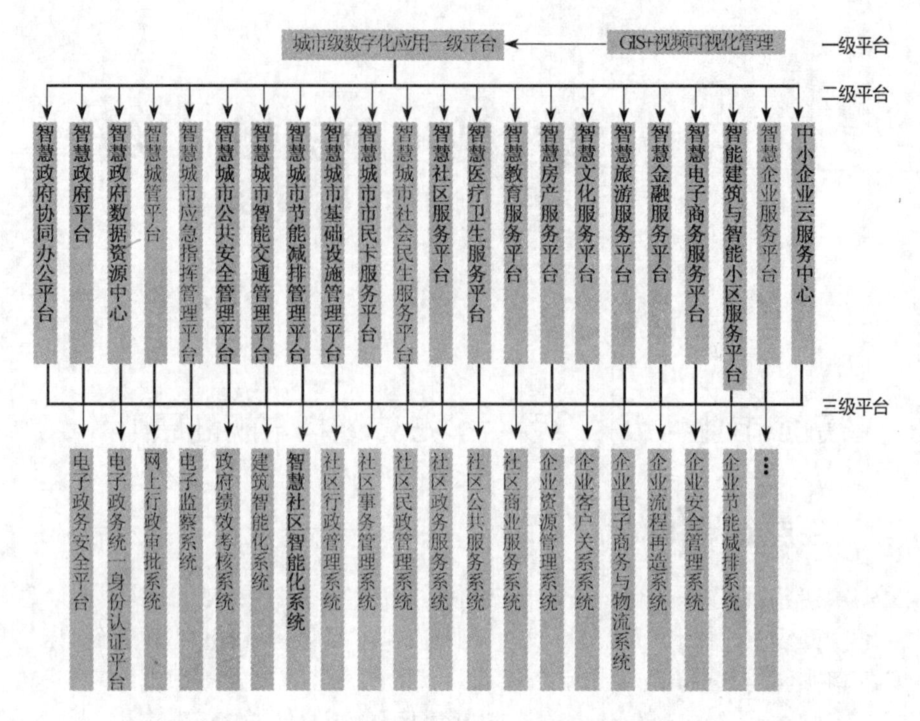

图 7.1　智慧城市一、二、三级平台总体架构图

(13) 智慧医疗卫生服务平台；
(14) 智慧教育服务平台；
(15) 智慧文化服务平台；
(16) 智慧房产服务平台；
(17) 智慧金融服务平台；
(18) 智慧旅游服务平台；
(19) 智能建筑与智能小区服务平台；
(20) 智慧电子商务服务平台；
(21) 智慧企业服务平台；
(22) 中小企业云服务中心。

7.1.3　“二级平台”规划原则

智慧城市业务级“二级平台”的规划，应根据智慧城市各领域共同的业务、管理和服务的功能需求，统一组织各业务级“二级平台”及应用系统的研究、规划、开发和应用。避免各地区、各部门单独规划与开发业务级“二级平台”的方式，例如有些城市中各医院独自开发其自身的智慧医院业务平台及应用系统，并由不同的承包商开发业务、管理和服务功能基本相同的智慧医院业务平台及应用系统。从智慧城市作为一个整体的信息化平台及应用系统体系来看，这种多头重复规划与开发的做法既浪费时间又浪费投资，同时也为智慧城市实现信息互联互通与数据共享交换制造了一个个“信息孤岛”。新加坡 IDA 的做法就是由政府统一组织智慧医院业务平台及应用系统的研究、规划、开发，然后将开发成功的业务级平台和应

用系统统一分发给新加坡各公私立医院进行应用。新加坡这种业务级“二级平台”及应用系统的统一研究、规划、开发和应用的方式，通过将开发成功的一个个业务级“二级平台”在各业务领域内逐步应用和循序渐进地推广，最终实现新加坡“智慧岛”统一业务级“二级平台”的全面应用和信息互联互通与数据共享交换，消除了“信息孤岛”。这种统一研究、规划、开发和应用业务级“二级平台”的模式，为我国智慧城市建设提供了一个可行的方案和成功的经验。

7.2 智慧政府平台规划与设计

7.2.1 智慧政府平台规划原则

1. 需求主导与统筹规划

政府信息化网络由基于智慧政府电子政务传输网的政务内网和政务外网组成。政务内网由党委、人大、政府、政协、法院、检察院的业务网络互联互通形成，主要满足各级政务部门内部办公、管理、协调、监督和决策的需要，同时满足副省级以上政务部门特殊办公需要；政务外网主要满足各级政务部门的社会管理、公共服务等面向社会服务的需要。

根据中央和地方开展智慧政府建设对网络的需求，按照国家信息化领导小组的统一部署，推进国家智慧政府网络建设。国家电子政务网络建设的目标是：用三年左右的时间，形成中央到地方统一的国家智慧政府电子政务传输骨干网，建成基本满足各级政务部门业务应用需要的政务内网和政务外网，健全国家电子政务网络安全保障机制，完善国家电子政务网络管理体制，为电子政务发展提供网络支持。

2. 整合资源与服务应用

充分利用国家公共通信资源，加强已有网络资源整合，促进互联互通，形成统一的国家电子政务网络，为各地区、各部门的业务应用系统提供服务。

3. 着眼发展与注重安全

坚持一手抓发展，一手抓安全，综合采取技术和管理等措施，确保国家电子政务网络和业务应用系统的安全。

7.2.2 智慧政府平台规划

智慧政府平台总体规划的重点内容是：电子政务外网基础平台、协同办公平台、政府信息化数据资源中心、统一身份认证与用户管理平台、行政审批系统、电子监察系统、政府绩效评估与考核系统等。规范政务基础信息的采集和应用，建设政务信息资源目录体系，推动政府信息公开。整合电子政务外网，建设政务信息资源的交换体系，全面支撑经济调节、市场监管、社会管理和公共服务职能。建立互联网为基础、采用多种技术手段相结合的电子政务公共服务体系。推动电子政务公共服务延伸到街道、社区和乡村。

1. 顶层规划

智慧政府平台顶层规划，即对政府基于信息化、网络化、数字化、自动化、智能化技术应用，打造“电子政府”进行全面的、科学的、系统的业务平台规划与设计。智慧政府平台顶层设计就是要遵循“规划一致、功能协调、结构统一、资源共享、部件标准化”的设计原则。智慧政府平台顶层规划应该是对电子政务建设的基本对象、范围与内容、功能与应用、技术与措施等要素进行总体的、全面的、自上而下的规划和设计,不仅包括智慧政府基础网络、应用平台、信息互联互通与数据共享、安全保障、业务协同、统一互联出口等诸多技术层面的内容,也包括政府管理创新、政府体制、政府职能、政府绩效管理及具体业务类型之间的关系(如图7.2所示)。智慧政府平台顶层规划应由智慧城市信息化委员会牵头,通过对政府信息化需求进行认真的调研和充分论证,编制政府信息化建设总体规划方案,完成对政府信息化及智慧政府建设的总体框架和布局,为政府信息化及智慧政府建设和发展奠定良好的基础。

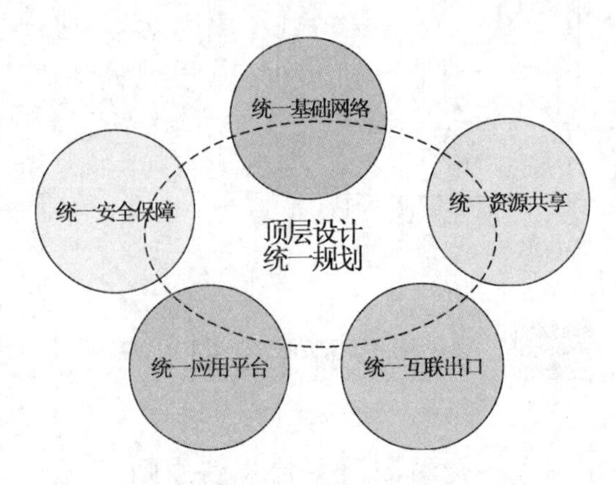

图7.2　智慧政府顶层规划示意图

2. 统一网络

建成标准统一、功能完善、系统稳定、安全可靠、纵横互通、集中统一的政务外网平台,通过建设统一、完整、规范的智慧政府网络基础平台、数据交换平台、政务应用平台和信息安全保障体系,为各部门信息资源共享、数据交换和协同办公提供支撑。解决“信息孤岛”,实现信息共享,提高信息安全水平,提升政府监管能力、工作效率和公共服务水平,降低建设和运维成本。

3. 资源共享

基于智慧政府统一的硬件支撑平台建设与应用,启动政府外网门户网站和数据资源中心建设,将智慧政府平台硬件资源集中到数据中心,面向政府各部门统一提供标准的网络和数据支撑服务,主要包括:外网接入、业务专网组建等网络服务,服务器租用、数据容灾、业务容灾等业务服务,数据资源登记、数据交换与共享等数据服务,风险评估、安全策略部署、安全监控等安全服务,并协助各政府部门做好业务需求、方案设计、系统实施、日常运维等技术服务。承载运维的服务器及网络安全设备为政府多个业务应用或网站系统提供应用支撑服务。

4. 安全支撑

要实现资源集中首先必须解决安全问题,为此,应启动集中统一安全平台建设,按照等级保护的要求,通过对各类系统的安全评估,制定和不断优化安全策略,制定立体的安全防护、响应和容灾机制,在政府信息化数据资源中心安全区域部署安全设备,实施集中统一的安全管理和安全服务,保证了政府信息化及智慧政府电子政务外网平台的安全稳定应用。

5. 应用主导

在智慧政府数据资源中心的软硬件支撑下,“智慧政府协同办公平台”通过电子政务外网实现与智慧城市城市级“一级平台”的信息互联互通与数据共享交换,成为智慧城市政府信息化、城市信息化、社会信息化、企业信息化应用的主体。在电子政务外网的建设中促使政府信息化在智慧城市综合管理和社会公共服务上的信息应用快速推进。将智慧政府外网门户网站和公共服务信息门户网站整合为“单一”的政府信息化对外的窗口,统一实现网上

办公、对外服务、城市管理、公共服务等功能。

6. 外网实施

以统一网络建设为纽带，以统一智慧政府内部协同办公、社会管理与服务平台建设为基础，建设城市级政府信息化数据资源中心。根据政府业务特点，将政府各部门分为不同的建设方案和投资策略；充分利用社会资源，推进智慧政府建设服务外包，降低政府一次性投资。智慧政府外网工程项目的实施应遵循以下原则：

(1) 外网建设方针：统一平台、统一网络、统一出口、统一应用、统一标准、统一认证。

(2) 统一安全共享资源：共享网络、共享出口、共享硬件、共享业务、共享数据、共享服务。

(3) 拓展应用：集中拓展共享应用，优先发展跨部门应用，积极开展部门应用。

(4) 保障安全：网络安全、应用安全、数据安全和安全管理。

7.2.3 智慧政府数据资源中心规划

智慧政府数据资源中心为政府各个部门提供统一的数据资源共享平台，实现政府信息化的数据大集中，同时对所有的信息和数据资源进行统一的调度和分配，通过信息和数据资源的共享能为政府的城市管理与公共服务提供巨大的支撑，同时也为政府信息化及智慧政府协同办公提供统一的数据承载平台。

1. 信息交换共享

智慧政府电子政务应用现状是各部门的信息系统建设局限在内部和垂直纵向，不少单位虽然拥有办公系统或业务系统，但由于标准不够统一，又没有统一规划和统一支撑，这些系统只能在内部运行。而能够运行在政务外网上的数据和应用，除了收发邮件或浏览政府网页，种类和数量均极其有限。虽然网络已通，但信息交换仍要靠手工，资源共享仍没有渠道，网上协同工作无法实现，自然应用层次和应用规模也上不去。

智慧政府数据资源中心建立在电子政务外网平台上，供市级政府各部门共同使用，旨在解决各个跨部门、跨组织的应用之间的数据交换、数据共享、信息流转问题，进而将各个跨部门、跨组织的应用构建在数据资源中心之上，实现信息和数据的互联互通及安全可靠的传输。这样自然消除了低水平重复建设现象。

2. 共享数据库

按照国信办的指导意见，人口、法人、空间数据、宏观经济等四类基础信息数据库的建设，是电子政务信息资源开发利用的一项关键任务。目前的实际情况是，所要求的每一类共享数据库的基础信息都有多个组成部分，各部分又分散在不同的应用系统和业务单位中，由于没有交换共享机制，基础信息的一致性、完整性以及时效性都无法得到统一的维护。

信息交换共享平台的建立，将在一个数据分布且异构的环境下，为共享数据库的建设和维护提供从基础信息的采集、交换到基础信息的同步、共享等一整套完善机制。

3. 业务协同

无论是网上审批、电子公文交换，还是基础信息交换、城市应急指挥，都是跨部门的综合应用，需要各部门之间进行业务协同。有些应用还需要或提供与其他省市政府部门的协作。市级政府数据资源中心的建立，可以为各种类型的跨部门综合应用提供统一的支撑，方便而快捷地搭建目标应用，避免重复建设，节约政府投资。

4. 安全可靠

信息安全要与应用建设同步。面对日益繁多的专题应用,数据资源中心按照参与应用单位的安全级别统一考虑信息的安全可靠传输和访问,是解决安全问题的一个最好方案。

5. 业务发展

电子政务,政务是根本,电子是手段。为适应业务的变化和持续发展,电子政务的应用系统应能够快速适应和响应业务变化。从技术上讲,就是要实现业务逻辑与技术实现的剥离。

7.2.4 智慧政府协同办公平台规划

智慧政府协同办公平台规划的原则,就是从政府业务流程中提炼出各相关职能部门公用的数据以及相应的数据处理服务,从而构建一个以业务应用为中心的系统平台,实现统一的数据存储和访问机制,同样的数据仅采集一次(需要统一的数据定义)并在源头一次性获取,提供集成的服务访问接口等。协同办公平台的建设不仅缩短开发周期,减低开发成本,而且使应用系统的完善和扩展始终遵循统一标准,在源头上最大限度地消除"信息孤岛"。而从软件工程的角度看,这样的协同办公平台一定是建立在构件基础之上的。面向构件的协同办公平台同数据中心及其信息交换平台可以很好地解决"信息孤岛"的两个层次的问题,一是已建系统,一是未建系统。信息交换平台解决已建设系统的数据资源的共享交换、应用集成等方面的问题,而构件平台则在建设新的应用系统时从根本上解决系统集成和相容性的问题。

7.2.5 智慧政府统一门户网站规划

智慧政府统一门户网站运行在电子政务外网"公共网络区"上,统一门户网站实现城市级信息互联互通平台与智慧政府各业务部门节点之间的信息与数据的集成。智慧政府统一门户网站基于城市级信息互联互通平台和智慧政府协同办公平台,既能实行政府部门之间的信息交互和数据共享,又可以成为社会企事业公众获取政府服务的主要通道。它是政府各部门和企业及公众相互沟通的枢纽。智慧政府统一门户网站设置两个门户网站应用平台,即政府内部信息与办公的门户网站平台(G2G)和政府向社会公众提供公共服务信息的门户网站平台(G2B、G2C)。城市级信息互联互通平台运行于电子政务外网上,通过运行在互联网上的公共服务信息门户网站平台(G2B、G2C)实现向公众发布信息,实现面向社会民众提供政务公开信息、网上注册与申报、政务服务等功能。

7.2.6 智慧政府业务应用系统设计

1. 行政审批系统

智慧政府行政审批系统实现四个"一"功能:一口受理、一表登记、一网审批、一站领证。审批项目的受理、承办、批准、办结各个环节都有操作规范和审批时限。通过电子监察对每项审批过程进行实时监控,从而及时发现并有效杜绝不规范操作、违纪违法的问题发生,从源头上遏制腐败,实现"阳光透明、公开公正、廉洁高效"的服务型政府管理创新。

2. 电子监察系统

行政审批电子监察系统是指通过信息化技术手段,对行政审批事项进行监察的计算机系统。行政审批电子监察系统是为了适应监察机关信息化的迫切需要,进一步拓宽电子监

察系统的业务功能,加大监控力度而专门设计开发的。该系统通过网络技术,实现对行政审批(受理、承办、审核、批准和办结)全过程“看得见,管得住”,提高行政效能,促进行政审批工作的透明化,有利于建设高效、廉洁政府与和谐社会建设。

智慧政府电子监察系统具有实时监控、预警纠错、绩效评估、信息服务、辅助决策等功能模块。电子综合监察可以实时监控到政府所有部门的动态办理事项,监察内容包括:今日新增、历史业务、再办业务、已办事项、待办事项等。监察数据随时间实时跟踪,具有报表透视功能,点击相应的办理事项和业务就可以查看详细的办理流程和办件信息等。

3. 绩效考核系统

绩效考核系统是智慧政府平台建设的重要内容,也是智慧政府协同办公平台的一个应用子系统。绩效考核是促进和创新政府职能转变的重要手段。绩效考核包含考核定位、考核管理、公众参评、组织模式等内容。绩效考核系统规划应以支撑政府职能和服务型政府的转变,提高政府政务服务的廉洁、透明、高效和实现问责制为目标。

7.3 智慧城管平台规划与设计

7.3.1 智慧城管平台规划目标

现阶段我国很多城市已接近中等发达国家,经济上具备了发展的能力;同时,加快城市化进程,进行现代化管理,也在客观上提出了要求,随着城市的快速发展,传统的管理方式已经不能满足需求,并制约了城市的发展时程。主要问题是信息不及时,管理被动后置;政府管理缺位,专业管理部门职责不明,条块分割,多头管理,职能交叉;管理方式粗放,习惯于突击式、运行式管理;缺乏有效的监督和评价机制等。于是,重视和加强城市管理信息化系统建设已成为业内有识之士共同的呼声。

以网格化管理为特征的数字城管系统的建设,为智慧城市建设开辟了一个新的道路,在此系统建设的基础上,进一步挖掘智慧城市技术在城市管理的应用,并推广应用在城市规划、预测、评估等多个方面,将迅速推动智慧城市的建设。网格管理需要依托先进的 GIS 技术和快速灵活的移动通信网络。

智慧城管平台规划的目标是:运用智慧城市相关理论和思想方法,依托较为成熟的信息技术,结合城市管理的实际需求,细化城市管理单元,理顺工作机制,建立精确的网络控制和通畅的信息沟通渠道,对辖区进行及时、主动、高效的管理,使城市管理工作实现从被动应付到主动解决、从粗放管理到精确管理、从处理滞后到快速敏捷、从多头管理到统一管理、从单兵出击到协同作战以及从冗员浪费到精简效能的转变。

7.3.2 智慧城管平台建设内容

建设一个网格化城市管理系统,需要完成以下建设内容:

1. 管理机构设置

网格化城市管理体系的核心是管理流程再造,需要成立专门的机构负责此事。按照标准的要求,需要建立监督中心和指挥中心两个管理轴心,并与各个专业部门形成互动的工作机制。

根据城市规模的不同,可以是市、县分开的两级模式,也可以是市级集中模式。

2. 信息系统开发

信息系统建设是系统建设的核心,需要软件开发商根据建设部的标准,结合各地的具体情况,利用智慧城市、智慧政府技术开发专用的信息系统,作为网格化城市管理体系的支撑,成为一个业务办公系统。

3. 基础数据建设

根据数据特点分为三类,其中空间数据是系统运行的数据基础;业务数据是系统运行过程中产生的业务相关数据;系统支撑数据由构建与维护子系统和基础数据资源管理子系统配置生成,包括了业务模型信息和基础数据应用模型信息等。

4. 配套设施建设

配套设施建设包括系统运行的支撑环境,主要包括以下内容:

(1) 指挥中心、监督中心建设;

(2) 呼叫中心建设;

(3) “城管通”手机配置;

(4) 网络建设;

(5) 系统支撑软硬件采购。

7.3.3 智慧城管“三轴化”管理新模式

网格化技术、数字化手段对城市管理体制和机制进行了创新性的改革,创新的城市智慧化管理新模式、新体制,即以城市综合管理“大城管”联席会议打造城市管理新体制。建立城市长效管理联席会议机制,通过下设“智慧城市管理信息中心”“城市智慧化管理指挥中心”“城市智慧化管理监督评价中心”三个中心的方式,形成城市智慧化管理“大城管”格局,或称之为“三轴化”城市管理新模式。“三轴化”城市管理新模式是在原“数字城管”将管理职能和监督评价剥离的“双轴化”数字城管的体系基础上,提出了“信息轴”“指挥轴”“监督轴”的“三轴化”创新的新模式、新体制。信息轴由智慧城市管理信息中心负责城市管理信息的采集和城市管理综合信息的集成与数据共享;指挥轴由城市智慧化管理指挥中心负责任务的派送;监督轴由城市智慧化管理监督评价中心对完成情况进行考核评价。三个中心协调运作,通过创新城市管理模式,再造城市管理流程,采用成套集成技术应用建立一套科学完善的监督评价体系,及时发现并有效处理城市管理中的各种问题,提高城市管理水平和管理效率。图7.3为智慧城管“三轴化”新模式结构图。

建立城市智慧化管理新模式必须有效整合政府职能,通过电子政务的推广和城市信息化手段的应用,实现政府职能转变和各城市专业管理部门职能、各级责任单位业务的全面协同,才能真正实现城市管理体制和机制的创新。

创新城市管理新模式,就是通过全面整合政府管理和服务职能,建立城市管理指挥、调度。协调中心(城市管理联席会议)和控制指挥中心、监督评价中心、综合管理信息中心形成三个“轴心”,依托智慧城市城市级“一级平台”,把信息获取和指挥处置快速联系起来,以实现城市管理从被动滞后到主动快速的转变,从多头管理到统一管理的转变,从单兵出击到协同作战的转变。图7.4为智慧城管平台信息集成示意图。

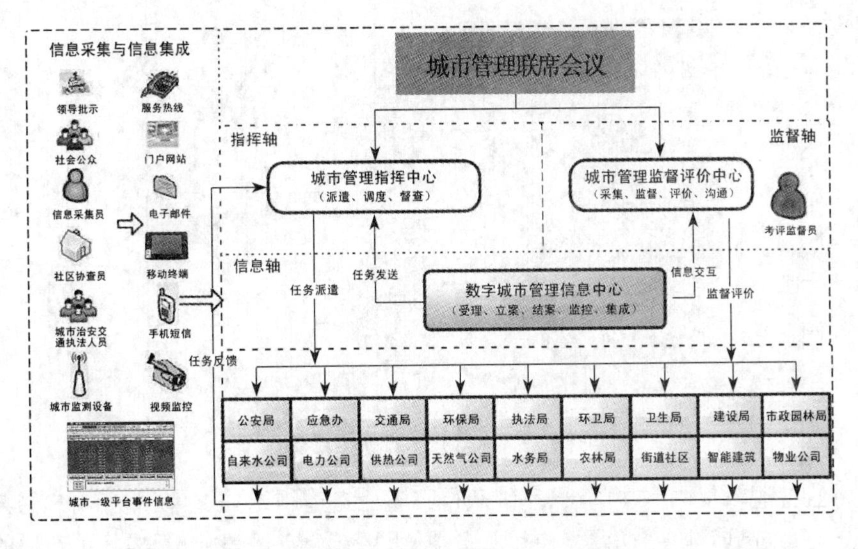

图 7.3　智慧城管"三轴化"新模式结构图

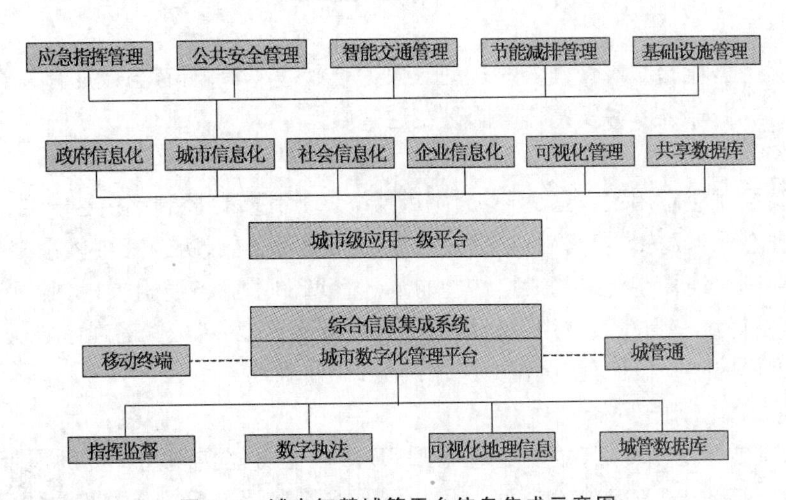

图 7.4　城市智慧城管平台信息集成示意图

7.3.4　智慧城管平台规划

1. 智慧城管平台构成

智慧城管平台采用基于网络化的数据处理为基础架构进行构建，以数据库的灵活性、安全性和可拓展性为核心应用。为了满足业务应用系统的不断扩充和新功能的不断增加，考虑到基于传统的二层数据处理结构中系统拓展性、维护成本、数据安全性和应用间通信功能障碍等原生性问题的存在，已不能适应城市数字化"大城管"的实际需求，业务应用系统架构采用分布式互联网应用结构(Distributed interNet Application Architecture，简称 DNA 结构)。

智慧城管平台业务应用系统结构包括：数据层(Data Layer)、业务层(Business Logic Layer)和表现层(Presentation Layer)，如图 7.5 所示。

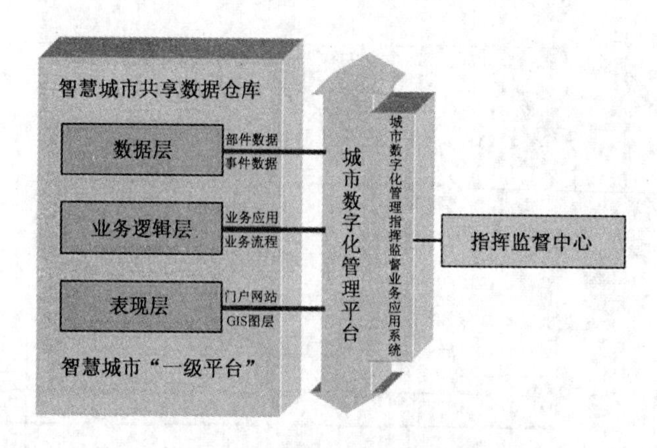

图 7.5 智慧城管平台结构图

通过将业务逻辑集中到中间层,系统获得了对业务逻辑的独立性,即当用户的需求改变时,构建平台可以迅速地在中间层(应用服务器)上更新业务逻辑,而无需将更新后的应用提交到众多的 PC 终端系统上去,即客户端无需任何改动。

(1) 数据层

数据库服务器存储城市管理各种类型的数据和数据逻辑,所有与数据有关的安全性、完整性控制、数据的一致性、并发操作等都是在这一层完成。

(2) 业务逻辑层

业务逻辑层对应应用服务器,所有的应用系统、应用逻辑、控制都在这一层,系统的复杂性也主要体现在业务逻辑层。该层根据需要也可以分为多层,所以三层体系结构也称为多层体系结构。三层结构在传统的二层结构的基础上增加了业务逻辑层,将业务逻辑单独进行处理,从而使得用户界面与应用逻辑位于不同的平台上,两者之间的通信协议由系统自行定义。通过这样的结构设计,使得业务逻辑被所有用户共享。

(3) 表现层

表现层,主要指用户界面,主要是基于 J2EE 应用服务器实现用户界面展示和集成,为用户提供可用、高效、一致简单的界面。用户通过 IE 浏览器就可以完成相关的任务派遣、协同工作等内容。

智慧城管平台的三层结构设计使得业务应用系统具备了良好的灵活性和可拓展性,在应对今后在城市数字化管理工作不断深入和细化的要求方面,将无需重新调整体系结构,完全可以随着软硬件网络环境的扩充而支持更多的应用。

2. 业务应用系统基础服务

智慧城管平台业务应用分为系统支撑(城市管理基础资源)和业务处理两大部分。其中,系统支撑相对统一,充分利用现有资源,包括:统一的 GIS 基础信息、统一的公共呼叫中心接入、统一的城管核心数据库;业务处理构建集中指挥体系。智慧城管平台是整个城市数字化管理的中枢,是各类城市管理业务应用扩展的基础。相对于各个业务应用系统独立建设,基于智慧城管平台扩展和应用的建设思路是将各类业务应用系统的共性内容提炼出来,建设一个相对通用的基础服务体系,各类业务应用扩展采用搭建而非重复开发的方式进行建设。即基于基础服务体系得出扩展应用的构件思路,其优点主要体现在:避免重复建设、

节约建设资金、标准统一、有利于数据整合、快速搭建、缩短建设周期等。

根据建设部城市管理建设标准,城市数字化管理基础业务服务包括:无线数据采集、监督受理、协同工作、监督指挥、综合评价、地理编码、基础数据管理和应用维护等。

基础管理数据用于管理数据中心的各类数据,搭建各个专业应用所需的数据专题。应用维护可用于构建各类城市管理应用,实现城市数字化管理系统的灵活、快捷配置。

利用统一的电子政务呼叫中心平台,采用远程坐席的模式设立呼叫中心。基于地理信息系统,利用相关的流程管理、基础数据、门户网站软硬件设备和电子政务外网提供监督指挥中心的基础业务服务体系。

智慧城管平台通过电子政务外网或电信 ADSL 专网进行组网,可以采用物理中心和虚拟中心相结合的方式进行建设。

控制监督中心负责城市管理的指挥、监督、执法、监控等工作,以及城市管理各职能部门的指挥协调和联动,同时为政府的城市综合管理提供决策支持。

城市地理信息系统承载基础地理信息、地理编码信息和部件信息的存储、管理与共享。通过建立统一的 GIS 信息交换规范和标准,提供相关软件开发接口和统一的 GIS 应用服务。

呼叫中心系统负责呼叫的统一接入、话务管理,并负责建立统一的话务通信平台的技术规范和标准,提供相关的软件开发接口。核心数据库等负责业务管理信息的统一纪录、保存等功能。管理信息中心和指挥中心都基于统一支撑平台的数据资源、接口标准和软件开发接口以及统一的呼叫中心应用系统,进行适应性的定制开发,满足城市数字化管理的需要。

3. 智慧城管平台功能

智慧城管平台功能由各业务应用系统提供。

(1) 管理与指挥应用系统功能

管理与指挥应用系统为城市数字化管理中心和相关专业部门工作人员提供以下功能:呼叫中心受理功能、协同工作功能、业务短信功能、城管员移动定位功能、城市服务热线功能、专项普查功能统、综合分析功能、无线数据采集功能、视频监控功能等。

(2) 监督与评价应用系统功能

监督与评价应用系统为城市管理监督评价中心及相关单位领导对各项工作的监督与评价,提供综合评价功能、领导督办功能、大屏幕监督指挥功能、考评功能等。

(3) 构建与维护应用系统功能

构建与维护应用系统为城市数字化管理人员提供对业务系统操作权限、工作流、工作表单等相关信息进行构建和维护的功能。

(4) 业务支撑应用系统功能

业务支撑应用系统为城市数字化管理监督指挥业务各应用系统的运行提供各项操作集成和向外部系统提供接口服务与规范功能。

7.3.5 智慧城管业务应用系统设计

在《城市市政综合监管信息系统技术规范》中,对智慧城管信息系统的组成作了明确的划分,系统建设应全部参照该规范的内容。

1. 监管数据无线采集子系统

客户端部分安装在监管数据无线采集设备中,实现问题上报、任务接收的功能,并通过无线通信网络与监管数据无线采集子系统服务器端部分进行数据传输。主要用于实现监督员在自己的管理单元网格内的巡查过程中向监督中心上报城市管理问题信息。该系统依托移动智能终端设备,通过城市部件和事件分类编码体系、地理编码体系,以彩信等方式实现对城市管理问题的文本、图像、声音和位置信息的实时传递。

2. 呼叫中心受理子系统

该平台专门为城市管理监督中心设计,使用人员一般为监督中心接线员。通过信息传递服务引擎将监管数据无线采集子系统报送的问题信息传递到接线员的工作平台,接线员通过系统对各类问题消息接收、处理和反馈,完成信息收集、处理和立案操作,为协同工作子系统提供城市管理问题的采集和立案服务,保证问题能及时准确地受理并传递到指挥中心。

3. 协同工作子系统

协同工作子系统是城市市政监管信息系统核心子系统,是各级领导、各个部门业务人员主要使用的子系统。

协同工作子系统基于 Browser /Server 体系架构,采用工作流、WebGIS 技术,通过浏览器完成城市管理各项业务的具体办理和信息查询。协同工作子系统提供给监督中心、指挥中心、各个专业部门以及各级领导使用,提供了基于工作流的面向 GIS 的协同管理、工作处理、督察督办等方面的应用,为各类用户提供了城市管理各类信息资源共享查询工具,可以根据不同权限编辑和查询基础地理信息、地理编码信息、城市管理部件(事件)信息、监督信息等,实现协同办公、信息同步、信息交换。各级领导、监督中心、指挥中心可以方便查阅问题处理过程和处理结果,可以随时了解各个专业部门的工作状况,并对审批流程进行检查、监督、催办。系统将任务派遣、任务处理反馈、任务核查、任务结案归档等环节联结起来,实现监督中心、指挥中心、各专业管理部门和市政府之间的资源共享、协同工作和协同督办。

4. 数据交换子系统

城市市政监管信息系统建设应实现与上一级市政监管信息系统的信息交换。通过数据交换子系统,可以实现不同级别市政监管系统之间市政监管问题和综合评价等信息的数据同步。例如,在市一级的监督管理部门无法协调解决的问题,应该上报给市一级的监管系统,由市一级统一协调解决。

5. 大屏幕监督指挥子系统

大屏幕监督指挥子系统是信息实时监控和直观展示的平台,为监督中心和指挥中心服务。该系统通过大屏幕能够直观显示城市管理相关地图信息、案卷信息和相关详细信息等全局情况,并可以直观查询、显示每个社区、监督员、部件等个体的情况,实现对城市管理全局情况的总体把握。

6. 城市管理综合评价子系统

为绩效量化考核和服务综合评价,系统按照工作过程、责任主体、工作绩效、规范标准等系统内置的评价模型,对数据库群中区域、部门和岗位等信息进行综合分析、计算评估,生成以图形表现为主的评价结果。充分体现了对城市市政监管工作中所涉及的监管区域、政府部门、工作岗位动态、实时的量化管理。例如,通过环境问题的发生情况,对不同区域的脏乱情况进行评价,用不同的颜色显示出来。

7. 地理编码子系统

为监管数据无线采集子系统、协同工作子系统、大屏幕监督指挥子系统等提供地理编码服务,实现地址描述、地址查询、地址匹配等功能。

8. 构建与维护子系统

由于网格化城市管理模式还在发展变化中,其运行模式、机构人员、管理范畴、管理方式、业务流程在系统运行、应用过程中须逐步调整变化,因此迫切要求系统具有充分的适应能力,保证各类要素变化时,可以快速通过构建与维护子系统及时调整,满足管理模式发展的需要。

9. 基础数据资源管理子系统

信息系统建设包含了各类空间数据,一方面这些数据的类型和结构各不相同,另一方面这些数据在应用过程中需要不断更新和扩展。基础数据资源管理子系统可以适应空间数据管理和数据变化要求,通过配置快速完成空间数据库维护和管理工作。

7.4　智慧城市应急指挥管理平台规划与设计

7.4.1　应急指挥管理平台需求分析

2007 年 9 月,国务院应急办下发了《国家应急平台体系建设指导意见(试行)》(应急办函〔2007〕108 号),文中对各级应急指挥应用平台建设提出了明确要求:地市级、县级应急指挥应用平台是国家应急指挥应用平台体系的基础,要结合实际,重点实现监测监控、信息报告、综合研判、指挥调度等功能。特别要采取多种方式和途径,获取现场图像信息并及时上报,提供上级应急指挥应用平台所需的相关数据、图像、语音和资料等。特别重大突发公共事件发生时,可以直接向国务院应急指挥应用平台和省级应急指挥应用平台报送现场图像等有关信息。

7.4.2　应急指挥管理平台总体规划内容

应急指挥管理平台应满足值守应急、信息汇总、综合协调等应急管理业务的需要,具有实时、快速同时处置多起突发事件的能力。实现风险隐患监测、综合预测预警、信息接报与发布、综合研判、辅助决策、指挥调度、应急保障、应急评估、模拟演练和综合业务管理等功能。

市县级应急指挥系统规划内容包括:应急指挥管理平台综合应用系统、市县级应急指挥系统与市县级智慧城市城市级信息互联互通平台的互联互通建设。具体规划内容主要包括:

(1) 应急指挥管理平台规划。

(2) 应急指挥数据编制。

(3) 应急指挥业务应用系统设计。

(4) 应急指挥领导桌面设计。

7.4.3 应急指挥管理平台规划

1. 应急指挥管理平台规划目标

1）政务目标

(1) 通过建设市县级应急指挥系统，为建立和健全统一指挥、功能完善、反应灵敏、协调有序、运转高效的应急机制提供基础支撑。

(2) 全面提高市县级政府应急管理能力，预防和妥善应对自然灾害、事故灾难、公共卫生事件和社会安全事件等各类突发事件；建立健全应对突发公共事件的预测预警、信息管理、应急处置及调查评估等机制，提高应急处置能力和指挥水平。整合资源，建立健全快速反应系统，建立和完善联动机制。加强市县级应急指挥中心建设，建立统一接报、分级分类处置的应急指挥管理平台。加强农村应对突发公共事件能力的建设。中心市县要充分发挥在应急救援工作中的骨干作用，积极主动协助周边地区开展应急救援工作。

(3) 最大限度预防和减少突发公共事件及其造成的损害，保障人民群众的生命和财产安全，维护社会安全和稳定，促进经济社会全面、协调、可持续发展。

2）业务目标

(1) 实现突发公共事件信息的接报处理、跟踪反馈和情况综合等值守应急业务管理。与各地区、各有关部门应急指挥管理平台保持联络畅通；按照统一格式，通过应急指挥管理平台向自治市县应急指挥管理平台报送重大突发公共事件信息和现场音视频数据以及重大突发事件预警信息，并向有关部门通报。

(2) 市县级应急指挥管理系统依托市县级政务信息网，将可覆盖市县级街道办事处、镇、专项指挥部及其他应急相关单位。实现在应急状况下调度指挥和协调，形成可应对各种突发事件的市县级应急信息网络。

(3) 通过汇总分析突发公共事件的预测结果，结合事件的进展情况，对事件范围、影响方式、持续时间和危害程度等进行综合研判。

(4) 提供应对突发公共事件的指导流程和辅助决策方案，根据应急过程不同阶段处置效果的反馈，实现对辅助决策系统的动态调整和优化。

(5) 实现对应急资源的动态管理，为应急指挥调度提供保障。

(6) 利用视频会议、异地会商和指挥调度等功能，为各级应急管理机构应对突发公共事件提供快捷指挥和对有关应急资源力量的紧急调度等方面的技术支持。

(7) 建设满足应急管理要求的应急数据库系统并通过和市县共享交换平台的互联互通获取基础数据支撑。

2. 应急指挥管理平台功能

1）常态下管理（平时）

(1) 风险及隐患的动态监控；

(2) 专业预警和公众舆论的联合预警；

(3) 应急资源的空间管理；

(4) 预案精细化管理；

(5) 多层次多角色的模拟演练。

2）非常态下管理（战时）

（1）灾情的快速传递；

（2）及时的预案启动；

（3）多维的辅助决策；

（4）一体化的指挥调度；

（5）科学的善后评估。

3. 应急指挥管理平台结构

1）平台结构

系统总体框架自底向上分为指挥场所、硬件平台、应急数据库、应用支撑服务、应用系统、信息服务，另外还提供和城市级“一级平台”的接口以及信息安全保障体系。

2）平台构成

（1）指挥场所：指挥场所位于系统框架的最底层，为应急管理提供办公和指挥场所。

（2）硬件平台：集成了视频图像系统、有线通信系统、计算机网络系统、会议音箱系统、综合保障系统及中央控制系统。

（3）应急数据库：包括事件信息库、基础信息库、地理信息库、预案库、知识库、案例库、文档库。

（4）应用支撑服务：包括工作流服务、GIS展示服务、图像信息服务、通信支撑服务、指挥调度通信系统产品、空间数据整合与辅助决策系统产品。

（5）应用系统：包括综合业务管理系统、风险隐患监测防控系统、预警管理系统、空间辅助决策系统、指挥调度系统、应急保障系统、模拟演练系统。

（6）信息服务：应用多种信息展示和接报手段，为应急指挥管理平台提供立体、多元化的信息收集和发布途径，为领导指挥决策提供领导指挥桌面。

7.4.4 应急指挥业务应用系统设计

应急指挥业务应用系统是应急指挥管理平台建设的核心，应满足市县级人民政府应急管理工作常态和非常态的需求，规划应集中体现突发公共事件应急处理中现代信息技术和公共安全科技所提供的自动化、高效率和智能化科技应用。业务应用系统以数据库系统为运行基础，提供强大的数据和业务管理能力，具有承载应急管理工作的各项业务，支撑突发公共事件的应急运作流程，是体现监测防控、预测预警、信息报告、综合研判、辅助决策、指挥协调、信息发布、总结评价、模拟演练等主要功能的核心系统。

通常应急指挥管理应用平台包括以下主要业务应用系统：

1. 风险隐患监测防控系统

市县级应急指挥管理平台风险隐患监测防控系统实现政府各级部门、各地级以上市政府的监测信息与风险分析结果的汇集、相关信息的抽取并据此进行风险分析，把结果直观地展现在决策者面前作为预测预警或者事件处置的依据。

通过整合全市县各级政府的专业部门资源，能够获取大量重大危险源、关键基础设施和重点防护目标等的空间分布与运行状况等有关信息，进行监控、分析风险隐患、预防潜在的危害。

2. 预警管理系统

预警管理系统实现突发公共事件的早期预警、趋势预测和综合研判。在相关部门协助下，预警管理系统根据当前掌握的信息，运用综合预测分析模型，进行快速换算，对事态发展和后果进行模拟分析，预测可能发生的次生、衍生事件，确定事件可能的影响范围、影响方式、持续时间和危害程度，并结合相关预警分级指标提出预警分级建议。

3. 空间辅助决策系统

基于地理信息系统，对事件所牵涉的各项客体、主体、外部因素进行多角度、多层次分析；通过将突发事件信息与历史相关数据对比，帮助决策者对事件等级和影响范围进行评估；调用应急知识库，对各类信息综合集成、分析、处理、评估，研究；沙盘推演事件发展态势；根据事件进展信息和各项基础信息，对系统中各项预案进行对比分析；预警和事件信息的组合查询、统计分析等等。

4. 指挥调度系统

指挥调度系统辅助应急指挥人员了解突发公共事件发生、发展状况，通盘掌握应急处置情况，创建并向各单位分发任务，协调任务执行的过程中出现的问题，并进一步采取相应的措施。最终实现协同指挥、有序调度和有效监督，提高应急效率。

5. 应急保障系统

当突发公共事件发生时，应急保障系统实现对人力、物力、财力、医疗卫生、交通运输、通信保障等各类应急资源的管理，参考应急预案制定应急资源的优化配置方案，满足应急救援工作的需要以及恢复重建工作的顺利进行。

6. 模拟演练系统

可进行应急处置模拟推演，对各类突发公共事件场景进行仿真模拟，分析事态、提出应对策略，对处置突发公共事件的步骤、各方配合联动、具体措施等进行网络模拟演练。模拟演练系统依托于其他业务子系统，过程产生的数据不影响平台实际运行。模拟演练报告将保存到文档库中。

7.4.5 应急指挥领导桌面设计

智慧城市应急指挥领导桌面为领导及城市综合管理部门提供统一的展示和分析相关报警事件信息与处置应急事件功能的界面，针对领导关心的信息可以进行自定义管理，选择需要的信息进行展示，为领导快速了解当前城市的运行状况提供实时信息。应急指挥领导桌面主要包括：城市非常态报警事件信息、辅助决策、城市常态管理信息、城市运行及监控信息展示、应急预案、图表分析、信息分析、事件报送、市县内导航、GIS空间展示等。

1. 报警事件展现

城市应急事件报警信息页面将报警事件分为5级，用5种不同颜色显示事件报警信息条。以滚动方式显示当前城市“非常态”(1～2级)和“常态”(3～5级)报警事件，以及事件最新进展和处置信息等。5级分别为：城市应急突发事件，一级应急事件；城市公共安全，二级公共安全事件；城市智能数字化管理，三级城管事件；城市智能交通，四级交通事件、城市节能减排和城市基础设施，五级城市监测事件。可进行报警分类，选择显示已确认、未确认、全部报警事件信息(24小时以内)。

双击任意报警信息条，显示与该事件报警点所处街区或建筑物GIS地理信息图层，显示该报警事件方圆300米，500米周边的学校、商场、公共场所、公共设施以及重点项目和目标等。通过城市可视化管理系统和应急指挥车传回的实时监控图像，进行报警事件的实时

状态标绘。智慧城市应急指挥管理平台自动显示与报警事件相关的处理预案和记录事件的报警级别、报警日期和时间、报警事件、报警点地址、报警类别、报警状态描述等。

双击报警事件信息条，可查询该报警事件的历史记录、报警事件 GIS 电子地图标绘图层、报警事件日志、报警事件列表、报警事件打印操作。

双击报警事件 GIS 图层上标绘的报警事件图标，即可查询与报警事件相关的信息和周边及现场的实时监控图像，通过报警事件标绘图标还可显示报警事件实时状态图标颜色的变化，来表示报警事件的严重性和实时状态，事件报警图标显示红色表示事态在扩大，显示粉红色表示事态还无法控制，显示橙色表示事态需要增加人力和设备资源后可控制，显示蓝色表示事件正在得到控制，显示绿色表示事态已经被控制。

城市应急指挥操作平台具有“误报”确认功能，并具备“误报”数据统计功能。双击任意报警信息条，可操作和设置本地实时连续打印，打印报警信息页所有记录的报警事件信息，打印所有查询和显示信息和图像。双击任意报警信息条，可在页面“报警预案”窗口显示与该报警点相关的预案提示，如操作流程、联动控制流程，报警确认程序、报警应急处理措施等。

2. 辅助领导决策信息图层展现

以空间辅助决策系统为基础，直观地展示报警事件相关重点区域的空间地理信息，并提供报警事件区域 300 米、500 米、1 000 米的周边情况进行分析和标绘，系统平台可按事件类别、级别等要素自动显示相关预案。同时依托指挥调度通信系统，实现对突发报警事件处置的统一调度和指挥。

3. 城市应急管理信息展现

(1) 管理信息：应急工作动态、管理文件、管理动态、应急资源保障等信息的展示。

(2) 应急预案：实现总体、综合、专项应急预案的展示。

(3) 值班表信息：实现对市县级值班表的展示。

(4) 互联网信息：通过互联网实现对应急相关信息的展示。

(5) 图表分析展示：提供针对城市突发事件的统计表，可以柱状图、线状图、饼状图等形式进行展示。

4. 城市综合运行及监控信息展现

以图表的方式直观地展示城市运行及监测信息，包括市县内水、电、气、热、交通、气象监测、空气质量、金融等城市运行的统计信息等。包括：

(1) 城市水务运行信息；

(2) 城市电力运行信息；

(3) 城市燃气运行信息；

(4) 城市供热运行信息；

(5) 城市空气运行信息；

(6) 城市交通运行信息；

(7) 城市信访量信息；

(8) 城市失业量信息；

(9) 城市安全生产运行信息；

(10) 城市公共卫生运行信息；

(11) 城市气象信息；

(12) 城市金融发展信息。

5. 领导关注信息分析展现

应急指挥领导桌面提供以专题的方式展示领导最为关注的信息分析(如舆情分析)和突发事件案例信息、相关链接知识等内容。

6. 事件报送与统计分析展现

政府各下属部门和单位以及街道和社区通过网络浏览器的方式提交事件报送表格和统计分析报表。

7.5 智慧城市公共安全管理平台规划与设计

7.5.1 公共安全管理平台需求分析

智慧城市公共安全管理平台建设的目标就是要体现集城市社会治安管理、安全防范、突发公共安全事件控制为一体。智慧城市公共安全管理平台建设应遵循以下要求:

1. 建设目标

建设城市公共安全应用平台,以系统集成、信息集成、通信集成、功能集成为建设目标,实现城市视频监控、报警联网、“三警合一”、卡口控制、集成通信、舆情分析、人口管理,GIS标绘、可视化展现的信息大集成,以及公共场所、建筑物、住宅小区的报警、视频、出入口控制的大联网。

城市公共安全管理目标是:通过统一的城市公共安全信息平台,实现城市各业务应用与安防监控系统的监控状态及报警信息的显示、各系统间实时信息的交互与数据共享以及各系统间的功能协同和控制联动。同时要实现与智慧城市“一级平台”、城市数字化管理平台、城市应急指挥应用平台、城市智能交通管理平台、城市基础设施管理平台的互联互通和信息共享。

在全市范围内的主要道路、车站、广场、娱乐场所、酒店等地方安装治安视频监控摄像机,通过光纤采取市、区、派出所三级组网方式进行视频监控系统的联网。通过智慧城市“一级平台”可视化管理系统,实现与城市数字化管理、城市智能交通管理、城市节能减排管理、城市基础设施管理,以及社会上的建筑物、住宅小区、厂矿企业的视频监控图像的整合和报警信号的联网。

2. 管理范围

城市公共安全管理范围包括城市道路、公共场所、娱乐场所、公共设施、车站、机场、码头、广场、酒店、建筑物、住宅小区,根据上述不同安全区域确定不同安全风险等级和实施技术手段与实现功能。遵循“分级控制、风险分散、集中管理、统一指挥、协同处理”的原则,通常将城市公共安全防范区域分为三种不同的安全风险等级:

一级:安全防范风险最高等级区域,主要为行政事业办公区域、广播电台、电视台、大型建筑物、金融机构、博物馆、发电厂、自来水公司、煤气公司、通信设施等。

二级:安全防范风险较高区域,包括涉外业务区、酒店、网吧、娱乐场所等区域。

三级:公共部分安全级别,主要包含城市主干道、车站、城市广场、公共设施、普通建筑物、住宅小区、企事业单位等。

城市公共安全防范体系是一个多层次的（不同的安防等级）、多元化的（不同的安防手段）、人防技防相结合的（有效的管理方式）大型信息系统工程。

3. 防范类型

就城市公共安全防范内容来说，可以分为以下类型：

（1）公共区域电视监控与入侵防范：对各城市主干通道设置电视监控并通过必要的技术手段（如红外/微波双鉴技术、门磁/窗磁开关等）实现入侵防护。

（2）重要场所电视监控、入侵防范：对公共开放区域如车站、机场等重要区域实行电视监控及入侵防护。

（3）娱乐场所管理：对娱乐场所如网吧、KTV、酒店等进行监控管理。

（4）交通监控：对全市公交、出租车、私家车进行监控管理。

（5）建筑安全：主要指对建筑物和在建工程的安全监控管理。

4. 防范规划

安防系统防范规划主要从三个方面规划，以保证安全防范能够切实有效地执行：

（1）对人流的管理：在城市中活动人员有多种类型，对于每一种类型的人员来说，安防系统规划应充分考虑人员流动方向特点、人员活动时间和人员活动区域的特点。

（2）对安全防范风险区域的管理：全市内有不同安全防范风险区域，对每个区域都都要掌握区域内人员进出、时间和活动特点等。

（3）人员安全保障的管理：安防系统可在突发事件和状况发生的初期予以侦测发现，及时通过紧急广播、信息显示、引导指示，指引防范区域内各类人员进行疏散、躲避和其他应变措施，同时把相关的现场实时数据、影像及声音等信息传送给本地或远程的存储设施以备事后审查。

5. 人员组织

根据城市公共安全防范区域的划分，要充分组织好各类公安、城管、公众的力量进行全面的防范和救助的工作。

（1）公安执勤人员：针对区域公共安全活动，实现实时监管和应急处理。

（2）城管监督员：在城市管理万米网格单元区内发生治安案件或突发公共安全事件，应及时上报城市智慧化管理信息中心，协同公安执勤人员维护治安工作。

（3）公众：当发生城市治安案件或突发公共安全事故，在事发现场的公众应及时通过手机短信或语音方式通知城市管理呼叫中心或城市服务热线电话报警。

（4）监控指挥中心人员：日常与城市管理工作协同，当发生城市突发公共安全事件时，起到全面监控管理和协同指挥配合的工作。

6. 外部协调

城市公共安全管理涉及以下外部协调的内容：

（1）与区、派出所以及城市数字化管理中心、应急指挥中心之间的业务协调。

（2）与城市各业务及监控系统进行功能协同和联动控制。

（3）与智慧城市"一级平台"可视化管理系统调用所需视频监控图像。

（4）与智慧城市"一级平台"共享数据仓库调用所需各类信息和数据。

（5）发布城市公共安全信息中心的各类信息和数据。

（6）向城市公共安全管理平台上传所有与处理事件相关的信息和数据资料（如报警、事件纪要等)。

(7) 接受城市公共安全信息中心下达协调、控制和指挥的指令。

7. 内部协调

为保证城市公共安全防范和管理的工作正常运作,城市公共安全管理的内部协调必不可少。内部协调的内容通常包括:人员、车辆、装备、器材、物质等,同时协调政府各部门和单位的可调用资源也是内部协调的重要内容。

7.5.2 公共安全管理平台规划

城市公共安全管理平台以公共安全管理与指挥,实现信息化、网络化、数字化、自动化、智能化科技的集成应用。面对"9.11"以后的城市公共安全和反恐的形势,针对城市安全和恐怖事件的突发性、针对性、多样性等特点,传统的公共安全防范体系已经不能适应如今的反恐需求,必须建立以防破坏、防爆炸、反恐为重点的快速响应和处置协同的城市数字化公共安全防范体系。

1. 公共安全管理平台构成

城市公共安全管理平台主要由:城市公共安全信息平台、城市公共安全业务及监控系统、城市公共安全集成通信系统、城市公共安全监控指挥中心以及由城市内的建筑、社区、企业、单位、公共场所、机场车站、商业网点等综合安防监控系统共同构成,实现"信息交互、网络融合、处置协同"(如图 7.6 所示)。在城市公共安全、治安管理、抗灾防灾中争取主动和先机,是建立平安城市、和谐城市、智慧城市的基础。

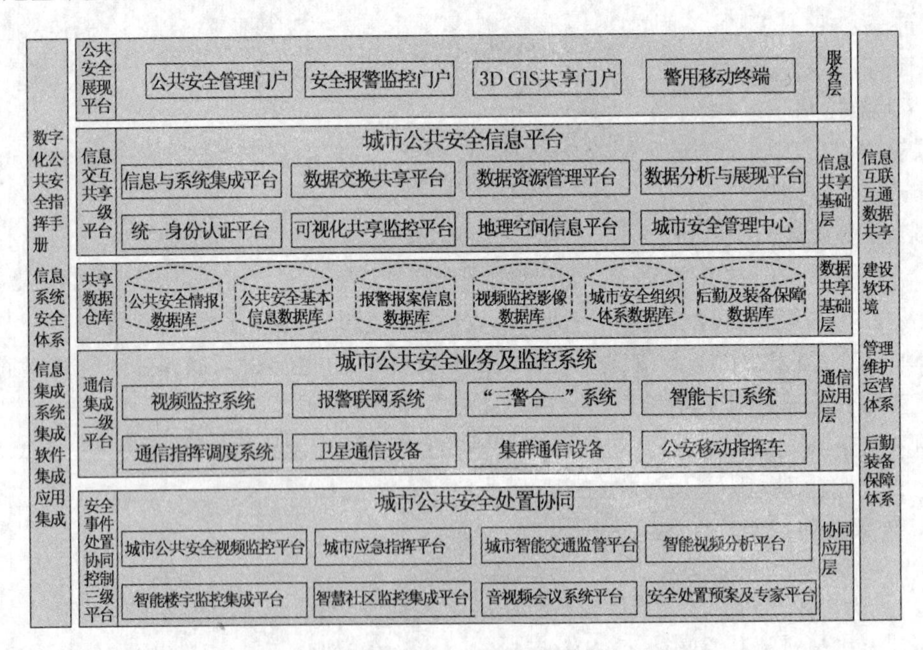

图 7.6 智慧城市公共安全管理平台结构图

2. 公共安全管理平台功能

城市公共安全管理平台功能应体现指挥、控制、通信和情报(简称 3CI)协同,完成保护人民大众生命财产的重要任务。城市公共安全管理平台最重要的职能就是体现在信息交

互、网络融合、处置协调、协同打击方面。

(1) 实时监控与报警功能

提供报警信息实时信息页,各业务及监控系统通过统一的 B/S 与 C/S 相结合的操作平台,实现对城市视频监控系统、城市报警联网系统、城市“三警合一”系统、公安智能卡口系统统一的操作、监控、设置、查询、联动控制,以及城市火灾报警信息的集成、社会综合安防信息数据库的统一管理和数据备份。

(2) 电子地图分析展现功能

提供统一的基于 GIS 电子地图的各业务及监控系统的监视点和信息点位置与状态的图层,实现各业务及监控系统监控状态及报警信息的实时显示、各业务及监控系统间实时信息的交互与数据共享、各业务及监控系统间的控制联动和功能协同。

(3) 信息交互功能

城市在应对和处置公共安全和反恐事件时,信息瞬息万变,信息(情报)的采集、交互、综合、分析、共享、统一身份认证、GIS 地图标绘、可视化展现等是实现公安、武警、社区、群众之间以及城市公共安全机构和组织中各级行动部门联合协同作战指挥的基础。城市数字化公共安全监控、管理与指挥一级平台,通过采用系统集成、信息集成、软件集成、应用集成等现代数字化的成套集成技术应用,信息交互共享才能实现。

(4) 网络融合功能

网络融合是城市公共安全防范体系的重要支撑,其建设的目标就是要实现天(无线)、地(有线)、空(卫星),即互联网、电信网、公安专网(包括无线通信专网、有线通信专网)、集群通信网、视频监控图像传输控制网、卫星通信及监测网、移动通信指挥车等通过城市公共安全信息平台,实现天地空网络之间的互联互通和通信设施之间的无缝连接。

(5) 处置协同功能

在城市发生恐怖或突发重大安全事件时,需充分共享人员、装备和设施资源,即公共安全事件处置协同控制是实现现代城市公共安全的重要手段,是现代信息化、网络化、数字化、自动化、智能化技术的综合应用。以新加坡公共安全事件处置的经验,就是以信息(情报)、移动通信、快速有效打击等多方面的安全事件处置协同,依靠城市公共安全应用平台协同控制的全面支撑,实现安全事件处置的信息共享、实时通信、实时监控图像显示、作战指挥调度、现场处置协同等一体化集成功能。有效控制安全态势,协同打击犯罪分子,使其所造成的伤害和损失最小。

城市公共安全监控指挥中心应建立在“城市公共安全信息平台”和“城市公共安全集成通信系统”的基础上。通过“信息平台”实现信息互联互通、数据共享、警情数据实时分析与展现、地理空间 3D GIS 地图实时标绘、统一身份认证、现场态势实时视频监控图像管理与处置、应急指挥预案管理等;通过“通讯平台”实现天地空通信一体化的互联互通和通信设施的无缝连接,方能实现市、区、派出所三级处置协同,以及移动单元和社会各安全监控系统的全面支撑,实现远程指挥调度和集中打击犯罪分子。

现代的城市公共安全科技已经将智能视频分析、面部影像快速比对、通信设备快速定位、电信设备实时查询和通信信息关联查询、语音分析等高新技术应用到城市公共安全体系中来。采用先进的科技可以在安全事件处置协同控制的实时性方面达到毫微秒级,这对于反恐现场态势控制至关重要,同时这也是城市公共安全事件处置协同控制的难点。

7.5.3 公共安全业务应用系统设计

城市公共安全业务应用系统是实现平安城市、和谐城市、发展城市的安全保障和有力的技术手段与措施。通常城市公共安全业务应用系统由:公安视频监控系统、公安报警联网系统、公安“三警合一”系统、公安智能卡口系统、公共安全集成通信指挥调度系统组成,实现信息共享和功能的一体化。

1. 公安视频监控系统

公安视频监控系统相当于城市的眼睛,通过分布在城市各个角落、大街、小巷、酒店、商场、机场、码头、车站,甚至楼宇和住宅小区的监控摄像机,24 小时不休息地注视着整个城市。当发生任何“风吹草动”你都可以看得见,通过事件、事故、案发现场的实时监控图像可以及时掌握状况和动态。视频监控系统还有一个很好的功能,就是可以回顾历史,可以回放过去的历史影像,这对于侦破案件和处理事件都是一个重要的线索和依据,同时可以起到对犯罪分子心理威慑的作用。常言道“要想人不知,除非己莫为”,只要你做了,就一定会留下“蛛丝马迹”。

2. 公安报警联网系统

公安报警联网系统就相当于城市的神经,它可以通过电话线路连接到城市的千家万户,连接到企事业单位、住宅小区,甚至家庭。当发生盗警、非法入侵、火灾、紧急求助时,系统就会自动将报警信号通过这条城市的生命线发送到公安机关或城市管理部门。报警联网系统在国外已经十分普及,就是因为这个系统安全可靠,投资不大,效果明显。目前国内也在规范和建设中。

3. 公安“三警合一”系统

公安“三警合一”系统相当于城市的耳朵,它通过 110、122、119 电话将治安、医疗、火灾的信息通过电话,以语音的方式和公安报警呼叫中心进行沟通,它可以听到城市各个方面的信息、求助、举报等,是政府与公众建立血肉联系的重要手段。目前公安“三警合一”系统的发展趋势将会和城市智慧化管理中心和城市应急指挥中心呼叫平台整合在一起,充分发挥“非常态”下事件现场治安执勤人员、交警、城市管理监督员协同处理事态的能力,同时也可以提供“常态”下为民服务的帮助和咨询的工作。

4. 公安智能卡口系统

公安智能卡口系统就相当于城市“大门”的门禁系统,它通过在城市的各个道路交通要道口、高速公路收费站以及城市的车站、机场、码头的身份证件检查通道等处安装图像识别摄像机和身份证件检查验证设备,就可以实现对过往智能卡口的人员和车辆进行严密的监视、识别、审查、放行以及自动化操作。同时结合学校、公园、建筑物、住宅小区门禁系统和闭路电视监控系统的联网,当在城市内发生任何突发事件或恶性治安案件时,犯罪分子都将被快速锁定,都会在第一时间被通缉和跟踪。

5. 公共安全集成通信指挥调度系统

城市公共安全集成通信指挥调度系统就相当于城市公安机关的大脑,通过它的通信设备和网络建立起城市公共安全信息及时传递的桥梁和高速公路。集成通信指挥调度系统最重要的能力就是通过各自独立的通信系统和设备与网络的集成,实现随时随地接收到最新案情和事态的情报与信息,及时、安全、准确地发布指挥、调度和行动的命令。通信系统和设

备的集成还有一个重要的作用，就是可以实时整合手机、电话、互联网等各类电信设备使用人员的即时定位、通话或上网时间，通信和网络用户实时跟踪和通信信息关联查询与语音分析等。这些功能对于侦破案件会起到非常重要的支持和帮助作用。

7.6 智慧城市智能交通管理平台规划与设计

7.6.1 智能交通管理平台需求分析

（1）通过智能交通管理平台连接城市智能交通监控和管理各业务应用系统，从多个应用系统中收集和传送交通信息、监测数据和发出控制指令。

（2）通过城市交通管理数据库系统，对各业务应用系统的交通监测数据或管理运作计划进行集成、优化、分析、存储和应用。通过 GIS 地理信息展示，实现城市道路交通的可视化监控与管理。

（3）智能交通管理平台提供专家级的突发交通事故的处理预案，提供及时的道路交通状况分析，预测该事故的影响范围和道路阻塞的严重程度，提供适当的交通应变和疏导交通的方案与解决措施，并通过智能交通信号灯系统、道路诱导系统、道路交通广播系统及时进行交通控制和交通事故信息发布。

（4）通过智能交通管理平台对交通信息和监测数据的整合、优化、分析，为城市未来的交通规划和长远的道路建设计划提供可靠和准确的决策数据。

7.6.2 智能交通管理平台规划

1. 智能交通管理平台规划原则

智慧城市智能交通管理平台是将先进的计算机系统、电子监控系统、集成通信系统、智能传感器系统和交通管理策略集成为一体化的交通监控和管理平台。智慧城市智能交通管理平台实现城市道路交通监控系统、交通管理系统等系统的交通信息的互联互通、数据共享、业务协同。智慧城市智能交通管理平台的构建旨在集成所有交通监控和管理系统，提供快速、准确、实时的交通监视、控制和管理的统一的信息，同时智慧城市智能交通管理平台也是城市交通监控管理的统一人机界面。因此智慧城市智能交通管理平台是一个高度自动化与智能化的系统。

2. 智能交通管理平台规划内容

（1）系统与信息集成；

（2）数据交换与共享；

（3）数据资源管理；

（4）数据分析与展现；

（5）统一身份认证；

（6）可视化管理；

（7）GIS 地理空间信息；

（8）城市交通监控管理中心。

3. 智能交通管理平台应用模块配置

智慧城市智能交通管理平台采用开放式和模块化的体系结构,将为今后城市交通的发展留有可扩展的空间。智能交通管理平台主要应用模块配置包括:系统与信息集成、数据交换与共享、数据资源管理、数据分析与预案、可视化展现、统一身份认证、GIS 地理空间信息等。

(1) 系统与信息集成模块:是平台的核心,它提供与各个业务应用系统间的通信接口和实现相互之间的信息互联互通。

(2) 数据交换与共享模块:是为智能交通管理的运作进行数据的采集、优化、分析、交换和共享。

(3) 数据资源管理模块:是为交通管理员提供一个交通管理的工具,具有交通数据统计、存储、备份的功能。

(4) 数据分析与预案模块:实质上是一个专家系统,能够对交通状况提供及时的分析和给予应变的策略和计划。

(5) 可视化展现模块:是一个基于 GIS 地理空间图层(电子地图)与道路视频监控及道路监测数据的可视化展现平台,城市交通管理员通过监控管理中心大屏幕实时监控道路状况、流量或交通阻塞及交通事故的具体地理空间位置等直观的图形、图标和影像信息等。

(6) 统一身份认证模块:提供所有进入平台监控操作、查询信息、提取数据的在线终端或移动终端人员的身份认证。

(7) GIS 地理空间信息模块:主要是实现与智慧城市“一级平台”GIS(地理空间信息系统)和图层的共享。

4. 智能交通管理平台功能

智慧城市智能交通管理平台具有城市交通信息综合管理、城市交通事务综合管理、城市交通管理辅助决策、城市紧急交通事件快速反应等功能。

(1) 交通信息综合管理

城市智能交通管理平台是一个由对道路交通监控与管理的各种不同功能的应用系统有效集成的复杂信息系统,而各应用系统之间的互联互通、有效集成是发挥系统效能的重要前提条件。智能交通管理平台整合各种交通数据信息,提供查询、统计、分析功能,实现各交通监控与管理相关业务应用系统间的数据共享、深层次的信息融合和知识发现的综合平台,为科学决策提供辅助支持,可提供准确、多样化的交通信息服务。同时智能交通管理平台能够接受、存储和处理多源、异构数据,具有数据融合、数据挖掘的功能,并能够为各种应用系统和公众提供完善的交通信息服务。

(2) 交通事务综合管理

城市智能交通管理平台承担了执行交通管理部门内部的日常事务处理、常规信息处理、办公自动化等工作任务.提高办公的自动化程度和工作效率,节约经费,实现办公系统的自动化、高效化、标准化和规范化.是交通管理部门办公现代化的重要体现,更是建设高效、廉洁的交通事务管理的重要途径。交通事务综合管理还可以使得具有权限的领导实时掌握各个警员和执行人员的工作状况,进行动态的工作量统计,并最终根据相应的评价系统对所有警员和执行人员实现全方位的工作质量评价,为进一步改进内部管理体制提供可靠的客观依据。

(3) 交通管理辅助决策

城市智能交通管理平台具有交通管理辅助决策功能，平台可以针对具体突发交通事件提供应急处理预案，提供交通管理辅助决策、动态诱导信息的辅助生成、多重道口交通信号灯控制策略，以及动态交通组织的辅助优化与评价等功能。交通管理辅助决策不仅为城市交通管理提供科学有力的工具，对于解决城市日益严重的交通阻塞、道路拥挤、交通安全、节能减排和突发交通事件发挥着重要的作用。

(4) 紧急交通事件快速反应

城市智能交通管理平台具有应对紧急交通事件快速反应的能力。通常城市交通突发事件主要表现在交通事故、突发性交通拥堵、恶劣天气、大型活动、VIP 行车路线、主干线施工等方面。智能交通管理平台通过道路交通视频监控和道路通行流量监测等系统，可在突发交通事件的第一时间了解和掌控事件状况，通过应急处置预案和专家辅助决策，自动或即时手动操控事发相关道口信号灯系统、道路诱导与显示系统、交通信息发布和疏导系统等，以此来提高对突发交通事件的发现、监视、控制，调度、指挥、疏导的快速响应能力，改善紧急交通事件状态下的道路资源配置，全面增强智慧城市综合应急处置与指挥的能力。

5. 智能交通管理平台系统集成与信息共享

(1) 实现城市交通管理业务应用系统信息资源共享。建立交通管理综合监控管理中心，可以最大限度地实现城市交通管理内部的相关信息资源的共享，一改以前系统各自独立、大量收集到的信息无法最大限度地利用的资源浪费的局面。

(2) 实现与城市级“一级平台”和城市信息化的智慧城管、应急指挥、公共安全、节能减排、基础设施业务级各二级平台的信息互联互通、数据共享和业务协同。通过城市智能交通管理平台系统集成通信接口，提供与第三方非城市交通监控与管理信息平台的信息与数据交换，既保证了城市智能交通平台的独立性、安全性，又可以实现交通数据及信息服务于大众，达到便民和利民的目的，同时也可以提高城市智能交通管理与服务的效率。

(3) 实现数据采集、融合、处理、挖掘、发布、反馈等功能。智能交通管理平台通过将相关业务应用系统整合，实现相关信息采集、融合、处理、挖掘、发布以及反馈等功能，最大限度地发挥智能交通管理平台集成带来的信息资源优势。从采集到的大量信息中寻求规律性知识和经验，实现交通管理的信息化、网络化、数字化、自动化和智能化。通过城市智能交通管理平台，在车辆登记注册管理、驾驶员培训与管理、违法处罚与记录、事故防范与处理、交通设施建设与管理、机动车节能与减排、安全与宣传管理等方面，以电子政务外网和互联网为基础，实现与政府信息化、城市信息化、社会信息化、企业信息化的融合，促进整个智慧城市在民生、经济、节能减排以及城市管理和公共服务等领域的快速发展。

7.6.3　智能交通业务应用系统设计

城市智能交通业务应用系统设计主要包括智能交通监控系统和智能交通管理系统两部分内容。

1. 智能交通监控系统

城市智能交通监控旨在通过现代科技和技术手段，实施城市道路的通行状况和各种交通信息与数据的采集。通过对道路交通状况的实时监视，提供对车流、人流和机动车有害气体排放的监测数据。基于这些道路交通监控和监测信息与数据，可以通过交通信号灯控制系统和可变限速系统来合理利用现有道路资源，提高交通效率，疏导车流和人流，提供对出行者便利和快捷的交通方式，有效减低机动车排放和实现节能减排。

城市智能交通监控的主要目的，是为了城市道路交通科学化管理提供依据，特别是当发生突发交通事故时，为道路的疏导和伤员的救治提供快速的决策信息和数据，有效地保障了城市道路交通的畅通性、安全性和科学性。通常城市智能交通监控内容包括：道路交通流量检测、交通事故自动监测、汽车尾气排放监测、道路路面通行状况监视、交通信号灯智能监控，以及城市快速路通行状态监测、动态提供道路限速和变速的指示与引导等。城市智能交通监控主要由各个专业监控系统组成。

这些专业监控系统是：

(1) 城市道路交通监控系统；

(2) 城市交通视频监控系统；

(3) 城市交通信号灯智能控制系统；

(4) 城市快速路可变限速系统。

2. 智能交通管理系统

城市智能交通管理旨在通过现代科技和技术手段，实施城市道路交通的科学化管理，使得城市道路交通在现有道路资源的情况下，提高道路的通行率和交通设施的利用率，达到出行方便快捷、道路畅通安全、车辆节能减排的目的。通常城市智能交通管理内容包括：道路交通状况和出行信息管理、道路交通通信调度管理、道路交通执法管理（电子警察）、道路交通电子收费管理、城市公共交通管理、城市出租车管理以及道路交通违法事件管理等，并由道路交通管理的各个业务应用系统组成。

这些业务应用系统是：

(1) 城市交通诱导系统；

(2) 城市交通通信调度系统；

(3) 城市交通电子警察系统；

(4) 城市电子收费系统；

(5) 城市公共交通管理系统；

(6) 城市出租车自动电招系统；

(7) 城市交通违法处理系统。

7.7 智慧城市节能减排管理平台规划与设计

7.7.1 节能减排需求分析

从广义而言，节能减排是指节约物质资源和能量资源，减少废弃物和环境有害物（包括二氧化碳/硫、“三废”和噪声等）排放；从狭义而言，节能减排是指节约能源和减少二氧化碳/硫排放。城市节能减排需求分析就是通过城市在市政、环境、交通、建筑物、企业的环境监测、节能监控、排放监管方面的需求进行调查研究和分析。以科学发展观为指导，注重城市发展实现节约资源和保护环境的基本国策，把建设资源节约型、环境友好型城市和社会放在工业化与现代化发展战略的突出位置，大力提倡循环经济和再生资源利用，打造绿色建筑、

绿色交通、绿色生活、绿色工厂。增强城市可持续发展的能力，为建设“创新型城市”和“低碳城市”打好基础。

城市节能减排需求分析和研究是制定城市节能减排总体规划的前期工作。通过城市节能减排需求分析和研究，明确城市节能减排与城市可持续发展和城市经济方发展之间的相互促进和相互制约的关系。在此分析和研究的基础上制定切实可行的城市节能减排指标体系。为了保障城市节能减排的工作进行和节能减排指标不断的落实和深化，必须建立行之有效的城市节能减排综合监管和评估机制，建立城市节能减排管理平台，要像气象台一样，每天 24 小时监测城市内的建筑、交通、社区、企业节能减排的状况和变化，要做到排放超标了要报、要管、要处理，使得城市节能减排看得见、摸得着。

城市节能减排综合监管采用现代信息化、网络化、数字化、自动化、智能化、可视化技术，建设城市一体化节能减排管理平台。实现城市温室气体监测统计信息、气候变化监测统计信息、建筑节能监控信息、道路交通碳排放监测信息、工厂企业“三废”及污染监测信息等城市节能减排信息的整合、优化和信息共享。通过城市信息化促进资源的综合利用和减低能源的消耗和浪费，遏制二氧化碳/硫的过量排放。城市节能减排管理平台提供城市节能减排综合信息集成和态势分析，提供城市公共环境监测（包括：温室气体监测、道路交通监测、气候变化监测）的信息和数据，具有城市建筑物节能监控、城市工厂企业节能减排监管、城市突发超量排放应急处理等功能。

城市节能减排综合管理需求分析应包括以下内容：

(1) 城市节能减排管理信息集成的范围和内容。

(2) 城市道路与公共区域环境监测内容和监测方法。

(3) 城市建筑物、公共设施、社区节能监控与管理的内容和系统集成接口规范要求。

(4) 城市企业工厂节能减排监控与管理的内容和监测系统组成。

(5) 城市突发超量排放应急处理的步骤、流程和指挥。

7.7.2　节能减排管理平台规划

1. 智慧城市节能减排管理平台组成

智慧城市节能减排管理平台属业务级数字化应用二级平台，包括：城市楼宇节能减排监测系统、城市交通节能减排监测系统、城市住宅社区节能减排监测系统以及企业节能减排监控系统组成。

2. 城市节能减排管理平台技术应用

城市节能减排管理平台各业务应用系统（三级）所设置的城市智能建筑与智能小区节能减排监测系统、城市交通节能减排监测系统、城市及住宅社区节能减排监测系统、企业节能减排监控系统，以及城市建筑楼宇、道路交通、住宅物业管理、企业工厂各监测和监控系统，支持互联网和以太网络（控制网络）传输方式。城市节能减排管理平台可以通过浏览器网页超链接方式调用城市建筑楼宇、道路交通、住宅社区、企业工厂节能减排检测和监控系统的所检测和监控的水、电、煤、气的相关信息和数据等。

3. 城市节能减排管理平台网络传输

城市节能减排管理平台采用三层网络拓扑结构，即城市级核心层、业务级汇聚层、企业级应用层。数据传输网络利用电子政务外网、公安视频专网以及互联网进行接入和互联。

城市节能减排执法人员手持移动设备应充分考虑与城市无线互联网(Wi-Fi)互联互通。

4. 城市节能减排管理平台数据构成、存储及接口

(1) 业务级城市节能减排管理平台实现与智慧城市城市级数字化应用一级平台的信息交互、数据共享、工作协同。保证各二级平台间、城市节能减排管理平台各业务应用系统间协同工作及数据的实时性和一致性。城市节能减排管理平台运行数据包括:建筑楼宇水、电、煤、气等能源能耗监测数据、道路空气质量监测数据、道路交通每公里平均油耗数据、企业工厂水、电、煤、气等能源能耗数据、单位产值能耗数据、总体能源消费数据等。

(2) 城市节能减排管理平台采用城市级和业务级两级数据存储结构。数据存储采用集中数据存储和网络化分布式数据存储相结合的模式。城市级数据存储数据库中心应采用集中数据存储的方式,业务级数据存储数据库可采用网络化分布式数据存储的方式。

(3) 数据存储系统具有数据存储、管理、优化、复制、防灾备份、安全、传输等功能。

(4) 城市节能减排管理平台数据存储系统应采用海量数据存储与压缩技术、数据仓库技术、网络化分布式数据存储技术、数据融合与集成技术、3D GIS 数据可视化技术、多对一的远程复制技术、数据加密和安全传输技术、数据挖掘技术、数据共享技术、元数据管理技术。实现网络化多级分布数据存储到集中中心数据存储,存储数据采用分布与集中的数据管理和数据防灾备份。数据存储系统应在物理上相互独立、互不干扰,在逻辑上应视为一体化的共享数据存储仓库。

(5) 城市节能减排管理平台监测和管理数据存储系统,应采用标准的数据库系统,应符合 JDBC/ODBC 数据库互联标准,提供数据库访问的应用程序编程接口(API)。任何异构的数据库系统应通过数据转换网关,以符合 JDBC/ODBC 数据库互联标准,并提供数据库访问的应用程序编程接口(API)。

(6) 城市节能减排管理平台所涉及实时监控系统均应采用 OPC 通信协议和实时数据通信接口。

(7) 提供城市节能减排管理平台与智慧城管平台、智慧城市应急指挥管理平台、智慧城市公共安全管理平台、智慧城市智能交通管理平台以及智慧城市基础设施管理平台之间的互联互通,实现系统集成、信息交换、数据共享、网络融合、功能协同。

5. 节能减排管理平台规划内容

(1) 通过节能减排管理平台连接城市节能减排各监测和管理各业务应用系统,从多个应用系统中收集和传送节能减排监测信息和数据以及发出控制指令。

(2) 通过城市节能减排监测和管理数据库系统,对各业务应用系统的节能减排监测数据或管理进行集成、优化、分析、存储和应用。通过 GIS 地理信息展示,实现城市节能减排的可视化监测与管理。

(3) 节能减排管理平台提供专家级的突发超标排量事故的处理预案,提供及时的节能减排实现状况分析、预测该事故的影响范围和严重程度,提供适当应变方案和解决措施。

(4) 通过节能减排管理平台对节能减排信息和监测数据的整合、优化、分析,为城市未来的节能减排规划和长远的城市可持续发展提供可靠和准确的决策数据。

7.7.3 节能减排管理平台总体结构

城市节能减排管理平台是将先进的计算机系统、电子监测和监控系统、网络传输系统、

智能传感器系统等集成为一体化的城市节能减排监测与管理体系的总称，因此城市节能减排管理平台总体结构是由上述系统架构而成，通过科学和合理的体系结构平台，将城市楼宇节能减排监测系统、城市交通节能减排监测系统、城市住宅社区节能减排监测系统、企业节能减排监控系统，以及城市建筑楼宇、道路交通、住宅物业管理、企业工厂各监测和监控系统的信息互联互通、数据共享、业务协同。城市节能减排管理系统平台的构建主旨是要集成所有节能减排监测和监控系统，提供快速、准确、实时的系统运行监视、控制和管理的统一的信息，同时城市节能减排管理平台也是城市节能减排监测与管理的统一人机界面。因此城市节能减排管理平台是一个高度智能与集成的系统。

城市节能减排管理平台的特点是信息化、网络化、数字化、自动化、智能化科技的集成应用。面对日益恶化的城市污染和空气质量下降的形势，广州新快报于 2010 年 3 月 23 日报道：按照广东省环保厅负责人的说法，现在广州的空气质量已属于“不适合人类居住”的空气质量等级。针对城市节能减排的广泛性、连续性、变化性等方面的特点，传统靠报表统计的方式已经不能适应城市节能减排这一特点，必须建立以监测、监控、监督为重点的监管和处置的城市节能减排监控和管理体系。

1. 节能减排管理平台构成

城市节能减排管理平台由城市节能减排管理信息集成平台、城市建筑楼宇节能减排监测系统、城市道路交通节能减排监测系统、城市住宅社区节能减排监测系统、企业工厂节能减排监测监控系统，以及城市建筑楼宇、道路交通、住宅物业管理、企业工厂各监测和监控系统共同构成(如图 7.7 所示)，实现“信息交互、数据共享、处置协同”。城市节能减排监控与管理体系的建立，是建立绿色城市、低碳城市、可持续发展的创新型智慧城市的根本和基础。

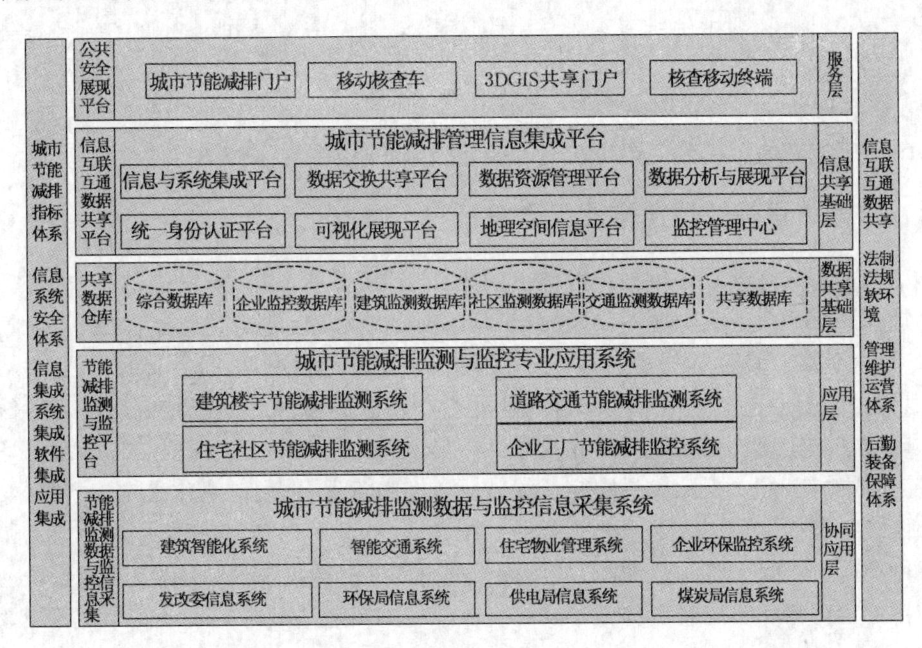

图 7.7　智慧城市节能减排管理平台结构图

2. 节能减排管理平台应用模块配置

城市节能减排管理平台采用开放式和模块化的体系结构，将为今后城市节能减排的发展留有可扩展的空间。节能减排管理平台主要应用模块配置包括:系统与信息集成、数据交换与共享、数据资源管理、数据分析与预案、可视化展现、统一身份认证、GIS 地理空间信息等。

(1) 系统与信息集成模块

系统与信息集成模块是平台的核心,它提供与城市各个节能减排业务应用系统间的通信接口和实现相互之间的信息互联互通。

(2) 数据交换与共享模块

数据交换与共享模块是为城市节能减排监控管理的运作进行数据的采集、优化、分析、交换和共享。

(3) 数据资源管理模块

数据资源管理模块是为管理员提供一个节能减排监控管理的工具,具有节能减排数据统计、存储、备份的功能。

(4) 数据资源管理模块

数据分析与预案模块实质上是一个专家系统,能够对城市节能减排状况提供及时的分析和给予应变的策略与计划。

(5) 可视化展现模块

可视化展现模块是一个集 GIS 地理空间图层(电子地图)与节能减排视频监控及监测数据为一体的可视化展现平台,城市节能减排监控管理中心管理员通过监控管理中心大屏幕实时监控节能减排状况、监测数据和监控信息的具体地理空间位置等直观的图形、图标和影像信息等。

(6) 统一身份认证模块

统一身份认证模块提供所有进入平台监控操作、查询信息、提取数据的在线终端或移动终端人员的身份认证。

(7) GIS 地理空间信息模块

GIS 地理空间信息模块主要是实现与智慧城市"一级平台"GIS 和图层的共享。

7.7.4 节能减排管理信息集成平台设计

城市节能减排是涉及城市循环经济发展、生态环境发展、可持续发展的一个系统工程,是一个造福子孙后代的大课题。同时城市节能减排涉及城市建筑、交通、社会、企业各个领域,面广量大,城市节能减排一方面通过大力建设和发展绿色建筑、绿色交通、绿色生活和绿色工厂,另一方面通过对城市节能减排的各项指标和数据需要进行监测、核查和监督管理,保障城市节能减排达到实效。如果靠以往人工抄表报送和统计汇报的方式,那么这是一个"不可能完成的任务"。因此对于城市节能减排监控与管理,采用信息化是唯一的科学手段。城市节能减排管理信息集成平台最重要的效能,就是体现对城市节能减排各项指标和运行参数进行准确、可靠、完整的监测和监控,提供实时的监测数据和运行的监控信息,作为城市节能减排的管理者和实施者实施城市及各企业单位的节能减排的实效评估和奖惩绩效考核的重要依据。

1. 实时监测

城市节能减排管理信息集成平台通过各领域节能减排专业监测系统,对各企业单位节能减排指标和运行参数进行实时的采集、综合、分析、共享、GIS 地图标绘、可视化展现等,是

实现政府及各企业单位共同进行协同节能减排监测和监控的基础信息平台。城市节能减排管理信息集成,通过采用系统集成、信息集成、软件集成、应用集成等现代数字化的成套集成技术应用,信息交互共享才能实现。

2. 实时监控

城市节能减排管理信息集成平台对城市重点节能减排企业单位实施可视化监控,即通过视频监控和 GIS 地理空间信息图层标绘等可视化手段,对重点单位的耗能设备、供配电机房、污染和排放源,以及蓄水池、煤场、气站安装视频监控摄像机、探测传感器和控制装置。管理人员将重点监控单位标绘在 GIS 地理空间信息图层上,通过动态图标的颜色变化实时反映该重点监控企业单位节能减排达标状态,绿色表示"达标",橙色表示"超标",红色表示"严重超标"。双击动态图标可连接该企业单位节能减排实时监测指标和运行参数监控对话框,管理人员可以通过对话框选择查询各项监测数据和参数(可以文字和图形方式表示),必要时还可以实时发出控制指令,经过适当延迟后现场控制装置会自动执行操作,例如关闭排污泵和排污管道阀门等。

3. 协同处置

城市节能减排管理信息集成平台可以根据各企业单数监测数据和监控信息,自动与量化的城市节能减排奖惩标准进行比对,自动生成奖励和处罚决定书,并自动发给城市节能减排各有关管理部门签署确认后,由管理信息集成平台统一发送给奖惩企业单位。协同处置一方面避免了人为的偏差,另一方面可以做到及时发现、及时奖罚,实现城市节能减排可监可管,将城市节能减排监管落到实处,讲究实效。

据了解目前国外节能减排非常强调监管和核查,初步实现了监管和核查的信息化、自动化和智能化。这也是我国智慧城市节能减排所必须进行的一项重要的工作。尽管我国在节能减排方面会出台一系列的标准和规范,提出监测内容和考核要求等(例如"节能减排三体系实施方案和办法"),但是在"三体系实施方案和办法"中对于"如何监测"、"采用什么技术手段进行监测"则几乎没有涉及。虽然在方案和要求中提出采用抄报和统计的人工方式,但是这种做法人为因素无法排除,数据可信度很低,同时抄报和统计的数据太过于宏观,起不到动态监测数据的实时记录,很难实现有效的核查。因此学习国外经济发达国家采用实时、动态、客观、准确、完整地进行监测、记录、报警、综合的信息化、自动化和智能化监管方式和技术手段,是我国在全球节能减排这场为了全人类的战斗中,必须掌握和拥有的一项现代化科学武器。

7.7.5　节能减排监测与监控应用系统设计

城市节能减排监测和监控专业应用系统,通过城市节能减排在建筑楼宇、道路交通、社会社区、企业工厂各领域的监测与监控专业应用系统与各领域各自独立设置的监测和监控系统互联互通,进行实时的节能减排监测数据和监控信息的采集、信息交互和数据共享。通过与城市节能减排管理信息集成平台实现系统集成,提供各领域实时监测数据和监控信息,实现城市节能减排信息的整合、存储、优化、共享及可视化管理。

1. 智能建筑节能减排监测系统

通过城市节能减排涉及内容可以了解到,建筑能耗占城市能耗的 30%～40%,建筑节能是城市节能减排的重中之重。通常由城市建筑楼宇节能减排监测系统与城市大型建筑物、酒店、商场(建筑面积超过5万平方)和公共设施(如机场、车站等)建筑智能化系统进行联网,由各建筑楼宇智能化系统提供实时供电用电的检测数据,有些先进的智能化系统还可以提供建筑节能实时监测数据和状态图以及预测建筑能耗趋势图等,甚至可通过该建筑楼宇水、电、煤、气计量系统提供准确的监测、技术和统计的数据等。

系统将重点建筑标绘在GIS地理空间信息图层上,通过动态图标的颜色变化实时反映该重点建筑用电、能耗和节能减排达标状态,动态图标显示绿色表示“达标”,橙色表示“超标”,红色表示“严重超标”。双击动态图标可连接该企业单位节能减排实时监测指标和运行参数监控对话框,可以通过对话框选择查询各项监测数据和参数(可以文字和图形方式表示)。

2. 智能小区节能减排监测系统

通过城市节能减排涉及内容可以了解到,城市生活节能占城市能耗的15%左右,因此城市住宅社区节能减排监测涉及民众生活内容。通常由城市住宅社区节能减排监测系统与城市各大型住宅社区(以超过1千个住宅单位)的物业管理系统联网,由各物业管理系统提供该社区居民生活电力监测数据,以监控住宅社区居民生活消费量增长趋势和是否超标,生活用能源消费量是否正常,以及住户居民水、电、煤、气自动抄表系统提供的社区住户水、电、煤、气的实时统计数据。

系统将被监测的住宅社区标绘在GIS地理空间信息图层上,通过动态图标的颜色变化实时反映该住宅社区用电、能耗和节能减排达标状态,动态图标显示绿色表示“达标”,橙色表示“超标”,红色表示“严重超标”。双击动态图标可连接该住宅社区节能减排实时监测指标和用电、能耗监控对话框,可以通过对话框选择查询各项监测数据和参数(可以文字和图形方式表示)。系统经数据分析和统计可以将监测数据转换为监测数据态势图以及预测社区居民用电和能耗趋势图等。

3. 智慧交通节能减排监测系统

通过城市节能减排涉及内容可以了解到,道路交通节能占城市能耗的20%左右,因此道路交通节能是城市节能减排的重要内容。通常由城市道路交通节能减排监测系统与城市交通监控管理系统(如城市智能交通系统)、城市公共交通调度管理系统、城市出租车通信调度系统进行联网,由各监测系统提供实时的道路交通车流量数据、数据机动车排放监测数据以及城市道路每公里平均油耗数据等。经系统数据分析与交通节能减排数据模型比对,形成可信的交通节能减排状态图和趋势分析图等。

可以通过图标方式在GIS地理空间信息图层上标绘出城市主要道路机动车排放、交通流量、每公里平均油耗动态态势图,动态图标显示绿色表示该路段节能减排“达标”,橙色表示该路段节能减排“超标”,红色表示该路段节能减排“严重超标”。系统可以提供道路交通节能减排监测数据、分析数据和统计数据等。双击动态图标可连接该路段节能减排实时监测数据和道路交通监控信息对话框,可以通过对话框选择查询各项监测数据和监控信息(可以文字、图形和图像等)。

4. 智慧企业节能减排监控管理系统

通过城市节能减排涉及内容可以了解到,城市企业节能占城市能耗的25%左右,因此城市企业节能减排监测与监控是城市节能减排的主要的工作。通常由城市企业节能减排监控管理系统与城市各重点企业单位(耗能1万吨标准煤以上的企业单位)的节能减排监控管

理系统联网(没有建设企业节能减排监控管理系统的应限时建设完成),由各企业单位节能减排监控管理系统提供该企业单位用电和能耗监测数据。对重点单位的耗能设备、供配电机房以及蓄水池、煤场、气站安装视频监控摄像机,对于涉及环境污染的单位,除了对污染和排放源除安装视频监控摄像机,还要对排污管道安装控制装置,以实现远程遥感。

系统将被监测的重点企业单位标绘在GIS地理空间信息图层上,通过动态图标的颜色变化实时反映该企业单位用电、能耗和节能减排达标状态,动态图标显示绿色表示“达标”,橙色表示“超标”,红色表示“严重超标”。双击动态图标可连接该企业单位节能减排实时监测指标和运行参数监控对话框,可以通过对话框选择查询各项监测数据和监控信息(可以文字、图形和图像等)。系统经数据分析和统计可以将监测数据转换为监测数据态势图以及预测该企业单位用电和能耗趋势图等。

7.8 智慧城市基础设施管理平台规划与设计

7.8.1 基础设施管理需求分析

城市基础设施是城市生存和发展所必须具备的工程性基础设施和社会性基础设施的总称,也是城市中为顺利进行各种经济活动和其他社会活动而建设的各类设施的总称。它对人民生活和保障经济发展为重要,是实现经济效益、环境效益和社会效益的必要条件之一。工程性基础设施一般指能源系统、给排水系统、交通系统、通信系统、环境系统、防灾系统等工程设施。社会性基础设施则指行政管理、文化教育、医疗卫生、商业服务、金融保险、社会福利等设施。一般讲城市基础设施多指工程性基础设施。

1. 工程性基础设施的范畴

(1) 能源设施:包括电力、煤气、天然气、液化石油气和暖气等。

(2) 给排水设施:包括水资源保护、自来水厂、供水管网、排水和污水处理。

(3) 交通设施:分为对外交通设施和对内交通设施。前者包括航空、铁路、航运、长途汽车和高速公路;后者包括道路、桥梁、隧道、地铁、轻轨高架、公共交通、出租汽车、停车场、轮渡等。

(4) 邮电通信设施:如邮政、电报、固定电话、移动电话、互联网、广播电视等。

(5) 环保设施:如园林绿化、垃圾收集与处理、污染治理等。

(6) 防灾设施:如消防、防汛、防震、防台风、防风沙、防地面沉降、防空等。

2. 社会服务性基础设施分类

(1) 生产基础设施:包括服务于生产部门的供水、供电、道路和交通设施、仓储设施、邮电通信设施以及排污、绿化等环境保护和灾害防治设施。

(2) 社会基础设施:指服务于居民的各种机构和设施,如商业和饮食业、服务业、金融保险机构、住宅和公用事业、公共交通、运输和通信机构、教育和保健机构、文化和体育设施等。

(3) 制度保障机构:如公安、政法和城市建设规划与管理部门等。

基础设施水平随经济和技术的发展而不断提高,种类更多,服务更加完善。

7.8.2 基础设施管理要求

为了保障城市基础设施的正常运行和保持设施的完好率，充分发挥城市各项基础设施的功效和作用，离不开对工程系统运行与设施及设备的有效、合理、科学的管理。采用信息化、网络化、数字化、自动化、智能化技术实施对城市基础设施的运行监控和管理，是城市信息化实现城市综合管理和民生公共服务功能的重要组成部分。

城市基础设施具有由多个专业工程系统构成和多个政府部门及专业机构管理的特点，城市基础设施管理信息化目标，就是要建立城市基础设施一体化的管理信息化体系，搭建以城市基础设施管理综合信息集成平台为核心和各个基础设施专业工程监控管理系统应用。城市基础设施综合信息集成平台就是以信息化、网络化、数字化技术，分别将城市给水监控管理系统、城市排水监控管理系统、城市供电监控管理系统、城市燃气监控管理系统、城市供热监控管理系统、城市通信监控管理系统、城市环境卫生监控管理系统、城市防灾监控管理系统进行系统集成。实现城市基础设施各个专业工程系统之间的信息互联互通、数据共享和功能协同。

城市综合管理部门可以通过统一的城市基础设施综合信息集成平台，实现对城市基础设施各个专业工程运行的参数和指标、设施和设备的运行状态进行一体化的监控与管理。城市政府领导部门通过智慧城市门户网站政府领导桌面，连接到城市基础设施管理平台，可以浏览、查询、调用城市各个基础设施专业工程系统的运行参数和指标、设施和设备运行状况，调用各重要基础设施的监控图像画面。

7.8.3 基础设施管理平台规划

基础设施管理平台是城市基础设施建设的信息中心、管理中心和技术核心。基础设施管理平台将城市基础设施各专业监控管理系统有机联系在一起，集成为一个相互关联、完整和协调的城市基础设施综合监控与管理的大系统，使得城市基础设施工程系统的监控和管理信息高度共享和合理分配，克服以往因各专业应用系统独立操作、各自为政而形成的“信息孤岛”现象。

基础设施管理平台将城市基础设施各专业监控管理，包括城市给水监控管理系统、城市排水监控管理系统、城市供电监控管理系统、城市燃气监控管理系统、城市供热监控管理系统、城市电信监控管理系统、城市环境卫生监控管理系统、城市防灾监控管理系统等，集成在统一的计算机网络平台和统一的人机界面浏览、显示、操作的环境中，从而实现城市基础设施各专业监控管理系统之间信息资源的共享与管理、各专业监控管理系统间的互操作和快速响应与功能协同控制，以达到自动化监控和科学管理的目的。

基础设施管理平台的基础设施监控集成功能要求如下：

(1) 各专业监控管理系统通过控制网络或现场总线与本工程系统的设施、设备、现场控制器、智能仪表、传感器、探测器进行连接，完成对这些控制终端的监测、监控和监视。各专业监控管理系统提供网络接口与基础设施管理平台进行系统和信息的集成。

(2) 各专业监控管理系统设施与设备运行和检测数据的汇集与积累：各现场控制器、控制终端、传感终端，如冷热源机组、冷热交换器、水泵、压力传感器、流量传感器、温度传感器，通过监控管理系统提供的接口汇集各种设备的运行和检测参数，并对各类数据进行积累与

总计，如设施与设备运行时间、启停次数等参数进行积累与总计，以便更好地进行设施管理。

(3) 各专业监控管理系统机电设备运行状态监视：监控设施与设备的开/关状态，运行正常/非正常状态等数据。监控管理系统按照预定时间对运行状况进行汇总，以文本和图表形式生成报表。

(4) 各专业监控管理系统报警管理：当工程系统设施与设备出现故障或意外情况时，监控管理系统将进行采集和记录并送往设备维护管理系统。报警管理功能自动运行而无需操作人员介入，报警优先级别应根据严重性至少分为5级，按轻重缓急来处理异常事件。当设备发生故障时，能在显示器上弹出警示红色闪烁对话框，配以声响提示，显示出相应设备的图形界面，所有的报警应显示报警点的详细资料，包括位置、类别、处理方法、时间、日期等，同时能显示维修和处理的方法，并根据报警优先级别和时间专页自动记录备案，建立设备的维修档案，并在打印机上输出打印报告。

(5) 各专业监控管理系统设施与设备的联动控制：如根据系统发生的报警或故障信息联动相关设施与设备，实现自动启停控制。

(6) 各专业监控管理系统与本系统能耗管理系统主机相连，通过能耗管理系统提供的接口，监测工程系统高低压变配电系统的运行状态和监测参数(各相的电流、电压、总功率、有功功率、功率因数、电度、频率、开关状态、故障报警)以及能耗统计，并送往整个城市基础设施管理平台节能管理系统作为各专业工程系统能源管理的基础数据。

7.8.4　基础设施监控管理系统设计

1. 供水监控管理系统

1) 供水工程系统监控对象及检测内容

水是城市中与人民生活、工业生产等活动必不可少的关键性资源。根据城市用水的用途以及用水对象对水质、水量和水压的不同要求，可将城市用水分为生活用水、工业用水、市政用水、消防用水等类型。

根据城市供水工程系统运作流程，可知城市供水工程系统主要由水源、供水厂、供水管网、加压水泵、水塔、区域阀门井等环节以及相应设施和设备组成。城市供水工程系统监控对象主要是供水运作流程中各个环节中的设施和设备。

2) 供水设施与设备监控和管理功能

城市供水监控管理系统主要提供对城市供水水厂和城市供水管网的水质指标的检测、水池液位的监测、加压水泵等设备运行状态的监视和控制，以及重要设施与设备的视频图像监控等。

城市供水工程系统通过GIS提供城市供水监控管理电子地图图层页面上标绘的给水系统设施与设备监控地理空间位置图标，操作或管理人员可以通过双击电子地图上的设施与设备图标，即弹出该设施或设备实时运行状态图，图上通过不同颜色的设备图标显示该设施或设备的运行状态，例如设备开启为绿色图标、设备关闭为橙色图标、故障报警为红色图标，同时可以通过曲线图、甘特图或统计报表显示该设施或设备的运行参数等。双击电子地图上视频图像监控摄像机图标，可以显示该摄像机监控的实时图像，同时可以对该摄像机进行云台移动观察、镜头变焦和聚焦操作。

城市供水监控与管理系统能够提供设施与设备管理功能。管理功能包括：报警管理、故障管理、统计管理、报表管理、维修保养管理等。

城市供水监控与管理系统提供以下管理功能：

(1) 根据水源水质、清水池供水水质检测，提供水质污染报警记录、水质检测统计的曲线图、甘特图和统计报表。

(2) 提供清洁水池高低水位报警，以及水位统计曲线图、甘特图和统计报表等。

(3) 提供供水厂水泵故障报警记录，监测及记录水泵运行参数，记录水泵的累计运行时间，当运行时间达到某一限度时，在监控工作站会显示维修指示信息。

(4) 提供供水管网流量和压力的统计曲线图、甘特图和统计报表等。

(5) 当城市供水工程系统任何一个设施或设备发生故障时，应能在监控管理工作站显示及打印报警信息，包括报警时间、报警设备编号等。

(6) 提供视频监控图像存储、网络实时图像监控、历史图像网络调用，可通过报警信息查询，自动联动对应监控图像显示。

2. 排水监控管理系统

1) 排水工程系统监控对象及检测内容

根据城市排水系统流程，监控对象主要有排水管网、排水泵、集水池、蓄水池等。

(1) 排水管网

城市排水管网分为单独设污水处理厂和出水口的分散布置方式，以及各流域组合成为一个排水系统，所有污水汇集到一个污水处理厂处理排放的集中布置方式。通常大中城市采用分散布置方式。城市排水管网所涉及的主要设施是排水泵站。

(2) 排水泵站

将各种污水由低处提升到高处所用的抽水机械称为排水泵。由安置排水泵及有关附属设备的机房组成排水泵站。排水泵站按排水的性质可分为污水泵站、雨水泵站、合流泵站和污泥泵站等；按在排水管网系统中所处的位置，又分为局部泵站、中途泵站和终点泵站。

排水泵站监控主要包括：进出排水泵站水管道的流量和压力检测、排水泵运行状态监测、排水泵启停控制以及排水泵站视频图像监控等。

(3) 污水处理厂

城市污水处理厂是城市排水工程系统的重要组成部分。污水处理的主要目的是使处理后出水达到一定的排放要求，不污染环境，又要充分考虑水体自净能力节约费用。在缺水地区，污水处理应考虑回用问题。

根据污水处理厂运作流程，污水处理厂监控主要包括：进出污水处理厂管道的流量和压力检测、水泵运行状态监测、水泵启停控制、回收水水质和排放水水质的检测以及污水处理厂主要区域视频图像监控等。

2) 排水设施与设备监控和管理功能

城市排水监控管理系统主要提供对城市生活污水、工业废水、雨水的收集、处理和排放，对相应排水管网水质的监测、排污泵、污水压力提升装置与污水集水井等的监控，对污水处理厂等设施与设备运行状态的监视和控制以及重要设施及设备的视频图像监控等。

城市排水工程系统通过 GIS 提供城市排水监控管理电子地图图层页面上标绘的排水系统设施与设备监控地理空间位置图标，操作或管理人员可以通过双击电子地图上的设施与设备图标，即弹出该设施或设备实时运行状态图，图上通过不同颜色的设备图标显示该设

施或设备的运行状态，例如设备开启为绿色图标、设备关闭为橙色图标、故障报警为红色图标，同时可以通过曲线图、甘特图或统计报表显示该设施或设备的运行参数等。双击电子地图上视频图像监控摄像机图标，可以显示该摄像机监控的实时图像，同时可以对该摄像机进行云台移动观察、镜头变焦和聚焦操作。

城市排水监控与管理系统能够提供设施与设备管理功能。管理功能包括：报警管理、故障管理、统计管理、报表管理、维修保养管理等。

(1) 根据测量居民住宅污水集水井的高低水位情况，自动启停排污泵，使污水集水井的水位保持在正常范围内。每台污水泵具备自动启停控制、运行状态显示及污水泵故障报警、污水集水井液位监测、超高水位报警功能。

(2) 自动监测排水管网设备运行状态，当设备出现故障时自动报警。

(3) 提供排水管网流量和压力的统计曲线图、甘特图和统计报表等。

(4) 提供污水处理厂设备故障报警记录，监测及记录设备运行参数，记录设备的累计运行时间，当运行时间达到某一限度时，在监控工作站会显示维修指示信息。

(5) 当城市排水工程系统任何一个设施或设备发生故障时，应能在监控管理工作站显示及打印报警信息，包括报警时间、报警设备编号等。

(6) 根据污水处理后回用水水质和排放水水质检测，提供污水排放超标污染报警记录、水质检测统计的曲线图、甘特图和统计报表。

(7) 提供视频监控图像存储、网络实时图像监控、历史图像网络调用，可通过报警信息查询，自动联动对应监控图像显示。

3. 供电监控管理系统

1) 供电工程系统监控对象及检测内容

根据城市供电运作流程，监控对象主要有电厂、电源变电所、输变电线路、高低压配电房等。

(1) 城市电厂

城市电力可以由城市发电厂直接提供，也可以由外地发电厂经高压长途输送至电源变电所，再进入城市电网。城市电厂有火力发电厂、水力发电厂、风力发电厂、太阳能发电厂、地热发电厂和核能发电厂等。目前在我国仍以火力发电厂为主。火力发电厂是利用煤、石油、天然气、煤气、沼气等燃料发电的电厂。

火力发电厂主要设施及设备包括：锅炉、汽轮机、发电机、厂内变电所和输电线路。

(2) 电源变电所

在电力输送系统中，由发电厂将天然的一次能源转变成电能，向远方的电力用户送电。为了减小输电线路上的电能损耗及线路阻抗压降，需要将电压升高；为了满足电力用户安全的需要，又要将电压降低并分配给各个用户，这就需要能升高和降低电压并能分配电能的变电所。所以变电所是电力系统中变换电压、接受和分配电能的电工装置，它是联系发电厂和电力用户的中间环节，同时将各电压等级的电网联系起来。

在电力输送系统中发电机的额定电压一般为 5～20 千伏。常用的输电电压等级有 765 千伏、500 千伏、220～110 千伏、35～60 千伏等；配电电压等级有 35～60 千伏、3～10 千伏等；用电部门的用电器具有额定电压为 3～15 千伏的高压用电设备和 110 伏、220 伏、380 伏等低压用电设备。所以，电力系统就是通过变电把各不同电压等级部分联结起来形成一个整体。

变电所由电力变压器、配电装置、二次系统及必要的附属设备组成。

变压器是变电所的中心设备,它利用电磁感应原理。配电装置是变电所中所有的开关电器、载流导体辅助设备连接在一起的装置。其作用是接受和分配电能。配电装置主要由母线、高压断路器开关、电抗器线圈、互感器、电力电容器、避雷器、高压熔断器、二次设备及必要的其他辅助设备所组成。二次设备是指一次系统状态测量、控制、监察和保护的设备装置。由这些设备构成的回路叫二次回路,总称二次系统。二次系统的设备包含测量装置、控制装置、继电保护装置、自动控制装置、直流系统及必要的附属设备。

(3) 输变电线路

输变电线路按结构形式可分为架空输电线路和地下输电线路。前者由线路杆塔、导线、绝缘子等构成,架设在地面上;后者主要用电缆,敷设在地下(或水下)。输电按所送电流性质可分为直流输电和交流输电。19 世纪 80 年代首先成功地实现了直流输电,后因受电压提不高的限制(输电容量大体与输电电压的平方成比例),19 世纪末为交流输电所取代。交流输电的成功,迎来了 20 世纪的电气化时代。20 世纪 60 年代以来,由于电力电子技术的发展,直流输电又有新发展,与交流输电相配合,形成交直流混合的电力系统。输电电压的高低是输电技术发展水平的主要标志。到 20 世纪 90 年代,世界各国常用输电电压有 220 千伏及以下的高压输电,330～765 千伏的超高压输电,1 000 千伏及以上的特高压输电。

(4) 高低压配电房

高低压配电房通常设置在企业、建筑物和住宅社区内,其作用是将输电线路传送的高电压经变压器转换为用户终端电气设备可以直接使用的电压。用户使用电压通常为三相 380V 或两相 220V。通常高低压配电房由变压器、高低压配电柜、继电保护装置、电力监控装置等组成。

2) 供电设施与设备监控和管理功能

城市供电监控管理系统主要提供对城市电厂、电源变电所、输变电线路以及大型高低压配电房等设施与设备运行状态监视和控制,以及重要电力设施及设备的视频图像监控等。

城市供电工程系统通过 GIS 提供城市供电监控管理电子地图图层页面上标绘的供电系统设施与设备监控地理空间位置图标,操作或管理人员可以通过双击电子地图上的设施与设备图标,即弹出该设施或设备实时运行状态图,图上通过不同颜色的设备图标显示该设施或设备的运行状态,例如设备开启为绿色图标、设备关闭为橙色图标、故障报警为红色图标,同时可以通过曲线图、甘特图或统计报表显示该设施或设备的运行参数等。双击电子地图上视频图像监控摄像机图标,可以显示该摄像机监控的实时图像,同时可以对该摄像机进行云台移动观察、镜头变焦和聚焦操作。

城市供电系统监控内容包括:电厂及电源变电所以及大型企业、建筑物、住宅社区高低压配电房所有高低压回路电压、电流、功率、电能、频率、功率因数、跳闸记录、开关状态等的遥测、遥信、遥控、远方参数设置及网络通信等一体化功能。

城市供水监控与管理系统能够提供设施与设备管理功能。管理功能包括:报警管理、故障管理、统计管理、报表管理、维修保养管理等。

(1) 对电厂变电所提供如下管理功能:配电柜的进线开关及母联的开关状态、电压、电流、功率因数、跳闸报警、变压器的超温报警及风机故障状态等。

(2) 对输变电线路变电所提供如下管理功能:配电柜的进线开关及母联的开关状态、电

压、电流、功率因数等参数，跳闸报警、欠电压状态显示、变压器的超温报警与风机故障以及漏电故障状态等。

(3) 报警管理：当变配电系统出现报警时，如跳闸报警、变压器超温报警、开关状态报警、欠电压报警、漏电报警等状态时，系统会自动显示及打印报警信息，包括报警时间、报警内容、报警地址、确认时间、维修表述等报警信息分类列表。

(4) 故障管理：提供设备运行参数(包括监测数据和电力仪表监控影像等)，能够自动生成变配电设备运行数据及累计运行时数图表，如曲线图、甘特图、统计报表等。当运行时间达到某一设定限度时，监控管理系统自动显示维修指示信息。

(5) 提供视频监控图像存储、网络实时图像监控、历史图像网络调用，可通过报警信息查询，自动联动对应监控图像显示。

4. 燃气监控管理系统

1) 燃气工程系统监控对象

根据城市燃气运作流程，监控对象主要有制气厂、燃气储配站、燃气调压站、燃气输配管网等。

(1) 制气厂

城市燃气气源是向城市燃气储配系统提供燃气的设施。在城市中，燃气气源主要有煤气制气厂、天然气站、液化石油气供应站等。目前城市主要气源是炼焦制气厂和直立炉煤气厂。制气厂通过煤气发生炉采用正或反火气化原理，自上而下地进行连续气化反应。气化剂(空气和水蒸气)在水环真空泵的抽吸作用下，由敞开的炉口吸入炉内，经干燥、干馏层进入氧化层，在剧烈的氧化反应下，生成大量的高温二氧化碳(CO_2)，进入还原层被还原为一氧化碳(CO)，水蒸气被分解出氢(H_2)等可燃气体，当进入下面灰渣层时，受灰渣层氧化物催化剂的影响，又促进一部分一氧化碳和氢气被聚合生成部分甲烷(CH_4)，煤气被炉外水环真空泵抽送入洗涤塔及气水分离装置，使煤气冷却和净化。制气厂监控对象主要包括：煤气发生炉、换热器、除尘器、净化器、真空泵。

(2) 燃气储配站

城市燃气储配站主要功能是：存储一定的燃气量，以平衡燃气负荷；可以使多种燃气进行混合，达到适合的热值等燃气质量指标；将燃气加压，以保证输配管网内适当的压力。燃气储配站监测对象主要包括：对进站压力、出口压力、燃气温度及燃气流量等。

(3) 燃气调压站

城市燃气调压站主要功能是：调节连接两套输气压力不同的城市输气管网之间的调压设施。通常城市燃气调压站按性质可分为区域调压站、用户调压站、专用调压站；按调节压力范围分为高中压调压站、高低压调压站、中低压调压站等。燃气调压站监测对象主要包括：对进站压力、出口压力、燃气温度及燃气流量等。

(4) 燃气输配管网

燃气输配管网是将制气厂气源输送到用户的设施。城市燃气输配管网可以根据整个系统中管网不同压力级制的数量来进行分类，可分为一级管网系统、二级管网系统、三级管网系统和混合管网系统四类。

2) 燃气设施与设备监控和管理功能

城市燃气监控管理系统主要提供对制气厂、燃气储配站、燃气调压站以及重要燃气输配管网段等进行燃气参数监测和设施及设备运行状态的监视与控制，以及重要燃气设施及设备的视频图像监控等。

城市燃气工程系统通过GIS提供城市燃气监控管理电子地图图层页面上标绘的燃气系统设施与设备监控地理空间位置图标，操作或管理人员可以通过双击电子地图上的设施与设备图标，即弹出该设施或设备实时运行状态图，图上通过不同颜色的设备图标显示该设施或设备的运行状态，例如设备开启为绿色图标、设备关闭为橙色图标、故障报警为红色图标，同时可以通过曲线图、甘特图或统计报表显示该设施或设备的运行参数等。双击电子地图上视频图像监控摄像机图标，可以显示该摄像机监控的实时图像，同时可以对该摄像机进行云台移动观察、镜头变焦和聚焦的操作。

城市燃气系统监控内容包括：制气厂、燃气输配站、燃气调压站和重点输配管网段。其主要监测参数包括压力、温度和流量，电动球阀监控和燃气检测，以及燃气泄漏检测报警、重要燃气输配管网段火灾检测报警等。

城市燃气监控与管理系统能够提供燃气监测参数统计和设施与设备管理功能。包括：报警管理、故障管理、统计管理、报表管理、维修保养管理等。

(1) 对制气厂提供如下管理功能：可通过工艺参数、运行状态、模拟流程图、实时趋势和历史趋势显示煤气发生炉、换热器、除尘器、净化器、真空泵的运行状态监控与故障报警等。对监测参数如压力、温度、流量等监测数据统计、设定值过限和故障报警统计等，可通过曲线图、甘特图、统计报表等方式提供。

(2) 对燃气输配站提供如下管理功能：可通过工艺参数、运行状态、模拟流程图、实时趋势和历史趋势显示设施及设备运行状态与故障报警等。对监测参数如压力、温度、流量等监测数据统计、设定值过限和故障报警统计等，可通过曲线图、甘特图、统计报表等方式提供。

(3) 报警管理：当燃气系统出现报警时，如设定值过限报警、故障报警、燃气泄漏报警、火灾报警时，系统会自动显示及打印报警信息，包括报警时间、报警内容、报警地址、确认时间、维修表述等报警信息分类列表。

(4) 故障管理：提供设备运行参数(包括监测数据和燃气监测仪表监控影像等)，能够自动生成燃气系统设备运行数据及累计运行时数图表，如曲线图、甘特图、统计报表等。当运行时间达到某一设定限度时，监控管理系统自动显示维修指示信息。

(5) 视频监控图像存储、网络实时图像监控、历史图像网络调用，可通过报警信息查询，自动联动对应监控图像显示。

5. 供热监控管理系统

1) 城市供热工程系统监控对象

(1) 供热热源

将自然或再生能源形态转化为符合供热要求的热能的装置，称为热源。热源是城市集中供热的起始设施。集中供热系统热源的选择、规模的确定和能源供应的选择对整个系统的合理性和城市节能减排有决定性的影响。目前我国大多数城市采用的城市集中供热系统热源有：热电厂、锅炉房、低温核能供热堆、热泵、工业余热、地热和垃圾焚烧厂。在上述几种热源设施中，热电厂和锅炉房是使用最为广泛的集中供热热源。

热电厂通常采用装备有专用供热汽轮机组，实现热电联合生产，其监控对象主要有：供热汽轮机组设备运行状态、蒸汽温度和压力参数的监测等。

(2) 锅炉房

热电厂作为集中供热系统热源时,投资较大,对城市环境影响也较大,对水源、运输条件和用地条件要求高,相比之下,区域锅炉房作为集中供热热源显得较为灵活,适应面较广。集中供热锅炉房的核心部分是锅炉,锅炉根据其生产的热介质不同分为热水锅炉和蒸汽锅炉。锅炉房监控对象主要是:锅炉运行状况、热水温度、压力和流量参数的监测以及主要设备视频图像监控等。

(3) 热力站

热力站连接热力主网和局部支网之间的设施,并装有全部与用户连接的有关设备、仪表和控制装置的机房。热力站的功能将热量从热力主网转移到局部系统,即将热源发生的热介质温度、压力、流量调整转换到用户设备所要求的状态。热力站根据功能不同,可分为换热站与热力分配站;根据热网介质的不同,可分为水-水换热的热力站和气-水换热的热力站。热力站监控对象主要是:热力站运行状况、温度、压力和流量参数的监测以及主要设备视频图像监控等,同时热力站具有检测和计量用户热量的能力。

(4) 供热管网

供热管网是将热力厂热源输送到用户的设施。根据热源与管网之间的关系,热网可分为区域式和统一式两类。区域式热网与一个热源相连,并只提供此热源所及的区域。统一式热网与所有热源相连,可以从任一热源得到供应,热网也允许所有热源共同工作。相比之下,统一式热网的可靠性比较高,但系统较复杂。根据输送热介质的不同,热网又可分为蒸汽管网、热水管网和混合式管网三种。一般情况下,从热源到热力站的管网多采用蒸汽管网,而在热力站向民用建筑供暖的管网中,更多采用的是热水管网。根据热网平面布置类型又可分为:枝状管网和环状管网两种。一般热网多数采用枝状管网布置方式。

(5) 供热节能控制

根据城市节能减排的要求,城市新建、改建、扩建建筑物的供热采暖系统,应当应用有关供热计量和控制技术在供热热源和热力站、管网、建筑物入口、热用户终端等处安装温度自动调控装置和热计量装置;在居住建筑和公共建筑的供热系统,应当逐步进行改造,并安装温度自动调控装置和热计量装置,具备分户热计量条件的应当安装分户热计量装置等供热节能控制设施。

2) 设施与设备监控和管理功能

城市供热监控管理系统主要提供对供热热源、锅炉房、热力站、供热管网和供暖节能控制设备等的供热运行参数进行监测,供热系统设施与设备运行状态的监视和控制,以及重要供热设施及设备的视频图像监控等。

城市供热工程系统通过 GIS 提供城市供热监控管理电子地图图层页面上标绘的供热系统设施与设备监控地理空间位置图标,操作或管理人员可以通过双击电子地图上的设施与设备图标,即弹出该设施或设备实时运行状态图,图上通过不同颜色的设备图标显示该设施或设备的运行状态,例如设备开启为绿色图标、设备关闭为橙色图标、故障报警为红色图标,同时可以通过曲线图、甘特图或统计报表显示该设施或设备的运行参数等。双击电子地图上视频图像监控摄像机图标,可以显示该摄像机监控的实时图像,同时可以对该摄像机进行云台移动观察、镜头变焦和聚焦的操作。

城市供热系统监控内容包括:供热热源、锅炉房、热力站的供热介质的温度、压力和流量的监测。

城市供热监控与管理系统能够提供设施与设备管理功能。包括:报警管理、故障管理、统计管理、报表管理、维修保养管理等。

(1) 对城市供热热源提供如下管理功能:热汽轮机组设备运行状态、蒸汽温度和压力参数的监测、参数设定值过限报警,设备故障报警等。

(2) 对锅炉房提供如下管理功能:锅炉运行状况、热水温度、压力和流量参数的监测、参数设定值过限报警、设备故障报警等。

(3) 报警管理:当供热系统出现报警时,如参数设定值过限报警、设备故障报警时,系统会自动显示及打印报警信息,包括报警时间、报警内容、报警地址、确认时间、维修表述等报警信息分类列表。

(4) 故障管理:提供设备运行参数(包括监测数据和热力仪表监控影像等),能够自动生成供热设备运行数据及累计运行时数图表,如曲线图、甘特图、统计报表等。当运行时间达到某一设定限度时,监控管理系统自动显示维修指示信息。

(5) 视频监控图像存储、网络实时图像监控、历史图像网络调用,可通过报警信息查询,自动联动对应监控图像显示。

6. 城市电信监控管理系统

城市电信监控管理系统主要涉及:城市邮政、城市电话、城市有线通信、城市移动通信、城市数据、城市广播电视工程系统的设施与设备的监控和运行管理。通常城市电信监控管理系统根据上述各专业系统的监控与管理需求独立设计和建设,各专业监控管理系统实现与城市基础设施管理综合信息集成平台的互联互通和数据共享。

1) 城市邮政

城市邮政主要由邮政通信枢纽、邮政局、邮政支局、邮政所构成。城市邮政主要业务涉及:投递各类邮件业务、收寄国内外各类包裹业务、普通汇款和邮政储蓄业务等。

2) 城市电话

城市电话主要由城市电信局、所构成。城市电话主要业务涉及:办公电话业务、住宅电话业务以及城市电话网络的建设等。

3) 城市移动通信

城市移动通信主要由移动通信网络、移动局、移动交换局、移动台(MS)、基站(BS)、移动业务交换中心(MCS)构成。城市移动通信主要业务涉及:GSM、FDMA、TDMA、CDMA等蜂窝移动通信业务等。

4) 城市数据

城市数据主要由城市数据网、数据局、数据交换局等构成。城市数据业务按照网络结构分为互联网业务和数据传送业务两大类。

5) 城市广播电视

城市广播电视主要由城市广播电台、广播站、电视台构成。城市广播电视业务主要是通过无线发射、有线电视等网络进行党和国家宣传,播出各类文艺、教育、新闻广播和电视节目等。

6) 城市有线通信网络线路

城市有线通信网络线路是城市各类通信系统网络联系的主体,也是各通信系统之间互

联互通网络的统称。城市有线通信线路通常按使用功能、线路材料、线路敷设方式等进行分类。当前城市有线通信网络线路按使用功能分类有：长途电话、市内电话、有线电视、有线广播、城市数据、互联网等。

7. 城市环境卫生监控管理系统

1）城市环境卫生工程系统监控对象

(1) 垃圾焚烧厂

城市垃圾焚烧厂是通过高温燃烧可燃固体废物的场所和设施。垃圾焚烧是目前国外先进发达国家处理垃圾的主要手段。该方式可对垃圾进行灭菌消毒，回收能量用于发电或供热等用途。垃圾焚烧可以达到垃圾的减容化、无害化和资源化的目的。城市垃圾焚烧厂监控对象主要是：焚烧厂设备运行状况监控、场地与周边环境污染监测和空气质量检测、主要设备视频图像监控等。

(2) 垃圾填埋场

城市垃圾填埋场是将固体废物填埋到指定的谷地或废弃的矿坑等，然后压实后覆土，使其发生物理、化学、生物等变化，分解有机物质，达到减容化和无害化的目的。通常垃圾填埋场监控对象主要是：场地与周边环境污染监测和空气质量检测以及场地视频图像监控等。

2）设施与设备监控和管理功能

城市环境卫生监控管理系统主要提供对垃圾转运站、垃圾焚烧厂、垃圾填埋场等环境与空气质量参数的监测，垃圾焚烧厂设施与设备运行状态的监视和控制，以及重要垃圾转运站、垃圾焚烧厂、垃圾填埋场区域的视频图像监控等。

城市环境卫生工程系统通过 GIS 提供城市环境卫生监控管理电子地图图层页面上标绘的环境卫生系统垃圾转运站、垃圾焚烧厂、垃圾填埋场地理空间位置图标，操作或管理人员可以通过双击电子地图上的垃圾收集与处理设施图标，即弹出该设施相关信息与设备实时运行状态图，图上通过不同颜色的设备图标显示该设施或设备的运行状态，例如设备开启为绿色图标、设备关闭为橙色图标、故障报警为红色图标，同时可以通过曲线图、甘特图或统计报表显示该设施环境与空气质量监测参数等。双击电子地图上视频图像监控摄像机图标，可以显示该摄像机监控的实时图像，同时可以对该摄像机进行云台移动观察、镜头变焦和聚焦的操作。

城市环境卫生监控与管理系统能够提供设施与设备管理功能。包括：报警管理、故障管理、统计管理、报表管理、维修保养管理等。

(1) 对垃圾焚烧厂提供如下管理功能：设备运行状态、场地及周边环境污染与空气质量参数的监测、参数设定值过限报警、设备故障报警、场地视频图像监控等。

(2) 对垃圾填埋场提供如下管理功能：场地环境污染与空气质量参数的监测、参数设定值过限报警、场地视频图像监控等。

(3) 报警管理：当环境卫生系统出现报警时，如参数设定值过限报警、设备故障报警时，系统会自动显示及打印报警信息，包括报警时间、报警内容、报警地址、确认时间、维修表述等报警信息分类列表。

(4) 故障管理：提供设备运行参数(包括监测数据和场地视频监控影像等)，能够自动生成环境卫生系统设备运行数据及累计运行时数图表，如曲线图、甘特图、统计报表等。当运行时间达到某一设定限度时，监控管理系统自动显示维修指示信息。

(5) 视频监控图像存储、网络实时图像监控、历史图像网络调用,可通过报警信息查询,自动联动对应监控图像显示。

8. 城市防灾监控管理系统

1) 城市灾害的种类

城市灾害可以根据不同的标准和造成的原因,分为自然灾害和人为灾害两大类。其中自然灾害又包括:气象灾害、海洋灾害、洪水或海啸灾害、地质与地震灾害等;人为灾害包括:战争、火灾、突发公共安全事件(恐怖袭击)、交通事故、化学灾害、传染病等。

2) 城市主灾与次生灾害

城市灾害往往是多种灾种持续发生,各种灾害间有一定的因果关系。发生在前,造成较大损失的灾害称为主灾;发生在后,由主灾引起的一系列灾害称为次生灾害。主灾一般规模较大,常为地震、洪水或海啸、战争、传染病等大灾;次生灾害在开始形成时一般规模较小,但灾种多,发生频次高,作用机制复杂,发展速度快,有些次生灾害的最终破坏规模甚至远远超过主灾。

3) 城市防灾体系

由于城市人员和财富高度集中,一旦发生灾害,造成的损失会很大。必须建立城市防灾抗灾体系,制定防范预案和应对措施,立足于防。城市防灾工作的重点,是防止城市灾害的发生,以及当不可避免的灾害发生时,通过及时应急处置将灾害所造成的损失减至最小。城市防灾体系以防灾应急指挥和调度处置平台为中心,建立城市灾害的监测、预报、防护、抗御、救援和灾后恢复重建等多应用系统,如图7.8所示。

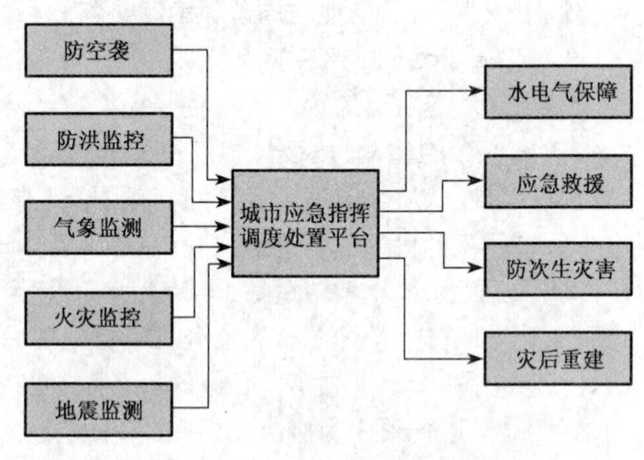

图 7.8 城市防灾体系结构图

4) 城市防灾体系各应用系统功能

(1) 城市应急指挥与调度处置平台

城市应急指挥与调度处置平台是城市防灾体系的核心,城市应急指挥与调度处置功能,主要体现在预防和妥善应对自然灾害、事故灾难、公共卫生事件和社会安全事件等各类城市灾害;建立健全应对城市灾害的预测预警、信息管理、应急处置、应急救援及调查评估等机制,提高应急指挥与调度处置能力;整合资源,建立健全快速反应系统,建立和完善联动机制。

(2) 城市防空袭应用系统功能

城市防空袭应用系统以人防工程为主体,其功能主要体现在防空信息的监视和采集、空袭警报的发布、避空袭人员疏导,以及医疗救护、消防救助、治安管理、抢险抢修等。

(3) 城市防洪监控应用系统功能

城市防洪监控应用系统以防洪或海啸信息预报为主体,其功能主要体现在防洪或海啸信息的监测和采集、洪水或海啸来临时的警报发布、避灾人员的疏导,以及医疗救护、灾害救援、治安管理、抢险抢修等。

(4) 城市气象监测应用系统功能

城市气象监测应用系统以恶劣天气气象信息预报为主体，其功能主要体现在气象信息的监测和采集、恶劣天气气象临时的警报发布、避灾人员的疏导，以及医疗救护、灾害救援、治安管理、抢险抢修等。

(5) 城市火灾监控应用系统功能

城市火灾监控应用系统以火灾预防为主体，其功能主要体现在火灾信息的监测和采集、发生火灾事件时的警报发布、避灾人员的疏导，以及医疗救护、火灾救援、治安管理、抢险抢修等。

(6) 城市地震监测应用系统功能

城市地震监测应用系统以地震救援为主体，其功能主要体现在地震状态信息的监视和采集、地震发生时的警报发布、压埋人员的抢救和灾区群众的安置，以及医疗救护、防止防范、治安管理、抢险抢修等。

(7) 城市水电气保障应用系统功能

城市水电气保障应用系统，也称为城市生命线系统，其以水电气保障为主体，还包括：交通、能源、通信、给排水等基础设施，是城市的粮食和血液循环系统。城市生命线系统是抗御城市灾害的重要屏障和迅速恢复灾害造成损失的重要手段与保障。

(8) 城市应急救援应用系统功能

城市应急救援应用系统是在发生灾害时，迅速指挥、通信、控制调度城市所有可用资源，抗御城市灾害；协同医疗救护、应急求援、治安管理、抢险抢修应对城市各类灾害。

(9) 城市防次生灾害应用系统功能

城市防次生灾害应用系统的主要功能是次生灾害发生概率的评估、针对主灾状况的监控和信息采集以及生成次生灾害应急处理预案等。

(10) 城市灾后重建应用系统功能

城市灾后重建应用系统的主要功能是对灾害的损失程度进行定量评估、针对灾害的损失现状自动生成灾后重建模型和建设规划原则等。

5) 城市防灾应用系统集成

(1) 城市防灾应用系统集成功能

城市应急指挥与调度处置平台实现城市防灾各应用系统的集成。城市应急指挥与调度处置平台通过 GIS 提供城市防灾各应用系统电子地图图层页面上标绘的相关灾害地理空间位置图标，操作或管理人员可以通过双击电子地图上的灾害图标，即弹出该设施相关灾害实时状态图，状态图上通过不同颜色的灾害状态图标显示该灾害造成损失程度状态，例如绿色图标为轻度、橙色图标为中度、红色图标为重度。双击电子地图上视频图像监控摄像机图标，可以显示该摄像机监控的实时图像，同时可以对该摄像机进行云台移动观察、镜头变焦和聚焦的操作。

(2) 各应用系统管理功能

城市应急指挥与调度处置平台能够提供各应用系统设施与设备管理功能。管理功能包括：报警管理、应急管理、通讯管理、调度管理等。

① 报警管理：当城市应急指挥与调度处置平台出现灾害报警时，平台会自动显示及打印报警信息，包括报警时间、报警内容、报警地址、确认时间、维修表述等报警信息分类列表。

② 视频监控图像存储、网络实时图像监控、历史图像网络调用,可通过报警信息查询,自动联动对应监控图像显示。

7.9 智慧城市市民卡服务平台规划与设计

7.9.1 概述

城市市民卡是在智慧城市内提供管理和服务的重要方法和手段,对智慧城市技术应用的发展起着重要的推动作用。智慧城市城市级市民卡服务平台,可以在智慧城市市民卡管理系统内部各分系统之间的信息交换、共享和统一管理,同时也可以通过市民卡实现与智慧城市智能物业管理系统、各二级综合安防与设备监控系统、电子商务应用系统进行系统集成,增强了智慧城市物业管理的能力和扩展增值服务的功能。市民卡服务平台目前可以覆盖整个智慧城市内身份识别、会员制管理、市内消费管理、城市电子商务财务结算及物流配送、物业管理费结算、住宅楼单元门禁、保安巡更管理、电梯控制、出入口控制、车辆进出管理、房产及住户管理、图书资料卡和保健卡管理、电话收费管理等。市民卡的应用已经渗透到了智慧城市物业管理和市内增值服务的各个环节,使得各项管理和服务工作更加高效与科学化,为人们日常的工作和生活带来便捷和安全性。

7.9.2 市民卡服务平台要求

以IC卡为载体,将银行的优质服务延伸到全市;开发稳定的、可行的、安全的市民卡电子消费应用平台以及各类自助终端、消费终端子系统,给用户提供方便快捷的服务,使市内的各种资金也能方便、安全地归集到银行,同时最大限度地减少银行在结算、管理及维护方面的成本与压力;市内则通过IC卡实现市内货币电子化、管理数字化与信息化,为用户提供全面的信息化服务。

1. 市民卡服务平台的功能

市民卡服务平台的主要提供持卡人身份认证与电子消费两大类服务支撑,将目前分散的银行卡、电话卡与交通卡等各种功能集于市民卡的单一卡上,使持卡人凭一张卡就可以方便地办理在工作、学习、生活中需要身份验证及消费结算等各有关事务,使市内的资源可高度共享,并且可极大地提高行政管理的效率,降低管理成本,推动管理的自动化与正规化,提高管理的水平。市民卡实现以下功能:

(1) 可以代替个人常用的所有证件(如出入证、工作证、图书证、医疗证等)。

(2) 作为餐饮、停车、购物、上机上网、医疗等各类收费的消费结算手段。

(3) 集成"公交一卡通"功能,可以搭乘市内的公共交通工具。

(4) 集成银行磁条卡功能,具有一般借记卡的所有功能,可以在银行设置的金融ATM机、POS机上进行金融消费,实现各种金融支付手段。

2. 市民卡服务平台的系统结构

市民卡服务平台从系统结构上可分为卡管理、交易清结算和市内管理三大部分。卡管理部分分为城市级与组团级两级,由城市级卡管理平台和各个组团管理平台组成。

3. 市民卡服务平台的应用范围

市民卡服务平台的应用应当覆盖所有收费点和报账点及应用于各类信息管理系统,包括身份认证系统、门禁系统、考勤系统、停车场管理系统、图书借阅系统、保安巡更系统、物业收费系统、食堂餐厅就餐与部分超市刷卡消费系统、公共体育娱乐设施使用消费系统及各系统相对应的统计分析系统等。

(1) 交费:物业费、学费、上机、医疗、停车等。

(2) 用餐:餐厅、食堂、快餐店等。

(3) 购物:百货商场、自选商场、零售商店、书店等。

(4) 娱乐:娱乐中心。

(5) 网上交易:上网费、电话费等。

(6) 身份认证:社区、图书馆、计算中心、医院等。

7.9.3 市民卡结构

根据城市市民卡需要满足社会保障应用、公共交通应用、商业消费应用和金融银行应用的功能需求以及应用行业的相关规范,市民卡通常采用具有接触式、非接触式、二维条码和磁条的四界面多功能多用途的智能卡。

市民卡界面结构满足“三个统一”:界面设计统一、功能区设置统一、采用标准统一;实现“三个互通”:确保在智慧城市中的政务服务、社会服务、商业服务互通,力求跨区域公共交通互通,争取全国商业消费互通。如图 7.9 所示,城市市民卡界面设计元素如下:

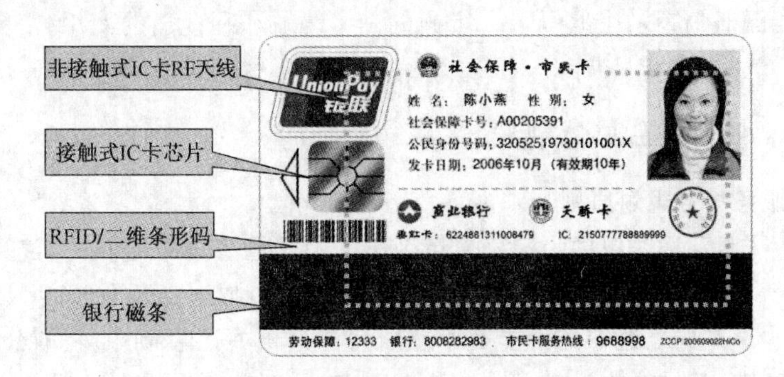

图 7.9 市民卡界面结构图

(1) 姓名、性别、社会保障卡号、市民卡序号、身份证号码、相片。

(2) 银联标识、银行标识和字样、银行磁条、银行卡号。

(3)“社会保障 · 市民卡”字样、发卡日期、有限期、发卡机构印章。

(4) 接触及非接触式双界面 IC 卡芯片、银行磁条、RFID/二维识别码。

(5) 劳动保障服务电话、银行服务电话、市民卡服务电话。

1. 双界面 CPU 卡

市民卡具有接触式和非接触式双界面共享 CPU 芯片的功能。双界面 CPU 芯片提供接触和非接触两种通信接口,两种通信方式共享应用数据。接触界面通信符合 ISO 8817 标准,非接触界面通信符合 ISO 14443 标准。由于是 CPU 卡片,具有高可靠的安全性,能够抵御各种攻击。代表了目前市民卡应用的最新发展和方向。

CPU 卡也称智能卡,卡内的集成电路中带有微处理器 CPU、存储单元[包括随机存储器 RAM、程序存储器 ROM(FLASH)、用户数据存储器 EEPROM]以及芯片操作系统 COS。装有 COS 的 CPU 卡相当于一台微型计算机,不仅只有数据存储功能,同时具有命令处理和数据安全保护等功能。

CPU 卡分为接触式 IC 卡,类似于电话卡;非接触式 IC 卡,也称 M1 卡,类似于感应式公交卡。接触式 IC 卡采用与读卡机具直接接触读取 CPU 芯片中数据的方式,因此具有较高的安全性。非接触式 IC 卡因为是感应式读卡,不与读卡机具直接接触,因此使用比较方便,且可维护性比较高。

IC 卡本身有芯片,根据芯片的容量不同,可划分不同的种类,通常市民卡采用 4442 IC 卡比较多。

2. 磁条界面

市民卡具有磁卡的功能。市民卡上磁条类似于银行卡面上的黑色磁条。磁条通常适合于银行或金融单位读卡终端和 ATM 银行自助设备使用。磁条记录了本人开户银行的储蓄号码,因为该磁卡号码是唯一的,保证了不同用户的卡号不同。市民卡磁卡功能可以实现与银行卡、银联卡、信用卡兼容使用。

3. 条码界面

市民卡具有二维条码卡的功能。该卡卡面上有一串条码,通过扫描枪或者相应的条码阅读器可读出该条码卡的卡号。根据条码的不同,又分为 39 码、128 码等。条码卡主要可记录一些持卡人基本信息和卡号。市民卡采用二维码界面,主要是可以满足商场、超市、便利店,以及医院、图书馆等采用 RFID/二维码的读卡终端和阅读器的使用,使得市民卡具有商业服务优惠卡或积分卡的功能。

7.9.4 市民卡服务平台总体规划

1. 市民卡服务平台规划原则

智慧城市市民卡工程是以建设覆盖全市范围的市民服务体系为目标,建设市民基础信息数据库,最终实现市民人手一张市民卡,各共建部门通过数据交换平台实现市民服务信息的共享和联动,全体市民通过市民卡能够办理所有个人相关社会事务,获取公共服务信息。市民卡也是全市统一的社会服务应用平台和电子支付平台。市民卡服务平台规划遵循以下原则:

1) *统筹规划,稳步推进*

市民卡项目是一项跨部门、跨行业的综合社会信息系统,需要市政府统筹规划,并根据政府各部门信息系统建设和应用情况,稳妥有序地推进市民卡应用。市民卡首先整合社会保障卡和公交卡的功能,适时开发市民卡在其他领域的应用,逐步扩展到民政、住房公积金、计生、卫生等其他领域。

2) *政府主导,市场运作*

市民卡项目整合了以社会保障卡为代表的政府应用、以银联为代表的金融支付应用和以电子钱包为代表的小额支付应用。为保证所有持卡市民的切身利益,市民卡项目需要在政府主导下进行建设和运营。由政府负责制定市民卡有关管理办法,对市民卡公司、市民卡沉淀资金进行监管;市各有关部门负责与市民卡有关的政务信息系统建设。同时,市民卡项

目是一个庞大的信息化系统工程，建设需要大量的资金投入，更需要专业化的公司进行运营。为减轻政府财政负担，提高政府和社会信息化水平，市民卡项目建设采用市场化的方式进行建设，充分利用市民卡资源，由市民卡公司负责筹措项目建设经费和运营。

3）一卡通用，分类管理

按照"市民一卡在手，办理个人所有相关事务"的目标，将政务应用、金融应用和小额支付应用整合到一张物理卡上，真正实现"一卡通"。市民卡建设以社会保障功能为主体，同时，为高效地服务市民，需要对市民卡业务进行分类，由各业务主管部门进行管理。

4）遵循规范，安全优先

市民卡需要整合社会保障卡和公交卡，必须遵循有关条线的行业标准。同时，市民卡也是城市为市民服务的区域卡，在不违背条线标准的前提下，也需要制定有城市特色的市民卡规范和标准。市民卡应用涉及市民办理个人社会事务的各个方面，与老百姓的切身利益有关，所以在系统建设时，必须坚持高起点、高可靠性，从管理和技术两个方面，确保市民卡信息的安全性和保密性。

5）便民服务，利民服务

成立市民卡服务中心，负责市民卡的发行和日常管理，授权市民卡公司具体负责市民卡的小额支付运营。参考"数字东胜"市民卡模式，独立设置市民卡服务中心，提供一站式服务。为了避免给市民的日常使用带来新的麻烦，市民卡申领、挂失、补卡等相关业务统一由市民卡服务中心负责。中心通过网络实时连接市民卡各应用部门，及时反映每一张市民卡的功能状态，从而为持卡人提供一站式、全方位的便利服务。依托合作银行网点，方便市民处理市民卡有关业务。充分利用合作银行的管理和服务资源，委托合作银行代理市民卡服务中心交办的挂失、补换卡等部分业务，市民可在遍布城乡的银行营业网点就近办理市民卡的相关业务。

6）第三方清算，统一支付

市民卡发行前，公交公司已经发行了公交卡，为了解决贯彻市民卡"一卡多用，一卡通用"的方针，便于市民刷卡，市民卡发行后，公交公司将不再发卡，通过对公交公司的POS机具进行兼容性改造，市民卡将可以在公交车上刷卡使用。公交以外的餐饮、购物、娱乐、旅游等商业应用领域，均由市民卡公司负责建设、运营并进行统一清算。这样做的好处是可以将交通卡运营从公交公司分离出来，今后逐步向出租车、地铁、轻轨、城际铁路等领域扩展，为城市间的"城际互通"奠定坚实的基础，为公共服务领域（包括公共交通、水、电、气、暖等领域）的财政性补贴提供翔实可靠的依据。

2. 市民卡服务平台功能体系规划

1）政务服务功能

(1) 社会保障

通过劳动就业和社会保障信息管理系统向市民卡服务平台提供失业就业状况、职业技能、养老保险、医疗保险、失业保险、工伤生育保险等信息，共享来自市民卡服务平台的企业注册登记、社团等非企业单位登记、机关事业单位、常住人口等信息。市民可以持卡办理个人社会保障、失业求职登记和参加职业培训等事务，享受凭卡在定点医院接受治疗、住院及在指定药店购药等社会服务。

(2) 民政管理

通过民政信息管理系统向市民卡服务平台提供城市低保、社会福利机构等信息,共享来自市民卡服务平台的市民最新就业状况、参加社会保障状况等信息。市民持卡可以获得动态低保服务,查询有关政策,同时按照国家规定的低保政策,在有关部门或单位持卡享受学生入学、看病就医、公用事业缴费等各种优惠待遇。

(3) 公安管理

通过公安管理系统向市民卡服务平台提供居民姓名、身份证号码、驾驶证号码等基础数据,共享来自市民卡服务平台的个人参保、伤残、文化程度、企业注册登记、社团组织、机关事业单位等信息,以及婚姻变更、失业就业、学籍和培训等各项动态信息。市民持卡可以辅助进行市民出入境、收养儿童登记等相关业务的办理,支付办事过程中的相关费用。

(4) 公积金管理

通过公积金管理系统向市民卡服务平台提供个人住房公积金账户余额及相关政策信息,共享市民卡服务平台的企业注册登记信息、社团等非企业单位登记、机关事业单位、企业破产、失业人员档案、城市低保、婚姻登记与变更、常住人口等信息。市民卡中加载公积金账号作为电子凭证,可在终端上查询个人账户公积金信息和相关政策法规,在服务窗口办理支取、贷款、账户转移等业务。

(5) 社区服务

通过社区信息服务系统向市民卡服务平台提供门禁登记、小区停车、房屋租赁等各项服务信息,共享来自市民卡服务平台的个人身份信息。市民持卡用于支付小区停车等费用,用于门禁等身份认证。

(6) 个体工商户服务

个体工商户信息管理系统向市民卡服务平台提供个体工商户登记、变更、歇业、注销信息,共享市民卡服务平台的常住人口、户籍、婚姻登记等信息。市民持卡可以办理个体工商户的有关业务,支付相关费用,查询相关政策法规。

(7) 残疾人服务

通过完善残联信息管理系统,向市民卡信息与服务平台提供残疾人个人信息,共享市民卡服务平台的常住人口、户籍等信息。市民持卡可以办理和补办残疾人证、特困残疾人优惠证,进行残疾人康复培训,接受为残疾人提供的法律援助、就业登记及职业介绍等服务。

(8) 劳动人事管理

通过人事管理系统向市民卡服务平台提供市民技能资格、就业状态、职称等信息,共享市民卡服务平台的常住人口、户籍、各类职业保险等信息。市民持卡可以办理有关人事管理业务,支付相关费用,查询政策法规等。

(9) 计生管理

通过计生管理系统向市民卡服务平台提供市民生育、出生人口、外来流动人口等信息,共享市民卡服务平台的常住人口、婚姻状况、儿童出生日期和出生证编号等信息。市民持卡可以办理各项计生相关事务,记录各项更新信息,支付相关费用等。

(10) 税务管理

通过地税管理系统向市民卡服务平台提供个体工商户税务登记、变更、歇业、注销和税

务申报等信息，共享市民卡服务平台的常住人口、户籍、婚姻登记等信息。

2）社会服务功能

(1) 医疗服务

通过医院信息管理系统向市民卡服务平台提供参保患者的入院日期、住院期间发生的费用及其明细，共享市民卡服务平台的常住人口、城市低保、伤残等信息。市民卡中加载医保账户，可在定点医院挂号、检查、诊断、划价和付费等，可以在定点药店支付费用。

(2) 卫生服务

通过卫生信息管理系统向市民卡服务平台提供妇女围产期信息、儿童计划免疫、义务献血、卫生防疫、健康证标志和医师、护士执业资格等信息，共享市民卡服务平台的常住人口、婚姻状况等信息。市民持卡可以查询个人卫生、社区医疗等信息，查询政策法规，办理各项个人事务，记录个人健康档案，并支付相关费用。

(3) 教育服务

通过教育信息管理系统向市民卡服务平台提供学历证书或资质证书的编号、学籍、学位、专业培训、国家资质考试、教师等信息，共享市民卡服务平台的常住人口、优待抚恤、低保、住房证明等信息。市民持卡可以办理相关资质考试事务，享受应有的各种待遇，参加各类培训，支付各项行政性收费，查询学籍学位信息、证书信息，并结合校园自身管理，提供身份认证、支付学杂费等服务。

(4) 公共交通服务

通过交通领域收费管理系统向市民卡服务平台提供居民乘车、公共场所停车、加油等费用支付信息。市民持卡支付乘车、公共场所停车和加油等小额费用。

3）商业服务功能

(1) 公用事业缴费应用

通过公用事业缴费管理系统向市民卡服务平台提供居民水、电、有线电视、通信、煤气、暖气等的使用情况、应缴费情况、欠费情况等信息。市民持卡支付各项公用事业费用，并在信息亭上查询各项支付明细情况。

(2) 商业服务

市民卡通过银行卡和电子钱包功能，可以在商店购物刷卡消费，并可将消费积分记录在市民卡中。采用市民卡商业消费的好处是可以实现全市购物消费积分共享，积分可互通互换，方便市民消费打折优惠和积分全市通兑通换。

(3) 金融服务

市民卡可以为网上第三方支付提供身份认证，方便市民网上购买股票和期货等金融产品，并且市民卡具有银行卡和电子钱包功能，很方便实现网上的支付和划款。

(4) 旅游服务

通过公园旅游信息系统向市民卡服务平台提供各宾馆、公园、旅游景点等各项服务及收费标准等信息，共享市民卡信息平台的常住人口、各种身份标识等信息。市民卡中有导游等各种标记信息，可享受应有的旅游服务。

图 7.10 为市民卡服务平台的功能体系结构图。

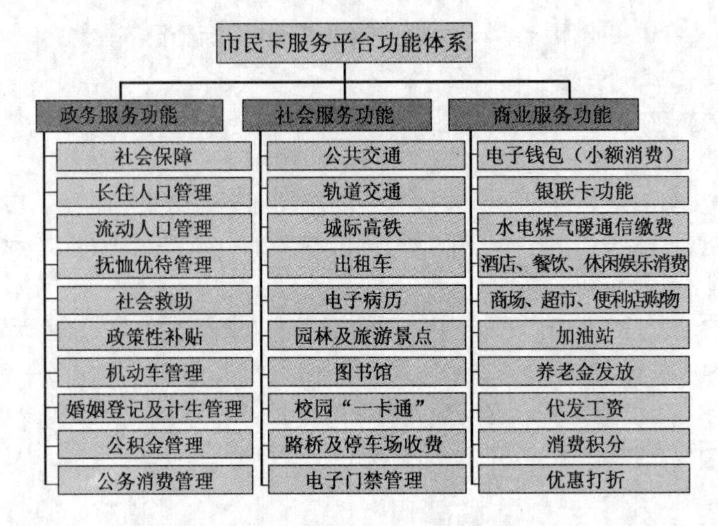

图 7.10 市民卡服务平台功能体系结构图

7.9.5 市民卡支撑平台规划

1. 网络平台

城市市民卡网络平台是市民卡服务平台运行的重要支撑平台,承担整个城市市民卡各支撑平台之间、平台与应用系统之间、应用系统与各卡机具及设备之间的互联互通、数据传输、计算机集群、数据资源共享等工作。通常城市市民卡网络平台采用三层网络拓扑结构,即城市级核心层、业务级汇聚层和终端用户应用层。数据传输网络利用智慧城市的网络基础设施,即公共互联网、电子政务外网、智能化控制网(物联网),以及城市无线网进行接入和互联。城市市民卡移动设备(如移动式信息亭、移动式读卡机、移动式充值机、手持 POS 机等)应充分考虑与城市无线互联网(3G+Wi-Fi)进行互联互通。

2. 数据平台(中心)

市民卡数据平台(中心)是市民卡服务平台的重要支撑平台,承担整个城市市民卡应用的数据采集、数据交换、账务结算以及数据查询、防灾备份等工作。为保证城市市民卡的一卡通用,市民卡数据平台由:持卡人(发卡)卡信息数据库、售卡/储值数据库、公交收费数据库、小额消费(电子钱包)数据库,以及社会保障资料交换数据库、智慧医疗交换数据库、数字校园交换数据库、智能小区交换数据库组成。市民卡数据平台(中心)应由城市市民卡服务公司统一运营和管理。

3. 安全平台

市民卡安全平台是市民卡服务平台的重要支撑平台,承担整个城市市民卡在卡结构与界面、系统数据、系统网络通信、系统运行等方面的安全与防范的工作。城市市民卡安全平台由 4 部分构成:基于国家住建部公共事业 IC 卡安全交易标准及密钥体系来保证市民卡的安全性;基于数据冗余和防灾备份技术等数据安全体系来保证数据的安全;基于加密技术、防火墙、VPN 技术的通信网络安全体系来保证网络通信的安全;基于高可靠性的系统安全运行环境体系来保证系统的安全可靠运行。

4. 发卡/储值平台

市民卡发卡/储值平台是市民卡服务平台的重要支撑与应用平台,具有市民卡持卡人基

本信息录入、制作市民卡卡片、初始化行业应用、写入储值金额、回传制卡和储值信息等功能。市民卡发卡/储值平台正常运作是城市市民卡应用的第一个环节，同时是建立市民卡卡信息库最重要的基础工作。

5. 消费平台

市民卡具有金融支付的功能，是城市市民便捷的消费支付工具，已成为现金、信用卡、银行卡等支付手段的补充和支持。市民卡消费平台是市民卡服务平台的重要支撑与应用平台，承担整个城市市民卡在商业服务领域内的商业消费应用、电子钱包应用和金融支付应用等功能。消费平台设计所涉及的内容主要包括：消费信息的采集和共享、公共事业缴费和金融支付的协同、电子钱包的应用等。通过消费平台的设计和建设，实现消费信息的共享、电子钱包的便捷应用、缴费与支付功能的协同，通过市民卡商业服务应用和功能，更好地为民众提供方便快捷的高效服务。

6. 清算平台

市民卡清算平台是市民卡服务平台的重要支撑与应用平台，具有市民卡交易管理、账户管理、资金结算、黑名单管理、交易日志管理、交易通信密钥管理等功能。市民卡清算平台是城市市民卡应用于政务服务、公共服务、商业服务等各项业务交易、商业消费、账户资金结算、财务支付和划拨等运作流程中的重要一环。

7.9.6　市民卡应用系统设计

1. 政务服务应用系统

市民卡政务服务应用涵盖了行政管理、市政管理、治安管理、环境卫生管理、流动人口管理、计生管理、就业与培训管理、政务信息公开、社会保障、社会救助、公积金管理等。市民卡政务服务应用系统以便民、利民、惠民为原则，进行统一规划，有效整合社会服务资源，实现一卡多用，避免重复投资和资源浪费。

2. 社会保障卡应用系统

市民卡整合了社会保障卡功能，在市民卡中采用社会保障卡规定的接触式 CPU 集成电路卡界面，运用国家社会保障部制定的统一密钥和统一的卡面制作图案和标记，实现社会保障卡所有管理和使用功能。市民卡内均记载持卡人姓名、性别、公民身份号码等基本信息，标识了持卡人的个人状态(就业、失业、退休、失业等)，可以记录持卡人社会保险缴费情况、养老保险个人账户信息、医疗保险个人账户信息、职业资格和技能、就业经历、工伤及职业病伤残程度等。社会保障卡是劳动者在劳动保障领域办事的电子凭证。持卡人可以凭卡就医，进行医疗保险个人账户结算；可以凭卡办理养老保险事务；可以凭卡到相关部门办理求职登记和失业登记手续，申领失业保险金，申请参加就业培训；可以凭卡申请劳动能力鉴定和申领享受工伤保险待遇等。此外，社会保障卡还是握在劳动者手中开启与系统联络之门的钥匙，凭借这把钥匙，持卡人可以上网查询信息，将来还可以在网上办理有关劳动和社会保障事务。

3. 公积金卡应用系统

根据国家《住房公积金管理条例》规定，公积金中心应当为缴存住房公积金的职工发放住房公积金卡，作为职工缴存住房公积金的有效凭证，由职工本人保管，并实行凭卡办理制度。政府发放的市民卡实现职工公积金卡与市民卡整合为“一卡通”，在公积金管理的开户与缴存、提取、贷款等各个运作流程中，通过市民卡实现公积金管理应用的各个业务运作流程中的身份识别、操作记录、资料查询、信息共享等功能。

4. 公交“一卡通”应用系统

城市公交“一卡通”应用系统是以提高城市交通运转效率、方便市民、降低运营公司成本为目的而规划建设的系统，它以非接触式 IC 卡为车票载体，以计算机及各种电子收费终端为核心，实现公共交通运营管理中的计费、收费、统计、分析、汇总、预测、辅助决策以及清算等业务的全过程自动化综合管理。乘客只需持一张 IC 卡就可以乘坐各种交通工具，还可以支付路桥和停车费用。城市市民卡整合了公交“一卡通”的应用功能，可以实现用于公交车、轨道交通、出租车、电子道路收费(ERP)、公共停车场等的“一卡多用”的收费方式和应用功能。

5. 医疗“一卡通”应用系统

医疗“一卡通”应用系统可以实现患者挂号、就诊、检查、缴费、取药、查询等一体化服务功能。以医疗“一卡通”应用系统关联医院各个医疗环节和流程，使持卡人在医院就医能够一卡通行，最大限度地便利患者就医看病，简化就诊流程和缩短病人就诊时间，提高医院和医生的工作效率。市民卡整合医疗“一卡通”功能，可以实现医保、医院就诊、医疗费支付、电子病历、个人健康档案等一体化的功能应用。

6. 校园“一卡通”应用系统

校园“一卡通”应用系统以校园网络为基础，提供教务管理、教学环境、设施资源、电子图书、网上课件、商业与金融服务等“一卡通”服务。校园“一卡通”为建设跨平台、跨数据库的数字校园信息与服务平台打下基础，实现进一步在教学、科研、管理、服务等活动全部过程的数字化。从而实现充分利用有限的教育资源，最大化地提高教学质量、科研水平、管理水平的目的。市民卡整合校园“一卡通”功能，可以实现统一身份认证、个人账户管理、食堂就餐管理、实验室管理、图书馆管理、医务室管理、学籍注册管理、选课与成绩管理、考务管理等一体化应用功能。

7. 社区“一卡通”应用系统

社区“一卡通”应用系统是智能小区贯穿物业服务、社区机电设备监控管理、社区综合安全监控管理、家庭智能化的重要手段。将城市市民卡与社区“一卡通”的应用和功能实现整合，其在实质上的意义就是实现了社会服务与社区服务、城市管理与社区物业管理的互联互通和信息共享。其整合后的功能主要体现在以下几个方面：

(1) 将城市的政务服务、公共服务、商业服务，特别是涉及社保、医疗、教育、住房、社区等方面的服务，通过市民卡与社区“一卡通”的一体化，可以无缝延伸到智能小区和家庭。

(2) 城市管理涉及市政管理、应急管理、公共安全管理、交通管理、节能减排管理、基础设施管理，以及社区的流动人口管理、计生管理、老龄人口管理等方面，通过市民卡与社区“一卡通”的整合，可以无缝延伸到智能小区和家庭。

(3) 社区“一卡通”的使用贯穿于社区物业及设施管理、社区机电设备监控管理、社区综合安全监控管理、社区信息与增值服务、数字家庭智能化等，通过社区“一卡通”可以采集到城市最基层社区乃至家庭的信息和数据。这一点对于强化城市管理和改善社会服务无疑是至关重要的。

8. 企业“一卡通”应用系统

企业“一卡通”应用系统通常应用在员工持有条码卡、磁条卡、接触式 IC 卡作为考勤、门

禁和食堂消费等方面。市民卡整合企业“一卡通”功能，可以实现工作证、胸卡、就餐卡、钥匙卡、考勤卡、门禁卡等一体化应用功能。

9. 旅游景点应用系统

旅游景点应用系统主要是以市民卡代替原有的门票，市民可以刷卡进入公园，也可以在各景点或者游乐场所刷卡消费。市民卡在旅游景点的应用具有无须印制门票、免去现金交易、减少工作人员、促进园内消费等好处。

7.10 智慧城市社会民生服务平台规划与设计

7.10.1 社会民生服务平台需求分析

社会民生服务的发展战略是建设国家和谐社会、小康社会、可持续发展社会、创新社会的指南和基础。中共中央办公厅、国务院办公厅颁发的《2007—2020 年国家信息化发展战略》中指出了国家在社会民生方面的信息化发展战略实施重点是：

1. 医疗卫生信息化

建设并完善覆盖全国、快捷高效的公共卫生信息系统，增强防疫监控、应急处置和救治能力。推进医疗服务信息化，改进医院管理，开展远程医疗。统筹规划电子病历，促进医疗、医药和医保机构的信息共享和业务协同，支持医疗体制改革。

2. 社会服务信息化

逐步建立以公民和企业为对象、以互联网为基础、中央与地方相配合、多种技术手段相结合的智慧政府社会服务体系。重视推动智慧政府社会服务延伸到街道、社区和乡村。逐步增加服务内容，扩大服务范围，提高服务质量，推动服务型政府建设。

3. 社会管理信息化

整合资源，形成全面覆盖、高效灵敏的社会管理信息网络，增强社会综合治理能力。协同共建，完善社会预警和应对突发事件的长效机制，增强对各种突发性事件的监控、决策和应急处置能力，保障国家安全、公共安全，维护社会稳定。

4. 就业和社会保障信息化

建设多层次、多功能的就业信息服务体系，加强就业信息统计、分析和发布工作，改善技能培训、就业指导和政策咨询服务。加快全国社会保障信息系统建设，提高工作效率，改善服务质量。

5. 社区信息化

整合各类信息系统和资源，构建统一的社区信息平台，加强常住人口和流动人口的信息化管理，改善社区服务。

6. 教育科研信息化

提升基础教育、高等教育和职业教育信息化水平，持续推进农村现代远程教育，实现优质教育资源共享，促进教育均衡发展。构建终身教育体系，发展多层次、交互式网络教育培训体系，方便公民自主学习。建立并完善全国教育与科研基础条件网络平台，提高教育与科研设备网络化利用水平，推动教育与科研资源的共享。

7. 公共文化信息化

鼓励新闻出版、广播影视、文学艺术等行业加快信息化步伐，提高文化产品质量，增强文化产品供给能力。加快文化信息资源整合,加强公益性文化信息基础设施建设,完善公共文化信息服务体系,将文化产品送到千家万户,丰富基层群众文化生活。

8. 现代服务业信息化

优化政策法规环境,依托信息网络,改造和提升传统服务业为现代服务业。加快发展网络增值服务、电子金融、现代物流、连锁经营、专业信息服务、咨询中介等新型服务业。大力发展电子商务,降低物流成本和交易成本。

7.10.2 社会民生服务平台规划

1. 社会民生服务概述

社会民生服务指建立在一定社会共识基础上,由政府主导和社会参与,旨在保障社会民生提供所需的政务服务、公共服务和商业服务。享有基本的社会民生服务属于公民的权利,提供透明的和均等化社会民生公共服务是政府的职责。

社会民生公共服务范围一般包括保障基本民生需求的教育、就业、社会保障、医疗卫生、计划生育、住房保障、文化体育等领域的公共服务,广义上还包括与人民生活环境紧密关联的交通、通信、公用设施、环境保护等领域的公共服务,以及保障安全需要的公共安全、消费安全和国防安全等领域的公共服务。

2. 社会民生服务体系

社会民生服务体系指由社会民生服务所涉及的政务服务、公共服务和商业服务的标准、资源、管理、服务以及绩效评价等内容所构建的系统性、整体性、长效制度化的信息化平台。

根据智慧城市数字化应用一级、二级、三级平台体系规划原则,社会民生服务平台属智慧城市业务级"二级平台",通过社会民生服务平台集成社会信息化所属政务服务、公共服务、商业服务各企业级"三级平台"。采用系统集成、功能集成、网络集成和软件应用集成等多种集成技术,基于公共互联网和电子政务外网(信息网络)、智能化控制网络(物联网)、现场控制总线网络三层网络结构,实现智慧城市数字化应用城市级信息互联互通平台、应用平台、"三级平台"的互联互通和数据共享,实现社会服务功能和业务的协同。

社会民生服务平台规划原则应基于公共互联网、智慧政府外网、智能化控制网(物联网)之上,通过 Web 服务器和浏览器技术来实现社会服务信息的交互、综合和共享,实现统一的人机界面和跨平台的数据库访问。将社会信息化与各企业级"三级平台"的信息和数据集成到社会信息化服务集成平台门户和城市级社会服务数据仓库中来。

社会民生服务平台以智慧城市城市级"一级平台"、业务级"二级平台"、城市级数据资源中心、城市级地理空间信息共享平台为基础,构建社会民生服务平台,实现与智慧城市多级平台的信息交互、数据共享、网络融合、功能协同。以智慧城市业务级"二级平台"为核心应用,建立政务服务、公共服务、商业服务一体化的智慧城市社会民生服务应用的完整体系。

3. 社会民生服务平台规划

社会民生服务平台规划涵盖政务服务、公共服务和商业服务三个层面上。建立统一的城市社会民生服务平台,可有效整合政务服务、公共服务、商业服务的基础设施和信息资源,实现社会服务信息的互联互通和数据共享。构建清廉的、全面的、高效的、优质的的智慧城市社会民生服务体系。通过智慧城市社会民生服务平台和公共互联网、电子政务外网搭建起政府与医疗卫生、教育文化、住房保障、社会保障、现代服务业、金融业、物流业及商业企业

互联互通的服务集成平台，大力发展城市市民卡、智慧医疗、智慧教育、智慧文化、电子商务、现代物流和智慧社区等一系列城市社会民生工程信息化应用系统，打造以智慧城市为代表的现代服务业新模式和新业态。

智慧城市社会民生服务规划的重点主要包括：通过政府信息化体系社会化的政务服务，如政务信息公开、政府行政审批、网上申报与注册、社会保障、智慧社区等；以政府为主导的社会公共服务，如城市市民卡、智慧医疗、智慧教育、智慧文化等；还包括社会服务性企业所提供的各种类型的有偿商业服务，如现代服务业、电子商务、现代物流、智慧金融、智慧旅游、物业及设施管理、智能建筑、智能小区等。

随着社会服务经济的兴起，以大量投资为主要特征的服务行业信息化正不断向以集中为主要特征的服务集成平台转型，这种转型将有效提高社会服务的能力和效率。通过构建整个服务性行业共用的、专业化的信息化社会服务集成平台和统一的城市级社会服务门户，使服务型企业可以通过该门户进行生产、管理、交易以及提供各类服务。

7.10.3　社会民生服务平台总体结构

社会民生服务平台总体结构由用户层、应用层、平台层、数据层、基础设施层构成。

1. 用户层

(1) 各级领导；

(2) 政府业务部门；

(3) 城市信息管理中心；

(4) 医疗卫生机构；

(5) 教育培训机构；

(6) 社区、街道、居委会；

(7) 物业及设施管理与服务；

(8) 社会公众。

2. 应用层

1) 政务服务

(1) 电子政务公共服务(由政府信息化电子政务平台提供)

① 电子政务公共服务门户；

② 电子政务行政审批系统；

③ 政务绩效公众评估系统；

④ 网上申报与注册系统；

⑤ 社会保障信息系统。

(2) 智慧社区

① 社区综合信息门户；

② 社区行政管理业务系统；

③ 社区社会服务集成系统；

④ 社区医疗卫生信息系统；

⑤ 社区就业与培训系统；

⑥ 社区综合治安管理系统；

⑦ 社区环保与节能系统；
⑧ 社区建筑及居住区管理系统。

2）公共服务

(1) 城市市民卡
① 市民卡信息与服务门户；
② 市民卡信息与服务系统。

(2) 智慧医疗
① 医疗卫生信息门户；
② 医疗卫生业务系统；
③ 数字医院系统；
④ 社区医疗卫生系统；
⑤ “健康快车”远程医疗系统。

(3) 智慧教育
① 智慧教育信息门户；
② 远程教育信息系统；
③ 在职培训信息系统；
④ 电子图书服务系统；
⑤ 网络课件授课支撑系统；
⑥ 开放大学教学信息系统；
⑦ 网上实验室操作系统；
⑧ 就业指导与服务信息系统。

(4) 智慧文化
① 智慧文化信息门户；
② 数字图书馆信息系统；
③ 数字博物馆信息系统；
④ 数字美术馆信息系统；
⑤ 数字影院信息系统；
⑥ 数字电视信息系统；
⑦ 数字家庭娱乐信息系统。

3）商业服务

(1) 现代服务业
① 商业综合服务信息门户；
② 数字商店购物系统。

(2) 电子商务
电子商务服务系统。

(3) 现代物流
物流与配送服务系统。

(4) 智慧金融
① 数字银行服务系统；

② 网银支付服务系统；
③ 数字证券服务系统。
(5) 智慧旅游
① 智慧旅游信息门户；
② 旅游出行综合服务系统；
③ 全球旅游景点信息系统。
(6) 物业及设施管理
① 物业及设施管理信息门户；
② 建筑及居住区物业管理系统；
③ 建筑及居住区设施管理系统；
④ 建筑及居住区节能管理系统。
(7) 智能建筑
① 智能建筑综合信息集成系统；
② 智能建筑监控信息系统。
(8) 智能小区
① 智能小区综合信息集成系统；
② 智能小区监控信息系统；
③ 数字家庭智能化系统。

3. 平台层

(1) 社会民生服务平台；
(2) 社会民生服务平台门户网站；
(3) 电子政务公共服务平台(由政府信息化电子政务平台提供)；
(4) 社区服务平台；
(5) 城市市民卡服务平台；
(6) 智慧医疗服务平台；
(7) 智慧教育服务平台；
(8) 电子商务服务平台；
(9) 现代物流服务平台；
(10) 智慧金融服务平台；
(11) 智慧旅游服务平台；
(12) 物业及设施管理服务平台；
(13) 城市级信息互联互通平台；
(14) 政府信息化"应用平台"；
(15) 城市信息化"应用平台"；
(16) 企业信息化"应用平台"。

4. 数据层

(1) 电子政务数据库
① 政务公开信息库；
② 人口数据库；

③ 社区服务与管理数据库；
④ 法人数据库。
(2) 社会民生服务数据库
① 公共医疗信息库；
② 开放教育信息库；
③ 市民卡信息库；
④ 文化体育信息库。
(3) 商业服务数据库
① 商业服务信息库；
② 电子商务信息库；
③ 金融服务信息库；
④ 物业及设施管理信息库。
(4) 城市综合信息数据库
① 城市公共信息数据库；
② 城市综合管理数据库；
③ 城市应急管理数据库。

5. 基础设施层

(1) 城市信息管理中心；
(2) 网络环境；
(3) 服务器集群；
(4) 数据资源中心；
(5) 智能终端；
(6) 移动终端；
(7) 呼叫中心；
(8) 网络安全；
(9) 云计算中心。

7.10.4 社会民生服务应用系统

智慧城市社会民生服务应用系统以政务服务、公共服务、商业服务的信息化应用为核心,依托城市市民卡服务平台,搭建社会民生信息化服务集成平台。运用现代信息技术和现代管理理念发展信息和知识相对密集的现代服务业,包括由传统服务业通过技术改造升级和经营模式更新而形成的服务领域,以及随着信息网络技术的高速发展而产生的新兴业态的服务业。

1. 社会民生服务应用系统特点分析

1) 服务资源共享

在充分利用和集成社会存量服务资源的基础上,实施基础性、关键性的共性技术支撑。尤其是形成面向业务重组的服务标准和服务交互标准,为服务模式的创新和新业态的形成提供基础环境,占领现代服务业的制高点。

2）服务业务协同

要在以往行业为主导的纵向发展模式的基础上，按照市场化、社会化和产业化的原则，充分利用现代信息化技术和管理手段，通过横向协同突破行业、区域的条块分割，为现代服务业协调发展提供示范。

3）服务创新模式

要在信息资源共享的基础上，形成新的实物和非实物交易的商务流程，达到信息流、金融流、实物流和内容流的融合和协同；同时优选重点领域，实施有效益和可持续发展的应用示范工程，充分体现服务业态的创新。

4）促进现代服务业产业发展

以政府政务服务为主导，以社会公共服务和商业服务企事业为主体，通过服务技术和服务交互的标准化，形成有效的社会第三方服务，建立现代服务业长期发展的研究和开发支撑体制，加快现代服务业产业链的形成。

2. 政务服务应用系统

电子政务公共服务是社会信息化政务服务的核心，是政府信息化建立以社会公众和经济企业服务为对象的政府由管理向服务转型的重要内容。电子政务公共服务是以互联网和电子政务外网为基础、中央与地方相配合、多种技术手段相结合的政务服务体系。应重视推动电子政务公共服务延伸到街道、社区和乡村，逐步增加服务内容，扩大服务范围，提高服务质量，推动服务型政府建设。电子政务公共服务包括：政务信息公开、政府行政审批、网上申报与注册、社会保障等。

通过社会信息化建立起电子政务公共服务平台，实现政务公共服务各项业务环节、政务公共服务业务协同、政务服务与社会公共服务、商业服务行业的互联互通和数据共享，实现与智慧城市社会信息化服务集成平台的无缝连接。通过电子政务服务平台提供政务信息公开、政府行政审批、网上申报与注册、社会保障等一站式服务。通过电子政务公共服务门户建立与电子政务外网门户的信息集成和页面超链接，实现电子政务各业务部门与电子政务公共服务一体化的信息共享和业务协同，让电子政务公共服务的有限资源利用到最大化。通过电子政务公共服务平台，可以大大推进智慧城市社会信息化与政府信息化的融合和集成应用与服务协同。

1）政务信息公开

为了方便公民、法人或社会组织获取政府信息，通常政府通过统一的政府公众社会服务门户，向公众提供政务各社会服务业务部门，如公安局、工商局、税务局、房产局等的为民办事的规范、流程和需要提供的文件与材料等，向公众发布政府有关的政策法规、人事动态、绩效考核、奖惩信息等，向公众提供政府行政审批和法律咨询服务。除政府主动公开政务信息以外，公民、法人或社会组织还可以根据自身生活、生产和科研等特殊需要，依据《中华人民共和国政府信息公开条例》等有关规定向政府申请所需的政府信息。从而实现政府各部门与社会公众及时的信息沟通和提供政务服务的协同。政务信息公开要充分体现公开、公平、公正的为民、利民、惠民的服务原则，大力提升公众对政府的监管能力以及政府对公众服务的工作效率和服务水平，降低建设和运维成本。

2）政府行政审批

建立政府网上电子政务行政审批工作平台，实现网上行政审批四个“一”功能：一口受理、一表登记、一网审批、一站领证,实现审批项目的受理、承办、批准、办结各个环节都有操作规范和审批时限。通过网上电子监察对每项审批过程进行实时监控,从而及时发现并有效杜绝不规范操作、违纪违法的问题发生,从源头上遏制腐败,实现"阳光透明、公开公正、廉洁高效"的服务型政府管理创新。

政府网上政务行政审批电子监察系统具有实时监控、预警纠错、绩效评估、信息服务、辅助决策六大功能。电子综合监察可以实时监控到政府各业务部门的动态办理事项,监察内容包括:今日新增、历史业务、再办业务、已办事项、待办事项等。监察数据随时间实时跟踪,具有报表透视功能,点击相应的办理事项和业务就可以查看详细的办理流程和办件信息等。

3) 网上申报与注册

网上申报与注册是指公民、法人或社会组织利用计算机通过互联网登录政府网上申报和注册门户网站,进行例如社保、医保、税务、商务、科研项目与课题、行业资格、政务信息等申报与注册操作。网上申报与注册是政府行政审批的一个补充,是社会公众与政府服务有效沟通的一种方式。社会公众足不出户就可以实现向政府提交政务服务申请和表达需求意愿。网上申报具有不受时间、地域限制,一天 24 小时任何时间均可以申报和处理的优势。网上申报有利于充分利用现有政府信息化和互联网资源,投资少,效益好,同时加强了社会公众与政府各主管部门服务的沟通和监督。

4) 公众绩效考核

建立政府网上公众绩效考核系统,社会公众可以通过该系统对政府为民办事满意度进行实时考核和评估。公众绩效考核系统应具有各类业务绩效考核规范与指标、公众考核满意度评分标准、公众绩效考核信息查询、政府各业务部门绩效考核公开展示等内容。通过公众绩效考核系统,打造"阳光型政府",充分听取人民大众对政府社会服务的建议、意见、批评和投诉,将政府为民执政置于社会大众的公开监督之下。

5) 社会保障

社会保障制度是国家通过立法而制定的社会保险、救助、补贴等一系列制度的总称,是现代国家最重要的社会经济制度之一。其作用在于保障全社会成员基本生存与生活需要,特别是保障公民在年老、疾病、伤残、失业、生育、死亡、遭遇灾害、面临生活困难时的特殊需要。由国家通过国民收入分配和再分配实现,由社会福利、社会保险、社会救助、社会优抚和住房安置等各项不同性质、作用和形式的社会保障制度构成整个社会保障体系。社会保障制度是通过集体投保、个人投保、国家资助、强制储蓄的办法筹集资金,国家对生活水平达不到最低标准者实行救助,对暂时或永久失去劳动能力的人提供基本生活保障,逐步增进全体社会成员的物质和文化福利,保持社会安定,促进经济增长和社会进步。医保是国家社会保障的重要内容,医保具有强制性、互济性和非营利的特征,主要包括医疗保险、工伤保险、生育保险等。

3. 智慧社区应用系统

智慧社区服务应以基层政府信息化建设需求分析入手,在现代服务业共性服务技术支撑体系下,建设统一的智能小区服务信息平台,既要实现横向各办事机关的信息共享与政务协同,又要灵活地满足各机关与其上级部门的各类信息交换与业务交互需求,实现"纵横互连"。推动电子政务重点转向以基层社区服务为主,管理于服务中。社区服务的范围包括:所属社区的街道办事处、居委会、住宅小区、建筑及建筑群、工业或科技园区等。提供的服务

包括:社区行政服务、社区便民利民服务、社区文化教育、社区综合治安管理、社区环境卫生、社区医疗及社会保障、社区福利与救助、社区流动人口管理、社区计划生育管理、社区老龄人口管理、社区就业及培训、社区物业及设施管理等一系列的综合服务内容。社区服务在信息化、网络化、数字化、自动化、智能化技术支撑下,建立集成化社会服务体系,形成标准、通用的社区服务平台。

通过社会信息化建立起社区服务平台,实现社区行政管理、政务服务、公共服务与商业服务的各个环节以及社区服务链上下游、社区服务相关行业的互联互通和数据共享,实现与智慧城市社会信息化服务集成平台的无缝连接。通过社区服务平台打通社区管理(行政管理、市政管理、治安管理、环境卫生管理、流动人口管理、计生管理、就业与培训管理等)、政务服务(社会保障、社会救助、公积金等)、公共服务(市民卡、智慧医疗、智慧教育、智慧文化等)、商业服务(电子商务、现代物流、智慧金融、智慧旅游、物业及设施管理、智能建筑、智能小区等),实现一站式服务。通过社区服务平台可以建立起社区纵、横向的行政管理、政务服务、公共服务、商业服务一体化的信息共享和业务协同,让有限的社会服务资源利用达到最大化。通过社区服务平台,可以大大促进智慧城市社会信息化的应用和发展。

社区服务平台建设的重点是通过建立与上级政府业务部门的数据上报与下载接口,实现与城市社会信息化服务集成平台的互联互通;通过网络延伸,服务下延,实现与下级派出机构(街道办事处、乡镇)和居民区(小区、村)服务点的无缝对接,使派出办事机构向服务机构转化。通过互联网和电子政务外网实现政府数据资源共享、业务协同和统一服务门户三个层面的信息互联互通和数据共享。

4. 公共服务应用系统

1) 城市市民卡

城市市民卡服务功能涵盖政务服务、公用事业和金融支付等民生服务领域的应用,以促进智慧城市社会信息应用和技术改造、提升,促进传统服务业的转型,大力促进电子商务,降低物流成本和交易成本。城市市民卡应采用基于多界面的 IC 卡技术,集感应、接触、条形码、磁条功能为一体,实现一卡多用、一卡通用。

通过社会信息化建立起城市级乃至全国的城市市民卡信息与服务平台,实现市民卡业务与服务的各个环节、市民卡业务链上下游、市民卡相关行业的信息互联互通和数据共享,实现与智慧城市社会信息化服务集成平台的无缝连接。通过城市市民卡信息与服务平台打通政务服务(社保、医保、劳保、低保、社会救助、公积金等)、公用事业服务(公共交通、出租车、图书馆、园林、加油站、校园、门禁控制等)、金融支付服务(银联服务、电子钱包、水、电、煤、气与电信缴费、便利店、代发工资、养老金发放等)的“经脉”,实现“一卡通”服务。通过城市市民卡信息与服务平台可以建立起政务服务、公共服务、商业服务一体化信息共享和业务协同,让有限的社会服务资源利用达到最大化。通过城市市民卡信息与服务平台,可以大大促进智慧城市社会信息化的应用和发展。

2) 智慧医疗

智慧医疗服务需求应根据目前我国城市在医疗与公共卫生服务领域所面临的疾病流行模式、人口数量和结构、科学技术进步、市场经济发展四大变化带来的影响进行分析和研究。通过医疗卫生信息化来改变目前医疗资源短缺、医疗资源分布不合理、使用不公平以及过度重复使用医疗资源和医疗资源浪费的现象,彻底改变群众看病难、看病贵的现状。通过需求分析,要提出加快城市医疗卫生信息化建设的思路、方法和具体应用的模式;要从如何充分发挥信息技术、网络技术优势,创新和改造传统医疗服务体系和模式,优化配置和共享优质医疗资源,加速解决医疗服务不均、医疗成本居高、医疗服务效率不能满足需求等问题的分析和研究入手。

打造智慧医疗服务体系可以大大促进城市乃至全国的医疗卫生信息化的建设,增强防疫监控、应急处置和救治能力。推进医疗服务信息化,可有效改进医院管理,开展远程医疗,统筹规划电子病历和统一的个人健康档案,将促进医疗、医药和医保机构的信息共享和业务协同,是支撑我国医疗体制改革的重要手段和途径。

城市智慧医疗卫生信息化建设以实现医疗资源共享、医疗信息共享、医疗服务共享为目标,通过医疗卫生信息化实现医疗卫生服务的网络化、数字化、可视化、专业化、智能化。以智慧城市社会信息化建设为依托,建立以区域医疗服务为半径的包括社区、二甲、三甲医院为一体的三级医疗卫生信息共享和医疗救治协同的体系。通过社会信息化建立起城市级乃至全国的智慧医疗服务平台,实现医疗卫生机构业务与服务的各个环节、医疗卫生业务链上下游、医疗卫生相关行业的信息互联互通和数据共享,实现与智慧城市社会信息化服务集成平台的无缝连接。通过智慧医疗服务平台打通医疗卫生领域内医院医药部门、政府卫生部门、疾病预防与控制中心、社保与医保机构等的"经脉",实现一站式医疗服务。通过智慧医疗服务平台可以建立起城市、区域、社区乃至家庭医疗服务协同的网上医疗卫生中心,可以支撑统一的个人电子健康档案,减少重复检查、反复开药,有效减低医疗医药费用。网上医疗卫生中心还可以通过家庭、社区、城市乃至全国的远程医疗服务体系,支撑和推动"全面家庭医生制",实现医疗服务均等化,全面推行家庭医生首诊负责制,提供家庭式医疗服务、网上医疗会诊和健康咨询顾问与疾病管理。利用数字家庭智能终端、"三网融合"IPTV电视,无线移动手机等实现与智慧医疗的"零距离"服务,让有限的医疗卫生资源利用达到最大化。

3) 智慧教育

智慧城市社会民生服务的重要内容就是教育信息化,通过智慧城市打造社会性、公平性、普及性的教育信息化平台,实现授课网络化、教材课件化、实训可视化与智能化,为社会大众提供学历和非学历的数字化学习产品及服务,扩大教育机会,推动国家教育信息化的发展,完善国民教育体系,构建全民终身学习平台。教育信息化服务的重点是建立有效的教育资源整合与共享、学分转移与互认机制,实现学习者可按需选择专业和技能的"学习超市,学分银行",从而实现"教育以人为本"和"教育与学习第一"的原则。

通过社会信息化建立起城市级乃至全国的智慧教育服务平台,实现教育机构教学业务的各个环节、教育产业链上下游、教育相关行业的信息互联互通和数据共享,并实现与智慧城市社会信息化服务集成平台的无缝连接。通过智慧教育服务平台打通教育领域内教育机构(院校)、学历和非学历教育、成人和职工再教育的"经脉",实现一站式教育服务。通过智慧教育服务平台充分利用现代信息技术,集成、整合、创新国内外的优质教育资源及相关技术,智慧教育要面向农村和社区,深入基层、厂矿、企业、部队和家庭。基于智慧教育服务平台建立连锁式远程网络教育与学习中心,利用数字家庭智能终端、"三网融合"IPTV电视、无线移动手机等,实现与智慧教育的"零距离"服务,让有限的教育资源利用达到最大化,将是实现教育信息化目标的有效手段和途径。

4）智慧文化

智慧文化服务以数字媒体产业为主，如数字动漫、数字影音、网络游戏、网络出版、网络电视、网络电影、网络读物、数字展现等若干服务领域。智慧文化服务需求分析的重点是通过现代服务业技术支撑和文化内容服务支撑体系，按照联合与合作的思路，在文化、广电、新闻出版以及信息产业等部门的协同下，构建智慧城市中技术领先、行业认可、服务全面的智慧文化与媒体内容集成和分发平台，并以此平台为中心枢纽，建立智慧文化及媒体产业链中从制作、发布到流通、消费，融合各种网络，覆盖更多领域，支持各类消费终端和模式的纵横交错的传播通路和环节。建设全市、县(区)、街道(社区)各级公共体育活动场馆设施的统一管理和资源共享信息平台。

5. 商业服务应用系统

1）现代服务业

现代服务业是指在工业化比较发达的阶段产生的、主要依托信息技术和现代管理理念发展起来的信息和知识相对密集的服务业，包括由传统服务业通过技术改造升级和经营模式更新而形成的服务业以及随着信息网络技术的高速发展而产生的新兴服务业。现代服务业近年来特别是进入 21 世纪以来，在全球范围内得到了快速发展，各主要发达国家产业结构均呈现出由“工业型经济”向“服务型经济”的迅猛转变。现代服务业产值在国民生产总值(GDP)中所占的比重越来越大，已成为衡量一个国家经济发展水平的重要依据。现代服务业的发展本质上来自于社会的进步、经济的发展和社会分工专业化需求。通常现代服务业涵盖政府政务服务的社区服务、社会保障等；社会公共服务的城市市民卡、智慧医疗、智慧教育和智慧文化等；社会商业服务的电子商务、现代物流、智慧金融、智慧旅游、物业及设施管理、智能建筑、智能小区等。科学技术对现代服务业有着重要的推动和支撑的作用，尤其是信息技术已成为服务型经济快速成长和发展的核心支撑和重要力量。在智慧城市社会信息化的促进下，逐步形成我国现代服务业的新模式和新业态。

2）电子商务

电子商务的定义：以电子及电子技术为手段，以商务为核心，把原来传统的销售、购物渠道移到互联网上来，打破国家与地区有形无形的壁垒，使商品的流通达到全球化、网络化、无形化、个性化。通过智慧城市社会信息化，建立起电子商务服务平台，为社会公众和社会各行各业提供更深层次的社会服务，主要包括商业产品和供应商搜索服务、商品的分析比较与选择、服务企业推荐、个性化服务、商品订单、支付与配送服务以及产品技术性能和商业法律等的咨询顾问服务等。通过电子商务服务平台打通流通领域内商品生产、商业销售、金融支付、现代物流、咨询顾问、维修保养的“经脉”，实现一站式服务。电子商务是现代服务业的重要支撑和技术手段。要将电子商务延伸到企业、社区和家庭，注重与企业电子商务和社区电子商务的对接和信息的互联互通，使得传统的企业生产、经营与管理借助信息化科技直接融入现代服务业中。通过住宅社区物业管理建立起社区电子商务平台(B2B2C)，通过互联网和社区智能化物联网将电子商务延伸到住宅和家庭，通过数字家庭智能终端、“三网融合”IPTV 电视，提供与现代服务业的“零距离”服务。

3）现代物流

现代物流指的是将信息、运输、仓储、库存、装卸搬运以及包装等物流活动综合起来的一种新型的集成式管理，其任务是尽可能降低物流的总成本，为顾客提供最好的服务。“现代”

物流的实质就是应用现代信息化和物联网科技，根据客户的需求，以最经济的费用将物流从供给地向需求地转移的过程。它主要包括运输、储存、加工、包装、装卸、配送和信息处理等活动。现代物流服务以通畅、高效、透明、安全为需求目标。

通过社会信息化建立起城市级乃至全国的现代物流服务平台，实现物流企业生产运行各个环节、物流供应链上下游、物流相关行业的信息互联互通和数据共享，并实现与智慧城市社会信息化服务集成平台的无缝连接。现代物流通过信息化手段提高运输和流通的生产效率、降低生产成本，采用自动化和智能化等科技来提高现代物流系统的运行效率和服务的质量，从而促进物流企业实现高效运作、快速反应、低成本、节能环保，以及采用可视化和RFID技术进行全球范围内物流服务的跟踪与监控。现代物流还要充分分析如何提高政府的监管水平，增强政府对物流行业的监管和服务的能力，发挥市场机制的调节作用，着重研究海关、交通、商业等方面的支撑和配合等。

4）智慧金融

金融是城市和现代市场经济的核心。我国智慧金融服务已形成多种金融机构并存、功能齐全、分工协作、互为补充的多层次金融机构体系。金融市场体系初步建成，市场的宽度、深度和开放度不断提升，产品逐渐丰富。

智慧金融服务应以金融服务信息化建设入手。根据金融市场新的需求出现了不同程度和不同形式的综合经营组织和交易行为的情况，如近年来出现的为客户提供交易渠道的非银行机构，代表性的有“支付宝”、“城市一卡通”、“手机银行”等。一方面这些基于信息化和网络化的业务作为金融支付清算渠道的延伸，为市场经济提出了新的金融交易的新模式；另一方面也引发了如何使这些非银行机构的网络交易规范化、可持续和健康发展，防范金融风险等，也成为政府以及社会关注的热点问题。同时，提供金融基础服务的银行、证券、保险等金融机构，在传统业务的基础上，随着信息化建设的深入，根据市场需要，也在不断丰富着金融服务产品。

通过社会信息化建立起城市级乃至全国的智慧金融服务平台，实现银行和金融企业业务运作各个环节、金融服务链上下游、金融服务相关行业的信息互联互通和数据共享，并实现与智慧城市社会信息化服务集成平台的无缝连接。智慧金融服务以国家宏观金融政策为导向，以国家标准、行业标准、行业规范为依据，注重银行业与金融服务业之间金融服务的整合和一体化。加强政府对银行业和金融业监管和服务的能力，保障金融服务的规范性，营造良好的金融服务市场环境，促进金融服务市场健康和有序发展，防范可能发生的金融风险等。建设城市级一体化智慧金融服务平台，提供统一安全认证、诚信评估、标准规范、银行与金融业务服务等，有利于金融交易的安全性、操作的规范性和政府部门的可管性，有利于推动国家金融服务市场健康有序的发展。

5）智慧旅游

旅游服务业是我国国民经济发展中极其迅猛的一个新型服务领域。智慧旅游服务需求应以旅游服务各类资源的整合和优化配置，多个旅游服务主体之间相互协作、旅游资源共享，形成面向用户提供一站式旅游综合服务，提高用户满意度，降低旅游服务主体建设成本和维护成本等。旅游服务信息化这就要求以本地区旅游资源为主体，以条块结合为原则，构建高效、协同的智慧旅游信息化服务平台，实现本地区和临近周边地区甚至全国旅游资源的整合，实现独立的旅游业务系统之间的信息互联互通和数据共享，克服以往旅行社、铁路、公

路、航空、酒店、餐饮、商场等相关业务与服务信息系统的条块分割、难以实现信息和数据共享的问题。

智慧旅游是基于信息化技术的旅游管理和服务的集成体系,体现的是旅游活动全过程、旅游经营管理全过程和旅游产业链整合的全面数字化技术应用。通过社会信息化建立起城市级乃至全国的智慧旅游服务平台,实现旅游服务运作各个环节、旅游服务链上下游、旅游服务相关行业的信息互联互通和数据共享,实现与智慧城市社会信息化服务集成平台的无缝连接。通过一体化智慧旅游服务平台,实现旅游资源、交通运输、旅馆业、餐饮业等业务的整合和协同。智慧旅游服务平台基于地理空间信息系统(GIS),面向旅游管理和服务体系的各个层次,包括旅游体验即旅游活动和旅游者行为的全过程、旅游经营管理即旅游企业经营与管理的全过程、全程服务即旅游产业链服务整合与系统化的全过程。智慧旅游服务平台具有社会服务、旅游营销、规范管理等综合服务功能。通过旅游目的地信息互联互通、数据和营销共享的智慧旅游服务平台,促进我国智慧旅游、生态旅游、和谐旅游的快速和健康发展。

6. 物业及设施管理与服务应用系统

物业及设施管理是指业主对建筑物、居住区、场所、设施的共同管理或者委托物业服务企业、其他管理人对业主共有的建筑物、设施、设备、场所、场地进行管理的活动。狭义的物业及设施管理是指业主委托物业服务企业依据委托合同进行的房屋建筑及其设备、市政公用的设施、绿化、卫生、交通、治安和环境容貌等管理项目进行维护、修缮活动。广义的物业管理应当包括业主共同管理的过程和委托物业服务企业或者其他管理人进行的管理过程。

根据国家标准《建筑及居住区物业管理数字化技术应用》,对数字化物业及设施管理与服务的描述是:为了满足现代化建筑及住宅社区在物业管理和服务上的需求,克服目前国内各建筑及住宅社区数字化建设及运营系统设施与物业管理的运作严重不相适应,造成在物业管理中,数字化、智能化系统功能使用率不高,使用价值不大的现状。同时在建筑及住宅社区信息化、网络化和智能化系统运营的基础上,实现传统物业管理模式向数字化模式的功能提升。《建筑及住宅社区物业管理数字化应用》的制定,就是为了全面应用数字化技术,提升城乡住宅建筑物及居住区的服务功能和人民生活质量和素质。实现智能化系统建设及运营在需求、功能和管理上的相互协调与相互支撑,达到建筑及居住区物业资源的增值,促进建筑及住宅社区物业管理能力的整体提升,满足日益增长的物质和文化需求。

通过社会信息化建立起城市级数字化物业及设施管理与服务平台,实现建筑物及居住区物业及设施管理与服务的各个业务环节、物业及设施管理与服务链上下游、物业及设施管理与服务相关行业的信息互联互通和数据共享,并实现与智慧城市社会信息化服务集成平台的无缝连接。数字化物业及设施管理与服务平台应用信息化、网络化、数字化、自动化、智能化技术,通过与各独立建筑物或居住区智能化综合信息集成系统的互联互通和数据共享,可以实现对各独立建筑物或居住区的物业管理、设施监控、综合安防、家庭智能化的信息浏览、综合安全和设备报警与运行监视。各独立建筑物或居住区智能化综合信息集成系统具有对公共设施、机电设备、综合安全、家庭防盗报警等监控信息的集成、交互、动态报警的功能。数字化物业及设施管理与服务平台为建筑物或居住区的使用者与住户提供高效率和完善与多样化的物业及设施管理与服务,并具有低成本的管理及运营费用。

7. 智能建筑应用系统

根据国际和国内智能建筑领域专家的共同认识,对智能建筑基本概念的描述是:"通过对建筑物的四个基本要素,即结构、系统、服务和管理以及它们之间的内在联系进行最优化的设计和资源配置,提供一个投资合理又拥有安全、舒适、便捷、高效率、节能、环保的环境空间。建筑智能化系统可以帮助建筑物内的财产的管理者、拥有者以及使用者意识到,他们在诸如费用开支、生活舒适、商务活动便捷和高效率以及人身安全等方面得到最大利益的回报。"

GB/T 50314—2006《智能建筑设计标准》所规范的"智能建筑"定义是:"以建筑物为平台,兼备信息设施系统、信息化应用系统、建筑设备管理系统、公共安全系统等,集结构、系统、服务、管理及其优化组合为一体,向人们提供安全、高效、便捷、节能、环保、健康的建筑环境。"

智能建筑智能化系统主要包括:综合信息集成系统、物业及设施管理系统、楼宇设备管理与自控系统、综合安防管理系统、视频监控系统、门禁控制系统、火灾报警系统、公共广播系统、停车场管理系统、综合布线系统、计算机网络系统、智能化控制网(物联网)系统、信息查询及显示系统、防雷接地系统、智能化机房工程等。

8. 智能小区应用系统

"小区"指具有一定建设规模的建筑群或住宅社区,也可以泛指工业或科技园区,甚至是城镇。"智能小区"通俗地说,是指充分利用数字化及相关计算机技术、网络技术和控制技术的手段,对社区基础设施及与生活发展相关的各方面内容进行全方位的信息化处理和利用,具有对社区地理、资源、生态、环境、商务、设备及安全监控等复杂系统进行数字化与网络化管理、服务与决策功能的信息综合体系。智能小区的实质是信息化,就是利用现代传感技术、控制技术、信息处理技术、互联网络技术、通信技术、计算机技术、多媒体技术和系统及信息集成技术,实现公共互联网与智能化物联网的融合、信息及数据共享、应用及功能协同;实现社区内相关信息的采集、传输、处理分发、检索和显示,达到网络及信息的高度融合与集成以及数据共享;实现社区和家庭相关设备的智能化监控和自动化应用及功能协同,为智能小区用户提供安全、舒适、节能、环保与高效的生活和工作环境。

智能小区智能化系统主要包括:综合信息集成系统、物业及设施管理系统、楼宇设备管理与自控系统、综合安防管理系统、视频监控系统、火灾报警系统、公共广播系统、停车场管理系统、门禁与可视对讲系统、数字家庭智能化系统、社区综合布线系统、社区智能化控制网(物联网)系统、信息查询及显示系统、防雷接地系统、智能化机房工程等。

7.11 智慧社区服务平台规划与设计

7.11.1 智慧社区服务平台需求分析

社区指国家最基层的行政管理机构,包括:街道办事处、居民委员会、住宅小区、楼宇等。社区是政府贴近民众的一线政权,是建设和谐国家、和谐社会的基础,是服务型政府执政为民的具体体现。社区服务平台是智慧城市的最基本的应用平台,是政府向社会提供廉洁、透明、高效、均等化服务的有效手段。社区服务平台利用信息化、数字化、智能化及其相关云计

算、物联网、自动化等技术，实现对街道办事处、居委会、住宅小区、建筑及建筑群、工业或科技园区等的行政管理、社会服务、基础设施、电子商务、生活环境进行全方位的信息优化处理和充分利用。社区服务平台可以实现社区综合信息集成、社区物业及设施管理、社区便民利民服务、社区文化教育、社区综合治安监控、社区环境卫生、社区医疗及社会保障、社区福利与救助、社区流动人口管理、社区计划生育管理、社区老龄人口管理、社区就业及培训等功能。社区服务平台同时也可以实现对智能建筑和住宅小区的物业、设施、安全、商务、节能、生态、环保等一系列应用系统进行数字化、网络化的监控、管理、服务的信息集成。

7.11.2　智慧社区服务平台规划

1. 以需求驱动，从实际出发

智慧社区建设要坚持需求导向，注重实效，防止盲目性，防止重复建设，防止一哄而上。建设工作要紧密结合本市实际情况，实事求是地向前推进。

2. 统筹规划，分步实施

智慧社区建设是长期的战略性任务，其内容十分丰富。为加快进程、避免重复建设和无序建设，必须制定总体发展规划，在总体规划指导下开展工作。应指出，总体规划并不是一成不变的，它要根据客观环境的变化和技术的发展及时进行必要的调整和修改。在整体规划和健全信息技术标准的基础上，智慧社区建设要循序渐进地进行。要充分注意不同社区在应用基础和条件方面的差异，不搞一刀切。要考虑社区管理和服务方式的变化所带来的影响，要客观评估工作量的大小，根据具体条件和各社区的承受能力，分系统分步骤地实施推广应用项目，以确保实施一个，成功一个。

3. 与智慧城市其他建设协同配合

作为智慧城市的组成部分，智慧社区建设与智慧城市的其他建设内容(如政府信息化、城市信息化、社会信息化、企业信息化等)是相互依存和关联的，它们共同构成一个整体。不仅如此，智慧社区中的一些应用实际上是智慧政府和电子商务等建设项目在智慧社区领域的延伸。因此在开展智慧社区建设时应在智慧城市总体规划的指导下，密切注意整体的统一和相互间的协调，充分共享建设成果，从整体上提高效率和效益。

4. 试点先行，探索经验，逐步推广，渐进发展

智慧社区内容丰富、工程巨大，是一项长期性的建设任务，同时智慧社区建设在我国又是一项崭新的建设任务，存在着大量的探索性工作。因此，对于一些新项目不适于一下展开，而应采取试点先行的做法，在取得经验后再逐步推广。

5. 政府推动，社会参与，共同建设

智慧社区建设涉及范围广泛，投资巨大。为加快建设，首先政府应积极推动、大力倡导，并给予一定的资金支持，同时运用市场规律，组织和引导企业和社会各界积极参与，各社区组织也要发挥自身的能动作用为智慧社区建设贡献力量。

7.11.3　将政府服务延伸到社区

智慧社区建设不是孤立的，它与智慧城市智慧政府建设密切关联，充分利用智慧政府建设的成果，将智慧政府的一些应用向社区延伸，不仅有利于社区管理的加强和提高，也有助于政府整体管理水平的提高。智慧政府建设成果向社区延伸的作用集中表现在以下方面：

1. 提高政府工作效率

社区作为地方政府行政管理的一级组织，其管理效能的高低是整个地方政府管理水平的具体体现。将一些智慧政府应用向社区延伸，有助于提高社区组织以及整个地方政府的工作效率。比如，电子公文流转应用向社区延伸可以以十分迅速和便捷的方式将市、区政府的有关文件传递到每个社区，这不仅提高了政府工作效率，也有利于政府有关政策的迅速传达与贯彻。又如，视频会议系统打破了场地限制，可以根据需要将一些会议的分会场扩大到每个社区，由此不仅可减少一些不必要的层层传达，还可大大提高政府有关政策和意志宣传贯彻的时效性。

2. 提供为民政务服务

面向公众服务是目前国际智慧政府建设的主流趋势，也是智慧政府建设的重点之一。将一些直接面向公众服务的智慧政府应用延伸到社区，可更好地向公众提供政府部门的服务。比如，将社会保障与市民卡系统应用延伸到社区，可大大方便市民办理社会保险、优抚安置、灾害救济、城市低保、社会福利等方面的手续。鉴于市民卡所具有的唯一性、易用性和灵活性等明显优点，还可将其扩展到社区服务的其他一些领域。

3. 促进政务信息公开

建设一个高效、公开、民主、廉洁的政府是各级政府的努力方向。将智慧政府建设成果向社区延伸有利于加快这一发展进程。比如，在各社区内广泛宣传市长热线系统和政府网站，使更多的市民了解并使用这些成果，可促进政府与广大市民的沟通与交流，促进市民更多地关心并参与城市建设、监督政府部门工作、为政府献计献策。

4. 促进智慧政府建设完善和发展

社区管理数字化应用与智慧政府的应用是相辅相成的，前者不仅可利用后者的建设成果，同时也可有利于后者的完善和充实。比如，将社区住户和居民管理应用与人口基础数据库的建设紧密结合，既可以使前者利用后者的建设成果，同时也有利于人口基础数据库获取更为真实、完整的人口数据。又如，通过社区网站与上级政府网站的链接，可以增加政府网站的上网人数和点击次数，从而使政府利用网站所进行的政务公告、新闻发布、民意调查等活动取得更多市民的参与。

7.11.4 智慧社区管理与服务内容

面向社区居民的政府管理与服务职能需要依靠社区组织去行使，通过建立智慧社区应用系统，对于提高社区管理与服务效能，方便市民群众有着积极的作用。智慧社区应用系统包括以下方面的管理内容：

1. 劳动服务和社会保障

这是智慧政府建设在此方面的延伸，其功能在智慧政府规划中已有叙述。

2. 计划生育管理

在各社区建立计划生育管理系统，为加强计划生育管理提供信息处理手段。

3. 社区治安管理

建立社区治安管理系统，管理有关社区治安及流动人口管理方面的信息。

4. 市容卫生和综合治理

管理有关卫生和综合治理方面的信息。

5. 社区工会管理

管理社区工会方面的信息。

以上智慧社区应用系统的建立要与智慧政府建设中有关系统的建立紧密结合,充分利用后者的建设成果,减少重复建设。

7.11.5　智慧社区应用系统设计

智慧社区服务平台应具有社区政务服务应用系统、社区公共服务应用系统、商业服务应用系统。

1. 智慧社区政务服务应用系统

智慧社区政务服务应用系统具有以下功能模块:

(1) 政务信息服务。

(2) 行政审批服务。

(3) 网上申报与注册服务。

(4) 公众业绩评估。

(5) 社区治安管理。

(6) 社区环境与节能管理。

(7) 社区居民与流动人口管理。

(8) 社区计划生育管理。

(9) 社区老龄人口管理。

2. 智慧社区公共服务应用系统

智慧社区公共服务应用系统具有以下功能模块:

(1) 社会保障服务。

(2) 城市市民卡服务。

(3) 医疗卫生服务。

(4) 教育服务。

(5) 文化服务。

(6) 房产管理与服务。

(7) 福利与救助。

(8) 就业与培训。

3. 智慧社区商业服务应用系统

智慧社区商业服务应用系统具有以下功能模块:

(1) 商业电子商务服务。

(2) 现代物流服务。

(3) 金融服务。

(4) 旅游服务(含酒店、餐饮、交通、娱乐)。

(5) 建筑及住宅小区物业服务。

7.12 智慧医疗卫生服务平台规划与设计

7.12.1 智慧医疗卫生服务平台规划

智慧医疗卫生服务平台是智慧城市医疗卫生体系建设的重要组成部分。为贯彻落实国家卫生部关于加强城市医疗卫生建设的意见,应积极推动和规范智慧城市医疗卫生信息系统建设,全面提高应对突发医疗卫生事件的能力,更好地保障人民群众身体健康和生命安全。

1. 智慧医疗卫生服务平台规划原则

智慧城市医疗卫生服务平台规划原则是:在智慧城市各级政府领导下,以构建预防为主、平战结合的日常管理与应急处理机制为目标,按照"政府主导、社会参与,统一规划、分步实施,统一标准、分级负责,平战结合、突出重点,合理布局、整合资源,互联互通、资源共享"等原则,充分利用现有资源,结合智慧城市医疗卫生工作实际,通过智慧城市智慧医疗卫生全市联网、防治互通,强化责任、依法管理,加快城市医疗卫生信息化建设进程,全面增强突发医疗卫生事件的预防、监测与应急反应、医疗卫生救治、执法监督和指挥决策的能力,提高智慧城市公众卫生保健水平。

2. 智慧医疗卫生服务平台规划目标

根据国家医疗卫生信息系统建设方案的精神,结合智慧城市的实际情况,确定如下智慧城市智慧医疗卫生服务平台的建设目标:

(1) 综合运用计算机技术、物联网技术和云计算技术,构建覆盖全市区(县)两级卫生行政部门、疾病预防控制中心、卫生监督中心、各级各类卫生医疗机构的高效、快速、通畅的网络系统,网络触角延伸到城市社区和农村卫生室。

(2) 编制《智慧城市医疗卫生信息系统建设规范》,该规范中包括系统建设规范、应用功能规范、基本数据规范以及数据传输规范等。信息的交流、共享和再利用是应用 IT 技术的精髓,真正实现信息化的基础完全源于信息的标准化,这是实现医疗卫生信息系统的关键要素之一。通过信息标准化的工作,实现智慧城市医疗卫生市、区(县)两级平台共享医疗卫生信息,达到协同决策、提高效率、加强管理的目标。

(3) 在全面建设医疗卫生各业务应用系统的基础上,构建市、区(县)两级医疗卫生信息平台。通过市、区(县)两级平台的建立,全面提升医疗卫生各业务应用系统数字化、智能化的应用水平。

(4) 通过智慧城市医疗卫生服务平台的建设,完善医疗卫生信息的收集、整理、分析功能,提高信息质量,实现信息的互联互通和数据共享交换。逐步建立起市、区(县)两级突发医疗卫生事件预警和应急指挥系统,提高医疗卫生救治、医疗卫生管理、科学决策以及突发医疗卫生事件的应急指挥能力,全面促进人民卫生保健水平的提高。

3. 智慧城市医疗卫生信息标准规范

标准化是智慧医疗卫生服务平台建设的基础,建立医疗卫生信息标准体系是医疗卫生信息化建设的重要内容。应在卫生医疗信息标准化建设中坚持引用和开发相结合的原则,关注国际信息标准的发展,等同等效应用国际标准,宣传贯彻国家标准和行业标准,积极开

发和研制智慧城市地方标准。

根据建立医疗卫生信息标准体系的要求，逐步形成医疗卫生标准化研究开发和组织管理体系。要围绕智慧城市医疗卫生信息化需求，制定出《智慧城市医疗卫生信息系统建设规范》，用以指导市、区(县)两级医疗卫生信息系统建设。该规范中应包括系统建设规范、应用功能规范、基本数据规范以及数据传输规范等部分。

加强医疗卫生信息化建设工程中标准化实施情况审查工作，对重要信息技术产品进行标准符合性测试。开展医疗卫生信息标准化国际交流与合作，引导企业积极参与标准化活动。

7.12.2　智慧医疗卫生服务平台组成

1. 智慧城市智慧医疗卫生服务平台结构

智慧城市智慧医疗卫生服务平台可概括为“三级网络、两层结构”。三级网络就是依托智慧城市政府公用数据网，综合运用计算机技术、网络技术和通信技术，建立连接市、区(县)、乡镇三级卫生行政部门和医疗卫生机构的双向信息传输网络，形成智慧城市医疗卫生信息虚拟专网；两层平台就是在市、区(县)两级建立两层医疗卫生信息网络结构。图 7.11 为智慧医疗卫生服务平台总体结构图。

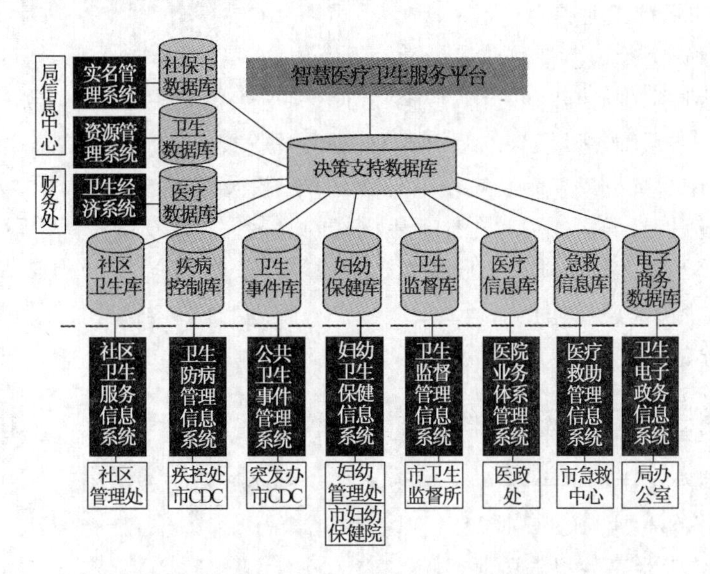

图 7.11　智慧医疗卫生服务平台总体结构图

在市级平台上建立全市医疗卫生中心数据库，支持全市医疗卫生资源的综合指挥调度，该平台由智慧城市医疗卫生信息中心负责统一规划、建设和管理。同时在市 CDC、卫生监督所、急救中心、妇幼保健院、血液中心等专业机构建立相关业务数据库。

各区(县)应建立区(县)级医疗卫生服务平台，与区(县)卫生行政部门、区(县)疾病预防控制机构、卫生监督机构、妇幼保健机构和医疗卫生机构等连接形成区域医疗卫生服务平台，如图 7.12 所示。

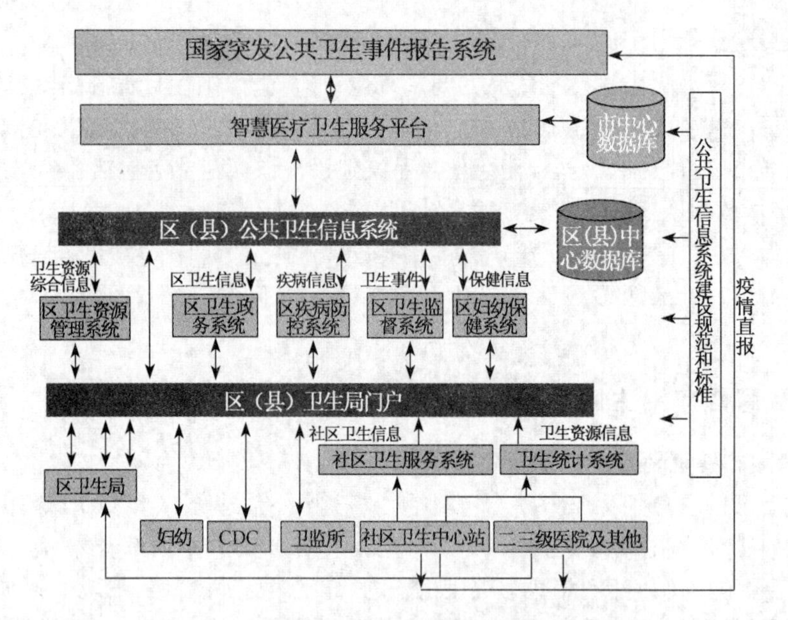

图 7.12　智慧医疗卫生服务平台区(县)级结构图

2. 智慧城市医疗卫生信息中心

随着智慧城市医疗卫生信息化建设的深入发展，在智慧城市信息中心的基础上组建智慧城市医疗卫生信息中心势在必行。智慧城市医疗卫生信息中心的主要职能是：全面负责智慧城市卫生信息系统建设规划的组织实施；整合智慧城市医疗卫生信息资源；组织并协调公用网络系统、中心数据库和综合应用系统的开发建设及运行维护；管理和协调市级各卫生业务信息系统建设；指导区(县)及医疗卫生机构的卫生信息系统建设。同时，加强全市各级卫生信息化机构及人才队伍建设，以形成一支数量充足、结构合理、具有基本技能的系统应用和维护人员队伍，快速、全面、准确地采集、传输、整理、分析各种医疗卫生信息，为卫生管理决策提供科学依据。

7.12.3　智慧医疗卫生应用系统设计

智慧城市医疗卫生服务平台可由如下 14 个应用系统组成，在建设过程中应遵循“急用先上、分步建设”的原则。

1. 突发医疗卫生事件报告监测系统

突发医疗卫生事件报告监测系统是在传统防治工作基础上，将疫情定期报告的逐级统计转为在线报告，满足预警和快速反应的要求。

突发医疗卫生事件报告监测系统建设的主要内容是：

(1) 完善突发医疗卫生事件直报系统。建成畅通的疫情信息网络，实现全市所有一级以上医院与国家、市、区(县)疾病预防控制中心联网，并将疫情信息网络逐步延伸到全市所有的村卫生室和社区卫生服务站，实现智慧城市疫情信息资源的全行业覆盖。

(2) 在市、区(县)两级医疗卫生信息平台上建设与国家 4 套直报系统(疾病监测报告管理系统、突发医疗卫生事件管理系统、死亡信息上报管理系统、疾病控制基本信息系统)数据的接口，实现对疾病和突发医疗卫生事件的数据监测和分析预警，同时要做好与新的报告方

式的接口的开发工作。

(3) 按照管理权限，建立市、区(县)两级突发医疗卫生事件、相关危险因素数据库。区(县)CDC 应通过网络信息系统对辖区内突发医疗卫生事件报告进行核实、流行病学调查、订正，同时完善本地数据库建设；市 CDC 对全市突发医疗卫生事件数据库进行综合管理；各级卫生行政和监督部门对辖区内突发医疗卫生事件报告进行执法监督。

(4) 加强各级各类医疗卫生机构突发医疗卫生事件报告人员的技术培训，提高各级疾病控制机构的疫情监测数据分析和预警能力。

2. 医疗卫生资源综合管理系统

医疗卫生资源综合管理系统是智慧医疗卫生服务平台的基础性建设。通过市、区(县)两级区域医疗卫生资源综合管理平台的建设，将各部门所要采集的信息分解为原始数据项，通过直接采集原始数据项的方式，强化数据的规范性、一致性，减少基层单位重复采集数据的情况发生。通过医疗卫生资源信息的整合，形成为智慧城市医疗卫生工作提供包括人力、物力、疾病发生等信息的全方位服务，生成满足多方面需求的医疗卫生指标体系。

医疗卫生资源综合管理系统建设的主要内容是：

(1) 建立市、区(县)两级区域医疗卫生资源综合管理系统，按照属地管理的原则采集、整合区域内医疗卫生机构的医疗卫生资源信息。

(2) 医疗卫生资源信息主要包括医疗卫生机构信息、人力资源信息、医疗卫生设备信息、应急药品库存信息、应急卫生材料库存信息、血液库存信息、住院床位动态信息及救护车辆动态信息等。

(3) 通过市、区(县)两级区域医疗卫生资源综合管理系统的建设，实现智慧城市医疗卫生资源信息的全面采集、整合、分析并支持指挥调度。

3. 卫生防病信息系统

卫生防病信息系统建设是区域医疗卫生信息系统建设的重要内容。要积极配合卫生部对传染病疫情的全国直报监测系统的实施和推进，在保证向卫生部上报数据的同时，提供疫情信息与其他医疗卫生信息的共享、整合，提高疾病预防监控、预警和分析水平。

卫生防病信息系统建设的主要内容是：

(1) 完成由市、区(县)两级疾病预防控制中心、妇幼保健、健康教育与各级卫生医疗机构、社区卫生服务机构和乡镇卫生院组成的全市疾病预防控制体系的信息采集、传输设备和网络设施的建设。

(2) 通过统一的信息交换机制，逐步实现对基础疾病信息的采集和监测，对医疗卫生机构提供的就诊患者日常主要疾病症状和就诊信息进行汇总，研究设置预警域值，形成对传染病及医疗卫生事件的监测预警。

(3) 建立智慧城市卫生防病中心数据库，包括卫生防病信息、卫生防病决策支持数据库。

(4) 各级医疗卫生信息系统都应实现与国家卫生部 4 套直报系统的数据导入导出，充分利用国家卫生部直报系统提供的数据资源，加快数据分析模型的研究、分析和再利用。

4. 卫生监督执法信息系统

卫生监督执法信息系统是医疗卫生信息系统建设的重要内容之一。卫生监督执法信息系统不仅具有与疾病控制、医疗卫生救治信息系统类似的功能，其特殊性还表现在不仅对医疗卫生机构自身行为的监督执法，而且对全社会与健康相关的环境、产品、服务的监督执法，包括经常性卫生监督、预防性卫生监督、突发事件报告等。

卫生监督执法信息系统建设的主要内容是：

(1) 开发和建立全市统一的"卫生监督执法报告和数据中心"，建设智慧城市卫生监督执法数据库，包括监督对象、监督执法工作、监督执法结果、卫生监督资源数据库。

(2) 建立卫生监督执法过程中科学的现场数据采集方式，利用已经开通的基于 IC 卡和 POS 机的卫生监督执法信息采集处理系统实现卫生监督执法数据的及时录入和汇总。

(3) 根据卫生监督执法工作的需要，完成市、区(县)两级卫生监督执法管理系统软件的开发和运用。

(4) 研究和建设卫生监督机构与监督对象、疾病预防控制中心、医院和其他医疗卫生机构数据的接口，保证信息的及时交流和共享。

(5) 健全突发医疗卫生事件监测报告和执法监督信息系统，该系统包括食品卫生、公共场所卫生、放射卫生、职业卫生、学校医疗卫生的监督、监测以及医政管理、妇幼保健、血液管理的执法监督等内容。

5. 医疗卫生救治信息系统

医疗卫生救治信息系统是突发医疗卫生事件应急机制和反应能力的重要组成部分。应采用平战结合的运行管理模式，既服务于日常医疗卫生管理、医疗卫生服务、救治、远程医学等业务工作，又适应突发医疗卫生事件等重大危害时期区域医疗卫生救治资源统一调度的需要。同时在医疗卫生机构、紧急救援机构和疾病预防控制机构之间建立畅通的信息沟通机制。

医疗卫生救治信息系统建设的主要内容是：

(1) 建立全市统一的、平战相结合的医疗卫生救治信息系统的基本功能规范和信息交换标准。要通过深入调查研究，不断完善医疗卫生救治信息系统建设方案和技术方案。

(2) 按照全市统一的标准和分级管理的要求，结合医疗卫生资源综合管理系统建设，建立市、区(县)两级医疗卫生救治资源数据库，包括医疗卫生机构、卫生技术人员、大型医疗卫生设备、医疗卫生救治机构、救治专家和救治队伍、救治物资和药品等数据库。

(3) 建立完善的、支持市、区(县)两级医疗卫生信息系统进行数据交换和信息联动的 120 急救中心综合管理系统。

(4) 通过医疗卫生信息标准的制定，逐步解决现有医院信息系统、院前急救信息系统、血站和血液管理信息系统、医学情报检索系统、远程医疗卫生系统与医疗卫生救治管理信息系统的数据交换问题。

(5) 积极推进智慧城市医疗卫生应急联动系统建设，实现 120 系统与 110、119、122 等系统的信息互动。

6. 突发医疗卫生事件应急指挥调度信息系统

按照《突发公共卫生事件应急条例》的要求，建立突发医疗卫生事件应急指挥调度信息系统，全市形成统一的指挥调度体系。按照属地化管理原则，市、区(县)卫生局负责本地突发医疗卫生事件应急指挥中心与决策系统建设。在市、区(县)两级医疗卫生信息网络系统上进行功能扩充，将疾病与突发医疗卫生事件监测信息、医疗卫生救治信息、卫生监督执法信息和相关信息统一在网络平台上，采用科学的危机处理方法、先进的信息处理技术和现代

的管理手段,对突发事件的辨别、处理和反应,对事件处理全过程进行跟踪和处理。实现突发事件相关数据采集、危机判定、决策分析、命令部署、实时沟通、联动指挥、现场支持等功能,以在最短的时间内对危机事件做出最快的反应,采取合适的措施预案,有效地动员和调度各种资源,进行指挥决策。

突发医疗卫生事件应急指挥调度信息系统建设的主要内容是:

(1) 建立医疗卫生综合指挥调度信息平台,包括指挥场所建设以及计算机网络系统和管理、通信系统和管理、视频音频(如电视电话会议)等系统建设。

(2) 结合医疗卫生资源综合管理系统建设,建立医疗卫生综合指挥调度数据库。

(3) 完成指挥中心与决策系统软件开发。

(4) 建立与相关部门的信息交换机制。

7. 妇幼保健信息系统

智慧城市妇幼保健信息系统要利用先进的计算机信息处理技术和通信技术,建立起覆盖全市各妇幼卫生机构和全市妇幼人口的信息网络,实现智慧城市妇幼保健健康档案和报表数据的信息化管理。

妇幼保健信息系统建设的主要内容是:

(1) 通过专网与公网结合的方式,建设起智慧城市妇幼保健信息网络。智慧城市妇幼保健信息网络覆盖的机构分别为:

① 一级单位:基层开展业务工作的单位,包括各级医院相关科室、托幼园(所)保健科。

② 二级单位:区卫生局防保科/妇幼科、区妇幼保健院。

③ 三级单位:指市卫生局妇幼处、卫生局信息中心、市妇幼保健院。

④ 四级单位:指卫生部妇社司、国家妇幼保健中心。

(2) 妇幼保健信息系统涉及的业务内容范围包括:妇女保健、婚前检查、孕妇保健、产妇保健、婴儿保健、幼儿保健和学龄前儿童保健。保健的内容包括定期体检、评价、常见疾病的预防和治疗、疾病普查、健康教育等。

(3) 实现集刷卡登记、信息录入、报表管理、业务咨询、综合查询、统计分析等主要功能于一体的网络化软件应用,做到所有单位均可通过网络进行运转,实现对全市孕、妇、婴儿等人群的追踪检查和及时对这些特殊人群提供健康医疗卫生服务。

对各区(县)妇幼保健信息系统建设的建议:

(1) 在区(县)已有资源的基础上,充分利用市妇幼保健信息系统数据资源,整合后实现对区域妇幼保健信息的综合分析利用。

(2) 遵照系统标准,与其他应用系统有机连接,充分发挥妇幼信息在医疗卫生信息系统中的作用。

8. 卫生统计信息系统

智慧城市卫生局根据“信息整合、数出一门”的总体工作要求,结合卫生部统计制度改革和城市卫生统计工作发展的具体情况,建立起智慧城市卫生统计信息系统。该系统是智慧城市医疗卫生基础信息采集的主要来源。

智慧城市卫生统计信息系统的主要任务是完成卫统报表及其他卫生统计信息的采集、汇总和上报。各区(县)应在此基础上,充分利用市卫生统计信息系统的数据资源,实现区域卫生统计信息的整合、综合分析及再利用。

9. 网上审批系统

网上审批系统是由在线平台、市级平台及各委办局内部的审批系统三部分组成,网上审批系统的业务系统涵盖了与卫生部门相关的医疗卫生机构、医师、护士、外国医师、妇幼机构及人员、血站以及医疗卫生等方面的业务审批,支持业务人员对相关数据进行查询、统计、分析,生成各种报表。

网上审批系统建设的主要内容是:

(1) 结合实际工作情况,尽快建设各区(县)的网上审批系统。由于审批权限的属地化,卫生局所涉及的审批项目的工作量大部分在区(县)卫生局。各区(县)必须与市级系统配合,尽快建设网上审批系统。

(2) 审批系统产生的数据是其他应用系统共享信息的重要内容,在整体系统建设中要充分考虑审批系统与其他应用系统的互联互通,要提供标准接口。

10. 实名就诊卡系统

建设智慧城市实名就诊卡系统的主要目的在于通过在全市统一使用实名就诊卡,实现实名就诊、赋予所有患者统一的实名代码、方便病人就医、推进银行卡在医疗卫生机构中的应用,通过疾病信息上报,逐步积累就诊病人的本底信息,实现疾病预警的功能。

实名就诊卡系统建设的主要内容是:

(1) 共同参与系统建设。实名就诊卡系统只有在全市范围内广泛使用才能发挥应有的作用,建议各区(县)卫生局共同参与系统建设,协调本辖区医院开通系统,上报信息,将实名就诊卡系统建设作为各区(县)疾病监测预警工具,纳入本地医疗卫生信息系统建设内容。实现就诊卡与智慧城市市民卡合二为一。

(2) 实现信息资源共享。实名就诊卡系统信息资源全市共享,可提供与区(县)其他系统的标准接口。

11. 社区卫生服务信息系统

社区卫生服务信息系统建设是医疗卫生信息系统建设的重要组成部分之一,通过该系统的建设将实现城镇医疗卫生网底基础数据的及时采集,为疾病和医疗卫生监测提供第一手资料。

社区卫生服务信息系统建设的主要内容是:

(1) 在全市社区卫生服务机构建立起集社区卫生服务预防、医疗卫生、保健、健康教育、康复医疗卫生和计划生育技术指导六大业务功能为一体的社区卫生服务信息系统。全市城区社区卫生服务机构应结合社区卫生服务示范区建设,全面使用社区卫生服务信息系统。

(2) 为全市居民建立起终生连续记载的健康档案,居民健康档案应体现多档合一、"死档"变"活档"的原则,同时逐步实现社区卫生服务机构和大中型医院之间双向电子化病历档案转移。

(3) 建立起市、区(县)卫生局两级社区卫生政务管理系统,逐步建立起基于区域中心数据库的完善的社区卫生电子政务体系。

(4) 社区卫生服务信息系统和社区居民健康档案中应包括医疗卫生监测所需要的疾病、症状等相关信息,为疾病和医疗卫生事件监测提供基础数据。

12. 新型农村合作医疗卫生信息系统

逐步实行新型农村合作医疗卫生制度是国家农村卫生政策的重要体现,是解决农民"因

病致贫”、“因病返贫”问题的重要举措。新型农村医疗卫生信息系统建设也是医疗卫生信息系统建设的重要组成部分之一，通过该系统的建设将实现农村医疗卫生网底基础数据的及时采集，为疾病和医疗卫生监测提供第一手资料。

新型农村合作医疗卫生信息系统建设的主要内容是：

(1) 新型农村合作医疗卫生信息系统以农村合作医疗卫生资金的管理和农民健康信息管理为中心，对资金信息流、健康信息流产生的数据进行收集维护、统计分析，以便及时掌握新型农村合作医疗卫生资金的流动情况以及农民健康和疾病状况，为领导决策提供依据。

(2) 新型农村合作医疗卫生信息系统应包含农民健康档案管理、征缴管理、补偿管理、资金管理、会计核算、统计分析、配置维护等基本功能。

(3) 新型农村合作医疗卫生信息系统和农民健康档案中应包括医疗卫生监测所需要的疾病、症状等相关信息，为疾病和医疗卫生事件监测提供基础数据。

(4) 新型农村合作医疗卫生信息系统的设计开发应遵循《全国新型农村合作医疗信息系统基本规范(试行)》。

13. 医院信息系统

医院信息系统是医疗卫生信息系统的重要信息源之一。目前城市各医院所使用的 HIS (Hospital Information System)系统软件是由许多 HIS 厂商分别提供的非标准化的应用软件，数据整合存在一定困难，特别是在对门诊基本信息的采集和记录方面非常薄弱。因此要结合全市医疗卫生信息系统建设，遵循《智慧医疗卫生信息系统建设规范》(正在制定中)关于基本数据集和数据传输规范的要求，从智慧城市医疗卫生信息系统建设的基本需求入手，逐步建立起基于医疗卫生监测要求的规范的医院信息系统接口，以满足区域医疗卫生信息系统建设的要求。

14. 公众健康宣传服务系统

在信息工作为医疗卫生管理和应急指挥决策服务的同时，应当加强医疗卫生服务网站的建设，面向社会普及健康知识，提供公共健康危害因素信息，包括不良生活习惯及生物、化学、核辐射恐怖活动的威胁等，以及医疗卫生相关事件处理情况信息与公众对医疗卫生相关事件的举报沟通信息等。促进环境卫生条件改善，预防控制传染病和其他疾病的流行，培养公众良好的生活习惯和文明的生活方式。

7.12.4 智慧医院信息化与智能化系统设计

1. 智慧医院信息化与智能化系统规划

(1) 智慧医院规划包括：智慧医院信息化业务应用系统和智慧医院建筑智能化系统两部分内容。应遵循《电子病历系统功能规范(试行)》《智能建筑设计标准》《建筑及居住区数字化技术应用》等国家有关医院信息化和建筑智能化设计规范和要求。同时参考智慧医疗卫生服务平台规划有关的内容和要求。

(2) 智慧医院规划应充分反映 21 世纪国际最新的主流技术与主流产品，信息化与智能化系统技术应用和实现功能应达到国内数字医院乃至智慧医院的前列。

(3) 智慧医院规划应在业务流程、系统组成、技术应用、设备选型、建筑节能、管理与服务等方面体现“世界先进、国内领先”的原则。

(4) 智慧医院规划应充分体现智慧医院在信息化业务应用系统和建筑智能化系统上的

信息化、网络化、数字化、自动化、智能化技术应用和实现功能的特点。智慧医院信息化系统设计的重点是:云服务平台(包括云计算、云数据、云服务)、综合医院信息系统(IHIS)、电子病历(EMR)系统、医学影像存储传输系统(PACS);智慧医院建筑智能化系统设计的重点是:物业及设施管理信息系统(PMIS)、智能化系统物联网、“一卡通”管理系统、访客管理及对讲呼叫系统、建筑综合节能管理系统等。

(5) 智慧医院规划应体现通过智能化系统物联网,实现医学影像及各专业医疗设备间的信息互联互通和数据共享交换以及远程操控。尤其是对智慧医院建设所采用的诸多新技术应用的医疗设备系统,应实现 HIS 与其接口的无缝衔接和信息集成。

(6) 智慧医院规划应遵循“按需集成”的原则,在采用物联网和自动化控制技术及设备的前提下,从智慧医院安全性、舒适性、便捷性和节能管理的实际应用的角度出发,体现建筑综合信息集成系统的技术应用和实现功能。

(7) 智慧医院规划应使智慧医院物业及设施管理在综合信息集成系统的支撑下,体现设施管理与综合节能管理、智能电力管理之间的节能关系和实现节能的方案与措施。在智慧医院综合安全管理方面要重点设计医院安全管理与应急指挥调度之间的协同关系和联动功能,以及医院访客管理及可视对讲呼叫系统设计的方案和实现功能。医院建筑物业及设施管理方案应充分体现医院管理及服务与智能化系统功能的融合。实现医院常态管理和服务的科学化、集约化与可持续发展。

(8) 智慧医院规划应考虑智慧医院建筑与医疗业务服务的特点,分别具有不同的使用功能,应体现“一个平台和多个管理中心”的管理布局,适应智慧医院建筑物业及设施管理和医疗专业服务的需要。

2. 智慧医院信息化与智能化系统组成

1) 智慧医院信息化系统组成

(1) 智慧医院云服务平台(IHSaaS)

① 云计算:计算机服务器、存储设备集群与共享。

② 云数据:数据仓库、数据资源管理、数据共享交换。

③ 云服务:统一认证、电子签名、数据分析、可视化展现、安全管理等。

(2) 综合医院信息系统(IHIS)

① 医疗业务内部门户。

② 公众服务外部门户。

(3) 临床信息系统(CIS)

① 门诊护士工作站。

② 住院医生工作站。

③ 住院护士工作站。

(4) 电子病历(EMR)系统

① 用户授权与登录管理。

② 诊疗记录管理。

③ 检查检验报告管理。

④ 病历展现。

⑤ 临床知识库。

⑥ 系统扩展接口。

(5) 医学影像存储传输系统(PACS)

① RIS 报告管理。

② LIS 报告管理等。

(6) 远程视频医疗会诊系统

(7) 医疗就诊卡管理系统

(8) 医院业务管理系统

① 药品管理。

② 住院管理。

③ 重症病人管理等。

(9) 医院行政管理系统

① 人事管理。

② 后勤管理。

③ 资产管理。

④ 绩效管理。

⑤ 业务培训等。

(10) 医院财务管理系统

① 收费管理。

② 社保医保结算等。

(11) 医疗办公自动化系统

(12) 辅助决策系统(与 HIS 集成)

① 门诊信息。

② 住院信息。

③ 医保总量控制。

④ 医疗分析。

⑤ 药品分析。

2) 智慧医院建筑智能化系统组成

(1) 物业及设施管理信息系统(IPMS)

(2) 建筑设备管理系统(BMS)与楼宇自控系统(BAS)

① 楼控、安防、消防实时信息与数据共享。

② 楼控、安防、消防实时联动控制。

③ 冷热源设备监控。

④ 空调设备监控。

⑤ 给排水设备监控。

⑥ 变配电设备监控。

⑦ 照明设备监控。

⑧ 电梯设备管理。

⑨ 综合节能管理。

⑩ 智能电力系统通信接口。

⑪ 冷源设备通信接口。
⑫ 锅炉设备通信接口。
⑬ 电梯设备通信接口等。
(3) 综合安防管理系统(SMS)
① 综合安全管理。
② 应急指挥调度。
③ 入侵(侦测)报警。
④ 电子巡查。
⑤ 门禁及道闸控制。
⑥ 无线对讲。
(4) 视频监控系统
(5) 访客管理及医用对讲呼叫系统
(6) 停车场管理系统
① 车牌识别。
② 车位引导。
(7) 公共广播及背景音乐系统
(8) "一卡通"管理系统
① 发卡。
② 门禁。
③ 道闸。
④ 考勤。
⑤ 商业消费。
⑥ 与医疗就诊卡系统、访客管理系统信息集成。
(9) 综合布线系统
① 综合信息网络系统。
② 互联网接入(外网)。
③ 医疗办公(内网)。
(10) 智能化系统物联网络布线系统
① 综合控制网络系统(专网)。
② 楼宇自控。
③ 安防报警。
④ 门禁控制。
⑤ 视频监控。
⑥ 访客可视对讲。
⑦ 医疗设备联网。
(11) 有线电视系统
(12) 电子公告及信息查询系统
(13) 弱电防雷与接地系统
(14) 智能化机房工程

7.12.5　智慧社区医疗服务应用系统设计

1. 社区个人健康档案系统

社区个人健康档案系统包括以下内容：

(1) 全科医生通过该系统对责任区的居民建档、维护。

(2) 在转诊过程中能为其他医疗机构调用，并实现居民健康档案跨区的调配管理。

(3) 全科医生通过调用居民健康档案信息，了解居民的健康情况，更好地为居民服务。

(4) 管理职能部门管理人员借助健康档案的统计分析全区居民的健康情况，并对所辖的社区服务中心、社区站全科医生的工作进行监督管理。

2. 社区健康教育系统

社区健康教育系统包括以下内容：

(1) 针对社区主要健康问题，明确社区教育的重点对象、主要内容及适宜形式，根据不同时期进行适当调整。建立疾病防治、健康教育、卫生常识模块，并可不断更新。

(2) 提供常见病的健康教育处方公共模板和个性化模板。医生可于诊疗后或预防保健服务后发放。

(3) 按照统一指标体系进行统计报表编制，通过接口向上级数据中心上传数据。

3. 社区保健服务系统

社区保健服务系统包括以下内容：

(1) 儿童的健康体检、生长发育监测、评价和干预等。

(2) 孕产妇信息、产褥期信息、更年期信息管理监测和健康检查等。

(3) 老年人专项档案管理、随访管理、健康教育等。

4. 社区康复服务系统

社区康复服务系统包括以下内容：

(1) 对各专档可进行新增、删除、修改、查询、统计、打印等操作。

(2) 配合康复期精神疾患监护，指导康复治疗，提供康复咨询、指导和有关功能训练。

(3) 生成随访计划，根据随访计划对患者进行相应随访，建立随访记录，同时更新随访计划。随访情况包括治疗情况、康复情况及其他相关情况。

(4) 报表编制和数据上传。按照统一指标体系进行统计报表编制，由接口向上级数据中心上传数据。

5. 社区精神卫生服务系统

社区精神卫生服务系统包括以下内容：

(1) 精神病人专项健康档案管理。

(2) 精神病康复治疗管理。

(3) 精神病随访管理。

6. 社区计划生育服务系统

社区计划生育服务系统包括以下内容：

(1) 全科医生或防保科医生依托健康档案信息建立育龄妇女花名册、生殖健康卡信息。

(2) 与健康教育管理模块相结合，进行计划生育宣传计划管理和宣传活动过程记录。

(3) 全科医生通过该功能记录相关计划生育技术支持活动的相关过程信息。

(4) 全科医生或防保科医生记录避孕药物发放信息并建立相关随访卡信息。

(5) 全科医生或防保科医生记录相关生殖保健活动的相关过程信息。

(6) 社区中心、社区站的全科医生和保健科医生能够查询统计所辖区域的信息。

(7) 领导部门具有查询、统计整个所辖区数据的功能,社区中心、社区站的管理人员具有部分订正修改功能。

7. 社区转诊服务系统

社区转诊服务系统包括以下内容:

(1) 社区卫生服务中心(站)转诊维护。

(2) 社区卫生服务中心(站)接收转诊病患。

(3) 转诊处理、转诊回复。

(4) 转诊信息查询。

8. 社区家庭诊疗服务系统

社区家庭诊疗服务系统包括以下内容:

(1) 记录社区家庭应享受公共卫生服务的人群、服务面、各专项服务项目等,建立家庭健康档案和专项服务档案时自动采集。

(2) 根据诊断结果,对特定病人建立家庭病床,与防保、精防、康复业务等相结合,对病人进行长周期的跟踪治疗。

(3) 家庭健康档案实行全区统一管理,建立统一的家庭拆分、合并、迁入、迁出等变更信息的管理。

9. 社区传染病防治系统

社区传染病防治系统包括以下内容:

(1) 对社区内各类传染病(包括法定传染病和非法定传染病)的发病情况进行监测、评价与分析。

(2) 掌握传染病病人信息的变化情况。

(3) 实现传染病的聚集性判断与预警。

7.13 智慧教育服务平台规划与设计

智慧教育规划基于《国家中长期教育改革和发展规划纲要(2010—2020年)》,并在智慧城市建设的基础上,结合已经实施的"校讯通"、"校园一卡通"、"数字校园"等一系列数字化教育工程。智慧教育规划的要点是以物联网、云计算、海量数据存储与交换为技术支撑,打造一体化的智慧教育服务平台,应用于"数字化学习港"、智慧校园,将智慧教育延伸到智慧社区和智慧家庭。

7.13.1 智慧教育服务平台规划

智慧教育服务平台采用云计算模式构建区域性教育信息化应用解决方案,可以实行供教育局进行集中式管理和学校共同使用的SaaS应用软件服务的分布式三层架构B/S软件系统。

智慧教育服务平台向智慧城市各类教育机构提供教育重点业务的普及性教育软件应用

的咨询、教学、科研、实操、培训等综合服务内容，提供包括教育基础信息库、普及课程课件库、专业课程课件库、办公自动化和公文流转、学籍和教务管理、人事档案管理、校产管理、学生选课、学业水平考试评价、综合素质评价、学分管理与学分认定、课堂教学研究（资源和视频公开课）、教育图片库、教育门户站群等多项功能服务，每一项应用功能对应一个独立的应用系统，各个应用系统可以独立运行，也可以协同运行，为各类教育机构和用户提供菜单式的选择。

7.13.2　智慧教育“数字化学习港”应用

“数字化学习港”是遵循教育部关于构筑“全国远程教育公共服务体系”的精神，以智慧教育服务平台为基础，采用信息技术和数字化手段进行学习的一种新型学习方式。“数字化学习港”针对现代社会人们对数字化学习的需求，以云计算技术为支撑，面向各类社会成员提供普及性、公平性、开放式和低成本的学习内容、学习支持服务和学习环境。“数字化学习港”是为了顺应经济社会发展的整体趋势，满足社会成员多样化、个性化和网络化的学习要求，通过智慧教育服务平台面向智慧城市各级各类教育受众提供现代远程教育和公共支持服务的数字化与智能化教育大平台。智慧教育“数字化学习港”以高起点、高水平、高效率开展继续教育与远程教育，构建规模较大、功能较强、应用覆盖较广的现代远程教育公共服务平台。

7.13.3　智慧校园应用系统设计

智慧校园就是实现无处不在的网络学习、融合创新的网络科研、透明高效的校务治理、丰富多彩的校园文化、方便周到的校园生活。简而言之，“要做一个安全、稳定、环保、节能的校园”。

智慧校园与数字校园的区别是什么？这几乎是每个接触到“智慧校园”概念的人共同提出的问题。一些人认为，“智慧校园”是数字校园升级到一定阶段的表现，是数字校园发展的一个阶段。由此，可以看到的是，“智慧校园”的基石是前期数字校园的建设与发展。也就意味着，“智慧校园”首先要有一个统一的基础设施平台，要拥有有线与无线双网覆盖的网络环境；其次，要有统一的数据共享平台和综合信息服务。

智慧校园的三个核心特征：一是为广大师生提供一个全面的智能感知环境和综合信息服务平台，提供基于角色的个性化定制服务；二是将基于计算机网络的信息服务融入学校的各个应用于服务领域，实现互联和协作；三是通过智能感知环境和综合信息服务平台，为学校与外部世界提供一个相互交流和相互感知的接口。如同智慧城市一样，“智慧校园”与时下的物联网技术密不可分。而“智慧校园”的首要目标，也正是通过物联网技术连接校园网中的各个物件。从技术上来说，智慧校园涉及 RFID、二维码、视频监控等感知技术和设备的应用。“智慧校园”是一个崭新的概念，这现象类似于云计算。

1. 云计算在智慧校园中的应用

1）构建个人网络学习环境

在 Web 2.0 环境下，个人使用得更多的是网络学习和非正式学习，构建个人网络学习环境就显得尤为重要。通过云计算技术，学习者可以根据云计算的类型，自由地选择学习内容和学习方式。网络中有大量的 Web 2.0 工具，我们就可以轻松自如地创造个性化的网络学习环境。

2）提高网络学习效率

云计算以用户为中心，让数据和服务围绕着个人。通过云计算平台强大的计算能力，我们可以轻松地获取所需的数据，不必再为面对大量的数据而不知所措。快捷的数据检索、智能的数据处理技术、人性化的服务将会有效地提高学生的学习效率。

3）聚合教与学资源

以前用户都是从本地来获取计算资源、应用资源和存储资源。通过云计算技术，将本地的教育资源上传到云计算平台，转化为云服务，使这些资源比自己所能提供和管理的资源更多、更全、更廉价。云计算除了降低成本外，还有更大的灵活性和可伸缩性。云计算提供者可以轻松地扩展虚拟环境，提供更大的带宽或计算资源。这样可以轻松地获取别人的教育资源，也可以将自己的资源与别人分享，实现教育资源的开放和共享。

4）构建"云—地"中介，促进"人—云"的交互

在云时代，教育机构如何有效地利用云计算服务于教育信息化，一个有效的方法就是构建"云—地"中介，为各级教育管理机构提供云服务。通过"云—地"中介，大家共同分享，共同学习，构建云时代的学习共同体，促进了"人—云"交互。

5）促进教育信息化的多元化发展

随着教育信息化的不断发展，教育信息资源要不断增长，服务要向多元化发展。云计算平台满足了这种多元化的需求，从微软到谷歌都推出了自己的云计算平台，我们可以使用他们的云计算平台，例如现在很多的学校都在利用谷歌地球社区来开展地理课的教学，这就是一个很好的利用谷歌云服务的例子。

2. 智慧校园"一卡通"管理应用系统

智慧校园"一卡通"管理应用系统（ICMS. net），是目前智慧校园进行智能物业管理和提供校园行政管理的重要方法和手段，对智慧校园的发展起着重要的推动作用。智慧校园"一卡通"管理应用系统，可以实现"一卡通"管理应用系统内部各分系统之间的信息交换、共享和统一管理，同时也可以通过"一卡通"管理应用系统实现与校园智能物业管理系统、校园电子商务应用系统以及校园学籍管理系统的集成，增强了校园物业与行政管理的能力和扩展了校园增值服务的功能。智慧校园"一卡通"管理应用系统目前已经覆盖了整个智慧校园的住户身份识别、学籍管理、消费管理、校园电子商务财务结算及物流配送、物业管理费结算、门禁、保安巡更管理、电梯控制、出入口控制、车辆进出管理、房产及住户管理、校园图书资料卡和保健卡管理、电话收费管理等。智慧校园"一卡通"的应用已经渗透到了智慧校园物业管理和校园增值服务的各个环节，使得各项管理和服务工作更加高效、科学，为人们日常的工作和生活带来便捷与安全。

7.14 智慧房产服务平台规划与设计

7.14.1 智慧房产服务平台需求分析与规划原则

智慧房产建设是一项庞大的系统工程。此项工程的完成必须具备良好的社会环境、物质环境、人才环境。在进行智慧房产建设之初，应成立以城市房产管理部门主要行政领导牵

头的项目领导工作小组，负责项目的组织落实、资金落实、社会各方面的协调以及制定智慧房产建设的整体方案等工作。同时应成立由房产管理、房产测量、系统研发以及网络建设等方面的专家组成的项目专家组，主要负责方案的论证和规划等。

在智慧房产服务平台建设前期工作中，进行需求分析和规划方案编制是关乎平台建设成功的关键，应当在全方位考察和有关专家的支持下经过调研、分析、论证，形成比较成熟的建设规划方案。同时应及时了解和掌握国内外智慧房产发展动态和趋势，使智慧房产建设在高起点、高标准的基础上实施。

除此之外，对当前城市房产管理和房产管理软件系统中存在的问题应组织人员认真分析和研究。目前国内大约有几百个城市建立了房产管理信息系统，但是绝大部分城市的管理系统仅仅是 MIS，结合云计算、物联网、无线网络、系统集成和地理信息系统（GIS）技术应用的还较少，从而难以完成房产管理信息与数据集成应用的需求，信息与网络环境不能互联互通，房产权属、图纸和地理信息等数据无法共享，形成大量的“信息孤岛”。通过分析研究，找出问题的症结，才能制定出智慧房产服务平台更为科学、合理、实用的规划和建设方案。

1. 智慧房产管理与服务调查

房产管理与服务调查的目的，在于为房产登记提供确权审查、实物定质与定量认定房产权属及其归属，最终为房产图测绘以及形成具有法律效力的权属图、证等提供可靠的基础资料。房产调查在整个房产测绘中占很大的比重，其速度和质量是房产测绘工作成败的关键。在进行房产调查时，智慧城市应根据城市房产管理的特点，制定出一套适合本城市的权属调查方案。房产调查的最小单位应为栋。至于栋中的多产权人资料可由已有资料补充，或在以后权属登记时调查补充。

在房产调查的过程中，要特别注意对智慧城市内各个居住区（住宅小区）物业及设施管理信息系统建设情况的了解，为今后智慧房产服务平台通过智慧城市城市级“一级平台”实现与智慧城市物业及设施管理业务级“二级平台”的互联互通和数据（包括房产户型）共享交换打下基础。

2. 智慧房产服务平台规划原则

智慧房产服务平台是智慧房产建设的核心。智慧房产服务平台规划应立足于房产地理信息系统技术，包括现行房产产权管理系统、市场管理中各类业务软件系统、房产 CAD 系统、OA 系统、Web GIS 乃至 3D GIS 等。智慧房产服务平台建设是一项非常复杂的系统工程，它要求有比较高的技术素质和管理水平，技术性很强，投资大，建设周期又长，因此对智慧房产服务平台进行规划应遵循以下原则：

（1）在确定规划前，应对房产信息化建设成功地区进行考察和学习经验。再结合本地区房产管理与服务业务需求进行分析，完成可行性研究报告，并以此指导智慧房产服务平台建设规划。

（2）在智慧房产服务平台规划、应用系统设计、平台及应用系统开发与实施、平台及应用系统测试、系统工程项目验收等各个阶段，应聘请房产管理专家和有关房地产部门积极参与。选用的开发平台应具有集成性和可扩展性。

（3）在进行智慧房产信息体系规划时，不仅应关注国家有关的规章制度，而且还应参照《国土基础信息数据分类与代码》（GB/T 13923—92）和《1∶500，1∶1 000，1∶2 000 地形图要素分类与代码》（GB 14804—93）等有关标准，确保今后信息的交换，为构建智慧城市奠定信息基础。

(4) 规划应以业务需求为导向,采用云计算、云数据、云服务的模式搭建智慧房产服务平台。避免应用能力不足,多头重复开发,导致平台及应用系统独立,形成“信息孤岛”。

(5) 规划应遵循统一标准和统一平台开发,分步实施,从民生需求和老百姓反映问题最强烈的业务部门信息化建设做起。先搭建平台和建立基础数据库,逐步拓展应用,坚持完成一部分,使用一部分。

(6) 规划应提供智慧房产建设近、中、远期相结合的实施方案。

3. 房产档案数字化

目前许多城市的测量成果和产权档案的存储大多采用纸张,占据空间大,经过长期高频繁的调用,纸质记录的原始资料中已有不少字迹模糊或破损,一些历史性的档案亟待抢救。单一的纸质资料保存方式不便于大规模信息查询检索,不便于快速传递和共享,不便于信息的更新和维护,同时也存在严重的安全问题。因此,将房产档案数字化,采用多种介质存储房产档案资料,实现“数字档案”,是一种必要的手段。

目前,各地在房产档案数字化工作中,都不同程度地存在滞后和不规范现象。

(1) 由于领导的重视不够或投入的资金不足,导致档案数字化工作滞后或者根本未启动此项工作,使得房产管理信息系统数据库中的数据不全。

(2) 国家档案局就电子档案扫描格式、文件命名方式、目录管理以及影像压缩方式等制定了统一标准。有的城市由于各种因素的影响,在建设中没有参照国家标准,走了不少弯路,导致实际使用效果达不到设计要求。

(3) 真实性、完整性是房产档案数字化的根本。已经或正在进行档案数字化的城市,在档案扫描时,绝大部分都采用黑白扫描方式。黑白扫描的影像以其占用的数据空间小、扫描速度快的优点受到大家的认同。然而,档案卷宗内容色彩斑斓,黑白扫描违背了档案真实性的原则。

随着信息化技术的日臻成熟,高速扫描仪的出现,解决了档案彩色扫描速度慢的问题;同时,当前流行和成熟的增强小波算法可以对海量影像数据进行快速压缩,压缩比能达到30∶1～50∶1,且影像回放速度快,信息损失小。所以,采用彩色扫描是切实可行的。

4. 智慧房产执行标准与验收

(1) 严格执行国家标准和行业标准;严格执行智慧房产建设过程中制定的管理规定和技术规定;针对智慧房产工程的要求,对没有相应的标准或标准不完善的,应根据需要制定或完善相应的标准,并在实践中运用、验证和完善,将来提交国家有关部门,形成新的通用标准或作为已有标准的补充。

(2) 为保证成果的质量,在智慧房产建设开始就应分别聘请房产测绘和系统建设方面技术力量雄厚的单位作为监理单位,负责工程的全程监理。

(3) 在大规模房产测绘铺开之前,应选择简单、一般、难等类别的地区分别进行试点,以点带面,总结经验,进一步完善方案,避免生产中反复修改方案。

(4) 严格验收制度。对于房产测绘和档案数字化工作,应根据质量管理规定,实施“两级检查,一级验收”的制度。检查应为100%检查,验收可采取抽样检查,抽样率应为10%以上。房产管理信息系统的验收应请有关软件评测单位,采用相应的评测软件进行评测。

(5) 智慧房产建设是一个庞大的系统工程,数据的采集、入库和系统的研发工作量很

大。参与项目的有关管理人员要熟悉国家标准、行业标准、有关技术规定、生产程序以及检查的要求、内容和方法等。因此，应针对不同的人员提出不同的要求，采用多种培训方式，加强项目参与人员素质的培养。

5. 智慧房产数据更新与维护

智慧房产数据的更新与维护是一项应由城市房产管理部门规划的长期任务。数据更新包括图形数据更新、属性数据更新以及影像更新等。属性数据的更新主要应在正常工作中完成，且应做到及时更新。由于城市日新月异的变化，房产图应及时进行修补测。我国有的城市引入测绘市场竞争机制，以房产面积测算项目为基础，开展城市房产图的修补测工作，而城市房产管理部门只负责房产测绘成果的验收检查以及数据更新、维护工作。有的城市房产、规划、土地等部门联合进行数据更新，数据共享。这些措施的实施有利于解决房产图修补测经费不足问题，使房产图得到及时更新。

对于建立了正射影像库的城市房产管理部门来讲，影像库也应及时更新。目前有以下几种解决方案：

(1) 采用卫星遥感影像。这种方式比较经济，适合于大面积影像更新。

(2) 航空摄影。这种方式对气象条件要求高，获得的影像精度好，适合于大面积影像更新，但成本高。

(3) 低空遥感。这种方式对气象条件要求不高，适合于局部更新，成本相对经济。

因此，对于有条件的城市，采用低空遥感技术对影像库进行实时更新，不失为一种经济快捷的更新手段。

7.14.2　智慧房产服务平台规划

1. 安全可靠的运行环境

安全性是平台应用和数据首要考虑的重要内容，必须设计一套安全的网络环境。数据库可采用分布式网络关系数据库，具有集群技术、高可用性、商业智能、安全性、海量数据库等管理功能与特点，能适用于多用户处理和不断膨胀的数据量。系统结构采用 B/S+C/S 计算机结构。平台前台采用 B/S 网络云结构，后台数据库基于电子政务外网，采用 C/S 云数据结构。用户可以通过网络计算机、智能手机、移动终端在智慧房产服务平台安全模式下进入服务浏览页面。而服务平台数据库系统与前台 Web 服务器采用物理隔离，确保房产信息和数据的安全。

2. 实现图文网络一体化管理

土地和房屋是不可分割的，房屋所在的位置、占地面积、建筑面积是权属登记中较为重要的管理内容之一，所以"以图管房"的概念越来越被人们重视。智慧房产服务平台建设应基于地理信息系统(GIS)技术应用，将房屋信息与空间信息相结合，在地理信息电子地图上准确定位房屋属性信息，采用可视化的方式展示给用户，可有效避免一房多证、重复抵押等不良现象。还可以借助其独有的空间分析功能和可视化表达功能，完善预警预报系统，为政府提供各种辅助决策。

3. 规范房地产业务运作流程电子化与标准化

通过智慧房产服务平台规范房产管理各业务部门运作流程的电子化和标准化。结合国家有关法律、法规和规范性文件，实现房产管理与服务的横向管理。实现业务一体化操作，即受理收件原件电子扫描与拍摄成像、电子审核、电子交接、电子查档、电子监控,确保实物资料的真实性、可靠性和完整性。构建多媒体业务数据库,采用云数据方式,实现数据共享交换。

4. 健全的绩效考核体系和统计体系

智慧房产服务平台提供绩效考核功能,各业务部门和办事人员的工作记录均存储在数据库档案中,并随时可统计出完成工作的质和量,以提高工作效率和部门管理质量。通过完善的统计功能体系,完成各部门内部的数据统计和政府宏观调控的统计数据的分析与比对。

5. 完善的后台维护功能

随着房产管理体制的调整和新政策的相继出台,业务种类、工作流程和业务表单均可作相应的增加或修改。工作流管理实现政府监控功能和强大的工作流引擎管理功能,在系统前台实现业务流程自定义和后台维护功能自定义。

7.14.3 智慧房产服务平台技术应用

1. CAD 技术

随着 CAD 技术在房产测绘中的应用,房产测绘逐步由全手工方式向基于 CAD 的辅助制图方式转变,房产测绘开始提供电子化的测绘成果。此外,以 AutoCAD、MicroStation 为代表的 CAD 平台具有良好的开放性,通过其二次开发功能可以部分实现 CAD 系统与 MIS 属性数据的共享,房产测绘的属性成果可以经过转换后进入到 MIS 中。我们称这一阶段为多用户 MIS+CAD 阶段。这一阶段的房产信息系统还是偏重于对属性数据的管理,缺乏对图形数据的管理是其不足之处。

2. GIS 技术

GIS 技术,特别是组件式 GIS 技术、WebGIS 技术、空间数据库技术的发展,为 GIS 在房产信息化中的应用奠定了技术基础,GIS 技术迅速成为房产信息化建设的主流技术。将 GIS 引入房产管理是对传统房产管理方式的一个突破,它标志着房地产管理走向更加成熟、更加规范的管理模式。传统的 MIS 中坐落信息对于房屋确定有重要的标识作用。但房屋的坐落具有模糊、易变、不精确的特点,难以从根本上解决房屋的标识定位问题。应用 GIS 技术后,不仅可以通过图形来唯一定位和标识房屋,而且可以实现基于图形的查询、分析和预测功能,这是传统的 MIS 和 CAD 系统不能达到的。GIS 应用于房产管理,使得房产管理从传统的以属性为核心管理转向以图形为核心管理,是房产管理的一个飞跃。

同时,工作流技术和办公自动化技术的发展和应用,也给房产信息系统建设带来了新的需求。以 GIS 为核心,通过集成化的 MIS、GIS、OA 构建房产管理平台,成为当前房产信息化的一个重要特点。MIS、GIS、OA、工作流等技术在房产信息化中的综合应用,标志着房产信息系统建设进入智慧房产阶段。当前我国房产信息化建设正处于 MIS+CAD 阶段向智慧房产阶段的过渡阶段。

3. 房产测绘技术

智慧房产的实质是房产测绘、数据管理、加工、分析与发布的全面数字化。全面数字化是智慧房产与传统的房产管理信息系统相比较的最大特点。传统的房产管理信息系统实现了房产管理部分数据、部分业务、部分应用的数字化,而智慧房产则将数字化贯穿于房产信

息生成和流转的各个阶段。

房产测绘由以制图为目的转向以信息提供为目的是智慧房产中房产测绘数字化的一个特点。传统的房产管理信息系统基于 CAD 技术实现了房产测绘的数字化，但其以制图为最终目的，不能从根本上解决智慧房产对房产图形信息采集的需要。智慧房产中房产测绘应兼顾信息提供和制图的双重需求，最终达到房产测绘与信息系统的无缝集成。

4. 网络化与系统集成技术

网络化和一体化是智慧房产与传统的房产管理信息系统相比的又一特点。传统的房产管理信息系统是以解决某部门或某项业务为目的进行开发的，解决的是房产管理的局部问题，没有考虑到房产管理的整体需要。因此，传统的房产管理信息系统在为房产管理带来一定便利的同时造成了大量的“信息孤岛”。而智慧房产数据应用是全部房产信息的集成应用，不会产生“信息孤岛”。

从数据发布的对象来看，传统的房产管理信息主要面向房产管理的某一部门，而智慧房产的发布对象则是房产管理的所有部门、企业和社会公众。

传统房产管理信息系统实现了部分业务、部分数据的一体化，而智慧房产的一体化则实现了全部业务、全部数据以及 GIS、MIS、OA 等技术的一体化。

图 7.13 展示了房产信息化发展的几个阶段，表 7.1 对智慧房产与传统房产管理信息系统作了比较。

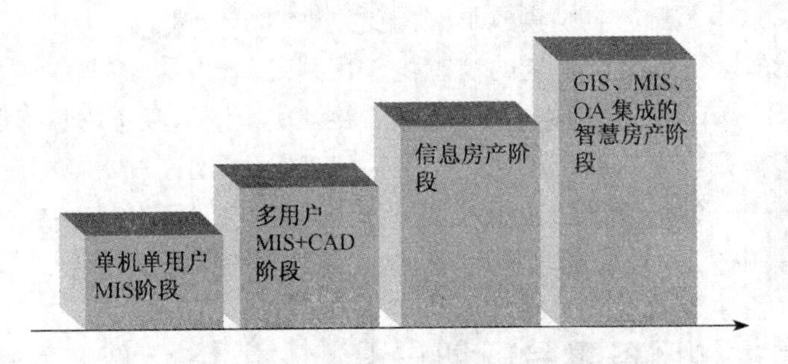

图 7.13　房产信息化发展的几个阶段

表 7.1　智慧房产与房产管理信息系统的比较

比较内容	房产管理信息系统	智慧房产
数字化	局部数字化	全面数字化
房产测绘	以测图为目的的数字化	以信息提供为目的的数字化
数据管理	非空间信息的管理	空间信息与非空间信息的集成管理
数据应用	分散应用	集成应用
数据发布	房产管理的某个部门	房产管理的全部部门、企业和社会公众
一体化	部分业务、数据的一体化	业务、数据和技术的全面一体化

5. 智慧房产综合技术

房产信息化发展的最高阶段是智慧房产，智慧房产是继信息房产之后的一个新的发展阶段。智慧房产是以满足电子政务即满足管理为目的，而信息房产则是以满足信息分析、信息发布以及各层次的信息交换为目的。智慧房产不但可以为公众服务，而且可以满足各级政府综合分析和决策的需要。甚至可以将其扩展到赛博空间(Cyberspace)，在一个虚拟的空间中来管理房产实体,人们可以通过虚拟空间来管理、寻找和销售房产实体。

智慧房产是以房产为对象进行数字化、网络化、智能化、一体化的管理信息系统。它以空间信息为核心,利用地理信息系统(GIS)、管理信息系统(MIS)、办公自动化(OA)、工作流系统(WFS)等先进技术,综合集成和利用各类房产信息,达到房产管理和服务的最优化。

结合我国当前房产管理的具体需求,当前智慧房产建设中要重点突破的三个关键技术是:智慧房产的一体化数据模型、房产测绘与信息系统的集成、应用系统集成开发。

数据模型是智慧房产一体化数据库设计的基础。研究智慧房产各数据对象及其之间的相互关系,设计与之相应的数据模型是研究的主要内容。智慧房产数据模型研究必须要考虑到智慧房产数据的空间特性以及智慧房产业务一体化的要求,实现空间数据、属性数据和档案数据的一体化。智慧房产数据动态更新频繁,这就要求在数据模型研究中要实现房产现状数据和历史数据的一体化存储与管理,建立智慧房产的时空数据模型。房产分层分户图是智慧房产中一种特殊的图形要素,研究其与房产平面图、属性信息、档案数据的一体化也是数据模型研究的关键内容。

房产测绘与信息系统的集成是智慧房产中数据采集和更新的保障,也是房产测绘与其他房产业务一体化的重要组成部分。房产测绘与信息系统集成问题研究的重点是要解决如何实现测绘图形信息和属性信息的一体化采集和存储、集成房产测绘系统的设计、房产测绘智能分摊模型的建立。另外,实现房产测绘与信息系统的集成还要兼顾到房产测绘编辑和制图的功能需求,这也是房产测绘集成研究需要注意的一个问题。

智慧房产系统是一个庞大、复杂的信息化应用系统,开发和维护的工作量大,技术上要求实现 GIS、MIS、OA 等技术的集成,因此必须要解决智慧房产应用系统建设中对可定制、可扩充、可集成的应用需求。从智慧房产相关实践来看,可通过对智慧房产一体化集成框架的研究来解决。该集成框架不仅应能够适应房产管理业务的工作流特点,实现 GIS、MIS、OA 等各功能的集中化管理、智能化调用,还应具有高度集成、松散耦合、灵活定制的特点。

7.15 智慧金融服务平台规划与设计

7.15.1 金融信息化应用与发展

金融业是指经营金融商品的特殊行业,它包括银行业、保险业、证券业以及信托业和租赁业。金融业具有指标性、垄断性、高风险性、效益依赖性和高负债经营性的特点。智慧金融就是应用信息化、网络化、数字化、自动化、智能化科技,改造和提升传统的金融业服务的效率、安全和质量。智慧金融的实质是金融业的信息化。

1. 金融信息化

金融信息化是指信息技术(如计算机技术、通信技术、人工智能技术)广泛应用于金融领域,从而引起金融理论与实务发生根本性、革命性变革的过程,同时也是一个创造金融体系经营、管理、服务创新模式的系统工程。金融信息化是国家信息化的一个组成部分,它与居民、企业等整个社会的信息化密切相关,相辅相成。随着金融业改革与发展的加快,银行信息化建设进一步加强。以中、农、工、建、交五大国有控股银行为代表的各家银行加快综合业务系统和全国数据处理大集中的建设,使创新能力、服务质量和核心竞争能力显著提高。目

前，我国金融业围绕着业务的战略转型，其科技信息化建设也正在以客户为中心，以业务发展为导向，积极稳妥地推进，力图合理设计体系结构，充分利用外部资源，尽快实现集业务发展、绩效考评、渠道和过程整合、决策分析、实时监管以及信息和数据的交流与共享于一体的综合、集成的信息支撑平台，为智慧金融的发展打下坚实的物质和技术基础。

2. 我国金融信息化发展历程

回顾我国金融信息化建设的发展历程，大致可分为三个阶段，即金融电子化阶段、金融数据集中化阶段以及金融信息系统业务综合化阶段。

1）金融电子化阶段

中国金融电子化阶段是上个世纪的 70 年代到 80 年代，标志是利用计算机将原来的手工工作电子化，实现柜台服务自动化，进而升级为基于服务器的中型联网，实现同城通存通兑。当时，国内银行走出了一条具有中国特色的电子化之路。首先，在各行网点安装计算机设备，在网点实现柜员服务自动化为主的初步电子化。然后，在中心城市安置大型机，将市内各网点连接起来，实现同城通存通兑。经过第一次大联机，中国金融信息化已经成为势不可挡的大趋势。但是，总体水平仍然非常有限。当时，银行业务网络局限在中心城市，虽然中心城市中各营业网点的"信息孤岛"问题初步解决，但是中心城市以外的广大地区数以千计的银行网点仍然停留在"躲进小楼成一统"的原始的柜台电子化状态，运作慢、数据散、可控度差的情况并没有根本的改变。此外，城市与城市之间也无法进行业务整合。为了解决这些问题，中国金融信息化建设进入第二阶段，即金融数据集中化阶段。

2）金融数据集中化阶段

金融数据集中化阶段始于上世纪 90 年代初期，大约到 2005 年前后结束。主要特点就是以已经建立起来的省市级主机为中心，向省外扩张，实现省际互通互连。从上世纪 90 年代中期到 90 年代末期，中国金融改革全面深入推进，而金融信息化的建设继续成为支持改革深入发展的动力。1991 年中国人民银行卫星通信系统的电子联行正式运行，标志着中国金融科技信息化建设进入了全面网络化阶段。这一时期金融对于信息化的需求更高更迫切，原有的省级集中的 IT 体系已经不能满足中国金融改革的需要，只有真正的全国性数据大集中体系才能支撑中国金融令人目眩的发展速度。数据大集中就是把省级数据中心的业务和数据最后集中到国家级的单一数据中心，所有业务在后台都由这个数据中心统一支持和处理。也就是说，在中国无论用户在哪里，以哪种方式在账户中发生交易行为，所有的计算和处理工作都通过网络由全国性的数据中心来处理，从而实现了数据集中、应用集中和 IT 基础架构集中，使得总行能够完全真实、实时地掌握每一个账户的每一个交易行为。整个银行业务支持、风险控制、基础设施建设维护和业务创新的能力得到了重大提升，中国银行业 IT 水平真正实现与国际水平的接轨。

3）金融信息系统业务综合化阶段

从 2001 年到 2005 年，中国国内银行业着手进行业务的集中处理，利用互联网技术与环境，加快金融创新，逐步开拓网上银行、电子商务、网上支付等网络金融服务业务。目前，国际主要的金融机构都在通过积极的管理创新实现业务创新，走向混业经营，进而改变成本结构和收入结构，这离不开新一代金融信息系统的支持。当前，金融领域对于 IT 的需求已经发生了变化，大规模设备采购和基础建设时期即将结束，如何结合 IT 技术来发挥企业的竞争优势已经成为金融行业最关心的问题。为迎接日趋激烈的市场竞争和银行业全面开放，国内银行业在积极、稳步地推进数据大集中建设的同时,以适应市场需求层次多样性、经营品种多样化以及银行业未来经营格局的要求,在综合业务应用系统的建设上也正在加快速度。

7.15.2 金融信息化建设现状与问题

1. 金融信息化现状

随着我国金融业的改革与发展,通过近10年金融信息化建设,我国金融信息化已初具规模,概括起来具体表现为以下4点:

(1) 金融信息化基础设施已基本建成体系并不断完善,基本实现了计算机机房达标改造、网络资源优化整合、灾备系统建设部署等"十一五"金融信息规划确定的目标,全国范围内的金融科技发展与业务创新信息化高速公路基本铺设完成。

(2) 数据大集中工程稳步推进并初见成效,完成上下级数据(即总行与分支行之间的数据关系)中心技术框架搭建和业务平台整合阶段性任务,积极开展"后集中时代"的科技管理探索与研究工作,以集约型信息化建设助推金融业升级转型。

(3) 大批现代化业务信息系统上线应用并平稳运行,在持续提升金融业务工作数字化水平和网络化水平的同时,进一步加快了区域金融服务向更高层次科学决策和改革创新前进的步伐。

(4) 多层次科技人才队伍培育成型并壮大发展,在金融业务运营与科技应用不断加深融合的环境下,科技工作者加快速度实现由单一型IT执行者向复合型IT决策者的转变,成为推动金融业务与信息业务有效融合的主要力量。

(5) 围绕金融信息化技术创新链,运用市场机制集聚创新资源,实现产、学、研有效结合,积极开展技术合作,突破产业发展的核心技术,形成技术标准。

2. 金融信息化存在问题

与国际同行比较,我国金融业的信息化基础设施建设尚未完全到位,而应用的丰富性、完善度,管理的水平和创新能力,都还存在很大差距。其中,硬件和技术建设方面的问题主要体现在以下8个方面:

(1) 信息化的技术标准与业务规范未能形成统一体系,不能满足与国际接轨的要求。各金融机构自身的业务联机处理系统也存在接口和数据标准不统一等问题。目前,各金融体系的建设标准很难统一,阻碍了金融信息化的进一步发展。

(2) 金融信息化建设中,金融企业之间的互联互通问题还有待进一步解决。同时,跨行业、跨部门的金融网络和金融信息共享系统和平台尚未有效形成。

(3) 信息系统的安全可靠性亟待提高。目前,中国金融信息系统和网络大量使用国外厂商生产的设备,这些设备使用的操作系统、数据库、芯片也大多是由国外厂商生产。因此,中国现有的金融信息系统存在着很多安全隐患。另外,由于国内金融企业在建设认证中心的意见上难以统一,使得网上金融的认证标准至今悬而未决。

(4) 实现数据大集中与信息安全的矛盾。数据大集中意味着统一管理,减少重复建设。然而,数据大集中虽是金融信息化的趋势,但集中从某种角度上也增加了系统的不安全性,这也是中国银行业信息化建设中所必须直面的一个关键问题。

(5) 服务与产品的开发和管理信息应用滞后于信息基础设施建设和业务发展速度。金

融信息技术软件投资相对于硬件建设方面存在明显不足。目前,中国银行信息化建设主要集中在网上银行建设、分行建设、数据大集中后续系统建设等方面,大部分信息化投资都花在硬件基础设施的购买上。比较而言,软件和服务方面投入较少,从而导致硬件设施功能低效。这种投资结构错位反映了中国银行业信息化建设战略定位不准确,网络建设过分注重基础设施,忽视硬件设备价值潜能。

(6) 金融信息化法律、政策环境有待完善。法律、政策环境是金融信息化建设健康发展的有力保障。随着信息技术在金融领域中的广泛应用,一些与金融信息化相关的技术(如电子签名、电子证书等)的合法性、有效性需要国家立法界定。同时,金融信息化的发展还要依赖于国家信用体系的建立和完善。

(7) 金融信息化建设中不仅核心技术和设备过度依赖国外技术,金融信息服务系统的开发和规划也主要采用国外技术方案,这既有可能在技术层面上危害国家金融安全,也不利于国内金融信息领域的创新和发展。

(8) 金融信息化建设投入在投资结构上还不尽合理。其中,57.8%用在了硬件设备上,软件投入所占比例为24.3%,服务上的投入只有17.9%。而发达国家银行业的IT投入中,硬件、软件和服务的比例分别为30%、30%和40%。这种明显的对比差异说明我国金融业对信息化建设的认识还不够准确。

7.15.3　智慧银行

1. 智慧银行概念

智慧银行是智慧金融的重要组成部分。那什么是智慧银行呢?IBM提出“智慧银行”的概念,让银行业以新的思维来审视自身的需求,并利用创新的科技去塑造新的业务模式。

新加坡银行业这近10年来,从银行服务网点到机器银行再到目前的网上银行的发展,可见网上银行将是未来智慧银行的重要运作模式,也是银行服务成本最低的服务方式之一。据估计,网点服务是银行最昂贵的服务方式,假设网点服务的成本为100%,那么ATM的成本约为60%,网上银行和电话银行的成本仅为15%,如何利用好网上银行是银行走向智慧的重要指标。

IBM研究发现,30～45岁之间的人是使用网上银行最多的人群,但这个群体并不喜欢网银,因为网银缺乏创新。调查显示,这群人更喜欢网上社区,如果在社区里融入银行业务,银行就很容易知道哪个年龄段的人喜欢什么,就能做到客户细分化,从而进行定制开发。现在很多网银专门为年轻人提供“财富探险”服务,让他们在网上一起讨论理财,并最终成为银行的理财客户。

网上银行能承担更多功能,然而银行网点服务需要转型。如今客户到网点的大部分时间是进行交易,如变更账户信息,缴纳水、电、燃气费或取钱。在中国,40%～60%的柜台交易都具有量大而价值低的特点,根据IBM商业价值研究院调查显示,国内银行网点用于销售的时间不足20%,而用于交易、后台处理和行政管理的时间却占80%,这造成网点效率低下。

2. 智慧银行建设思路与策略

构建“智慧银行”应从业务运营创新与转型、整合的风险管理、新锐的洞察与应变能力以及部署动态的IT基础架构着手,把智慧融入创新银行的营运模式。

1）业务运营创新与转型

智慧就是预测客户需求，感知客户行为模式的变化，随时随地通过便捷的渠道提供个性化金融产品与服务。要建设智慧银行，需要通过业务流程整合、前台业务创新和多渠道整合等方式实现以客户为中心的银行业务和优化且高效的流程。重点包括：

(1) 银行核心转型

银行核心系统现代化不仅能提升新产品及服务的上市速度，更能以客户为中心，提供全方位的客户信息以支持更好的销售和服务，并同时支持银行业务国际化的进程。

(2) 多渠道的转型创新

智慧银行可以实现多渠道的转型创新，减少前台柜员非交互性的工作环节，并将其转移至区域或总部的集中作业处理中心。同时，银行还能通过整合柜员桌面应用，改善生产效率并提供自动的销售与风险管理提示，以及使用先进的分析方法和预测理论以确定客户的行为和反应。针对现在手机和网络银行等新渠道的纷纷兴起，银行还能将网页与服务中心、网点及移动设备整合，使客户在不同渠道间的不同服务实现无缝连接。

(3) 财富管理

智慧银行的业务转型与创新更可促进财富管理方面的提升，为客户实时接入投资组合管理工具，自动预警管理资产的绩效的同时主动提供客户报告并建议行动，实现基于电子界面的财务规划与咨询流程的自动化与标准化。

2）整合的风险管理

智慧就是实时、准确地预测及规避各类金融风险，优化内部资本结构。构建智慧银行需要通过定量风险技术手段预测并规避未来风险，紧密应对新资本模型设计、调整业务目标，遵从合规管理、优化内部资本结构，将制度遵从转化为企业竞争优势，为银行实施整合的风险管理战略。

据了解，目前国内银行所面对的风险主要可分为市场风险、信用风险、治理和法规遵从、金融犯罪和 IT 基础架构风险等几大类。而智慧银行正可通过包括完善的科学评估制度、研发风险管理诊断工具、实时监控模式以及预测系统故障等方式在内的定量风险技术手段实现整合的风险管理。

然而要实现整合的风险管理，其构建的过程集中在 7 个关键问题之上：

(1) 公司治理

建立“自上而下”和“自下而上”的有效风险管理结构。

(2) 统一策略

对所有的业务线进行统一商业策略管理。

(3) 组合管理

采用积极的资产组合管理方法。

(4) 风险转移

识别并提前转移无效率的集中风险。

(5) 风险分析

设计和强化先进的风险分析工具，并持续验证分析工具的有效性。

(6) 数据和技术

所有数据和系统结构实现一体化和流线型。

(7) 利益相关者管理

与利益相关者及时交流和更新风险信息，努力提高透明度。

3) 新锐的洞察与应变能力

智慧就是收集、处理海量数据，通过智能分析与优化提升业务决策支持能力。实现智慧则需要通过快捷、智能地分析银行内的海量客户与交易数据来提升洞察力和判断力，更高效地应用洞察力以回应客户与市场环境的细微变化。

通过尖端的分析科技，银行在未来不但将具备从广泛的来源获取、量度、建模、处理、分析大量结构化和非结构化数据的能力，更可以在统一集成的、互联的流程、服务、系统间共享数据，并将经过智能分析与加工的数据用于业务决策支持以及回应需求。此外，银行还将具备基于数据分析，及时向客户提供服务与反馈的能力，支持以客户为中心的服务模式与客户体验的实现。

4) 部署动态的IT基础架构

智慧就是及时响应业务需求的动态IT基础架构。打造智慧的银行需要创建一种智能又安全，适应多变商业环境的灵活的IT架构，以满足来自于不同部门、客户和合作伙伴的各种需求。

部署动态的基础架构，需要全面考虑如何提高服务、管理风险和降低成本。7个技术层面的全盘计划和部署尤为重要。

(1) 在服务管理方面，需要提供所有业务和IT资产的洞察力、控制和自动化，以提供更高价值的服务。

(2) 在资产管理方面，需要利用为行业定制的资产管理解决方案，在整个生命周期内实现关键业务和IT资产的最大价值。

(3) 在虚拟化方面则要利用领先的虚拟化和整合解决方案降低成本，提高资产利用率，并加快新服务的提供。

(4) 在高效节能方面需要应对业务和IT基础架构中的能源、环境和可持续性发展的挑战及机遇。

(5) 在业务弹性方面要保证持续的业务和IT运作，同时快速适应并应对风险与机遇。

(6) 在安全方面需要为行业而定制端到端的监管、风险管理和合规解决方案。

(7) 在信息基础设施方面，要求能够帮助企业实现信息法规遵从、可用性、保留和安全目标。同时，银行还需要更多地考虑灵活的协作模式，在与第三方进行战略合作时，开展多种形式战略外包的合作以实现专注公司核心业务，提高服务水平和效率，实现及时的创新与转型。

智慧银行要在充满挑战性的环境中把握发展的时机，必须具备前瞻性的视野和进取性的胆略，重新审视和塑造信息技术在银行业务转型中所扮演的角色，让“智慧”成为银行业转型与创新的第一步。

7.15.4 智慧保险

智慧保险是智慧金融的重要组成部分，应以新的方式来思考和行动。“物联化”、“互联化”和“智能化”在智慧保险的愿景下有不同的解读。物联化是指可测量化能够让我们对保险相关用户的行为精确记录，对保险标的进行实时监督。互联化指保险企业将可使来自客户、行业生态圈的数据实现实时集成和共享。智能化指智能洞察可以促进保险业对用户的分类和对风险的防范能力。

智慧保险顺应科技的变革为保险行业所带来的机遇与挑战。我国的保险市场正在成为全球重要新兴保险市场,拥有巨大的发展潜力。智慧保险将是中国保险业实现创新和转型的契机,通过实施智慧保险,将我国保险业打造为世界一流的保险公司。

智慧保险企业实现海量信息应用、准确预测风险、业务架构、集成业务平台、动态应用系统。通过以下 4 个方面的充分整合,保险企业才能全面贯彻改革与创新的实施路线图,才能真正转化为市场份额、竞争力、法规、成本控制等切实的业务价值和能力。

(1) 智能洞察

智慧保险将充分利用收集的企业客户和市场海量信息,通过智能分析与优化提升业务决策支持能力。同时,通过实时、准确的预测风险,制定贴切用户需求并有竞争力的产品、营销和风险战略。此外,实现智能洞察的保险公司将可以对海量数据进行分析与优化,有效地控制风险,实现业务创新。

(2) 灵活企业

智慧保险将提高保险核心流程、应用和架构的灵活性,增加快速反应的能力;根据市场条件、法规变化和客户偏好调整产品、规则、渠道、服务水平和组织。实现灵活企业的保险公司可以在统一产品管理的条件下,灵活调整保险业务,实现定制化的产品和推广。

(3) 渠道优化

智慧保险将建立一个多渠道共享的协作平台,使得销售、客户服务等业务通过这个平台实现更实时、更个性化的协作。通过对服务进行快速组合,智慧保险还能助力企业创建一对多的保单管理和其他服务于众多市场和客户领域的核心保险系统。

(4) 绿色未来

智慧保险将根据业务战略和需求对资源进行合理扩展和动态分配,快速对资产进行配置的同时采用新技术去应对不断变化的业务需求来调整产能,节约能源、纸质单据以及整体费用,和客户一起实现可持续发展。

7.15.5 智慧证券

智慧证券是智慧金融的重要组成部分,以证券信息化为基础。我国证券信息化建设于1992 年就已经开始起步,交易系统经历了从半自动到全自动、单层次计算机架构到客户机/服务器架构的发展。证券交易所使用的硬件平台随着硬件设备的不断发展创新,其自身的性能也有了大幅提高,同时构建了基础较好的证券信息平台,为智慧证券的发展打下了坚实的基础。目前,所有的证券公司都建立了网上交易系统,通过广域网实现了全公司的互联和集中交易,并且在网上交易的基础上通过网上服务等为客户提供了新的产品和服务。此外,在管理、决策和风险控制方面,也基本实现了信息化,包括证券公司自身的信息系统。

与此同时,证券网络技术也有了长足的发展。主干速率 10 M 的以太网络现在只能用于证券营业部的一个远程大户室中。营业部的主干网络已主要使用快速以太网或更高档的千兆位以太网。值得注意的是,千兆位以太网络正逐渐成为证券营业部的局域网主干。由于管理的需要,证券公司总部(或地区总部)与各营业部之间通常还通过路由器建立了广域网,以便进行信息传递以及运行诸如中央监控、OA 系统等软件。证券交易的方

式也从原来单一的柜台手工交易服务到现在的自助委托、电话委托、远程委托及网络委托交易等。

但是,由于我国证券信息化发展的时间较晚,因此其发展存在一定的不足。比如整个行业缺乏统一的规划和总体设计,软硬件的资源使用效率低,网络的可靠性和数据安全性还不够高。尤其是世界金融危机以后,对于证券行业的监管力度加强,如何将其引入到信息化中去,也是面临的挑战之一。

国外的证券公司非常重视利用先进信息技术的支持来应用新的金融理论,实现金融创新、资源整合,不断地将新的信息技术应用到金融服务之中去,从而提高经营能力和服务水平。我国证券行业相比而言能力差一些。国内证券公司提供的金融服务比较简单,交易系统存在产品品种比较少、委托类型和交易机制单一、交易信息不够丰富、接入接口单一等问题。国内的信息化建设中注重交易流程的效率和交易指令传输的准确性,对于信息的收集、分析和处理的能力比较薄弱。在信息资源的集中共享程度及对信息的管理和分析水平等方面同发达国家还有很大的差距。

因而智慧证券作为智慧金融的组成部分,其建设和发展的重要性已成共识。智慧证券必将在资本市场中发挥越来越大的作用。

7.15.6　智慧金融服务平台规划

智慧金融服务平台涵盖了智慧银行、智慧保险、智慧证券,智慧金融规划以科技创新为指导方针,以数据大集中为前提,以综合业务系统为基础平台,以数据仓库为工具,以信息安全为技术保障。智慧金融服务平台规划应遵循以下原则:

(1) 制定和完善智慧金融发展战略规划,重组金融管理架构和流程。从智慧金融未来发展战略需要出发,对金融业整体科技创新策略、平台总体架构、技术应用、技术标准、协同关系、建设步骤、实施方法、人员配置等予以规划和部署。同时,对现行金融电子化系统进行更新和改造,重新规划金融机构的管理架构与流程。

(2) 积极推进金融信息技术标准体系和应用。标准化不仅能满足不同时点的应用需求,减少系统冗余,节省资源,还可以降低系统的复杂性和管理难度,简化操作。硬件、网络、基础软件等的标准化相对容易,可以先期推进。而技术平台、开发方法等应用系统的标准化工作则需要依据不同发展时期,分阶段实施。

(3) 注重智慧金融信息服务平台和业务应用系统的建设。要以智慧金融服务平台云计算、云数据、云服务为基础建设,注重智慧化管理和智慧化服务等业务应用系统的建设为重点。高度重视对当前金融业信息系统的充分利用和深度挖掘。

(4) 实现智慧金融服务平台与智慧城市城市级"一级平台"的互联互通和数据共享交换。充分利用政府信息化、社会信息化和企业信息化资源与金融服务对接。从而提高金融业服务的质量,节约成本,减少风险,并且使得银行能够专注于自身的核心业务。

(5) 注重客户及业务需求分析,加强客户关系管理。目前正在经历信息系统的大量应用和开发阶段,随着时间的推移,金融业在开发层面和设备技术投入方面的差距将逐渐缩小,而客户关系的管理和业务需求的提炼将成智慧金融建设的重点,并进而成为金融业核心竞争力的重要因素。

(6) 注重既懂金融业务又有信息化专业知识的复合型人才的培养。目前,国内银行业的通常模式是业务部门提出业务目标和业务流程，再和IT人员进行沟通，但这不符合金融信息化的时代特征。信息技术已经渗透到从业务、管理到决策的所有环节，从渠道、核算到设计的所有领域，无论是设计业务产品、客户系统需求分析、业务流程优化，还是现有信息数据的深度挖掘和运用，都需要一批既懂银行业务又有IT专业知识的复合型人才来高效完成。

(7) 强化金融系统安全，确保金融信息完整。建立并完善金融信息的保密体系、监测体系以及以身份认证为基础的管理机制，提高硬件设备的可靠性，制定严密的安全策略。

7.15.7 智慧金融服务平台云技术应用

从金融行业的角度来看，因一些客观、主观的限制，一些规模相对较小的金融机构当前的发展程度已经无法与大机构相媲美。虽然中小银行和地方性银行的规模并不大，但是麻雀虽小五脏俱全，和大银行一样要为客户提供各种服务。而它自己要建设数据中心、开发应用软件，所花的成本和精力会很大，同时由于规模小，网点少，投资回报并不是很好。所以利用云计算，通过在线的软件服务、平台服务和基础设施共享服务可以很快地将业务开展起来，以这种途径来弥补金融业的信息鸿沟。

1. 智慧金融数据中心

高等级的数据中心是云计算服务的基础和保障。必须承认，只有高等级数据中心才能满足云计算服务的运行环境需求。高等级的数据中心在建设初期便会有各种指标来限定数据中心和中心内部机房的建筑规格，将云计算的服务器放置在这样一个恒湿恒温的环境里，才能保障云计算的基础是安全的。高等级数据中心为云计算服务基础设施提供了有效的安全保障。数据中心的安全环境，是指机房设施区域得到安全保证，防止未授权的闯入。此外，标准的数据中心具有完备的服务管理流程，确保云计算各类设施的访问都是经过严格授权的。T4等级的数据中心除了能够提供以上的各项保障之外，还可以有效地应对自然灾害的来袭。

2. 智慧金融云计算服务新模式

根据商业银行的IT层面的不同要求，数据探索与将云计算和金融机构传统的IT技术相结合，采用云计算理念和技术，提供安全可靠、高效易用的IT环境。同时将云计算的技术和理念与传统的金融业务相结合，通过云的方式衍生出不同种类的新的业务模式。

我国的中小金融机构分布在国内各个省市，具有数量众多、种类繁杂的特点。对于监管机构而言，这个特点令监管的力度和范围都受到了很大的限制。通过云计算服务，可以进一步增强金融监管机构的监管力度，可以拓展监管机构的政策发布渠道，确保了政策有效、迅速地得到贯彻实施，为金融机构的监管提供了创新形式的运作模式，从而带来更好的服务。

云计算同时促进了不同行业之间的更好融合。一直以来，由于安全、政策等因素的制约，金融行业和其他行业之间的协作非常有限。通过云计算，拓展了行业间的合作模式和渠道，促进了行业之间的融合。与此同时，云计算平台的建设发展同样带来了金融业与软件、电信等行业间的融合，软件的存在和销售模式发生了根本性的转变，很大程度地提高了各个行业信息化的水平。

智慧金融服务平台云计算技术应用的意义在于以下几个方面：

(1) 从技术方面来看：中小金融机构无需再配备 IT 方面的专业技术人员，同时又能得到最先进的技术应用，满足对信息管理的需求。

(2) 从投资方面来看：中小金融机构只以相对低廉的“月租费”方式投资，不用一次性投资到位，不占用过多的营运资金，从而缓解中小金融机构资金不足的压力；不用考虑成本折旧问题，并能及时获得最新硬件平台及最佳解决方案。

(3) 从维护和管理方面来看：由于中小金融机构采取租用的方式来使用相关业务系统，不需要专门的维护和管理人员，也不需要为招募维护和管理人员支付额外费用，很大程度上缓解了中小金融机构在人力、财力上的压力，使其能够集中资金对核心业务进行有效的运营。

(4) 从时间方面来看：中小金融机构不再需要等待漫长的开发周期来完善相关应用系统。只要登录中小金融机构合作平台就可以马上得到最先进的技术应用及相关服务支撑，从一定意义上讲，很大程度地加快了中小金融机构信息化建设的步伐。

所以云计算想要在智慧金融行业落地，最为核心的要素是要了解行业的需求。有了最为先进的运营模式、数据存储模式、软件平台和高等级数据中心之后，那么我们要将这些要素与金融行业的需求有机地结合在一起。用公式表示就是：

(运营服务＋数据＋软件平台＋数据中心)×行业需求

7.16　智慧旅游服务平台规划与设计

7.16.1　智慧旅游需求分析

1. 智慧旅游需求分析

自 20 世纪 80 年代以来，随着信息高速公路的全面建设，网络宽带技术、“3S”技术、多元数据库技术、电子商务技术、虚拟现实技术和计算机硬件的飞速发展都为智慧旅游的诞生提供了技术基础。智慧旅游将成为旅游主管部门、旅游企业的一个重点关注的领域，人们从中可以看到旅游业发展的新契机。智慧旅游将为旅游业带来全新的经营管理理念，促进旅游业的“二次创业”。

世界旅游组织在《旅游目的地在线营销——信息时代的战略》中指出：“因特网和其他不断发展的互动多媒体平台对旅游营销的影响是十分深远的。”旅游目的地营销系统是一种旅游信息化应用系统，它以互联网为基础平台，结合了数据库技术、多媒体技术和网络营销技术，把基于互联网的高效旅游宣传营销和本地的旅游咨询服务有机地结合在一起，为游客提供全程的周到服务，可以极大地提升目的地城市的形象和旅游业的整体服务水平。目前旅游目的地营销系统(Destination Marketing System, DMS)已经成为国际先进旅游目的地在营销前沿的实践，成为旅游行业信息化最核心的系统。

为适应世界范围内的旅游信息共享，国家旅游局于 2001 年 1 月正式启动旅游行业信息化系统工程——“金旅工程”。“金旅工程”是国家信息网络系统建设的重要组成部分，是中国旅游信息化的系统工程，也是各级旅游行政主管部门利用信息技术推动 21 世纪旅游业发展的一个重要举措。它集全国旅游行政办公网、旅游行业管理业务网、公众信息网和旅游综合数据库(即“三网一库”)于一体，其中公众信息网包括了旅游电子商务网和政府网。

2. 智慧旅游建设内容

智慧旅游是智慧地球、智慧城市建设的重要组成部分,以国家、省、城市的基础信息建设为依托,同时与其他领域的数字化与智慧化建设相互独立又紧密联系。智慧旅游的体系建设是基于信息技术的旅游经营管理和服务集成体系,体现的是旅游活动全过程、旅游经营全流程和旅游产业全链条的全面数字化应用。建设内容包括旅游信息基础设施的建设与旅游应用信息系统工程的建设。其中以旅游应用信息系统工程的建设为核心,包括旅游非空间信息管理系统与旅游空间信息管理系统的建设,具体由若干应用系统组成,分别是:系统管理模块、旅游信息管理系统、旅游信息网络发布系统、旅游目的地信息咨询系统、三维虚拟旅游系统、旅游管理与规划信息系统、旅游灾难预警系统等。

智慧旅游体系的服务对象主要包括政府主管部门、旅游企业、旅游者以及旅游专业的学生。智慧旅游归根到底,就是提供旅游信息服务:为政府主管部门提供决策依据,提高政府的工作效率,由传统政府向智慧政府过渡;为旅游企业提供及时的旅游信息,为企业的市场营销、线路设计提供技术上的支持;为旅游者个人提供旅游地的与旅游有关的各种旅游信息和预订服务,并可根据旅游者的喜好为旅游者制定特色路线,同时虚拟现实技术可让旅游者提前进行体验;为旅游专业学生提供虚拟的实习环境,为旅游教学服务。

智慧旅游不仅仅是旅游体系的完善,它还包含针对游客的旅游推广、旅游信息管理、虚拟旅游模式等等;针对景区的旅游景区规划、旅游景区管理、旅游景区安防、旅游景区票务门禁管理等等;针对旅游管理的旅游决策支持系统、三维实景规划系统、信息处理中心等等,这样系统使得智慧旅游的从决策到推广到管理再到新决策的良性循环得到好的运作。

7.16.2 智慧旅游服务平台规划

旅游服务包含前期咨询服务、销售体系服务、线路设计服务、景区配套服务、景点管理服务、安全服务等等一整套服务体系,深化旅游层次必须要以服务为核心重点。在原有的服务基础上继续深化旅游服务,也会对旅游业绩有相当的提升。

智慧旅游服务平台规划需要有完善可行的管理规范和合理的推动系统的支持。规划包括以下主要内容:

1. 旅游线路规划

现在的线路设计都是各家旅行社自行设计,除了口碑很不好的“旅游购物模式”外,各种线路大都因为各种利益原因无法体现出景区特色。针对不同人群(比如年龄层次、经济层次、旅游偏好习惯、旅游强度等)定制出合理有效的旅游线路,不仅会提高旅游景点口碑,而且也可以更方便地对客户源进行分类,从而提供针对性服务。对自驾游游客也提供相关的线路服务和配套体系。

2. 旅游销售服务

更好地实现景区和各大重点城市的一站式直达服务。其中远程销售体系的健全发达是很重要的一环。利用好销售系统进行优惠和促销活动也是吸引会员的重要模式。利用团购或者季节性的折扣体系,实现售价的浮动化处理,是解决淡季乃至平衡旅游资源的有效手段。

3. 旅游电子商务

旅游的配套资源的统一管理调配,旅游过程应急问题的处理和预防,让旅游者可以时时感受到旅游服务的细致到位,这些都能对整个旅游业的发展带来极为重要的影响。

4. 景区内旅游服务

实现景区内人性化旅游，根据用户量设计合理的车辆以及其他资源的合理调配。及时跟踪用户信息，给予旅游过程的实时服务。同时提供景区内安全保护措施，让旅游者在游览过程安全、安心、安逸，在享受旅游的同时得到各种有效保障。

5. 旅游资源及增值服务

吸引游客的除了旅游服务外，旅游项目也是一个很重要的因素。合理挖掘新的旅游资源，从而配合技术手段和其他方式产生新的利益增长点，也是需要着重考虑的问题，从以下两个方面分别阐述：

1）景区电子化服务

考虑到景区的特殊性，可以配合一些电子技术和屏显技术，带客户在体会到景区特色外，还可以有扩展性的体验，比如结合远古生物模拟实景系统，结合传说和大片的球幕电影系统等等，给用户在现代和古代、苍凉和繁华中得到对比性旅游体验，从而增进旅游热度，如“3D 实景展示系统”“虚拟现实系统”。

2）景区导航定位服务的完善

随着自驾游自助游的火爆，不受到导游固定路线的束缚的新旅游族群越来越多，在他们自由自在享受旅游乐趣的同时，如果可以提供配套的导航定位服务，甚至可以协助其在遇到问题时候的救援和跟进服务，必将让整个旅游服务提升一个档次，如“GIS 系统”“景区内导航体系”。

6. 旅游会员服务

智慧城市旅游要设法吸引回头客户和有效地让客户产生连锁消费的可能。在互联网上建立旅游会员制度和电子促销返券制度可以有效地提升用户忠诚度，从而使得整体旅游增值服务得到提升。

7.16.3　智慧旅游服务平台技术应用

1. 智慧搜索引擎应用

智慧搜索引擎后台数据库存储了大量旅游目的地各方面的信息，游客通过输入关键字/词进行检索，智慧搜索引擎能揣测游客的意图，并能处理复杂的、高难度的任务，对游客的需求加以分析地接收，自动拒绝一些不合理或可能给游客带来危害的要求，为游客提供大量的可供选择的旅游信息。旅游目的地网站通过创建智慧搜索引擎，为游客提供各种与旅游有关的解决方案，并最大限度满足游客需求和愿望。同时，智慧搜索引擎也可以实现多语言网络广告。充分利用声音、动画、三维等多媒体技术，提供主要客源国家和地区的语言，游客可以自行点击选择。游客在观看视频广告之余，还可以通过发送电邮、明信片等形式把广告发给亲朋好友，同时还提供广告下载及屏幕保护程序，供用户下载。

2. 电子服务应用

电子服务是旅游目的地网站提供的增值服务，也是旅游目的地开展网络营销的重要手段。电子服务主要是提供各类电子版本宣传资料的下载和浏览，包括节庆活动表、签证和出入境资料、天气预报、货币兑换、电子地图、电子图书、电子杂志和各种电子分类手册的下载和浏览。旅游目的地网站根据用户输入的资料可以建立客户档案或用户数据库，并定期向用户邮箱发送旅游目的地宣传资料、各种促销信息或用户需求问卷调查表等，保持与用户的沟通和交流,并了解用户的旅游需求和愿望,以建立、保持和发展与用户的长期关系。

3. 客户关系和客户管理

旅游目的地网站不仅可以设立网上顾客服务中心,为游客提供紧急咨询、大使馆服务、网上投诉和意见反馈、公众留言等服务,还可以建立客户管理系统,让顾客参与到旅游产品和服务的生产和销售过程中,实现客户自主管理,例如客户可以自主修改预订资料或取消预订。旅游目的地网站通过设立顾客服务中心和客户管理系统,密切了与游客之间的关系,提高了双方的关系质量,从而提高游客的满意感。

4. 电子地图应用

这方面,山东旅游电子地图系统给我们很多启发。它是我国目前覆盖旅游目的地区域最广泛、包含旅游信息最丰富的电子地图系统,同时也是我国目前唯一能够实现定位与旅游内容的充分关联、实现跨区域旅游路线规划的旅游目的地营销系统(DMS)的电子地图系统。

电子地图系统以地理空间基础框架为载体,以3S、宽带网络、虚拟现实技术为综合应用基础,以综合性、指南性旅游信息数据库为内容,充分考虑旅游行业特点,以吃、住、行、游、购、娱六大旅游要素信息为基础内容,通过"智慧出游导航"、"旅游目的地查询"、"专题旅游地图"、"旅游线路"等切合旅游行业实际应用需求的功能,为游客和社会公众提供位置定位、出游指南服务等系列解决方案。同时,可以进一步采用最新的卫星图片和3D地图定位技术,不仅充分实现目前电子地图的所有功能,还允许用户在特定位置加上"地标(placemarks)"和解说。此外,借助3G等新一代信息技术,车载GPS系统和手机也有望实现电子地图的实时查询功能。对一些虚拟旅游爱好者,浏览电子地图可以充分激发他们实地旅游的渴望,而旅游爱好者可以将电子地图用做有效的线路计划工具,甚至可以预览度假海滩上的露天烧烤区和饭店大堂。

5. 电子布告栏(BBS)应用

旅游目的地通过电子布告栏(BBS)、新闻组等网络营销工具,对游客进行即时的信息搜索,游客则有机会对旅游目的地产品和服务设计、旅游交通和旅游线路安排等一系列问题发表意见和建议。同时,借助于简易信息聚合(Really Simple Syndication, RSS)订阅服务,不用再花费大量的时间冲浪和从新闻网站下载,实现高效率的信息锁定和浏览。这种双向互动的沟通方式提高了游客的参与性与积极性,更重要的是它能使旅游目的地获得大量有用的游客信息,以便有效地作出对客服务决策,从根本上提高游客的满意度。

6. 网上娱乐应用

旅游目的地网站还可以为游客提供网络游戏、网络音乐、彩信图片和屏幕保护程序下载等在线娱乐增值服务,吸引更多的游客登录旅游目的地网站。网络游戏、音乐、图片和屏幕保护程序的组织和设计以宣传介绍旅游目的地资源为目标,如可供下载的音乐要以地方民族音乐为主,图片以旅游目的地风光图片为主,力求使游客在娱乐之中加深对旅游目的地的认识和了解。

7.16.4 智慧旅游应用系统设计

1. 旅游展示系统

旅游展示系统包括:虚拟现实子系统、旅游GIS子系统、旅游总体门户网站、各景区分网站子系统。图7.14为克拉玛依智慧旅游应用系统示意图。

图 7.14　克拉玛依智慧旅游应用系统示意图

2. 营销管理系统

营销管理系统包括：统一网络信息发布子系统、统一网络信息监管子系统、旅游客户管理子系统。

3. 统一对外服务系统

统一对外服务系统包括：电子售票子系统、门禁识别子系统、汇总结算子系统、电子商务子系统、团购旅行计划子系统、交通住宿管理子系统、呼叫中心子系统、旅游配套活动管理子系统。

4. 旅游行政管理系统

旅游行政管理系统包括：各景区政令发布子系统、各景区统一监管子系统、数据审核申报子系统、旅游决策支持子系统、景区智慧指挥调度中心、景区安全预警处理中心、景区视频监控子系统、GPS 车辆调度子系统、治安接处警子系统。

5. 景区电子管理系统

景区电子管理系统包括：景区内导航子系统、自驾游导航子系统、便携式导游子系统、景区电子检票管理子系统、景区电子监控子系统、游客定位跟踪子系统、景区内摄像头监控子系统、景区内屏显宣传子系统。

7.17 智慧城市智能建筑服务平台规划与设计

7.17.1 智能建筑服务平台规划

智能建筑服务平台规划目标就是最大限度地满足建筑物在安全性、舒适性、便捷性以及节能环保方面的功能需求，支撑建筑物物业及设施管理和增值信息服务。规划方案除应体现信息化、网络化、数字化、自动化等技术应用，还应将访客管理、建筑能源管理、空调分室计量与智能化系统物联网等技术应用有机地结合在一起，同时智能建筑规划方案还应满足标准化、实用性、可行性、先进性、可靠性、经济性、完整性、集成性、一致性等方面的总体技术要求。

1. 智能建筑服务平台规划总体要求

1）标准化要求

智能建筑服务平台规划必须依据国家成套的关于数字化与智能化建筑设计的标准和规范。在技术方案中应体现的标准化要求包括：设计的标准化、系统集成通信协议和接口的标准化、系统设备规格的标准化、系统建设与施工的标准化、系统设备运行维护管理的标准化等。

2）实用性和可行性要求

智能建筑服务平台规划应体现先进性、可靠性、可操作性，应以满足系统技术应用和实现功能的需求为原则，应选择具有网络化、数字化、开放性的成熟和主流以及实用性和可行性的应用技术。在产品选型方面应注重满足项目技术要求和实际功能需求为原则，不要盲目追求产品的品牌和技术性能的超前性；同时还要充分考虑工程建设实施进度与技术实现的复杂程度，要体现传统技术和发展技术的结合与集成应用。

3）先进性要求

智能建筑的使用通常将跨越较长的时间周期，为了在使用过程中较长时间内保证智能化系统的先进性和可用性，技术方案应充分吸收适合的新技术，来满足智能建筑未来发展的需求，应具备一定的可扩展性以适应新的需求变化，为未来的功能提升预留可扩展的空间。

规划方案应以信息化、网络化、数字化技术应用为基础，以综合信息集成为核心，结合相关专业应用技术交叉与应用集成。应体现前瞻性、灵活性、开放性，既满足智能建筑未来的发展、业务量的增加以及管理模式的变化而提出的对技术应用的新需求，同时也要满足智能化各应用系统今后可以在原有基础上进行改造和升级，适应功能的需求变化和扩展。

规划方案应充分考虑本项目对智能化物联网（采用分光纤和光端机以太网组网技术）、基于第二代身份证的访客系统、建筑能源管理、空调分室计量等新技术的应用，以及与智能电力系统、冷源设备、锅炉设备、电梯设备等第三方系统和设备互联互通通信接口的无缝衔接和数据共享的信息集成。

4）可靠性要求

智能建筑的可靠性实现包括两个方面的要求：一方面是系统选型必须强调质量可靠，系统中主要设备的 MBTF(平均无故障时间)满足国家的标准并具有足够的余量；另一方面则是在技术方案中应体现系统可靠性设计，对系统核心部件采用冗余或分布式控制的方式，以保证当系统中局部系统或设备（如网络线路、中控计算机、DDC 现场控制器、报警控制器、门禁控制器等）出现故障时，不影响其他现场控制器对设备运行的监控和联动控制。特别是在智能化物联网应用中，应充分考虑到网络线路的冗余、涉及安全报警传输线路的故障检测以及防止事故或受到人为破坏等一系列系统可靠性设计，并提供解决方案。

5）经济性要求

在确保满足智能建筑智能化系统技术应用和实现功能，以及系统工程质量和工期的前提下，智能化系统工程的建设还应注重经济性要求。在智能化系统工程实施过程中，技术方案应提供如何满足项目工程预算限价控制在正负 5%以内的要求的解决方案。

6）完整性要求

智能建筑服务平台规划方案编写内容应包括：智能化系统技术方案和智能化系统工程施工组织方案两部分。

智能建筑智能化系统技术方案的完整性要求包括：技术响应一览表、智能化综合信息集成与各应用系统的技术应用及实现功能的详细描述、系统设备配置与技术性能响应一览表以及智能化综合信息集成和各应用系统图等。技术方案涉及纳入智能化系统集成的第三方系统及设备的通信接口，必须提供具体的说明和相关的通信接口原理图，并进行详细的接口协议的描述。

智能建筑智能化系统工程施工组织方案的完整性要求包括：项目管理方案、工程施工组织机构、人员及资格、工程质量、工期、技术、造价控制等保障措施、施工深化设计（结合选型系统产品和室内装修）、系统验收方案（包括系统设备进场验收、系统集成中期验收、系统试运行验收、系统工程竣工验收）、系统工程售后服务（包括技术和操作培训、系统运行管理、售后服务保障措施、系统技术扩展及功能提升建议方案）等。

7）集成性要求

智能建筑服务平台规划应体现项目智能化系统工程的系统性和智能化系统的集成性，要从系统工程实施的各个阶段来描述工程的系统性，也要从智能化各个应用系统的信息互联互通和数据共享、通信接口的规范来描述系统的集成性。

（1）智能化系统工程系统性要求

制定系统工程实施方案，重点体现在智能化系统工程施工阶段的衔接，做好施工深化设计阶段、预埋管道及线桥架施工阶段、线缆敷设阶段、系统设备进场验收及安装阶段、集成系统中期调试及验收阶段、系统工程试运行阶段、提交系统工程竣工资料阶段、系统工程竣工验收阶段、系统工程售后服务阶段（通常在竣工验收后两年）之间的无缝衔接。

（2）智能化系统集成性要求

制定系统集成实施方案，重点体现在智能化总体结构、网络结构、软件结构、数据结构、安全体系结构、系统间通信协议及接口规范等。实施方案应充分考虑数字化与智能化各应用系统之间的信息交互、数据共享、网络融合、功能协同，避免以往将各个数字化与智能化应用系统建设为相互分离的“信息孤岛”的情况。

要实现工程的系统化和系统的集成化，必须制定好系统工程实施方案和系统集成实施方案，组织好智能化系统设计单位对施工图深化图纸的技术交底、制定施工工期、系统集成商施工技术说明等系统工程实施前期的各项工作。建立与建筑总承包商和土建单位的协调机制和配合方案，建立与机电设备供应商的协调机制和配合方案，建立与建筑及室内装修单位的协调机制和配合方案，建立与智能化系统设计单位的协调机制和配合方案，是实现工程的系统化和系统的集成化的基本保障。

8）一致性要求

智能建筑服务平台规划在满足项目智能化系统技术要求的完整性和集成性的基础上，所提交的技术方案应与本项目智能化系统施工图深化设计单位所提供的总体设计方案及图纸、施工图深化设计方案及图纸、智能化各系统设备配置数量一览表的设计成果保持完全的一致性。对上述设计成果的一致性应在技术方案中体现实质性响应以及符合设计方案和图纸的要求。

2. 智能建筑服务平台规划技术方案要求

智能建筑服务平台规划技术方案应满足以下要求：

(1) 应包括智能建筑智能化总体设计、智能建筑智能化系统施工图深化设计、智能建筑智能化系统设备配置数量一览表以及智能建筑智能化系统设计技术要求。

(2) 应充分反映 21 世纪国际最新的主流技术与主流产品，智能化系统达到国内甲级写字楼的实施标准。

(3) 应充分体现智能建筑的技术应用的特点和实现功能，重点包括：综合信息集成与物业及设施管理、智能化系统物联网、门禁道闸与可视对讲访客管理、智能建筑能源管理、空调分室计量以及智能电力系统接口等。

(4) 应体现智能建筑物业及设施管理在综合信息集成系统的支撑下，重点描述智能建筑设施管理与智能建筑能源管理、空调分室计量、智能电力管理之间的节能关系以及实现节能的方案和措施。在智能建筑综合安防管理方面要重点描述智能建筑安全管理与应急指挥调度之间的协同关系和联动功能，以及通过门禁道闸和可视对讲实现访客管理的方案和实现功能。提供的物业及设施管理技术方案应充分体现智能建筑管理与智能化系统功能的融合。实现智能建筑管理和服务的科学化、集约化和可持续发展。

(5) 应遵循“按需集成”的原则，在采用物联网和自动化控制技术及设备的前提下，从智能建筑安全性、舒适性、便捷性和节能管理的实际应用的角度出发，详细描述综合信息集成系统的技术应用和实现功能。

(6) 应在系统组成、技术应用、设备选型、监控策略、建筑节能、管理与服务等方面，体现“世界先进、国内领先”的原则。

(7) 必须能完全统筹各专业系统的自动控制，尤其是对项目采用的诸多新技术应用的设备系统的自带控制系统，解决其接口无缝衔接和信息集成。

(8) 应考虑智能建筑分别具有不同的使用功能的特点，体现“一个平台和多个管理中心”的管理布局，以适应智能建筑物业及设施管理的需要。

3. 智能建筑服务平台智能化系统组成

智能化系统由以下应用系统组成：

(1) 智能化综合信息集成系统；

(2) 物业及设施管理系统；

(3) 建筑设备管理系统(BMS)及楼宇自控系统(包括：建筑能源管理、空调能耗分室计量、智能电力系统通信接口、冷源设备通信接口、锅炉设备通信接口、电梯设备通信接口)

(4) 综合安防管理系统(包括：综合安全管理、应急指挥调度、入侵(侦测)报警、电子巡更、门禁及道闸控制、无线对讲、可视对讲访客管理)；

(5) 视频监控系统；

(6) 停车场管理系统(包括：车牌识别、车位引导)；

(7) 公共广播系统(已包含在火灾自动报警系统，需进行系统集成)；

(8) “一卡通”管理系统(包括：发卡、门禁、道闸、考勤、商业消费，与访客系统集成)；

(9) 综合布线系统(互联网接入，主干网络和设备由运营商提供)；

(10) 智能化系统物联网布线系统(包括：楼宇自控、安防报警、门禁控制、视频监控、访客可视对讲)；

(11) 有线电视系统(有线电视接入,主干网络和设备由运营商提供);

(12) 电子公告及信息查询系统;

(13) 电子会议系统;

(14) 弱电防雷与接地系统;

(15) 智能化机房工程。

7.17.2 智能建筑信息集成平台规划

1. 智能建筑信息集成平台规划原则

智能建筑信息集成平台(IIS)是建设智能建筑的技术核心。智能建筑信息集成平台将智能建筑设备管理系统(BMS)、综合安防管理系统(SMS)、“一卡通”管理系统(ICMS)、电子公告及信息查询系统联系在一起,集成为一个相互关联、完整和协调的综合监控与管理的大系统。基于 Web 技术、互联网与物联网技术,采用 C/S+B/S 模式,达到系统集成、功能集成、网络集成和软件界面集成的目标。使系统信息高度共享和合理分配,克服以往因各应用系统独立操作、相互分离而造成的“信息孤岛”现象。

智能建筑信息集成平台规划应遵循以下原则:

(1) 智能建筑信息集成平台必须充分考虑“按需集成”,切实地从智能建筑管理和服务的实际运行的角度出发,满足项目需要的系统集成。

(2) 智能建筑信息集成平台与综合安保管理中心、楼宇设备管理中心、客户服务中心即“一个平台三个中心”的使用功能和管理需求,是智能建筑信息集成平台规划的重点。

(3) 智能建筑信息集成的目的就是要实现综合安保管理中心、楼宇设备管理中心、客户服务中心三个管理中心的信息互联互通、数据共享、控制联动,满足智能建筑现代化和高效、节能环保的物业及设施管理、公共安全管理,优质的客户服务,以及支撑便捷办公和商务活动。

1) 综合安保管理中心配置与功能

(1) 综合安保管理中心系统配置

① 综合安防管理系统(SMS);

② 应急指挥调度子系统;

③ 入侵(侦测)报警子系统;

④ 电子巡查管理子系统;

⑤ 视频监控子系统;

⑥ 门禁及道闸控制子系统;

⑦ 访客可视对讲子系统;

⑧ 无线对讲子系统;

⑨ 停车场管理子系统;

⑩ 火灾报警通信接口;

⑪ 电梯设备通信接口。

(2) 综合安保管理中心实现功能

① 将综合安防监控管理集成平台设备与各安防子系统设备联网,实现综合安保管理中心对智能建筑内的公共安全进行全方位监视、控制,以及各安防子系统间的报警联动响应和

突发事件应急处置；

② 综合安保管理中心与物业及设施管理系统互联互通，具有通过电信网络或互联网络将智能建筑内的公共安全报警信息传送至公安部门(110)的能力。物业管理人员和公安部门可以通过互联网络在授权下监视和查询相关报警信息和监控图像；

③ 综合安保管理中心可以对各安防子系统的设备和报警探测器的实时状态进行监视和控制，能对系统报警信息数据进行显示和记录，并设置安防报警管理数据库；

④ 综合安保管理中心具有各公共安全监控系统间联动控制的能力；

⑤ 综合安保管理中心人员可以实时监视、控制、确认、处理、记录和查询智能建筑内公共安全报警信息、数据和资料，并具有监控操作优先权。

2) 楼宇设备管理中心配置与功能

(1) 楼宇设备管理中心系统配置

① 建筑设备管理系统(BMS)；

② 冷热源设备监控子系统；

③ 空调设备监控子系统；

④ 空调分室计量子系统；

⑤ 能源管理子系统；

⑥ 送排风设备监控子系统；

⑦ VAV 设备监控子系统；

⑧ 给排水设备监控子系统；

⑨ 供配电设备监控子系统；

⑩ 电梯设备监控子系统；

⑪ 照明设备监控子系统；

⑫ 智能电力系统通信接口；

⑬ 冷源设备通信接口；

⑭ 锅炉设备通信接口；

⑮ 电梯设备通信接口(与综合安防管理系统共享信息与数据)。

(2) 楼宇设备管理中心实现功能

① 将建筑设备管理系统与楼宇各设备监控子系统设备联网，实现楼宇设备管理中心对智能建筑内的楼宇机电设备进行全方位监视、控制以及各设备监控子系统间的联动控制，具有能源管理、空调能耗分室计量管理、智能电力监控等建筑节能管理功能。

② 楼宇设备管理中心与物业及设施管理系统实现互联互通，具有通过智能化物联网或互联网络将智能建筑内的机电设备故障信息传送至物业及设施维修管理部门，以及外包的楼宇设备维修商或设备供应商。物业及设施管理人员和外包的楼宇设备维修商或设备供应商也可以通过互联网络在授权下查询设备故障相关信息。

③ 楼宇设备管理中心物业及设施管理系统实现对机电设备的运行管理、综合节能管理、设备保养管理、机电设备巡查管理等。

④ 楼宇设备管理中心可以对各设备监控子系统的运行设备和前端检测传感器等的实时状态进行监视和控制，能对设备运行和故障信息数据进行显示和记录，并设置楼宇设备管理数据库。

⑤ 楼宇设备管理中心具有各设备监控子系统间联动控制的能力。

⑥ 楼宇设备管理中心人员可以实时监视、控制、确认、处理、记录和查询智能建筑内机电设备运行、故障信息、节能数据和维修保养资料，并具有监控操作优先权。

3）客户服务中心配置与功能

(1) 客户服务中心系统配置

① 信息集成平台(IBMS)；

② 物业及设施管理系统(IPMS)；

③ “一卡通”管理系统(包括门禁道闸系统)；

④ 访客可视对讲系统；

⑤ 综合布线系统；

⑥ 智能化物联网系统；

⑦ 有线电视系统；

⑧ 电子公告及信息查询系统；

⑨ 智能化监控中心机房。

(2) 客户服务中心实现功能(包括智能化物联网络机房)

① 将智能建筑信息集成平台与物业及设施管理系统(IPMS)、建筑设备管理系统(BMS)、综合安防管理系统(SMS)、“一卡通”管理系统(门禁及道闸控制)、访客可视对讲系统、电子公告及信息查询系统信息互联互通、数据共享、信息联动，实现客户服务中心对智能建筑内的客户、办公和商务活动提供全方位、及时、周到的优质服务；

② 面向智能建筑内客户的信息增值服务是物业管理的重要内容，通过智能建筑客户服务网站和服务中心建立起物业管理公司与客户间高效的信息交互平台，达到提高沟通效率、降低物业管理成本、扩展服务项目、向住户提供优质服务的目的；

③ 客户服务中心信息增值服务内容包括：公共信息显示及查询、物业管理信息交互与查询、“一卡通”服务、有线电视及卫星电视服务、访客网络预登记服务、电子商务等项目；

④ 客户服务中心服务人员通过客户服务网站和服务中心及时受理客户提交的房屋维修、服务投诉和建议等；

⑤ 客户通过客户服务网站和服务中心可自行查询收费清单、节假日空调使用预定、报修受理查询等信息，并可直接向客户服务中心发报修单、装修申请单、预订公共设施等。

2. 综合信息集成系统通信及数据库接口

1）门户网站通信接口

物业及设施管理系统、建筑设备管理系统、综合安防管理系统、“一卡通”管理系统、电子公告及信息查询系统各应用系统应采用基于 Web 的浏览器/服务器(B/S)计算机系统结构模式，配置本系统门户网站服务器。

2）数据库通信接口

物业及设施管理系统、建筑设备管理系统、公共安全系统、“一卡通”管理系统、电子公告及信息查询系统各应用系统数据库应符合 JDBC/ODBC 数据库互联标准，提供数据库访问的应用程序编程接口(API)。

3）实时监控数据互联通信接口

智能化监控系统用户层接口采用标准的控制网络或现场总线通信方式，采用以太网络

TCP/IP 通信协议,必须遵循统一的数据包结构。智能化监控系统的实时数据交换应采用 OPC 通信协议和实时数据通信接口。

3. 综合信息集成平台支撑系统组成

根据智能建筑"一个平台和三个中心"的管理需求,智能化综合信息集成平台以智能化物联网络为基础,实现与互联网的互联互通。实现智能化各应用系统之间的数据交换(数据采集和控制),并支撑智能建筑物业及设施管理,同时该平台可与智能建筑办公系统和业务服务系统进行数据交换和共享。

综合信息集成平台支撑系统由门户网站(IIS. net)、数据库系统(IBMS)、网络中心(IDC)三部分组成。

1) 门户网站(IIS. net)

建立信息集成平台门户网站(IIS. net),使得智能建筑的管理者和使用者基于网络和浏览器应用环境,在任何时候、任何地方、利用任何通信方式都可以获得智能建筑内数字化与智能化应用系统的监控与管理信息、智能建筑物业及设施管理和方便快捷的信息增值服务。网络信息集成网站技术要求的重点是数字化与智能化系统综合信息、监控与管理数据、共用资源的浏览、显示、交互、共享、查询、下载。

2) 数据库系统(IBMS)

建立信息集成平台数据库系统(IBMS),其功能是将智能建筑内数字化与智能化各应用系统通过数据库互联的方式,将信息和数据连接到 IBMS 数字化应用数据库系统中来,实现数字化与智能化各应用系统历史数据的查询、数据的综合和信息优化处理、防灾数据备份和数据恢复、跨平台应用系统间的信息交互,通过信息交互的方式引发相应的时间和事件响应程序实现信息联动功能。数据库系统应满足数据的存储、优化、管理等功能。

3) 网络中心(IDC)

建立信息集成平台网络中心(IDC),其功能是为智能建筑内数字化与智能化各应用系统提供网络运营环境,提供网络基础服务。集成系统网络中心配置智能化系统物联网路由、网络交换、网络管理(含 IP 地址分配)、服务器管理、服务集群、服务代理、域名服务、目录服务、用户认证、电子邮件、文件传输、主页发布等网络服务功能,建立智能化系统物联网络信息安全机制。

4. 综合信息集成平台实现功能

1) 基本功能

(1) 网络浏览功能

综合信息集成平台实现智能化各应用系统信息的网上浏览,在世界各地,只要能够通过互联网与智能建筑智能化系统物联网络(经内外防火墙)连接,就能依权限实时在线浏览权限范围内各个系统甚至各个设备的状态信息以及历史信息。

(2) 网络监视功能

综合信息集成平台具有通过网站链接调用的方式,实现对智能化各应用系统的监视的功能。智能建筑智能化系统物联网络中的任一授权用户,都可以监视智能化各应用系统的各种设备运行状态及报警/故障状态。

(3) 网络控制功能

综合信息集成平台具有通过网站链接调用的方式,实现对智能化各应用系统的控制的

功能。在智能建筑智能化系统物联网络中的任一授权用户，都可以对智能化各应用系统的各种设备进行授权控制。该网络控制功能只对高级用户开放，并需采用硬件（UK）方式确认控制授权。对于无权用户，该项网络控制功能在首页上被屏蔽（不显示）。

（4）信息交互功能

通过综合信息集成平台数据库系统，实现智能化各应用系统信息和数据的综合集成及数据管理的功能。可实现智能化各应用系统之间信息的交互和数据共享，可通过信息引发相应监控系统的联动响应程序。实现信息交互的智能化各应用系统包括：物业及设施管理系统、建筑设备管理系统、综合安防管理系统、“一卡通”管理系统（门禁及道闸控制）、访客可视对讲系统、电子公告及信息查询系统等。

（5）信息查询功能

综合信息集成平台提供多种方式的信息查询，可以查询智能化各应用系统及现场设备监控的各类信息（设备状态信息、报警信息、维护信息、视频监控图像、门禁出入人员资料与信息、访客资料与信息及影像、水、电、气及空调分室计量），以及基于原始信息的统计信息。

（6）系统设置功能

综合信息集成平台具有完善的系统设置功能，以保证整个集成系统能满足管理者在动态管理的过程中，根据不同的管理需求对功能进行设置的需要。整个设置功能分为以下几大类：

① 设备运行管理功能设置

通过综合信息集成平台，可以在集成系统一级对整个系统的运行配置进行设置。主要对设备运行以及集成系统软件与设备关联运行所需的内容进行设置。例如在集成系统的设备信息设置功能中，系统提供了设备的分类、具体设备属性描述的增添、删除等功能。

② 安全监控功能设置（权限设置）

a. 安全管理机制设置包括网络权限设置功能以及集成系统监控权限设置功能；

b. 网络权限的设置由网络管理员来完成，由操作系统及相关网管软件来实现；

c. 信息集成平台提供按部门进行分类，系统可为系统管理员提供一个用户权限管理界面，以便对系统使用权限进行分配，包括功能模块的使用分配（即限定使用特定的模块及应用系统）、操作功能（即限定增、删、改等权限）的使用分配。

③ 计算功能设置（对所需的数据进行统计的设置）

综合信息集成平台提供多种灵活的计算方式并可进行设置。提供可对各类设备系统的耗能、计量、设备运行时数、成本等进行统计的计算公式，不同的层次的统计功能的设置可以由相应权限的管理者自定义。

④ 维护管理设置

综合信息集成平台提供一系列对系统和设备进行维护管理的设置，例如数据备份周期的设置功能可以方便有效地备份历史记录。

2）应急报警信息处理功能

（1）报警信息分级

报警信息分为5级，可用5种不同颜色显示报警信息条。可以选择显示已确认、未确认、全部的报警信息。

(2) 报警信息分类

可按各种定义的报警和事件信息,如综合安防报警(包括入侵报警、紧急按钮报警、门禁报警)、火灾报警(包括各类火灾传感器报警)、机电设备故障报警(包括冷热源设备、空调设备、给排水设备、变配电设备、电梯设备、照明设备)分类报警,同时根据报警等级,用5种不同颜色显示报警信息条。可选择显示已确认、未确认、全部的报警信息,具备"误报"数据统计功能,可搜索查询任意时段的报警信息,可将实时报警与历史报警要分开。当操作画面在其他画面(不在警报画面),有警报发生时需在画面规划一个显示条,滚动即时警报(且根据不同类警报对应有颜色区分)。并可将报警和事件信息发送到任意数量的用户界面工作站(UIW)、电子邮件目的地、电话和寻呼机上。

(3) 报警信息展示界面

通过报警信息页窗口滚动显示所有分类报警管理的滚动报警信息条,报警信息条显示内容包括:报警等级、日期(年、月、日)、时间(小时、分钟、秒)、报警类型、报警设备名称、报警点位置、报警点状态描述。

3) 系统互操作功能

综合信息集成平台实现对智能建筑内所配置的物业及设施管理系统、建筑设备管理系统、楼宇自控系统、综合安防管理系统(包括应急指挥调度子系统、访客可视对讲子系统等)、视频监控系统、"一卡通"管理系统(包括门禁及道闸控制)的系统集成。集成系统具有接管和调用上述智能化各应用系统操控页面的能力,可分别进入上述智能化各应用系统实现操作、监控、设置、修改、查询等功能。

4) 系统综合业务管理功能

综合信息集成平台根据智能建筑智能化系统综合管理的需求,提供相应的管理功能模块,如系统管理、报警管理、设施管理、节能管理、信息管理、事务管理、访客管理、维护管理、文档管理、报表管理、日志管理等。

5) 系统综合服务功能

综合信息集成平台根据智能建筑办公和商业活动的需求,提供相应的服务功能模块,如商务服务、物业服务、"一卡通"服务、来访者服务、设施使用预订服务、出租车服务、车船票预订服务、餐饮预订及送餐服务、医疗服务等。

7.17.3 智能建筑应用系统设计

1. 物业及设施管理系统设计

根据智能建筑综合房产、设备、安全管理的需求,采用一体化的物业及设施管理平台,将智能建筑内的物业管理、设施管理、事务管理、访客管理、节能管理,以及智能化系统安防及设备监控管理相关信息、数据、存储、备份、查询均集成到智能建筑物业及设施管理平台上及数据库中,为智能建筑内工作人员和客户提供安全、舒适、便捷、节能、环保、高效的工作与商业活动环境。

智能建筑物业及设施管理系统设计内容包括:

① 物业管理内容:智能建筑内的房屋管理、使用与租赁、维修保养、环境绿化、卫生保洁、道路养护等;

② 设施管理内容:设施运行管理、设施保养维修管理、综合安防监控及报警管理、机电

设备运行及故障管理、"一卡通"管理、车辆管理等;

③ 物业管理信息增值服务内容:访客管理、设施预定管理、物业管理综合信息服务等。

1) **物业管理**

物业管理应用数字化技术,通过互联网和智能化物联网处理物业管理过程中的各项日常业务,达到提高效率、规范管理、向客户提供优质服务的目的。物业管理软件应具有高可靠性、安全性,操作方便,采用中文、图形界面等特点。物业管理软件应能与数字化设施监控管理、综合安防管理、客户的信息服务等数据库实现数据的交互和共享。

(1) 房产管理

对智能建筑房产资源进行集中统一的数字化管理(包括商业公租房、办公用房、生活用房、机房等),详细记录楼宇及房间位置、建筑结构及类型、房屋使用功能、建筑单元平面布局等信息(包括图形图像资料)。对所管理的房屋的接收、查验、维修建立资料档案库,为智能建筑提供房屋租赁、调换等业务管理和服务,以及环境管理和绿化管理等。

(2) 房屋维修管理

依据国家对房屋维修管理的有关规定和智能建筑的实际情况,制定出房屋的修缮计划。物业管理中心随时检视建筑及房屋的应急维修,物业管理部门可以提供通过物业管理信息网站和物业管理客户服务"呼叫中心"等方式,接受客户房屋维修的申请,物业管理中心在确定维修任务类型和维修工作人员后,即通过物业管理信息网站和物业服务中心通知客户维修申请处理的相关信息。在物业维修部门完成维修工作后,将客户维修验收与反馈意见以及维修材料清单等信息记录于物业维修档案数据库中。

(3) 收费管理

建立统一财务核算及收费管理,主要包括水、电、煤气三表收费,房租、停车费、保安费、卫生费、有线电视费等。由物业管理中心建立智能建筑内各部门独立核算的收费记录数据库。收费方式可以采用单位或部门账户自动划拨。可通过连接"一卡通"综合应用管理系统数据库以及智能建筑水、电、煤气以及空调分室计量系统数据库,建立智能建筑内的物业网络化电子财务结算体系。

(4) 保洁管理

对智能建筑范围内的绿化、清洁、消毒、垃圾清运等工作进行组织、记录和检查,实行内部核算后按有关规定定期向各部门收取费用。

(5) 其他管理功能

物业管理通过管理集成,实现租赁管理、停车场管理、来访者管理、计费管理等。

2) **设施管理**

设施管理是物业管理的重要内容,通过智能化系统物联网络与物业管理信息网络的融合,将楼宇机电设备及设施运行状态和故障报警信息以及智能建筑计量表读数上传至物业管理应用数据库中。设施及设备运行与楼宇自控系统监控页面进行超链接及显示,只监不控。建立设施及设备档案,自动生成系统保养计划,对设施及设备运行数据进行采集和记录。

(1) 设施运行管理

设施运行管理内容包括:设施运行文档管理、编制设施管理规范及制定量化考核指标及考核办法,设施及设备运行监控、设施及设备运行数据采集与记录、主要设施及设备预防性监测、设施及设备巡查到位跟踪及巡查记录,提供综合节能管理数据报表等。

(2) 设施保养管理

设施保养管理内容包括:制定设施及设备保养与维修计划和工艺、设施及设备运行保养自动提示、设施及设备维修单自动生成、设施及设备保养与维修记录、设施及设备备品备件管理等。

(3) 设施及机电设备巡查

设施及机电设备巡查内容包括:在重要的强弱电设备机房设置在线巡查站,设施及机电设备维修保养人员定期对重要设施和机电设备进行巡查,通过巡查站在线确认巡查到位,并实时将巡查的信息传送到物业设备管理中心。设施及机电设备巡查系统具有设置巡查路线、巡查实时到位记录、联动巡查区域摄像机跟踪显示的功能。

(4) 设施信息管理

智能建筑设施及机电设备信息管理,主要是对智能建筑内设施及机电设备、智能化系统设备及器材进行分类登记,对其运行及故障报警数据实施统计和管理,建立设施及机电设备、智能化系统设备定期维修和保养登记记录数据库,建立机电设备及设施、智能化系统设备及器材产品档案资料、设备安装资料和图纸、采购厂商信息等资料库,建立智能建筑设施及机电设备、智能化系统设备及器材备品备件库存数据库。以及上述设备的采购、更换、位置、数量、价格、折旧、保养、维修、配件、出入库等均通过统一的物业管理数据库平台进行登记和查询等管理。

(5) 综合安防及机电设备监控管理

通过系统集成管理数据库相关智能化应用系统监控信息及数据导入,对公共安全系统的各种报警信息与报警确认信息,以及机电设备监控系统设备的运行状态与故障报警的信息和数据进行统计及优化,实现信息与数据的共享和备份。

3) 物业管理信息增值服务

面向客户的物业管理信息增值服务是物业管理的重要内容,通过智能建筑物业及设施管理信息网站和客户服务中心建立起物业管理与智能建筑客户之间高效的信息交互平台,达到提高沟通效率、扩展服务项目、降低物业管理成本、向客户提供优质服务的目的。面向客户的信息增值服务内容包括:智能建筑物业管理综合信息服务、物业管理增值信息服务等。

(1) 物业管理综合信息服务

可通过智能建筑物业及设施管理信息网站和客户服务中心(含手机短信)以多种方式同时与客户进行交互,以方便实现智能建筑内各类客户对物业管理综合信息的需求。

智能建筑物业及设施管理信息网站应具备独立的域名,并可与智能建筑智能化集成系统门户网站互联,客户服务中心应 24 小时值班。智能建筑综合信息集成网站和客户服务中心的后台数据库应与物业管理系统平台数据库共享,以保证数据的一致性。

物业管理人员应及时受理客户通过智能建筑物业及设施管理信息网站或客户服务中心提交的投诉、报修、建议等。

客户可以通过智能建筑物业及设施管理信息网站或客户服务中心自行查询物业收费清单、开放性公共设施使用情况(如会议室等)、接受预定开放性公共设施使用申请以及物业维修和报修受理情况等信息。

(2) 设施使用预定服务

通过智能建筑设施使用预定系统，可预定办公区(室)、使用时间段等。预定空调、电梯、照明的使用者可以登录智能建筑智能化集成系统门户网站，打开物业及设施管理页面，经授权后可以预定智能建筑内办公区(室)在正常办公时间(上午8:00至下午18:00)以外加班、节假日的空调、电梯、照明等设施使用申请。当预定被批准后，预定者可以在所申请上述设施使用时间段在规定的办公区(室)使用空调、楼层电梯和区间公共照明等。当预定使用时间期限到时，将会自动关闭办公区(室)内的空调、楼层电梯和区间公共照明。

(3) 来访者登记服务

到智能建筑的来访者可以实现网上预约登记、现场自助登记(持身份证)、接待前台登记(无法提供身份证)。访客系统支持第二代身份证应用，并实现门禁道闸系统与访客可视对讲系统的信息互联互通、数据共享交换和联动控制。

① 通过网络预约登记的访客，其网络登记流程是，首先登录智能建筑智能化集成系统门户网站，打开来访者预约登记页面，输入访客本人资料，如身份证号码、手机号码、电邮地址、接待单位、来访事由和来访时间等信息，提交并由物业与接待单位通过网络确认后，采用手机短信或电邮的方式通知来访者，同时将该来访者身份证号码发送到门禁道闸系统。来访者在预约的时间内，只要在门禁道闸读卡机上刷本人身份证，即可通行进入接待单位楼层电梯厅乘坐电梯；

② 如果来访者事先没有预约，当到达智能建筑办公主楼一层，可通过可视对讲设备自助登记。首先叫通接待单位，接待单位同意接待后，可视对讲门口机触摸屏弹出自助登记操作指导。来访者在可视对讲门口机刷卡区刷本人身份证。在门口机触摸屏操作确认后，其身份证卡号即发送到门禁道闸系统。来访者方可通过门禁道闸读卡机上刷本人身份证，即可通行进入该楼层电梯厅乘坐电梯；

③ 如果来访者事先没有预约，同时也没有带本人的身份证，可通过办公主楼一层接待中心工作人员帮助叫通接待单位，接待单位同意接待后，来访者需提供有效证件登记后并将来访者有效证件保留在接待中心，接待中心向来访者发放临时通行卡。当来访者离开智能建筑时需要用临时通行卡换回被保留的有效证件。

(4) 计量统计及收费服务

物业及设施管理系统可以根据智能建筑水、电、气以及空调分室计量等的收费管理模式，在智能建筑内建立自动计量管理体系。智能建筑办公人员可以通过智能建筑办公系统，查询使用水、电、气和空调的收费数额，以及申请节假日提供空调、电梯、照明的使用时间等。

2. 建筑设备管理系统(BMS)设计

1) 建筑设备管理系统设计内容

建筑设备管理系统设计内容包括：集成智能化系统物联网上连接的智能化各应用系统监控界面的浏览、实时信息的交互、数据的共享、系统间的控制联动等。

BMS包括以下智能化应用系统的集成：

① 楼宇自控系统(BAS)；

② 综合安防监控管理系统(SMS)；

③ 火灾报警系统(FAS)；

④ “一卡通”管理系统(ICMS)。

通过建筑设备管理系统,实现对智能建筑内上述智能化各应用系统设备运行状态的监视、信息的浏览和查询,以及对上述智能化应用系统设备进行实时联动控制及运行参数的设置和修改。

2) 建筑设备管理系统功能

(1) 建筑设备管理系统网络浏览功能

提供具有开放性、标准化的通信协议(TCP/IP)、信息网络的数据集成路由器以及标准查询语言(SQL)的建筑设备管理系统门户网站,可以通过 Web 浏览器方式浏览、显示、监控、查询:机电设备监控包括:冷热源设备、空调设备、给排水设备监控、电梯设备监控、变配电设备监控、照明设备监控;公共安全系统包括:入侵报警、巡查管理、视频监控、门禁及道闸控制、停车场管理等;火灾报警系统包括:火灾报警、消防联动控制状态等。

(2) 建筑设备管理系统基本功能

① BMS 通过智能化系统物联网连接智能化各应用系统,可提供有关的互动控制编程,确保对突发事件提供快速响应功能及提示应急处理预案供值班人员参考等一系列措施。

② BMS 应与火灾报警系统之间建立通信接口。火灾报警系统为独立运行和管理的系统。BMS 对火灾报警系统只监不控,所联动的系统也仅限于门禁控制系统、视频监控系统、停车场管理系统。

③ BMS 与 BAS 各个监控子系统之间的通信采用开放式网络交换信息。数据库应当可以和第三方系统在管理层上交换信息。

④ BMS 与综合安防管理系统之间通信应采用开放式网络交接协议,提供监控功能。各个工作站只作为操作人员本地监控用,即使工作站失效时,网络通信也可以正常运作。

⑤ BMS 配备先进的工业级类型的工作站,软件系统应采用中文窗口系统,软件具备操作指导程序并设有密码保护功能。

⑥ 各个 BMS 设备均需配备不间断电源(UPS),可确保工作稳定性。

⑦ 整个系统需具备新旧产品兼容能力,同时提供一个完整数据通信网络,包括交换/集线器和数据存储装置等。

(3) 智能化应用系统间联动控制功能

① BMS 集成的智能化各应用系统设备运行状态和联动控制状态的显示;

② 安防报警与门禁控制、公共广播、停车场、电梯、应急照明、机电设备的联动;

③ 火灾报警与门禁控制、视频监控、停车场的联动;

④ 物业管理信息与门禁、公共广播、停车场、电梯、应急照明、机电设备的联动。

(4) 智能化应用系统间数据共享功能

① 各实时监控系统报警、故障、维修信息及数据的采集、备份、列表、查询、显示;

② 各实时监控系统间联动控制信息及数据的采集、备份、列表、查询、显示;

③ 与各实时监控系统间的信息及数据集成,采用智能化系统物联网结构连接,采用开放性的 TCP/IP 协议进行信息和数据的交互;

④ 与各实时监控系统间的联动控制可通过现场总线,采用开放性的 OPC 协议进行联动控制信息和数据的交互;

⑤ 提供与租用柴油发电机的通信接口。

3. 楼宇自控系统(BAS)设计

1）楼宇自控系统设计内容

楼宇自控系统设计内容包括:对楼宇机电设备及设施进行集中和分布的监控和数据的管理,实现统一的监控浏览界面、监控实时信息的交互、系统报警、建筑节能管理与设备运行数据的存储、备份和优化;实现设备运行、维修、保养和备品备件的管理,以及能源及设备节能管理等。

BAS 设计包括以下机电设备的运行监控和节能管理:

① 冷热源设备;

② 空调设备;

③ 送排风设备;

④ VAV BOX;

⑤ 给排水设备;

⑥ 供配电设备;

⑦ 电梯设备;

⑧ 照明设备;

⑨ 能源管理;

⑩ 空调分室计量;

⑪ 智能电力系统通信接口;

⑫ 冷源设备通信接口;

⑬ 锅炉设备通信接口;

⑭ 电梯设备通信接口(与综合安防监控管理系统共享接口)。

2）楼宇自控系统总体功能

利用建筑设备监控系统对建筑内所属设备的运行状态、故障情况、能源使用与统计分析以及综合节能管理等实行综合自动监测、控制与管理,以达到安全、节能、舒适和优化管理的目的。

采用实时监控、集中管理、分布控制的系统,BAS 监控主机设于负一层智能化监控中心机房,负一层空调值班室及其他需要对系统进行控制的场所设工作站或控制屏。系统应支持多种通信接口和协议,并具有接口开放和开发功能,系统通过通信接口集成各类系统和设备,如智能电力系统通信接口、冷源设备通信接口、锅炉设备通信接口、电梯设备通信接口(与综合安防管理系统共享接口)。

BAS 建立标准、统一的数据库,并具有标准的开放接口,便于被集成信息的综合利用和支撑智能建筑物业及设施管理信息集成,为建筑内的综合信息管理以及应急指挥调度提供基础实时信息和数据。

BAS 采用智能化物联网和现场总线两层网络结构,BAS 监控管理服务器通过智能化物联网(工业以太网结构)和楼层网络适配器与现场总线上挂接的 DDC 连接。

直接数字控制器(DDC)实现现场监控,控制器之间采用现场总线连接方式。DDC 具有独立的监测和控制能力,可根据需要随意增加/减少挂接在现场总线上的 DDC,而网络故障不会影响控制器的现场监测和控制功能。每个控制器点数预留 10%～15%的余量以备扩展。

3）楼宇自控系统监控功能

楼宇自控系统主要包括以下机电设备的监控和管理功能：

(1) 冷热源系统监控功能

通过冷热源设备通信接口，在冷热源设备监控页面上设置设备运行图标，连接冷热源设备实时运行状态图，图上显示的设备包括：冷水主机及热泵机组、冷却塔、冷冻冷却水泵、二、三级冷冻水泵、定压补水装置、旁滤水处理器、电梯机房及通信机房 VRV 空调机组。显示设备运行状态、设备运行参数和主要阀门开闭情况，能够自动生成设备运行数据表。设备运行参数包括出水温度、出水压力、出水流量、水位、油压、气压、安全保护信号、燃料消耗统计、锅炉运行台数、空气检测、运行时间、启动次数、水流开关、各类控制阀开度、过载报警、参数设置等。能够自动生成冷热源设备运行数据图表，如曲线图、甘特图、统计报表等。

(2) 空调及送排风系统监控功能

通过页面空调设备监控图标，连接空调设备实时运行状态图，图上显示的设备包括：空气处理机、新风处理机、热泵溶液式新风处理机、热回收装置、排风机、送风机、VAV BOX、冷辐射天花板、冷冻水电动阀、各类电动风阀、电动水阀。显示设备运行状态、设备运行参数等，提供空调系统对室内外温湿度环境参数的采集和监控，最大限度地满足用户对舒适度的需求。能够自动生成空调及送排风设备运行数据图表，如曲线图、甘特图、统计报表等。

(3) 给排水系统监控功能

通过页面给排水设备监控图标，连接给排水设备实时运行状态图，图上显示的设备包括：给排水泵、水箱、水池。显示给排水设备运行状态(开、关、故障)、给排水设备运行参数，以及油污水处理设备运行状况、直饮水系统设备运行状态、裙楼房屋虹吸排水故障溢流报警、地下室污水压力及排送系统运行状态、室外雨水井(井底标高最低的三个井)雨水溢流报警。能够自动生成给排水设备运行数据图表，如曲线图、甘特图、统计报表等。

(4) 变配电系统监控功能

通过智能电力系统通信接口，在变配电监控页面上设置监控图标，连接变配电设备实时运行状态图，图上显示的设备包括：高低压配电设备、柴油发动机设备、太阳能和风涡轮发电设备、变压器等。显示变配电设备运行状态(开、关、故障、过载报警等)、变配电设备运行参数(电压、电流、功率、功率因数等)、柴油发电机设备运行参数(电压、电流、频率、有功功率、功率因数、过流过压缺相报警等)以及柴油发电机房冷却系统和环保设备运行状态、变压器监控系统三相电压电流、三相温度、报警等，同时应当显示运行情况、报警情况与运行参数(包括图像、数据、声光报警)。能够自动生成变配电设备运行数据及累计运行时数图表，如曲线图、甘特图、统计报表等。

(5) 电梯系统监控功能

通过电梯设备通信接口，在电梯监控页面上设置电梯运行图标，连接电梯实时运行状态图，图上显示的内容包括：电梯停靠楼层、电梯故障报警、电梯通话记录(语音)等。能够自动生成设备运行数据及累计运行时数、因故障停梯累计时间统计图表，如曲线图、甘特图、统计报表等。

(6) 照明系统监控功能

① 公共照明功能：在智能建筑内的走道照明、停车场照明、外围照明、景观照明控制等公共场所的灯具由楼宇自控系统进行集中的监控。控制方式为可调时间程序控制，主要功

能为：

a. 工作时间时打开全部灯；

b. 晚间打开部分灯；

c. 深夜打开少量灯；

d. 根据日期自动确定每日灯光系统开始运行及关闭时间等。

可以通过页面照明监控图标，连接照明实时运行状态图，图上显示的内容包括：对会议室、办公室、停车场与公共场所的照明、室外景观、泛光照明、紧急智能照明、航空障碍灯等进行监控。显示上述照明设备的状态(开、关、故障等)。当发生紧急情况时，照明设备可以按照应急控制指令控制供电电路的开关，如发生火灾报警时，火灾报警系统可控制火灾区域紧急照明的通断，提供逃生路线的紧急照明。泛光照明可以按照市区灯光管制中心的安排，定时开关各种照明设备，达到最佳管理、最佳节能效果；系统可以统计各照明区域用电计量，并传送给物业管理部门进行汇总；系统可记录照明设备累计运行时间，当运行时间达到某一限度时，系统会显示维修指示信息。监控中心能检测各区照明的状态和故障情况，当照明出现故障时，监控中心会显示及打印报警信息，包括报警时间。系统能够自动生成照明设备运行数据图表，如曲线图、甘特图、统计报表等。

② 应急照明功能：应急照明系统包括疏散照明和备用照明，其中疏散照明属于消防照明设施，设计主要采用消防智能应急疏散指示逃生系统，如各主要通道、主要疏散路线地面或靠近地面的墙上、地下车库、疏散走廊、室内通道、公共出口等处，采用自带蓄电池并具有声或闪光指示功能的标志灯。火灾疏散标志照明的最低照度不低于 0.5 lx(避难层不小于 1 lx，人防不小于 5 lx)，并且连续供电时间不能少于 30 min，采用智能型火灾诱导疏散指示系统。备用照明根据各场所的重要性分别进行设置，如大堂、门厅、餐厅、会议厅、重要会议室及办公室、公共走道等。其他场所包括配电室、消防控制室、消防泵房、发电机室、蓄电池室、网络中心、安防中心等，均考虑继续工作的备用照明，照度与正常照明一致，供电时间保证连续。应急照明在正常电源切断后，由发电机供电。对公共场所考虑到其安全性，其部分备用照明灯具亦自带蓄电池。

(7) 能源管理功能

楼宇能源管理通过对冷源机组及其部件和变频设备，采用整体的优化控制策略，对整个楼宇能源系统运行信息进行全面的采集和综合分析处理，实现冷源机组设备、变频设备、冷冻水设备、冷却水设备和冷却塔设备的最佳匹配和协调运行，实现变负荷工况下整个能源系统综合性能的优化，可保障冷源系统在任何负荷条件下都高效率地运行，最大限度地降低整个楼宇能源系统的能耗，使得楼宇能源管理系统实现综合节能 15%～30%。

(8) 空调分室计量功能

通过楼层各办公区(室)联网的空调温控器，采集该办公区(室)内 VAS 变风量控制器启停状态、温度控制设置、风量调节参数等，同时结合 VAV-BOX 内置压差变送器，测量流出 VAV-BOX 的空气流量参数，并加权楼层空气处理机(AHU)计量表计算出的冷量消耗量，完成空调能耗分室计量所需数据的采集、传送、计量、统计等功能。由 BAS 后台建立综合空调能耗统计分析及计算模型，采用科学合理的计量算法，最终得到办公区分室使用空调的计量数据。

(9) 设备维修保养功能

① 提供设备维保管理功能模块；

② 具有故障自诊断和分析能力；

③ 自动生成设备运行时间表及累计运行时间统计表；

④ 自动提供设备及设施维修保养信息提示；

⑤ 可根据设备运行数据自动生成维保单；

⑥ 建立设备及设施备品备件及文档资料库。

(10) 建筑能耗监测管理功能

通过智能建筑能耗监测管理模块，建立智能建筑能耗和成本控制数据库。可按周、按月、按季查询预定的设备运行时间表、日程表、节假日表，具有最佳设备启停功能；自动生成能耗配置计划与实际能耗趋势图及状况总览，以及自动生成能耗分析及评估一览表。提供相应的冷热源设备台选运行图，历史、实时、预测新风量趋势图、曲线图、甘特图、统计报表，历史、实时、预测空调温度控制趋势图、曲线图、甘特图、统计报表，历史、实时、预测能耗趋势图，历史、实时、预测用电量趋势图、曲线图、甘特图、统计报表等。提供BMS/BAS综合节能管理模块功能，最大限度降低智能建筑的总体能耗。

(11) 空调系统设备节能功能

在满足人体舒适度的条件下，通常温度设定值保持在17℃至28℃之间，相对湿度设定值保持在40%至70%之间，冬季取低值，夏季取高值。根据人体舒适度科学研究数据表明，室外与室内相对温差在10度至12度之间为最佳舒适度，过冷和过热的温差人体反而会感到不适应。因此在冬夏季根据室外温湿度的变化，动态调节室内温湿度设定值，是既满足人体舒适度又可以降低能耗的最佳方案。

① 冬夏季取用最小新风量，过渡季采用全新风量；

② 通过回风二氧化碳浓度检测，动态控制室外新风空气的取入量；

③ 公共建筑可根据室内人员数量变化情况，动态增减室外新风；

④ 采用全热交换系统，减少新风冷热负荷；

⑤ 在建筑室内预冷或预热阶段，停止取用新风；

⑥ 根据对不同温湿度的舒适度，进行合理的温湿度控制区域的划分；

⑦ 加大冷热水的送风温差，以减少水流量、送风量和输送动力；

⑧ 降低风道风速，减少系统阻力；

⑨ 增加空调系统设定值控制精度，避免过冷或过热；

⑩ 进行空调系统设备最佳启停和运行时间控制；

⑪ 采用空调系统设备节能控制算法，克服空调系统设备负荷冗余运行；

⑫ 采用节能的变风量末端控制系统(VAV BOX)，可以采集每个联网的VAV BOX温控器的运行参数和启停控制；

⑬ 采用节能的变流量控制系统(VWV)；

⑭ 采用热泵热回收系统；

⑮ 选用高效节能的冷热源设备。

(12) 机电设备节能功能

① 适当降低室内照明度，充分利用日光照明；

② 根据外界光线变化,自动调节照明度;

③ 根据对不同的照度,进行合理的照度控制区域的划分;

④ 自动控制公共区域和外立面照明的开启和关闭;

⑤ 自动调整和控制其他楼宇机电设备(如电梯、排风机、给排水水泵等)的启停和运行时间;

⑥ 采用楼宇机电设备节能控制算法,克服楼宇机电设备负荷冗余运行。

4. 综合安防管理系统(SMS)设计

1) 综合安防管理系统设计内容

综合安防管理系统设计内容包括:综合安防监控管理集成、应急指挥调度、入侵(侦测)报警、电子巡查管理、视频监控、门禁及道闸控制、访客可视对讲、停车库管理以及与火灾报警信息集成等智能建筑综合安全监控和管理。综合安防管理系统通过统一的安全监控与管理的可视化图形界面,实现安防各监控子系统的监控状态及报警信息的显示、安防各监控子系统间实时信息的交互与数据共享、安防各监控子系统间的控制联动等。综合安防管理系统包括以下各监控子系统:

① 综合安防监控管理集成系统;

② 应急指挥调度子系统;

③ 入侵(侦测)报警子系统;

④ 电子巡查管理子系统;

⑤ 视频监控子系统;

⑥ 门禁及道闸控制子系统;

⑦ 访客可视对讲子系统;

⑧ 停车场管理子系统(包括车位引导子系统);

⑨ 火灾报警系统通信接口。

2) 防区设计方案

根据 GB 50348—2004《安全防范工程技术规范》的规定,智能建筑公共安全系统设置为四个层次的监控与报警防区。通过建立的四个层次防区间的监控与报警间的逻辑关系,从而提高对突发事件应急处理的能力,提供综合安防报警的准确性和正确性,降低系统报警的误报和漏报。

① 第一层防区:在智能建筑建筑物南、北广场设置视频监控摄像机;

② 第二层防区:在智能建筑第一层所有通行走道(包括电梯通道)和楼梯通道设置侦测报警红外探测器、所有通道门的开闭状态监视、主要通道门的门禁和电梯间的门禁道闸控制、视频监控摄像机;

③ 第三层防区:在各楼层楼梯前室和电梯厅设置侦测报警红外探测器、通道门状态监视、视频监控摄像机;

④ 第四层防区:重要电机设备用房及设备间、监控中心机房、变(配)电站(室)、UPS 电源室、自备发电机房、重要办公区、重要办公室设置入侵(侦测)报警探测器、门磁开关、门禁控制、视频监控摄像机。

3) 安防监控点设置

① 在核心要害部位配置入侵(侦测)报警探测器、紧急按钮、视频监控摄像机。

② 在智能建筑建筑物群周界安装视频监控摄像机、联动照明灯光和实现入侵(侦测)报警与视频侦测报警的联动,采用智能视频分析系统,智能判断监控图像信息。现场智能控制器留有与联动照明设备控制的接口,并且设置巡更点。

③ 在一层大厅所有出口通道和各楼层楼梯前室和电梯间配置侦测报警探测器、视频监控摄像机、门禁读卡机和道闸控制装置与巡更点。

④ 在重要机电设备机房及设备间、监控中心机房,变(配)电站(室)、UPS电源室、自备发电机房、重要办公区、重要办公室设置门禁读卡机、视频监控摄像机、侦测报警探测器、门磁开关、紧急按钮、巡查点。

4) 综合安防管理系统功能

(1) 综合安防监控管理集成系统功能

① 提供综合安全报警处理及管理平台、报警信息实时信息页、各安防报警子系统集成平台等管理模块。通过统一的B/S与C/S模式相结合的操作平台,实现对入侵(侦测)报警子系统、电子巡更管理子系统、视频监控子系统、门禁及道闸控制子系统、停车场管理子系统统一的操作、监控、设置、查询、联动控制,以及火灾报警系统报警信息的集成、综合安防管理系统数据库的统一管理和数据备份。

② 通过统一的安防监控与管理电子地图图形界面,实现安防各监控系统监控状态及报警信息的显示、安防各监控系统间实时信息的交互与数据共享、安防各监控系统间的控制联动等。

③ 提供安防各监控系统之间开放性数据通信接口,实现综合安防信息和数据的管理及数据备份。授权的保安人员可以通过网络浏览器和监控管理工作站,实现对综合保安信息和数据的浏览、查询、下载、打印等。

④ 实现安防报警与门禁、视频监控、停车场设备的联动。

⑤ 实现安防各监控系统报警、故障、维修信息及数据的采集、备份、列表、查询、显示。

⑥ 实现安防各监控系统间联动控制信息及数据的采集、备份、列表、查询、显示。

⑦ 与安防各监控系统间的联动控制可通过现场总线,采用开放性的OPC协议进行联动控制信息和数据的交互。

(2) 入侵(侦测)报警子系统及报警监控中心功能

① 提供入侵报警电子地图、红外探测器、玻璃破碎探测器与智能视频分析报警逻辑确认报警信息、报警联动照明控制等功能。在公共通道、楼层楼梯前室、电梯前室、重要办公区和办公室、设备机房、楼层强弱电间设置红外监测探测器和门磁开关。

② 当发生入侵报警时,报警监控管理中心视频安防图像监视屏上立即弹出与报警点相关的摄像机图像信号,值班安防人员可以通过操作云台和可变镜头监视周界报警区域的人员活动情况,同时自动进行联动图像的录像。

③ 当发生入侵报警时可操作控制报警区域现场前端设备(如照明灯)状态的恢复。夜间当发生报警时,可联动报警区域照明灯(探照灯)的自动开启。

(3) 电子巡查管理子系统功能

① 采用在线与无线相结合的巡查方式,提供巡查管理电子地图、巡查到位联动监视图像、巡查路线设置、巡查记录查询等管理。在公共通道、楼层楼梯前室、电梯前室、办公区、设备机房、楼层强弱电间设置保安巡查站和设施及机电设备巡查站:

a. 在线巡查方式设置门禁读卡机，其具有在线巡查站的功能，保安人员根据预先设置好的巡查路线，依次在具有在线巡查站功能的读卡机上刷“保安巡查卡”，在线巡查站读卡机就会实时将巡查保安人员姓名、巡查到位时间以及联动巡查站附近的监控图像传送到监控中心管理工作站上。

b. 无线（离线）巡查方式作为在线巡查的盲点补充，使用带地址码巡查站，通过手提巡查记录器（数据采集器）阅读每个位置的巡查站，经记录传输器传输已被阅读的巡查站资料到系统计算机主机。手提巡查记录器可下载巡查路线、巡查地点及多条巡查计划。保安人员可以根据实际情况选择自己的巡查路线、地点并可随时查看自己需要检查的部位、顺序及时间。

② 提供巡查路线的设定和修改。

③ 提供巡查时间的设定和修改。

④ 报警监控中心记录巡查安防员的巡查到位时间，巡查不到位记录及提示。

⑤ 在巡查员确认巡查到位时，该巡查站可联动相应区域和巡查路线上的视频监控摄像机，实时提供保安人员监控巡查站现场状况图像和巡查行走路线图像。

⑥ 可实时打印巡查资料，可通过远程方式查询巡查资料。

(4) 门禁及道闸控制子系统功能

门禁及道闸控制子系统主要在重要人行和楼梯通道、重要机电设备机房，如空调机房、电梯机房等处设置门禁读卡机，同时在办公主楼一层设置门禁及道闸控制系统，采用非接触式 IC 感应卡、指纹和第二代身份证相结合的门禁控制系统，可随时查询、统计、分析人员出入信息，监视门的开闭状态，对非正常进入门禁场所事件报警。

门禁及道闸控制子系统主要功能有：

① 门禁及道闸控制子系统采用智能化物联网和现场总线相结合的联网方式，提供门禁实时监控电子地图，查询持卡人资料和门禁读卡机读卡记录。门禁系统可集成指纹读卡机、密码读卡机、普通刷卡读卡机，在公共通道、电梯、重点楼层楼梯前室、电梯前室、重要办公区和办公室、设备机房、楼层强弱电间设置门禁读卡机。

② 提供门禁及道闸控制子系统与火灾报警系统之间联动控制的机制和功能，当本办公区域发生确认的火灾报警时，可自动开启通道门电控锁。

③ 提供与智能化综合信息集成网站页面的连接，门禁及道闸控制子系统具有独立的网络发布功能，经 Web 发布的首页和多重子页面必须遵循网页页面链接的超文本传输协议以实现智能化集成系统门户网站与门禁及道闸控制子系统网站的首页或多重子页面进行超链接。

④ 通过统一的门禁及道闸控制管理平台，实现感应式 IC 卡、密码、指纹等方式开启重要通道和门禁及道闸控制的功能。

⑤ 当区域内发生特殊情况时（如火灾报警），门禁及道闸控制子系统与报警信息联动，可自动（或经二次确认）开启门禁通道门。

⑥ 在大厦首层的电梯区出入口区域设置人员控制道闸装置，采用第二代身份证和指纹及临时通行卡相结合的门禁管理模式，实现门禁及道闸系统和访客可视对讲系统信息的互联互通、数据共享交换和互操作功能，满足物业及设施管理系统进行访客管理的功能要求。

⑦ 门禁及道闸控制读卡机支持第二代身份证的使用。

⑧ 门禁及道闸控制子系统与综合安防监控管理集成系统联动，当有人非法闯入时，门禁及道闸控制子系统联动相应位置的摄像机，实时监控现场情况。

⑨ 门禁及道闸控制子系统可以实现在线电子巡查站和设施及机电设备巡查站的功能。

⑩ 门禁及道闸控制子系统具有与第三方系统和设备的开放性通信与数据库接口。

⑪ 门禁及道闸控制子系统可以同时满足现场总线和智能化物联网相结合的网络结构模式。

(5) 无线对讲子系统

在智能建筑的地下一、二层和商业附属楼一、二层配置无线对讲系统收发天线。无线对讲系统可采用 150 MHz 或 450 MHz 频段(应根据当地无线电管理委员会确定使用频率)。无线对讲系统可以与应急指挥调度通信主机联网，实现集群通信功能。

(6) 访客可视对讲子系统功能

在智能建筑的办公主楼一层电梯间外侧配置可视对讲门口机，在各楼层办公区(室)配置可视对讲终端设备。访客可以通过可视对讲门口机与接待单位通话，接待单位通过可视对讲终端设备确认访客身份，访客通过门口机触摸屏自助刷本人身份证，登记身份证号码，同时登记的身份证号码会立即传送到门禁及道闸控制子系统读卡机上，此时访客就可通过在门禁及道闸控制子系统读卡机上刷本人身份证，即可进入相应楼层的电梯间乘坐电梯。系统记录和存储访客影像，方便对来访者来访记录和影像等资料进行管理。

(7) 应急指挥调度子系统功能

① 应急指挥调度子系统在智能建筑突发安全事件(如火灾报警等)、紧急事故(如停水停电、电梯锁人等)、自然灾害(如地震、洪水等)时，启动应急处置预案快速指挥调度，将灾害造成的损失减到最低限度。通过智能楼宇管理系统(IBMS)、建筑设备管理系统(BMS)、综合安防管理系统(SMS)、火灾报警系统(FAS)实现信息互联互通，并具有实时数据交换和数据共享的能力。当系统接收到智能建筑内突发事件报警信息，立即将与该突发事件相关的所有信息和相关数据切换到智能化监控中心大屏幕显示屏上。

② 应急指挥调度子系统通过可视化显示，将与突发事件相关的所有信息，包括实时报警滚动信息条(文字)、突发事件位置信息、突发事件实时状态信息、电视监控图像信息、现场语音信息、移动通信信息、与突发事件周边相关的影像信息、历史资料和数据信息等分显示区域显示在智能化监控中心大屏幕显示屏上。

③ 应急指挥调度子系统具有根据应急事件等级和处理的轻重缓急，自动联动和通知与突发事件处理相关的部门和主管人员的能力，并具有通过网络举行视频会议的能力，参与应急处理的各单位、部门和个人都可以通过可上网笔记本电脑调用应急事件相关影像和语音信息，并具有与应急处理指挥中心进行多方实时图像显示和语音对讲功能。

④ 应急指挥调度子系统图形工作站采用 19 英寸以上触摸屏，可以显示和调用与应急事件相关的所有信息，并可实现应急多方可视对讲功能。系统具有实时记录应急处理指挥中心现场影像和现场语音的功能。

⑤ 应急指挥调度子系统可以按照突发事件的实时状态，分别在智能化监控中心大屏幕上自动显示突发事件状态信息(事件滚动信息条)、现场影像、周边道路影像、人员组织情况、现场通信情况、可视对讲影像和语音，为应急调度和指挥提供决策依据。

⑥ 应急指挥调度子系统根据突发事件的等级和分类，自动检索和启动应急处理预案。

通过应急处理预案的处理流程和现场实时信息组织调度与指挥，系统根据应急处理预案自动显示相关资料和数据，辅助提供应急调度和指挥决策的依据。

⑦ 应急指挥调度子系统具有提供对各级和各类突发事件的应急处理的预案库。应急处理预案应分为：预设方案和行动方案。应急处理预案的编制应根据本地的各种可用资源进行合理的调配和组织。

⑧ 应急指挥调度子系统应具有集成电话通信、手机通信、无线对讲、内部通信、专线通信、IP 通信、电子邮件等多种通信方式的能力，应急指挥调度可通过上述任何一种方式取得与外界的通信联络。应急信息发布可以实时发布应急信息。应急信息可以通过公共广播、有线电视、电话、手机短信的方式进行实时发布。

⑨ 应急报警信息分为 5 级，用 5 种不同颜色显示报警信息条。可按入侵报警、火灾报警、突发事件等各监控系统分类报警。可选择显示已确认、未确认、全部的报警信息。

⑩ 双击任意报警信息条，可显示该报警设备所处楼层电子地图、查询该报警点处理信息，内容包括报警等级、报警发生的时间、确认报警的时间、报警确认人姓名。点击楼层电子地图上报警设备图标，能显示应急报警实时状态图，显示内容包括报警状态(报警、恢复、处理、故障)。

⑪ 双击任意报警信息条，可操作和设置应急预案检索、应急通信、应急信息发布等，实时连续打印应急事件报警信息，打印报警信息页所有相关信息，打印所有操作、设置和查询的信息。

⑫ 双击任意报警信息条，可在页面“报警提示”窗口显示与该报警点相关的操作预案，如：联动控制流程、报警确认程序、报警应急处理预案、应急信息发布、联络通信等。

5. 视频监控系统设计

1）视频监控系统设计内容

视频监控系统设计可采用模拟视频信号和数字视频信号相结合的传输方式，满足统一的数字视频信号的存储、显示和远程调用。系统配置包括：模拟摄像机、模拟矩阵主机、数字视频编码器、网络解码服务器、矩阵管理服务器、网络视频管理服务器、视频存储服务器、磁盘阵列、多媒体视频管理服务器、大屏幕 LCD 拼接屏等。

(1) 图像压缩处理技术应用

视频监控系统采用了 H.264(或 MPEG-4)图像压缩编码标准。它基于 TCP/IP 网络，适合多种传输介质。视频监控系统必须具有图像清晰、图像数据占用带宽低、图像实时性好、系统稳定等特点。在带宽和计算机处理能力允许的情况下，可实现多视频画面同时传输。图像效果可达 D1 效果，图像分辨率大于 1 024×768，图像传输延迟小于 20 毫秒。

(2) 流媒体管理技术应用

由于视频源众多，情况各异，视频监控系统所需的视频传输数据往往会相互之间或和其他系统争用带宽。视频监控系统应采用强大的流媒体软件技术，专门设计适合大型视频监控系统所使用的视频服务器软件。它的主要作用是根据网络带宽、流量和用户的请求合理地分配各个视频流数据的传输，并可以依据用户网络的实际情况采取网络组播技术以降低多个用户请求同一视频流数据时的网络流量。从而保证了图像质量，并有效降低了在多用户并发操作下的图像延迟和带宽占用。同时也保证了高级别用户可以及时有效地获取所需信息，而且视频监控系统的使用不会影响在同一网络上其他系统的正常运行。

(3) 数据传输技术应用

视频监控系统在智能化系统物联网上应开发专用通信层，针对视频数据的混合传输做优化处理，适合多点视频和数据的并发传输，降低了系统资源的占用率。同时设计专用文件传输和用于录像文件的传输。该通信层支持 TCP/IP 协议的传输，还应包括 TCP、UDP、组播等。

(4) Web 浏览技术应用

Web 浏览技术是目前在广域网(Internet)上最流行的客户端访问技术。视频监控系统应通过增强监控主机(视频服务器)的客户端管理功能，在局域网上实现客户端的 Web 浏览。这样，客户机不需要安装任何其他客户端软件，只要安装了 IE 浏览器软件，通过输入视频服务器的 IP 地址，就可实现对远程图像的实时监控。

(5) 图像存储技术应用

智能建筑视频监控系统摄像机应大约有 500～600 台左右，需要存储的主要数据是已经被数字化以后的视频图像以及实时报警管理数据等。应采用 SAN 架构的磁盘阵列存储结构，在综合安防监控管理中心机房配置存储管理服务器和 12 T 容量以上的磁盘阵列。选择具有嵌入式 Web 管理功能的设备，不需要在管理终端上安装软件，就可以随时随地进行设备的安装调试，维护起来简单方便。

2) 视频监控系统功能

(1) 通过网络浏览器方式，提供视频监控电子地图。可实现对入侵报警子系统、巡查管理子系统、门禁及道闸控制子系统、访客可视对讲子系统、停车场管理子系统报警联动显示相应监控图像的功能。在公共通道、电梯、重点楼层楼梯前室、电梯前室、重要办公区和办公室、设备机房、楼层强弱电间设置监控摄像机。

(2) 视频监控系统具有视频分析功能，自动联动数字录像和声光报警。监控管理员可通过时间区间和报警事件快速搜寻与锁定所需的画面。实现对视频图像的移动、跟踪、控制区域、异常动作等进行智能分析、报警和跟踪的功能。

(3) 提供与综合安防管理系统之间联动控制的机制和功能。

(4) 视频监控系统采用模拟摄像机视频图像经数字编码器转换成数字图像信号，数字编码器可兼容 MPEG-2 和 MPEG-4 等视频信号压缩方式。

(5) 提供与综合信息集成数据库采用开放性 ODBC 方式的连接，视频监控系统具有独立的基于网络化的 CCTV 监控管理数据库，可以实现与智能化集成系统实时数据的连接；CCTV 系统提供独立的 CCTV/OPC 服务器，可以实现与公共安全系统之间联动控制的开放性通信接口(如 OPC 接口)和数据库接口(如 ODBC 接口)。

(6) 视频监控系统采用基于浏览器/服务器(B/S)和客户机/服务器(C/S)结构的公共安全系统监控与管理的计算机结构模式，提供与智能化综合信息集成网站页面的连接，视频监控应用系统具有独立的网络发布功能，经 Web 发布的首页和多重子页面必须遵循网页页面链接的超文本传送协议以实现智能化集成系统门户网站与视频监控应用系统网站的首页或多重子页面进行超链接。

(7) 视频监控系统可实现数字系统与模拟系统相结合的一体化运行、监控、操作、管理的模式。系统可控制多部网络数字监控副机，监控主副机间可以实现互操作和互为备份操作的能力，可形成多个区域分布式的网络监控分中心。

6. 停车场管理系统设计

1）停车场管理系统设计内容

停车场管理系统设计内容主要包括：车库的管理和收费以及车位引导功能。

(1) 系统采用中央管理、出口与场内收费相结合的模式，长期卡(远程读卡)、临时卡同时使用，并具有图像对比、区域车位引导功能。

(2) 中央管理系统具有多门禁的联网与管理功能，可在线监控整个停车场系统、收支的记账与报表、停车场系统的当前状况及历史记录、票卡数据库管理等。采用基于以太网的中心联网管理以及统一的数据库集中存储和管理停车数据，各门禁与中心机数据进行远程传送，数据共享。具有标准、开放的通信接口和协议，以便进行系统集成。

(3) 停车场管理系统由入口管理站、出口管理站、场内收费站和中央收费管理站等几部分构成。入口管理站设有地感线圈、挡车器、感应读卡器、中英文电子显示屏、自动取卡机和彩色摄像机。出口管理站设有地感线圈、感应读卡器、磁卡自动吞卡机、摄像机、挡车器、中央管理电脑、POS 机、电子显示屏等。在停车场入口处设入口控制机、车辆探测线圈及电动道闸等，具有辨别卡号和自动出票功能，并设有满位显示、图像监控等。在停车场出口处设收费电脑、出口控制机、车辆探测线圈及电动道闸等，具有自动计费和收票功能，能进行图像对比、车辆确认。场内收费站设收费电脑和读卡器。

(4) 地下停车场内设区域车位引导及显示系统，通过车位超声波传感器根据车位停车状态，自动计算停车场各停车分区已占车位和可停车位的数量，通过停车场总入口处车位总数显示屏、车道上的车位引导屏以及停车位状态显示灯(已占位为“红灯”，空停车位为“绿灯”)，引导车辆迅速找到停车位。

(5) 系统对车辆进行自动车卡管理，内部车辆采用长期卡，计费车辆在入口处领取临时卡。内部车辆停放在固定车位，临时车辆停放在计费车位。

2）停车场管理系统功能

(1) 入口管理站功能

① 设置入口控制器，车位租户采用远距离(3～5 m)和来访者临时卡相结合的方式。

② 在停车场总出入口和各车位分区出入口设置车辆进出计数感应装置，统计进入车场的车辆数量，与中央收费管理站通信。收费显示屏显示操作流程、时间、储值票卡的剩余额及中文和英文提示信息。车位分区引导自动显示液晶屏，显示各车位区域车位状况，用绿色显示空位数，用红色显示满车位。

(2) 出口管理站功能

① 控制闸门的运行：按照不同类型的卡分别统计车辆。与中央收费管理站通信中断时，出口管理站仍能独立工作。提供内部通信及按钮，显示操作流程、时间、储值票卡的剩余额及中文和英文的提示信息，并提供汉语的语音操作提示。

(3) 中央管理站功能

① 该站兼负收费和车场全部管理的功能，并负责临时卡的收费工作。

② 监控整个停车场系统及其他辅助设备的运行情况。

③ 分区域自动记录停车数量，停车场区域满位时显示区域满位信号。

④ 处理驾驶人员停车场费用不足的问题。

⑤ 制作工作(交班、日、月)报告、系统运行报告。

⑥ 与物业及设施管理、建筑设备管理、综合安防管理等系统联网，共同完成车场保安、财务、设备维护等管理工作。

(4) 闸门自动控制功能

① 可快速平缓地控制闸门栏杆开启，可发出监控闸门自动控制系统和闸门栏杆运行状况的报警信号。

② 当主控制系统发生故障时，闸门栏杆可手动开启。同时出口闸门还与车辆影像对比保安系统联动，车辆影像资料不一致时出口车辆闸门将不会开启并发出报警信号。可在中央监控管理主机上远程监控闸门的运行状况。

③ 闸门处设置防强行闯入的设施。

(5) 车辆影像对比识别功能

① 车辆管理系统可在车辆进出道口设置车辆影像对比识别保安系统，该系统主要由摄像机、闪光灯、联动控制器、图像识别处理主机及软件等组成。

② 车辆进场时停车场入口车辆影像对比识别保安系统摄下进入车辆的外形和车牌号图像，经计算机处理，存入系统数据库内。当该车辆离开停车场时，在出口处电脑调出该车辆入口时的影像资料(长期车则直接从电脑中调出事先存入的车辆影像照片)，与出口处摄像系统拍摄的影像进行对比，如果经计算机识别是同一辆车的影像资料，则出口车辆闸门自动开启放行；如果车辆影像资料不一致，出口车辆闸门将不会开启并发出报警信号。

(6) 车位分区引导功能

① 在停车场停车位分区入口设置停车位区域引导液晶显示屏以显示本区域车位状态，用绿色显示空位数，用红色显示满车位。

② 在停车场停车位分区入口设置车位超声波传感器以检测车位状态和计算车位使用数量。

7. "一卡通"管理系统设计

1) "一卡通"管理系统设计内容

"一卡通"管理系统主要由门禁及道闸管理、停车场管理、访客管理、餐厅管理、商业消费管理、考勤管理、发卡管理等子系统组成，实现对 IC 卡的发放、回收、授权与充值、消费、出入等管理功能。用户持授权 IC 卡，可同时在指定的范围和不同的场所使用，实现人员管理、身份认证、消费、娱乐、金融、费用结算和门禁控制等功能。

智能建筑"一卡通"管理系统跨越不同的应用系统，但不同的应用系统又是相互相对独立的，例如门禁系统和停车场管理系统在应用时是相对独立的。智能"一卡通"可以将有关应用整合在一起，对停车场、门禁、考勤、巡查、消费等提供跨平台的管理支持，实现管理的自动化和智能化，达到安全使用的目的。

"一卡通"管理系统采用"集中管理、分布使用"和"集中认证、分散授权"的模式。集中认证是指由卡认证中心来统一完成对持卡人的合法性和"一卡通"子系统应用的分配确认及认证。分散授权是指"一卡通"各个子系统对卡用户进行权限的授予、收回和单项应用功能的确认。

2) "一卡通"管理系统功能

(1) 制卡功能

根据智能建筑内部情况统一规划，统一发卡，同时也可由不同行政部门根据业务需要分

别进行授权和写卡，如人事部门发卡，保卫部门授权安全级别和门禁控制，后勤部门管理智能建筑内消费，财务部门管理考勤和工资发放，器材部门管理设备借用等。关于卡管理，统一支持卡的报失、补卡、换卡、报废、管理报表等功能。关于业务系统身份认证，对于重要业务应用系统的登录，除操作员提供登录名和口令外，还必须通过智能卡的身份认证。

(2) 门禁控制功能

对于重要的出入通道(包括电梯间道闸)、重要设备机房、重要出入口区域设立门禁控制。

(3) 保安巡更与设施巡查功能

在各主要业务区域、有重要安防意义的边界和区域、公共通道、门禁通道、楼梯及电梯前室、强弱电机房设立具有保安巡更和设施巡查功能的读卡器(与门禁控制读卡机共用)，设置巡查路线和时间，具有保安巡更和设施巡查实时到位在线记录功能。

(4) 考勤功能

根据人力资源管理的规定，对不同的工种、岗位和部门设置考勤机，以支持员工的绩效考核体系。

(5) 商业消费功能

智能建筑内的餐厅设有消费用读卡器(POS 机)，对餐饮消费进行管理；在智能建筑内的健身、娱乐场所设置读卡器(POS 机)，对健身、娱乐场所的消费进行管理。

(6) 停车场管理功能

支持不同的停车计费情况，包括普通员工、高级行政管理人员、临时停车、VIP 贵宾等。

(7) 访客功能

"一卡通"管理系统应支持访客管理系统的应用，可发放来访者临时出入卡(含电梯卡和停车卡使用功能)。

8. 综合布线系统设计

1) 综合布线系统设计内容

综合布线系统设计内容包括：互联网接入服务、网络中心机房、垂直主干传输网络以及楼层弱电间(IT)网络及语音设计。

2) 楼层水平线配置

① 在楼层办公区(室)配置综合布线箱，箱内配置一进两出网络和电话模块。

② 在楼层办公区(室)隔墙预埋两个网络和语音双孔插座。

9. 智能化系统物联网布线系统设计

1) 智能化系统物联网布线系统设计内容

智能化系统物联网布线系统设计内容包括：楼宇自控系统、安防报警系统、视频监控系统、门禁控制系统、公共广播系统、可视对讲系统等监控信息和数据的垂直通道网络传输。物联网采用专用光纤分路技术和光端机相结合的以太网组网方式。

智能化系统物联网总体结构由三层网络组成，即智能化信息网络层(第一层网络)、智能化系统物联网络层(第二层网络)以及智能化系统设备现场控制总线网络层(第三层网络)组成的三层网络结构。第一层网络通过外防火墙实现与公共互联网的互联，智能化综合信息集成门户通过 B/S 方式，进行 Web 发布与控制；第二层网络采用 ODBC 数据交换方式，以 B/S 或 C/S 结构与第三层网络连接，同时以 B/S 方式进行 Web 发布与控制，向网络中的用户提供各智能化应用系统的实时监控信息的互联互通和数据共享交换，每一个智能化应用系统集成了一个或多个位于第三层网络的监控设备层现场设备；第三层网络采用现场总线网络与OPC结构，直接对楼宇与监控设备层的现场设备进行监视和控制，并将设备信息通过OPC方式或数据库方式发送到第二层网络。

(1) 智能化系统信息网络

第一层网络主要由智能化系统信息网络通过外防火墙与公共互联网实现互联。在智能化信息网络上部署综合信息集成系统门户、智能化系统网络中心(IDC)、物业及设施管理系统，以及物业管理办公自动化系统、物业信息增值服务系统、电子公告信息发布和信息查询系统。智能化系统网络中心提供智能建筑智能化系统物联网络基础服务，如各智能化应用系统网络IP地址分配、域名服务、目录服务、统一身份认证、电子邮件、文件传输、服务器管理等。

(2) 智能化系统物联网络

第二层为智能化系统物联网络，采用基于TCP/IP协议的以太网络结构。物联网络上部署各智能化应用系统(建筑设备管理系统、综合安防管理系统、楼宇自控系统、视频监控系统、"一卡通"管理系统等)。各智能化应用系统采用B/S和C/S相结合的计算机系统结构，并具有独立的Web发布能力。各智能化应用系统作为二级网站与智能化集成系统门户网站(IIS. net)进行网页超链接，各应用系统数据库与智能化集成系统数据库系统(IBMS)连接，将实时监控信息通过Web网页进行发布。智能化信息网络与第二层智能化物联网络之间设置内网防火墙，以确保智能化物联网的安全性。

(3) 智能化系统现场控制总线网络

智能化系统现场控制总线网络由各智能化监控系统组成。每个监控系统完成相对独立的功能，采用标准的开放式工业现场控制总线网络(如LonWorks、RS-485、BACnet等)。实现与第二层智能化物联网络的互联，各监控系统必须提供相应的OPC协议或标准的通信协议接口，提供各监控系统间的信息交互和数据共享以及控制联动信息的传递。第二层智能化物联网络与第三层现场控制总线网络间设置各应用系统操作授权安全机制。

2) 智能化系统物联网配置

智能化物联网垂直主干采用光纤分路技术与光端机相结合的以太网组网方式。楼层各监控系统现场控制器和设备可采用现场控制总线方式进行连接，但需要通过各监控系统楼层网络控制器或网络适配器实现与智能化物联网的互联互通。实现各监控系统现场各类终端设备的网络连接。

(1) 垂直主干配置

采用光纤分路技术与光端机相结合的以太网组网方式，在弱电间配置双缆双井双路由光纤垂直主干。实现楼宇自控系统、入侵(侦测)报警、视频监控、门禁控制、可视对讲等监控系统的信息、数据和视频图像的网络化传输功能。

(2) 水平子系统配置

楼层水平布线采用现场控制总线通信线缆布线方式，经楼层视频数字编码器、网络控制器、网络适配器、网络与总线转换器等方式，实现与楼层智能化物联网交换机的连接。

10. 有线电视系统设计

1) 有线电视系统设计内容

智能建筑有线电视系统由本地运营商提供有线电视接入服务，运营商提供有线电视机

房设备、垂直主干传输网络，以及楼层弱电间(IT)有线电视网络、电视放大与分配设备。有线电视系统技术方案涉及满足有线电视运营商主干传输网络敷设空间、楼层弱电间(IT)运营商有线电视分配线路与水平布线系统连接。

2）楼层水平布线配置

(1) 在楼层有线电视水平线路与网络及语音线路分槽分管敷设，在办公区(室)设置综合布线箱，箱内配置一进两出电视模块。

(2) 在楼层办公区(室)隔墙预埋一个有线电视插座。

11. 电子会议系统设计

1）电子会议系统设计内容

电子会议系统设计内容包括：大屏幕显示、综合会议信号处理、发言及表决、视频会议、扩声及音响、影像自动跟踪、会议设备集控、会议室门禁及预定，并且在大型的会议室应考虑同声传译。

① 电子会议系统设计应根据业主的需求确定，建议在领导会议室应重点考虑：桌面会议系统、视频会议系统、大屏幕显示系统，音视频矩阵、会议摄像机、DVD、VCD、数字录像机、卡式录音设备、电动幕、舞台幕布、窗帘、照明灯光开关及调光控制等设计。

② 集控设计：综合会议信号的选择、调用、切换、传送(包括网络传送)、录制；多路设备组电源的供电；灯光的开关及照度的调节；设备的本地集中控制及网络化的远程遥控操作。采用多台触摸屏和计算机软件页面相结合的操作与管理方式。会议设备集控子系统对会议系统的各种设备进行集中的控制操作和远程的监视与遥控操作。

2）电子会议系统功能

(1) 综合会议信号处理功能

① 综合会议信号处理子系统应采用计算机监控管理与音视频矩阵相结合的方式。处理信号的类型包括：DVD、VCD、CATV、CCTV、计算机信号、远程视频会议音像信号。

② 综合会议信号处理可以实现会议图像、图形、图片和文字及语音信号的选择、调用、切换、传送(包括网络传送)、录制，以及会议音像资料的后期制作等功能。

③ 综合会议信号处理子系统支持会议设备集控系统进行本地的集中控制和网络化分布式的遥控操作。

(2) 大屏幕显示功能

大屏幕显示子系统可通过投影机、DLP屏幕、液晶显示器显示包括图像、白板图形、图片、共享的剪贴板、视频、TV射频、文件传送以及个人计算机应用等内容，支持显示视频会议系统影像功能。

(3) 发言及表决功能

会议发言及表决子系统具有主席话筒机和代表话筒机的基本发言和进行会议讨论的基本功能，同步支持大屏幕及桌面显示会议相关资料，可同步联动同声传译子系统、视频会议子系统、表决器以及会议发言者影像自动跟踪子系统。

(4) 同声传译功能

会议同声传译子系统具有多种语言的同声传译功能，采用无线或红外线保密传送语音信号的方式，支持数字语音的传送，并可实现与视频会议子系统集成。

(5) 视频会议功能

① 视频会议信息共享内容包括:图像、白板图形、图片、共享的剪贴板、视频、TV 射频、文件传送以及个人计算机应用等。视频会议子系统支持同声传译子系统。

② 视频会议子系统具有通过互联网、局域网和电话线路连接建筑物内会议厅、报告厅、办公室以及远程分视频会议点之间的可视音像与数据信息交互的能力。

③ 视频会议子系统网络不仅能够支持各视频分会场之间的点对点通信,同时还能支持多点通信。整个网络不仅需要满足双向实时的视频和音频的传送,同时也要保持数据传送的一致性。

④ 视频会议子系统支持会议设备集控系统进行本地的集中控制和网络化分布式的遥控操作。

(6) 扩声及音响功能

会议扩声及音响子系统可以满足会议扩声、电影扩声和舞台剧场对不同音响效果的需求,支持数字化语音的传送并具有紧急广播、背景音乐和分区广播功能。

(7) 影像自动跟踪功能

会议影像自动跟踪子系统可以自动跟踪和快速锁定主席发言者或代表发言者的影像,具有自动变焦、自动光圈调节、高速全方位自动定位功能,并可进行手动控制。系统支持会议综合信息处理子系统的传送方式。

(8) 会议室门禁及预定功能

① 会议室门禁及预定子系统具有非接触式 IC 卡门禁管理功能,可联动会议室照明设备、会议设备、空调设备的开启。

② 预定会议室人员可以通过计算机桌面系统页面预定会议室的使用时间和其他服务内容(如会议设备使用申请、送茶餐服务等)。

12. 电子公告与信息查询系统设计

1) 电子公告与信息查询系统设计内容

电子公告与信息查询系统设计内容包括:公共信息公告及发布、多媒体信息查询。在商业附属楼大厅预留大屏幕和信息查询机接口,在办公主楼一层电梯间设置电子公告显示屏。

① 系统采用 IPTV 数字信号传输方式,支持数字电视和数字广告媒体信号的显示。

② 提供对电子公告显示屏的远程操作。

③ 提供系统与智能化综合信息集成系统和智能化物联网的互联,通过系统信息资源数据库服务器,并经过组织、处理和控制,以显示各类相关的所需信息。

2) 电子公告与信息查询系统功能

① 公众信息系统包含信息采集、编辑、节目制作、信息发布功能。

② 在计算机网络中心设立"信息编辑、节目制作中心",它将来自信息、数据处理中心、有线电视、互联网、局域网、管理部及展览部等的数字、文字、图形、图像等信息,经编辑后通过局域网送往室内外多媒体显示屏、厅内滚动字幕条、触摸屏及其它媒体终端,让各方面均能获得及时和丰富的资讯信息。

③ 信息发布系统的建设是建立一个互动的多媒体资讯平台。该信息资讯平台可提供即时信息、资讯、政府公告、天气报告、广告等。系统的主要目标是通过控制中心对在指定的时间,将指定的信息显示给特定的人群。

④ 多媒体动态广告、静态广告、网络广告,多种广告相结合方式,同时为广告商提供更多的广告形式的选择。

⑤ 系统可以播出 IPTV 电视信号,能同步显示和播放电视、录像、影碟、摄像机等视频节目,以及二、三维动画和图文信息等。显示时间可调节,画面可循环和分割显示。

⑥ 支持多语言播放。应支持播放预定义的中英文信息,紧急信息可以优先覆盖预定义的播放信息。紧急信息可以手动清除。

⑦ 互动查询系统(针对触摸屏),访客可透过触摸屏获得智能建筑内各类业务资讯和服务指南。

⑧ 电梯间设置多媒体信息显示屏,其显示信息包括文本信息、新闻、天气预报、通知等实时动态文本信息和背景音乐等信号。

⑨ 应能通过计算机的操作对显示屏的色彩和亮度作一定范围的调整。

⑩ 系统支持播出数字高清信号。

⑪ 可以选择采用有线电视信号,并具有编辑及制作节目的能力。

⑫ 可实现多媒体信息查询方式。

⑬ 满足视频模拟信号播出(可转换为数字信号)和数字信号播出方式。

⑭ 视频与字幕的叠加:信息显示系统兼顾通知广播的功能,应该能够快速、方便地叠加和穿插播出文字信息。

13. 弱电防雷与接地系统设计

1) 弱电防雷与接地系统设计内容

通常智能建筑按第二类防雷建筑设计,应按照本地防雷电风险评估状况,提供防雷接地措施。在条件允许的情况下,适当提高防雷接地设计标准,以达到更好的防雷接地效果。

智能建筑弱电防雷与接地系统设计内容主要包括:智能化系统监控中心机房、智能化物联网机房以及楼层弱电间(井)弱电设备的防雷与接地。根据智能建筑特点,提供完整弱电防雷与接地技术方案,技术方案内容包括:系统设计、设备选型、安装、接线、测试等内容。

2) 弱电防雷与接地系统功能

(1) 弱电防雷功能

① 弱电系统防雷等电位设计、包括:电磁防护及屏蔽措施、合理布线措施、防雷与接地设施等方面。

② 在智能建筑智能化系统监控中心机房、智能化物联网机房各弱电设备与外网连接的通信线路或电源线需安装防雷隔离(保护)器(动作时间小于 25 毫微秒)。

③ 在智能建筑内的弱电井(间)、室外网络、通信线缆引入与室内电气设备连接的前端应安装防雷隔离(保护)器(动作时间小于 25 毫微秒)。

(2) 弱电接地功能

① 智能建筑智能化系统监控中心机房、智能化物联网机房弱电设备的接地应采用集中在一点后再与智能建筑建筑接地端相连,避免产生非等电位的产生。应考虑机房内的防静电接地。

② 在智能建筑内,楼层智能化设备间(井)所设置的机柜及弱电配线箱的金属外壳应与建筑接地相连接。智能建筑内的配电制式应符合 TN-S 制式。

③ 智能建筑的建筑接地系统的地网电阻应小于 1 欧姆。同时,还应确保电气设备接地

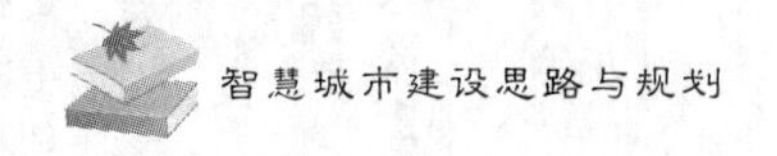

点与建筑接地点(建筑物基础钢筋网作为接地体)是等电位的。

14. 智能化系统机房设计

智能化系统机房设计内容包括:智能化系统监控中心机房(包括:消防控制室)、智能化物联网机房以及办公主楼楼层弱电间(井)。机房工程应满足 GB 50174—2008《电子信息系统机房设计规范》的标准。

智能化系统机房具体设计包括:土建装修(包含电视墙支架制作,操作台)、供配电、照明、防雷接地、空调新风、消防排烟、安防监控、门禁、综合布线、机房环境与电力集中监控。

(1) 机房装饰

① 吊顶:铝合金方板吊顶;吊顶的风口位置应注意人和设备不同的温度要求。

② 墙面:机房内墙面采用复合钢板装饰,不锈钢踢脚板。

③ 地面:机房区原始地面要求做防尘保温处理。地面铺设抗静电活动地板,地板要求美观大方、经久耐用。

④ 隔墙:监控管理机房和设备间之间的隔断采用不锈钢包框铯钾防火玻璃隔断。

⑤ 电视墙:提供视频安防管理系统及建筑设备管理系统电视显示墙,应注意显示屏的观看视角。

⑥ 操作台:提供监控管理中心安放监控管理计算机显示器操作控制台。

⑦ 机柜:提供安装各智能化应用系统的机柜。

(2) 电气系统

① 动力配电的系统图设计、安装和调试,管道、桥架、电缆的敷设。

② 照明系统包括工作照明和应急照明。

③ UPS 电源配电包括安全监控系统、楼宇监控系统、消防报警系统及其他计算机设备的配电及应急配电。

④ 配电开关面板和插座面板的安装及管线施工。

(3) UPS 系统

① 采用两台机架式 UPS 设备(三进单出),一台 UPS 供电视显示设备及计算机设备使用,另外一台供操作台设备及弱电设备(比如摄像机、出入口控制器等)使用。每台延时 30 分钟。

② 设置 UPS 输入输出配电柜。设备机房内的机柜通过工业连接器供电,要求提供双路 UPS 电源。机房内大屏幕、PC、视频监控器采用两眼电源插座和三眼电源插座,采用地面安装或墙面安装。采用 A 级阻燃电缆屏蔽电缆,镀锌金属线槽及镀锌钢管内敷设。

(4) 照明系统

照明要求光线柔和,适合人体的生理需要,不能因照明电源产生干扰而影响计算机的工作。按《电子信息系统机房设计规范》,机房内在离地面 0.8 米处,照度不应低于 500 勒克斯(lx)。应急照明应大于 50 勒克斯。应选用格栅荧光灯具。

(5) 接地系统

为了保证监控管理机房内的各种设备的安全,要求机房设有多种接地形式,即:弱电接地、配电系统交流工作地、安全保护地、防雷保护地。机房内钢管、线槽、机柜、机架、设备外壳等电气设备均应可靠接地。不得焊接,必须使用压接方式。

考虑到机房的抗静电要求,根据机房的设计规范,机房的静电电压应为 1 千伏。要求对

抗静电活动地板进行了可靠的接地处理，保证计算机设备及人员的安全要求。

(6) 弱电系统

① 安防系统(门禁系统、视频安防监控系统)：由两个应用系统组成，即视频监控系统与门禁管理系统。安防系统的信号分别导入监控管理机房，分别显示、分别告警，并带远程接口。安防系统的技术要求应满足国家、行业有关标准的要求。门禁、视频安防系统有各自的技术要求，它们之间还应有强大的报警联动功能。

② 机房环境及动力监控系统。

③ 综合布线系统。

7.18 智慧城市智能小区服务平台规划与设计

7.18.1 智能小区总体规划原则

根据GB/T 20299—2006《建筑及居住区数字化技术应用》、GB/T 50314—2006《智能建筑设计标准》以及原建设部信息化工作领导小组办公室颁布的《数字社区示范工程技术导则》《全国住宅小区智能化系统示范工程建设要点与技术导则》，并遵循《建筑及居住区数字化技术应用》国家标准编制委员会最近提出的关于在智能小区示范工程中应采用物联网、家庭智能终端、节能减排等新技术、新设备、新产品应用的要求，编制智能小区总体规划方案。

智能小区总体规划通过采用现代信息化、网络化、数字化、自动化、智能化技术应用，即互联网技术、综合信息集成技术、云计算 SaaS 技术、物联网技术、数字家庭智能化技术、RFID 技术、建筑节能减排技术，进行严密设计、优化集成，建设新一代智能小区，提高住宅社区高新技术应用的含量，满足现代人居生活的现代化、数字化、智能化、建筑节能、绿色环保的科技与生态环境的要求。智能小区总体规划应适度超前，并采用先进、适用、优化组合的信息集成成套技术体系和系统体系。

中共中央办公厅、国务院办公厅颁发的《2006—2020 年国家信息化发展战略》文件中指出：“要重视推动政府和社会公共服务延伸到街道和社区，大力推进社区信息化。整合各类信息系统和资源，构建统一的社区信息平台，改善社区服务。”智能小区总体规划应以先进的数字化与智能化科技应用为原则，以智能小区服务信息平台(包括社区医疗卫生服务系统、社区电子商务服务系统)为核心，以建设智能小区物联网、智能小区数字家庭智能终端、智能小区公共设施 RFID 实时监管系统、智能小区设备节能减排监控管理系统等为项目总体规划的重点内容。

7.18.2 智能小区总体规划重点

1. 智能小区信息化综合应用

通过数字家庭智能终端将社区信息服务、社区医疗卫生服务、社区电子商务服务、社区文化娱乐服务延伸到智能小区每个家庭的应用中。

2. 智能小区设备节能减排监控管理

通过对社区基础设施和机电设备的监控与节能管理，实现社区基础设施和机电设备的优化运行与科学管理，以达到降低能耗和减少碳排放的目的。

3. 智能小区综合安防监控管理

将传统的社区周界入侵报警、视频监控、门禁及可视对讲、家庭安全报警与社区公共设施 RFID 监管结合在一起,实现社区人、财、物的一体化安全监控和管理。

4. 智能小区数字家庭智能终端应用

采用先进的嵌入式软件技术、物联网技术、移动通信 3G/4G 技术、无线互联网 Wi-Fi 技术、家庭红外(FR Home)技术,通过数字家庭智能终端将家居安防报警、家电控制、空调控制、社区内及远程网络可视对讲、社区网站、社区医疗卫生服务、社区电子商务服务、社区文化娱乐服务、互联网接入、物业服务、室内电视机连接显示等功能集成到数字家庭智能平台上来。实现以数字家庭智能终端为核心,将家庭四大中心整合为一体,即家庭信息中心、家庭网络中心、家庭娱乐中心和家庭监控中心。

5. 社区物联网

社区物联网是实现智能小区技术应用的基础平台,它将安全和设备监控系统控制网络、电视监控与可视对讲视频信号传输网络、智能家居总线网络整合为一体化互联互通的物联网络。社区物联网采用工业以太网络结构和 TCP/IP 通信协议,实现社区内各监控系统智能控制器、智能仪表及传感器、可视对讲设备、数字家庭智能终端、RFID 设备的联网、信息的互联互通、数据的共享、控制的互操作。

7.18.3 智能小区总体规划要求

1. 系统集成度

信息集成性方面应满足智能小区各个业务管理和社区公共服务的信息互联互通和数据共享,如社区物业及设施管理、社区医疗卫生服务、社区电子商务、社区节能减排、社区数字家庭、社区"一卡通"、社区安全与设备监控管理系统等,实现统一的信息管理和数据共享调用。社区各安全与设备监控系统之间实现信息实时交互传递和控制互操作,并保持共享实时数据的一致性。

2. 系统稳定可靠性

应确保系统稳定可靠,实用性强,故障率低。

3. 系统操作简易性

设置简易友好的用户图形操作界面和电子地图监控界面,使用户操作简便、易学易用。

4. 智能小区服务信息集成平台

① 计算机应用平台:包括计算机、网络硬件、操作系统软件。

② 软件应用平台:包括数据库、应用支撑软件和应用系统开发工具。

③ 系统应用平台:包括综合信息集成、社区智能物业及设施管理、社区医疗卫生服务、社区电子商务、社区节能减排监控管理、社区数字家庭等。

5. 系统硬件配置

智能小区的系统硬件包括:物联网、计算机、控制设备、智能单元、探测器、传感器等。系统硬件选择应具有先进性,避免短期内因技术陈旧造成整个系统性能不高和过早淘汰。在充分考虑先进性的同时,硬件系统应立足于用户对整个系统的具体需求,应优先选择先进、适用、成熟的技术,最大限度地发挥投资效益。无论是系统设备还是网络拓扑结构,都应具有良好的开放性。网络化的目的是实现设备资源和信息资源的共享,因此计算机网络

本身应具有开放性并应提供标准接口。用户可根据需求，对系统进行拓展或升级。计算机网络和相关产品的选择要以先进性和适用性为基础，同时考虑兼容性。系统设备应优先选择已有国际标准设计、生产的标准化设备，避免因兼容性差造成系统难以升级或拓展。

随着社会与科技的不断发展和进步，智能小区信息系统设备、网络设备、监控系统设备、数字家庭智能终端可以满足和兼容由于社区后续建设规模的扩大、技术进步、功能扩展和自动化程度的提高而产生的新需求，系统硬件设备的选型应充分考虑未来的可扩展和功能的可升级性。

6. 系统软件配置

系统软件是智能小区综合信息集成，提供智能小区物业管理和公共服务的核心，它的功能好坏直接关系到整个数字化与智能化系统技术应用的水平。系统软件包括：计算机及网络操作系统、应用软件及实时监控软件等。系统软件应具有很高的可靠性和安全性；应操作方便，采用中文电子地图界面；采用多媒体技术，使系统具有处理声音及图像的能力。用机环境要适应不同层次物业及设施管理公司人员和社区住户的知识水平和文化素质。系统软件应符合国家和行业标准，便于多次升级和支持新硬件产品的应用。系统软件应具有可扩充性。

7.18.4　智能小区总体规划与设计要点

根据《建筑及居住区数字化技术应用》系列标准有关信息集成、物业及设施管理、社区综合信息增值服务的规范和要求，以及遵循《建筑及居住区数字化技术应用》国家标准编制委员会最近提出的关于在智能小区示范工程中应采用物联网、家庭智能终端、节能减排等新技术、新设备、新产品应用的要求，智能小区总体规划与设计包括以下要点：

1. 智能小区服务信息集成平台

智能小区服务信息集成平台规划内容包括：社区物业管理服务、社区医疗卫生服务、社区电子商务服务、社区文化娱乐服务。

根据当前计算机、网络和自动化技术的最新发展，在示范项目总体规划方案中应体现社区服务信息集成平台实现社区物业管理服务、社区医疗卫生服务、社区电子商务服务、社区文化娱乐服务等一体化的系统集成、信息集成、应用集成、服务集成。通过社区统一规划的社区物联网，实现社区各监控系统智能控制设备、智能仪表及传感器、可视对讲设备、数字家庭智能终端、RFID 设备的联网和互联互通，提升智能小区信息化应用和促进社区公共服务及商业服务的能力。

智能社区服务信息集成平台根据《建筑及居住区数字化技术应用》系统标准的技术规范要求，完全基于智能小区内部物联网之上，通过 Web 服务器和浏览器技术来实现整个智能小区综合信息的交互、综合和共享，实现统一的人机界面和跨平台的数据库访问。可以真正做到本地和远程信息的实时监控、数据资源的综合共享以及全局事件快速的处理和一体化的科学管理。

智能社区服务信息集成平台是应用业已成熟而被广泛采用的实时控制网络即物联网技术，由狭义物联网概念，即通过射频识别(RFID)、红外感应器、全球定位系统、激光扫描器等信息传感设备，按约定的协议，实现物品与物品之间进行信息交换和通信的网络概念，扩展到实时控制领域内的系统监控、控制设备、智能仪表及传感器、智能终端等设备间的互联互通和信息实时交互，以实现智能化识别、定位、跟踪、监控和管理的广义物联网络概念。智能小区广义物联网采用工业以太网络结构，以 TCP/IP 协议为基础，以 Web 浏览和 SQL 数据库为核心应用，构成智能小区监控与自动化系统集成的统一和便捷的信息交互平台，各个智能化监控与自动化系统的控制设备实时采集智能仪表和传感器的运行信息，通过社区物联网上传到社区服务信息平台中央服务器上，智能小区内各物业职能部门和管理员均可以在授权下通过 Web 工具方便地浏览智能小区物联网上丰富的信息资源，监控和管理各智能化监控与自动化系统的实时工况。通过开放数据库互联(ODBC)技术将系统集成 SQL 数据库与社区开发建设管理数据库和物业及设施管理数据库互联，提供综合全面的信息与数据。实现智能小区“信息交互、网络融合、数据共享、功能协同”的综合信息集成目标。

智能小区服务信息集成平台通过物联网主要集成以下监控与自动化系统：

① 社区物业及设施管理系统；

② 社区节能减排监控管理系统；

③ 社区综合安防监控管理系统；

④ 社区“一卡通”及门禁管理系统；

⑤ 社区数字家庭智能化系统。

2. 智能小区物联网

智能小区物联网设计内容包括：通过社区物联网实现数字家庭智能终端、社区综合安防和机电设备监控探测器、传感器、智能仪表、控制器，社区 RFID 器材和设备间的网络互联互通。

3. 智能小区数字家庭智能化系统

智能小区数字家庭智能化系统设计内容包括：在住户家庭内通过可视化信息智能终端，实现社区信息浏览、互联网信息浏览、家庭安防报警、家电控制、近远程网络可视对讲、电力表计量等功能。

4. 智能小区节能减排监控管理系统

智能小区节能减排监控管理系统设计内容包括：社区机电设备节能监控和优化运行管理、社区能耗统计与分析等。

5. 智能小区公共设施 RFID 电子标签应用

智能小区公共设施 RFID 电子标签应用设计内容包括：社区公共设施、机电设备、公共安全设备、网络设备等的信息查询和监管。

6. 智能小区医疗卫生服务

智能小区医疗卫生服务设计内容包括：通过数字家庭智能终端，提供社区医疗卫生服务信息、社区医疗咨询服务等。

7. 智能小区电子商务服务

智能小区电子商务服务设计内容包括：通过数字家庭智能终端，提供社区网上 B2B2C 模式的电子商务服务、商业服务信息查询、网上购物、物流配送、维修保养等。

7.18.5 智能小区应用系统设计

智能小区所有数字化与智能化应用系统采用一体化的社区物联网综合布线设计与施工

建设。智能小区智能化各应用系统分别由以下系统组成：

① 社区服务信息集成平台；

② 社区物业及设施管理系统；

③ 社区节能减排监控管理系统；

④ 社区综合安防监控管理系统；

⑤ 社区视频监控系统；

⑥ 社区公共设施 RFID 监管系统；

⑦ 社区公共广播系统；

⑧ 社区停车场管理系统；

⑨ 社区有线电视系统；

⑩ 社区“一卡通”及门禁管理系统；

⑪ 社区数字家庭智能化系统；

⑫ 社区物联网系统；

⑬ 社区电子公告牌显示系统；

⑭ 社区弱电防雷系统。

1. 社区服务信息集成平台设计

社区服务信息集成平台设计应用云计算 SaaS 技术，采用 B/S 和 C/S 相结合的计算机结构，支持网页超链接。实现社区物联网、社区数字家庭智能终端、社区综合服务与管理服务器集群三大新技术应用。实现社区物业管理、社区设施及设备节能管理、社区综合安防及公共设施 RFID 监控管理、社区数字家庭智能终端、社区住户电力数据统计分析等一体化的信息集成。提供社区医疗卫生服务、社区电子商务服务、社区文化娱乐服务等应用模块。系统具有独立门户网站和 Web 发布功能。

2. 社区物业及设施管理系统设计

社区物业及设施管理系统采用 B/S 工作方式，设计内容包括物业管理、设施管理、公共安全管理、社区节能减排管理、社区维修保养、社区保洁、社区服务、社区智能电网分户计量及统计分析等。提供与社区服务信息集成平台、社区门户网站、社区综合安防系统、社区设备监控与节能系统、社区数字家庭智能终端、社区电力数据统计分析系统的通信接口。

3. 社区节能减排监控管理系统设计

社区节能减排监控管理系统由社区机电设备管理系统和设备监控与节能系统组成。系统设计内容包括：网络化设备监控管理平台、社区公共建筑空调系统监控、社区能耗计量与节能管理、给排水设备监控、变配电设备监控、照明及灯光控制管理、电梯运行监控等。

4. 社区综合安防监控管理系统设计

社区综合安防监控管理系统设计内容包括：社区周界入侵报警、视频监控、楼栋单元门禁及可视对讲、家庭安全报警、社区公共设施 RFID 监管、停车场管理等一体化的监控管理，以确保社区人身财产和公共设施的安全。

5. 社区视频监控系统设计

社区视频监控系统设计内容包括：电视监控、云台控制、视频矩阵切换、报警联动、数码录像、图像信号网络传输。

6. 社区公共设施RFID监管系统设计

社区公共设施RFID监管系统设计内容包括采用无源RFID标签，通过射频阅读器实施对社区内公共设施、机电设备、综合安防设备与器材的信息采集和监管。

7. 社区公共广播系统设计

社区公共广播系统设计内容包括：背景音乐、紧急广播联动、物管通知。

8. 社区停车场管理系统设计

社区停车场管理系统设计内容包括：住户车辆管理、停车收费管理、车辆影像识别安全管理。

9. 社区有线电视系统设计

社区有线电视系统设计内容包括：双向有线电视传输网络，通过社区门户网站提供数字家庭文化娱乐服务。

10. 社区"一卡通"及门禁管理系统设计

社区"一卡通"管理系统设计内容包括：住户卡发行、住户身份识别、社区楼栋单元门禁、停车场管理、社区消费、会所管理等。

11. 社区数字家庭智能化系统设计

社区数字家庭智能化系统由信息显示触摸屏终端和家庭智能单元组成。系统设计内容包括：家居安防报警、家电控制、空调控制、社区内及远程网络可视对讲、社区网站、社区医疗卫生服务、社区电子商务服务、社区文化娱乐服务、互联网接入、物业服务、室内电视机连接显示等功能。数字家庭智能终端通过社区物联网(TCP/TP网络)进行互联互通连接。

12. 社区物联网系统设计

社区物联网采用以太网结构和TCP/IP通信协议，可实现社区内各监控系统智能控制器、智能仪表及传感器、可视对讲设备、数字家庭智能终端、RFID设备的联网和互联互通。社区物联网由机房核心交换机、光端机经光纤线路敷设到各楼栋，经光端机由五类双绞线至楼层网络交换机，再连接到每户家庭网络交换机上。社区主干及楼层支干为100 M带宽，入户为10 M带宽共享。社区会所及公共区域设置无线物联网，可实现与公共互联网的无缝连接。

13. 社区电子公告牌显示系统设计

社区电子公告牌显示系统设计内容包括：触摸屏信息查询终端、LED公告牌显示屏、LCD(PDP)视频、广告显示系统。

14. 社区弱电防雷系统设计

社区弱电防雷系统设计内容包括：社区中心机房电气设备防雷接地以及社区住宅楼内弱电配线箱和通信与网络设备的防雷接地。

7.19 智慧电子商务服务平台规划与设计

7.19.1 智慧电子商务应用与发展

自改革开放后，随着国家经济的快速发展，基础网络的投入不断加大，企业信息化进一步深化，通信设施、物流设施的不断完善，物流法规的不断健全和对培养电子商务人才认识

的不断深入，目前已经具备了快速发展电子商务的各种条件。电子商务应用与发展规划的思路和策略，应以下几个方面为切入点和立足点。

1. 建设特色电子商务体系

网上商城是电子商务的门户，电子商务的开展与物流配送、支付平台是同步进行、密不可分的。智慧电子商务的建设重点在于建设以智慧城市为中心的物流配送网络。

2. 建设适合智慧城市特点的第三方物流体系

目前我国的第三方物流主要是一些原来的国家大型仓储运输企业和中外合资、独资企业以及民营企业组成。它们已建成由铁路、公路、水运、航空和管道多种运输方式组成的综合运输体系，是我国第三方物流的中坚力量。尽管第三方物流发展前景乐观，但是我国第三方物流企业基本上是以旧有的物流流通企业为主体，实际状况不容乐观。根据智慧城市区域特点，提出以下应用和发展思路：

(1) 建立起完善的现代企业制度，加强管理，提高经营意识、经营作风以适应电子商务的要求。电子商务巨大的发展前景给物流企业指明了发展方向。可以预见，能否抓住服务于电子商务的经济增长点，将是物流企业在未来的竞争中能否取得优势的关键。在入世后我国从事第三方物流服务的企业应跟踪市场节奏，调整企业经营战略，努力学习西方先进的物流管理技术和管理方法，结合智慧城市的实际情况，搭建适应于市场状况的第三方物流环境。具体来说，物流企业只有经营意识和经营思路变化了，才能合理地进行资产重组，使企业增强活力，真正成为市场主体；才能合理地根据自身的资金状况，加大信息技术和物流技术的应用和投入；才能合理地进行人才的储备，为企业的后续发展提供动力。

(2) 建立企业联盟战略。智慧城市的巨大潜力吸引着世界上许多国家的企业，随着我国加入 WTO 的物流服务过渡期结束，随着国外从事第三方物流的巨头如 UPS、DHL、FedEx 以及近铁公司日通公司的进入，我国众多的从事第三方物流的企业面临巨大的竞争压力。在得不到政府的关税和非关税壁垒的保护下，我国企业应着眼于今后的艰巨形势，依靠壮大自身实力，立足于未来的充满激烈竞争的市场环境。现阶段智慧城市第三方物流企业应采取兼并、收购特别是成立企业联盟的形式，才能迅速壮大，增强企业的实力。智慧城市现在的物流企业，无论是仓储企业、运输企业还是货代企业都缺少规模型的龙头企业，企业规模普遍偏小，技术装备也较为落后。在这样的情况下，企业缺乏规模优势，也缺乏技术优势和人才优势，只有通过成立企业联盟，才能整合现有资源，提高技术装备的现代化水平，避免恶性竞争。

3. 建立企业物流平台

企业自营物流的优势在于对供应链各个环节有较强的控制能力，易与生产和其他业务环节密切配合，全力服务于本企业的经营管理，确保企业能够获得长期稳定的利润。对于竞争激烈的产业而言，自营物流有利于企业对供应商和销售渠道的控制，合理地规划管理流程，提高物流作业效率，减少流通费用；对于规模较少、产品单一的企业而言，自营物流可以使物流与资金流、信息流、商流结合得更加紧密，从而大大提高物流企业的工作效率。可以使原材料和零配件采购、配送以及生产支持战略一体化，实现准时采购，增加批次，减少批量，调控库存，减少资金占用，降低成本，从而实现零库存、零距离和零营运资本。企业开展自营物流主要有两种表现形式：

1）物流功能自备

这种表现形式在传统企业中非常普遍，企业自备仓库、自备车队等，拥有一个完备的自我服务体系。这其中又包含两种情况：一种是企业内部各职能部门彼此独立地完成各自的物流使命；另一种是企业内部设有物流运作综合管理部门，通过资源和功能的整合，专设企业物流部或物流公司来统一管理企业的物流动作。我国的企业基本上还处于第一种情况，但也已经有不少企业开始设立物流部或物流公司。

2）物流功能外包

这种表现形式主要包括两种情况：一是将有关的物流服务委托给物流企业去做，即从市场上购买有关的物流服务，如由专门的运输公司负责原料和产品的运输；二是物流服务的基础设施为企业所有，但委托有关物流企业来运作，如请仓库管理公司来管理仓库，或请物流企业来运作管理现有的企业车队。

4. 构建智慧城市电子商务核心竞争力

按照我国加入 WTO 的承诺，自 2004 年 12 月始，中国的服务业包括物流业全面对外开放。我国的物流企业如果想求得长期的生存和发展，就必须注重自身核心竞争力的构建与培育。核心竞争力又称为核心能力或者核心专长，是区别于企业一般竞争力，可以树立并保持智慧城市电子商务企业长期竞争优势，能为其客户带来特殊效用的能力资源。根据智慧城市电子商务企业的具体情况，为提升智慧城市电子商务的核心竞争力，具体发展思路有以下两方面：

(1) 逐步加大企业在信息化方面的投入。电子商务应用的特点，就是各种信息化科技与物流服务的融合应用，是信息流、资金流和物流服务三者的统一。电子商务所实现的是物流组织方式、交易方式、管理方式、服务方式的电子化。物流企业要在研发、设计、制造、营销、服务等环节上明显优于并且不易被竞争对手模仿。满足客户价值需要，就要有深入了解、准确把握和有效满足货主企业物流需求的能力。这些都是信息化要求的结果，要加强在电子信息化方面的投入，才能满足上述需求。具体来说就是要有加大适应于货主企业物流需求的物流服务产品（尤其是增值服务产品）的开发与设计能力，快速响应货主企业物流需求并为货主企业提供定制的专项或一体化服务的能力，基于货主企业价值最大化的物流系统规划与物流活动管理能力，帮助货主企业进行物流运营诊断并使其物流合理化的能力，物流信息系统构建及开发能力，进行物流追踪并实时提供物流市场信息及预测、决策能力等。物流企业只有在具备上述要素中的某一项或几项，才能在一定程度上具备了形成自身核心竞争力的基础。

(2) 加强电子商务人才的储备和培养。要实现物流企业核心竞争力的一项或几项，既懂现代物流理论研究与实务，又懂电子商务理论和实务的复合型电子商务人才是保证。我国物流企业在量方面有了长足的增长以后，要在质方面有所突破，这就是要加大电子商务人才的培养。目前我国培养人才的机制是物流人才和电子商务人才分开来培养，这样的人才不符合电子商务对复合型人才的需求，企业应根据自身的实际情况进行人才的储备与培养。

7.19.2 智慧电子商务服务平台规划

1. 智慧电子商务服务平台规划内容

电子商务服务平台功能的实现，是以信息化技术为支撑，以现代化与科学化提供便捷与

有效的电子商务服务，支撑现代服务业为目标。电子商务服务平台功能应满足银行电子商务、移动电子商务、社区电子商务、企业电子商务、物流园区、智慧旅游等业务领域应用的需求，实现与智慧城市“一级平台”的互联互通和数据共享交换，形成一体化的智慧城市电子商务的功能体系。

智慧电子商务服务平台规划包括以下各业务管理与服务：

1）电子商务综合管理

电子商务综合管理系统提供电子商务整个运作流程所涉及的主要管理模块，主要包括：客户管理、知识管理、市场推广、产品询价、订货管理、销售管理、支付管理、发货管理、票据管理、配送管理、到货管理。

2）物流配送管理与服务

物流配送管理与服务包括：客户管理、合作企业管理、系统管理、订单管理、采购管理、任务单管理、库存管理、配送服务、运输服务、车辆调度、物流加工服务、财务管理、综合统计、产品溯源管理等。

3）电子结算

电子结算包括：合同管理、费率及价格管理、费用维护与核算、费用的统计和分摊、预核算管理(单票预成本利润分析)、应收应付账管理、核销管理、开票管理、发票管理、账龄分析、成本利润分析、结算管理(对冲、分摊、往来账管理)，以及网上交易、网上订单、网上合同、商务卡(IC卡)管理、实名制管理、网上异地结算等。

4）产品溯源管理

产品安全溯源是智能电子商务服务平台的重要业务应用。根据国家制定的《产品溯源通用规范》，以物联网技术应用，采二维条码为载体，建立各行业、各类产品的统一标识、运输定位、安全追溯体系。通过有效整合产品在物流、溯源和防伪三大领域在商务、物流、存储、供应等过程中跨行业、跨部门的信息交换和数据共享，支撑智能电子商务过程中产品的安全性和可追溯性。

5）信息发布

信息发布主要是处理电子商务中的信息流，用来对信息进行采集、归档、处理、发布。系统可以将信息通过互联网或物联网发布到智能手机和推送到无线移动终端上。

6）数据报表

数据报表是电子商务服务平台重要的业务应用，以数据报表方式提供商务及物流信息和数据，可以通过 Excel 的方式显示查询结果，可以通过智能引擎实现查询条件的关联及页面超链接。数据报表功能包括：交易报表、结算报表、仓储报表、进销报表、分区域统计报表、产品销售折扣优惠统计报表、财务统计报表、业务报表、自定义报表等。

7）自助查询

自助查询系统是电子商务服务平台实用的业务应用系统，通过商户或客户的实名制可以实现商务及物流信息的自助查询，包括：商务及物流信息导览、产品价格查询、商户或客户信息查询、户余额查询、账户变动查询、交易记录查询。

8）企业 ERP 应用

电子商务服务平台提供商务及物流企业的 ERP 应用。企业 ERP 系统提供电子商务企业应用的基本功能模块，除包括商务及物流企业专业功能模块：产品溯源、产品销售、订单管理、仓储管理、运输管理,还包括企业通用管理模块:办公工作台、采购管理、资金管理、集成账务、出纳管理、固定资产、人事工资等模块。企业 ERP 系统基于电子商务服务平台云计算中心,向本地区的商务及物流企业提供企业 ERP 系统上述功能的云计算、云数据、云服务,促进本地区商务及物流企业的信息化应用。

2. 智慧电子商务服务平台及应用系统规划

电子商务服务平台的总体框架结构应进行统一规划设计,特别是在遵循智慧城市系统网络结构、系统集成通信协议和数据库接口等方面的规范要求。应采用统一的标准,建立统一的安全认证机制、门户访问和数据共享规则等。

1) 平台及应用系统规划

电子商务服务平台系统体系规划包括:云计算服务平台、信息集成与门户系统、数据共享交换系统、数据分析与展现系统、统一身份认证系统、GIS 与可视化系统、数据仓库系统、电子结算系统、客户管理系统、物流配送系统、产品发布及销售系统、产品溯源系统、企业服务系统等平台支撑系统。各业务应用系统(采用 B/S 模式)只要把业务逻辑(程序代码)配置在应用服务器上并在关系数据库中创建数据库实例即可完成主要部署工作。对于少数业务子系统(采用 C/S 模式)则在配置完关系数据库之后即可完成服务器端的部署。对于安全性要求较强的业务子系统可以设立单独的中间应用服务器。

2) 信息与数据体系规划

系统总体架构设计应满足数据全局化的要求。数据是电子商务服务平台重要的资产,它的使用不应该局限于某个业务子系统的局部范围内。因为数据只有被广泛使用才是有价值的数据,因此数据本身的敏感性不应该过分限制数据的使用。数据共享和交换可以在存储层、数据库层和应用服务器层进行。

3) 系统弹性化规划

系统总体架构设计应满足刚性和柔性相结合的要求。刚性是指框架结构不轻易改动,最大限度地保持框架架构的完整性。柔性是指在必要时根据业务子系统的要求对架构进行非实质性调整,如允许调整数据交换的方式、设立业务子系统专用的门户以及特殊的安全认证方法。

4) 系统标准化规划

系统总体架构设计应满足标准化的要求。系统所选用的基本架构模式、框架性软硬件设备都应该选用符合国家、国际和行业标准的产品。

5) 统一门户规划

系统总体架构设计应满足统一门户的要求。系统以统一的使用界面和相同的登录方式展示给电子商务用户。电子商务服务平台门户的风格和样式可以定制,支持不同用户的个性化设置。对于 C/S 模式的应用也需要统一规定主界面的风格以及主要的使用方式。

6) 统一安全体系规划

系统总体架构设计应满足统一安全体系的要求。系统设立统一的安全认证服务器,对电子商务服务平台内系统管理人员和普通用户的安全权限进行统一管理。在用户登录时,首先通过统一的认证,电子商务服务平台及业务应用系统再根据用户的管理和权限级别进行系统内授权和验证。

7.19.3　智慧电子商务重点应用领域

1. 银行电子商务应用

在现代信息社会中，银行电子商务可以使掌握信息技术和商务规则的企业和个人系统地利用各种电子交易工具和网络，高效率、低成本地从事各种以电子方式实现的商业贸易活动。

无论是传统的交易，还是新兴的电子商务，资金的支付是实现电子商务三要素的重要环节，所不同的是，电子商务强调支付过程和支付手段的电子化。能否有效地实现支付手段的电子化和网络化是网上交易成败的关键，直接关系到银行电子商务的发展前景。银行电子商务的应用涵盖了网上银行、银行卡、手机银行、电子转账、电子支票、电子现金(电子钱包)等多种形式的电子货币的交换、支付和存储。作为电子支付和结算的最终执行者，网上银行是银行电子商务应用的核心，起着联结买卖双方的纽带作用，网上银行所提供的电子支付服务是电子商务中的最关键要素和最高层次。电子商务与网上银行的发展是互动互利，相互影响的，电子商务也给网上银行带来了巨大的业务发展空间。

银行电子商务的发展方向，将是与移动银行(手机银行)以及智慧城市市民卡应用和资源整合为大趋势，中小型企业将是银行业务拓展的重要领域，同时将银行电子商务延伸到社区及家庭。因此随着银行电子商务的发展，它将成为智慧城市便民、利民、惠民的重要支撑平台。

通常银行电子商务运作有以下模式：

1）网上银行运作模式

“网上银行(e-Bank)”是指利用网络技术，通过互联网向客户提供开户、销户、查询、对账、行内转账、跨行转账、信贷、网上证券交易、投资理财等全方位金融产品及服务的虚拟银行。其包含两个层次的含义，一个是机构概念，指通过信息网络开办业务的银行；另一个是业务概念，指银行通过信息网络提供的金融服务，包括传统银行业务和因信息技术应用带来的新兴业务。在日常生活和工作中，我们提及网上银行，更多是指其第二层次的概念，即网上银行服务的概念。

2）移动银行运作模式

银行电子商务应用的核心是网上银行，其依赖的就是互联网应用和技术。无线互联网(Wi-Fi、3G/4G)应用将成为今后互联网应用的主体。将银行电子商务与移动互联网结合为一体，创建移动银行业务的运作模式，将是今后银行电子商务应用与发展的主导方向和立足点。

3）与市民卡相结合的运作模式

目前数字城市乃至智慧城市通过由政府向常住居民或暂住人员发放市民卡的方式，来提供科学化的城市综合管理和社会公共服务的便民、利民、惠民的功能。

市民卡是可以办理个人相关社会事务，享受政务服务、公共服务、商业服务、金融服务和个人电子身份识别的多功能集成电路智能卡。主要应用于社会保障、医疗卫生、金融商业、社区服务、住房物业等政府公共管理和社会事业各领域，以及公共交通、水、电、气、暖与通信等公用事业缴费、园林旅游门票结算、车辆安全管理、商务消费银联交易、小额电子钱包支付等服务行业。

目前智慧城市市民卡由当地政府和商业银行联合发卡并兼容银行卡功能，持卡人通过市民卡合作银行营业网点（商业银行）和具备银联功能的终端办理金融业务。市民卡具有一般借记卡的存款、取款、转账、消费、查询、密码重置、销户等功能。

银行卡与市民卡相结合的电子商务运作模式，提供市民卡市级服务中心，同时以资源整合的形式充分利用合作银行和运营商的已有网点，构建街道、乡镇级营业厅和街道/社区级服务站，并在银行各级网点或商业场所配备不同数量的自助服务终端以弥补服务盲区；新建市民卡客服网站与客服呼叫中心，并实现与合作单位系统的对接，从而构建市民卡覆盖范围广泛和功能较为完整的服务体系，满足快速发卡和高效应用的要求。

2. 移动电子商务应用

移动电子商务利用互联网整合基础设施提供商、托管服务提供商、加密认证服务商、技术平台提供商、应用软件提供商、内容提供商、贸易社区、系统集成商和客户等各方面的资源，构筑起企业与企业之间的电子化的业务联系。

1）移动电子商务 B2C 模式

利用互联网整合通信服务提供商、内容服务提供商、金融服务提供商、终端设备提供商等多方面的资源，面向最终用户提供全方位、多角度网上电信基础业务和电信增值业务服务。

目前移动电子商务 B2C 模式有三种具体应用：

(1) 网上电信营业厅

即利用互联网实现电信服务的电子化窗口，主要为用户提供包括网上业务受理、业务咨询、业务查询、用户投诉受理、卡式业务销售以及网上缴费等服务，同时根据各地实际情况为社会提供电信延伸服务，如代收信息费、水电费等。网上电信营业厅的宗旨就是把原来需要在物理营业厅中办理的业务转移到网络上进行，为用户实现远程和更快捷的服务，使用户可以节省时间和成本。

(2) 电信增值业务平台

即通过打造互联网应用产业链，联合 SP（服务提供商），引导最终用户，并最终形成一个稳定的互联网应用的产业链。

(3) 信息港平台

由电信企业联合地方资源，打造的集时事、生活、娱乐、IT、旅游等信息为一体，成为直接向用户提供信息资讯的地方综合服务网站。

2）移动电子商务应用领域

移动电子商务的主要业务可以分为 5 类：银行、贸易、订票、购物、娱乐（主要是游戏和博彩业）。

(1) 手机银行业务

在移动电子商务中，银行服务的概念是 Internet 银行（或家庭银行）概念的扩展，它允许消费者使用数字签名和认证来完成以下功能：管理个人账号信息、银行账号或预付账户的资金转移、接收有关银行信息和支付到期等的报警、处理电子发票支付等。

(2) 移动股市交易

贸易和中介应用一般都是一些实时变化的动态信息，如股票指数、事件通知、有价证券管理以及使用数字签名验证过的贸易订单等。

(3) 移动订票

通过互联网预订机票、车票或入场券已经发展成为一项主要业务，其规模还在继续扩大。从因特网上可方便核查票证的有无，并进行购票和确认。移动电子商务使用户能在票价优惠或航班取消时立即得到通知，也可支付票费或在旅行途中临时更改航班或车次。借助移动设备，用户可以浏览电影剪辑、阅读评论，然后订购邻近电影院的电影票。

(4) 手机购物

借助移动电子商务技术，用户能够通过其移动通信设备进行网上购物。即兴购物会是一大增长点，如订购鲜花、礼物、食品或快餐等。传统购物也可通过移动电子商务得到改进。例如，用户可以使用“无线电子钱包”等具有安全支付功能的移动设备，在商店里或自动售货机上进行购物。

(5) 移动娱乐业务

移动电子商务的另一个很有吸引力的应用是娱乐业务。服务提供商将为用户提供一种电子支付或签订合同的方法。这会影响到使用支付或收费机制的娱乐行业，如预付费游戏等。有了移动电子商务，需要付费的在线浏览、冒险游戏和其他具有收费性质的游戏与博彩业将更加方便。针对移动电子商务的上述应用领域，许多公司开发了各种移动电子商务解决方案。每种方案的功能尽管各不相同，但它们都包括三种基本服务功能：支付功能、访问功能和安全功能。

3. 智慧社区电子商务应用

智慧社区内建设的综合服务平台、智能物业管理系统、智能化物联网以及“一卡通”系统和数字家庭智能化终端，为在智慧社区内提供电子商务服务创造了良好的物质基础。智慧社区电子商务服务体系解决方案就是为基于智慧社区综合服务平台、物联网和数字家庭智能终端将商业、金融、医疗、教育以电子商务服务的模式延伸到社区乃至家庭而设计和应用的。

通常电子商务运作模式可以从消费者或销售商两个方面来考虑。从消费者来看，贸易活动指一个采购者在购买产品或服务时所产生的一系列活动，而从销售商来说，贸易模式定义了订货管理的循环，指出系统内为完成消费者订单所采取的一系列措施。商务流程的模式对于电子商务系统来讲是十分重要的。商务流程是指消费者或销售商在具体从事一个商贸交易过程中的实际操作步骤和处理过程。在电子商务运作模式中常常提到销售商对销售商(B2B)和销售商对消费者(B2C)两种运作模式，而无论哪种运作模式的电子商务交易过程都可以归纳为四个阶段，即：商品选购(信息交互)、确认订货(电子签名)、网上支付(CA认证)、供货配送(物流配送)。

通常 B2B 或 B2C 的电子商务运作过程中，都难以避免由于支付、信用和配送所带来的问题和困难。那么有没有一种电子商务的运作模式可以改善或克服这些问题和困难？答案是肯定的。这就是所提出的在智慧社区内采用 B2B2C 的电子商务运作模式的全面解决方案，即：商品供应商(销售商 B)对地产物业管理(消费代理商 B，以下简称“中间 B”)，并通过中间 B 对消费住户(消费者 C)的运作流程模式。

智慧社区电子商务 B2B2C 的运作模式有别于传统的 B2B 或 B2C，它重新整合了社会资源，将零售业、制造业、地产业、金融业等社会固有资源连接起来，使电子商务渗透进传统的房地产实体企业以及其开发的住宅社区。这是一种具有中国特色，适合于中国国情的电子商务应用模式。从理论上、服务上为解决电子商务运作流程中存在的支付、配送、服务三大难题提供了新思路。

B2B2C的运作模式可以这样来描摹:在智慧社区的住宅中,你可以运用家里的数字家庭智能终端(数字可视对讲机)和"三网融合"的网络电视,通过区内智能化物联网,以比普通电话线上网快数十倍的速率把你带到区内有形商场或区外虚拟超市的逼真购物环境中去。随着你点击鼠标,你可以在网上随意挑选商品,还可以通过三维互动提示查看商品的内部结构。商品选购后,只需在网页上输入你的个人区内消费卡(或兼容市民卡)的用户名和密码,区内电子商务服务中心(物业管理中间B)就会确认你的消费卡密钥(CA认证)和消费信用(与黑名单比对);同时中间B就会通知区内超市(或区外商品供应商)送货,并授权区内银行向供货单位支付货款。区内银行核对住户银行账户的支付能力后,即可与区内超市清算货款。区内电子商务服务中心同时担任区内商品配送中心的角色,由区内商品配送中心安排预约送货,在确定的时间内由物业管理配送中心的人员将商品送到家中或指定的商品配送保管箱里。

智慧社区电子商务采用B2B2C的服务与管理模式(图7.15为运作流程示意图),即在居住区内设立社区物业管理公司第三方机构——消费代理(中间B)。中间B的主要作用和功能是:向消费者C提供商品信息、支付信用担保和配送服务;同时向商品供应商B提供用户需求、支付信用保证和配送服务。消费代理中间B是实现智慧社区电子商务服务的核心,同时也必须得到区内外商品供应商与区内外银行的支持和参与。

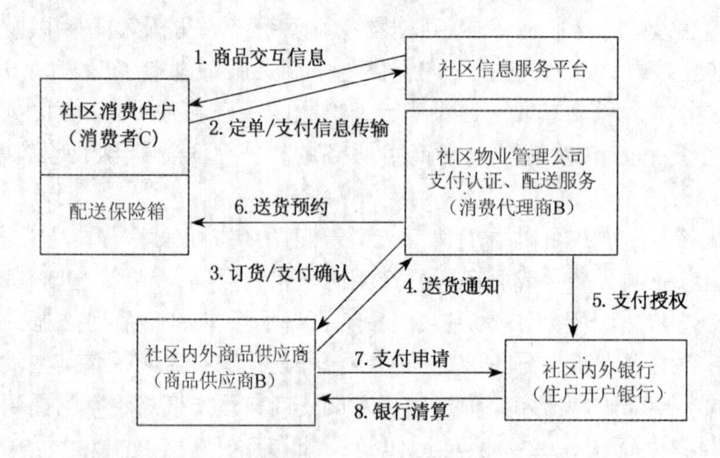

图7.15 社区电子商务运作流程示意图

实现B2B2C电子商务运作模式,对于房地产开发商和社区物业管理公司来讲,迎合了社区智能化配套管理的要求,方便了住户,投入少,回笼快;充分利用原有物业管理的人力资源,在社区安防、设备维修、绿化卫生等物业管理职能以外,提供附加网上购物、网上医院、网上教育、网上影院等多种形式的电子商务服务,使物业管理升值。这种信息化、网络化、自动化的智慧社区会成为楼盘的闪亮新卖点。

实现B2B2C电子商务运作模式,对于零售商和区内外超市来讲,新兴住宅社区拥有稳定、有潜力的消费群体,回报率高,客户群的扩大也有利于商品品牌的扩大。资金上,减少了销售和仓储管理的成本,而且由于是批量送货,销售额大,配送成本几乎为零。同时社区内的消费资料和数据是进行需求分析的重要依据,通过对住户消费需求的了解可以提高区内

电子商务服务的预见性、针对性和实时性。

实现 B2B2C 电子商务运作模式，对于区内外银行来讲，也是吸纳储户的好办法。区内银行可以向区内住户提供电子商务电子货币结算，和区内电子商务服务中心联合发行住户个人消费卡(或兼容市民卡)，可以作为区内住户的电子存折和电子钱包，在电子商务的交易和支付中只要密码和密钥相符就可视为合法交易。电子存折和电子钱包两个账户之间的余额可以互相划拨，提升区内外银行方便灵活的服务能力。

4. 中小型企业电子商务应用

电子商务的一个很大的优点是它不仅适合于大企业，而且对众多的中小型企业也非常有利。对于中小型企业来讲，电子商务能给它们带来许多新的机遇和挑战，它能够解决企业面临的许多困难和问题。随着银行电子商务、移动电子商务、社区电子商务的迅速发展，可以为中小型企业开辟更广阔的市场空间。由于信息竞争在中小型企业的竞争优势中发挥着越来越重要的作用，有了电子商务，中小型企业在信息方面就能够与大企业竞争。现今我国中小型企业电子商务的发展策略，就是建立本地区(区域性)的中小型企业电子商务 B2B2B 综合信息服务平台和快速构建本地企业个性化电子商务门户网站。

城市中小型企业电子商务 B2B2B 综合信息服务平台的核心概念就是“中间 B”。这个“中间 B”就是以智慧城市为依托，以政府为主导搭建的本地区中小型企业第三方电子商务公共服务平台，成为与大企业竞争的重要支撑。

1) 中小型企业第三方电子商务模式的特点

中小型企业采用第三方电子商务模式来开展各种电子商务活动，不仅可以大大降低运作成本，而且可以享受到更高质量的电子商务服务，其特点具体表现在以下几个方面：

(1) 网上交易市场为买卖双方展现了一个巨大的全球市场，它是各类生产企业、第三方物流公司、广大消费者的信息集散地，可以为他们提供大量的信息，从而降低因信息不对称导致的商贸成本，实现信息、资源的规模效益，这种信息规模优势是任何电子商务模式都不能带给企业的。

(2) 中小型企业大部分知名度不高，假如自己建网站的话，一方面不会有多少访问量和交易额，为扩大其网站的影响力，企业必须耗费大量的人力、物力和财力来进行网站的宣传；另一方面，他们还必须配备相关的技术人员和治理人员负责网站的策划、治理和维护。这两方面的成本对于实力并不雄厚的企业来说无疑是得不偿失的。而利用第三方模式的电子商务就可以解决这些问题。一方面网上交易市场一般会竭尽所能地提高自身的知名度，扩大影响力；另一方面，网上交易市场一般都拥有一批精通电子商务的技术人员和治理人员，在电子商务网站的建设和治理方面，他们具有丰富的经验，能够确保公用信息平台高效、安全、稳定地运行。因此，借助于这种模式，企业可以低成本、高效率地吸引消费者，从而迅速拓展其网络营销渠道。

第三方电子商务模式可以有效地解决传统交易中“拿钱不给货”和“拿货不给钱”的两大难题。网上交易市场具有的电子交易功能和监控治理功能，可以有效地对整个交易过程进行监控，并且可以一定程度地杜绝假冒伪劣产品等质量问题。

2) 政府搭建企业第三方电子商务公共服务平台运作体系

目前传统的电子商务 B2B 平台主要都是由企业自主开发和自行管理，没有执法权力，而且存在资源重复建设的问题，所以第三方平台的构建应由一个有高度权威性、非营利性、有执法权力的主体进行，才能做到公平、公开、公正地为企业提供服务。这个组织非政府机构莫属，为了支持本地区中小型企业发展电子商务，最佳模式应该是由政府主导搭建本地区中小型企业第三方电子商务公共服务平台的模式，而不是由企业来搭建第三方平台。由政府主导搭建中小型企业第三方电子商务公共服务平台可以建立规范化的企业电子商务运作体系。

3）中小型企业电子商务公共服务平台与政府信息化资源整合

中小型企业电子商务公共服务平台的建设以政府为主导，通过政府搭建平台，充分实现与政府信息化电子政务服务、社会公共服务、商业电子商务及物流配送服务等信息与基础设施资源的整合，促进企业的"两化融合"和经济转型，为企业提供信息化应用与服务。在智慧城市中小型企业使用电子商务公共服务平台和云服务中心的初期，建议采用免费提供企业共性(基本)的共享应用，如政务服务、网上申报、市场管理(销售管理)、交易信息管理(客户管理)、电子结算(财务管理)、物流配送(库存管理)、产品溯源管理(生产管理)等应用系统等。随做企业信息化应用的深入以及企业生产和管理信息化的发展，企业电子商务服务平台可进一步提供 PaaS(平台即服务)和 LaaS(基础设施即服务)，为中小型企业提供所需个性化的企业信息化平台服务，以及网络、计算和存储一体化的基础架构服务等。提供以上增值的企业信息化应用与服务功能时，可以采取有偿或租用方式。

5. 智慧物流园电子商务应用

物流园是整个物流产业链中的一个重要的节点。以我国为例，从 1998 年深圳提出建设物流园区开始到 2009 年，在这 11 年间经历了两次规划建设的大浪潮，截至 2009 年我国物流园区规划数量增加到 475 个，其中运营、在建状态的园区更是达到 144%、237%的增长。这些数据表明在接下来的建设发展过程中，物流园区将进入大规模的信息化建设阶段。与此同时，物联网作为继计算机、互联网和移动通信网之后的世界信息产业第三次浪潮，也已经进入了初步发展阶段，并且一开始就有着高速的发展势头，这也必然对物流园区特别是综合型物流园区的信息化建设起到极大的推动作用。

1）物流园信息化应用

根据目前我国综合型物流园区规划的特点，在整个物流产业链中，综合型物流园区成为了一个至关重要的业务流程集中点，功能上基本包括了运输、储存、包装、装卸、流通加工、配送等等，充分体现了其综合性、集约性的特点。因此，物流园区集中了大量的各具特点的物流企业，其目的是把这些物流业务统一化、专业化和规模化，实现整个物流产业的规范集中运作，最终提高物流产业的经济效益。

综合型物流园区集约性特点主要体现在引入大量物流企业，实现集中化运作，建设并且共享大量的公共设施，例如仓储中心、运输管理中心、配送中心等等，节约物流运作成本，促进各个企业之间的沟通与合作，并且配备与其业务相关的服务设施机构。与此同时，很好地衔接该区域或者城市自身内部以及与外部的经济交流合作。

但是，综合型物流园区无论怎样规划和建设，只要上述的这些特点存在，必然伴随着大量的信息的产生、传递和处理。物流不仅仅是物品的传递，也是信息的传递，因此信息化建设必须与之同步展开，只有这样才能保证园区很好地运作，使园区的优势得到充分发挥。因此，相对来说综合型物流园区的信息化特点也主要体现在综合性和集约性两方面。

按照上述分析以及物流信息化的基本层次划分，综合型物流园区的信息化主要体现在

以下三个层次：

① 在信息的采集和传输方面，在进行物流园区内部资源和组织的整合以及业务流程的操作管理等方面工作时，实现信息采集、传输和交换的快速准确化、标准化和低成本。

② 在园区内外部信息衔接方面，在进行与园区外部信息的交换以及与应用层（主要是客户）的信息系统的对接等过程中，能够搭建并形成以整个供应链为基础的信息平台，同时兼顾内部操作使用。

③ 在园区信息处理方面，能够通过对大量信息数据的挖掘、处理和分析，形成有效的理论依据，为以后进行决策的制定和优化提供有利的支撑和帮助。

这三个层次的需求也是综合型物流园区信息化需求的关键，充分体现出该类型的园区在整个物流产业链中的重要的承接作用，也说明综合型物流园区在整个物流产业信息化的核心地位。应利用综合型物流园区信息化的建设，实现信息标准化、智能化等更高层次的目标。

2）*物流园物联网及相关技术应用*

物联网实际就是通过各种类型的信息采集装置，通过有线或无线的传输系统以及多层次的信息处理系统，实现对实体物品的跟踪、监控和管理等可操作性行为，使整个世界相互之间联系起来，简单来说就是传统虚拟互联网的实体表现。根据目前对物联网的研究表明，无论如何定义物联网，有一个共同的特点，就是物联网是各类技术的一个综合应用，体现出一定程度上的集约性、综合性。

① 信息采集方面：电子条码技术、RFID 技术、传感器技术、视频识别技术、GIS、GPS 等。

② 信息传输方面：有线网络技术（光纤技术）、无线网络技术（Wi-Fi、UWB、ZigBee 技术）。

③ 信息处理方面：电子数据交换技术（EDI）、云计算技术（Cloud Computing）、数据挖掘技术（DM）等。

物联网与综合型物流园区最大的相似处在于它们都具有综合性和集约性。从综合型物流园区信息化的三个层次来看，要想实现既定的目标，需要协调和利用好各种类型的信息技术，以此来作为基础支撑，而物联网正是使得各类信息技术综合运用在一起，实现对物理系统的优化和控制。因此，物联网及其技术对于综合型物流园区的信息化建设有着良好的促进作用。

根据综合型物流园区功能需求分析的三个层次，同时依照现在物联网被普遍承认接受的三大层次架构（感知层—网络层—应用层），可给出物联网在综合型物流园区内应用架构。下面具体分析如何让物联网融入整个园区之中，发挥功效，提升园区信息化水平。

(1) 整合利用内部资源，综合管理业务流操作

园区内部为大量物流企业正常运作提供了各种资源，从仓储、运输、车辆管理、流通加工、配送等具体物流业务所需要的硬件软件，到园区自身运作所需要的基础设施、管理机构、服务部门等等。大量的信息需要采集、传输与处理，此时物联网应用层各项技术相互配合，为各个企业的业务进程提供保障。在企业，相关服务机构部门和园区管理中心之间搭建信息传递的网络，可以是建立专用网络，也可以引入租用现有大型通信服务商的网络，从有线网络的架设到无线网络的覆盖，全方位地保证园区内部信息传递的同时，也确保与外界的信

息传递,及时为各个企业、客户提供快捷的服务。

(2) 构建以供应链为基础的信息服务平台

物流园区作为供应链上重要的节点,大量的信息不仅仅需要实时采集、传递,还需要处理、分析,这就需要一个高效并且集中的控制处理中心,因此搭建一个公共信息平台是现代物流园信息化必须完成的步骤。这个信息平台包括的子系统有物流作业集成系统,包含各种类型的物流业务,比如仓储库存系统、车辆运输管理调度系统、配送业务系统、流通加工管理系统;还有物流配套服务系统,如银行、海关、税收、安保还有获取货物监控、车辆跟踪等信息的增值服务系统等等;最后,就是用户与企业之间的互动衔接系统,包括物流电子商务系统、数据采集及终端系统、物流结算支付系统等。

(3) 提升综合物流园区信息化水平,协助决策的制定和推动行业发展

建立云计算中心,不仅仅是单纯地进行大量的信息数据的存储和处理,还要再配合上智能数据挖掘技术,提取并总结出有效的知识理论,为企业制定决策和以后物流行业发展提供大量可靠的数据和理论支撑。当然,为了节约成本,可以根据当地实际情况,租用当地已有云计算中心,或者联合相邻的园区共同建设合用一个计算中心。

3) 智慧物流园电子商务应用

近几年来,电子商务在我国飞速发展,物流园企业从电子商务中得到的信息也越来越多。而企业通常把 ERP 和电子商务分离,物流园企业在电子商务中积累的越来越多的市场信息处于游离状态,物流园企业目前的业务响应速度不能为自己赢得更多订单。而最为关键的是,企业这种状况使其在电子商务运用上始终处在一个低级阶段,不能往更高层次发展。

在智慧物流园电子商务应用中,应采用企业 ERP 与电子商务相结合的方式,以 ERP 为电子商务作后台管理支撑,成为电子商务脱离浅层运用,得以全面开展和深入运行智慧电子商务的坚实基础。

通常企业 ERP 系统就是对企业内部物流、资金流和信息流实施优化管理。而电子商务主要涉及的是采购与销售业务,其实质是网上电子采购和网上电子销售,它们只是使企业原有物流和资金流分别增加了一个入口和出口,并成为新物流与资金流的一部分而已。这就是说,通过重组企业组织结构及业务流程,电子商务可以融入企业的供应链中。只不过对于网上模式,客户的订单、企业的采购单要由网上形成和交付,货币收支亦在网上进行。ERP 系统作用于企业的整个业务流程,其应用层次分为三层:决策层的数据查询与综合分析、中间层的管理与控制、作业层的业务实现。而电子商务的重点在于作业层的业务实现,具体来讲,是采购和销售业务的网上实现,也包括为市场营销提供网上辅助手段,例如网上产品发布、网上商机搜索、诚信认证、即时通信等。

根据我国目前物流园运营企业的内外部条件,在引进电子商务时,不会完全摒弃传统的采购与销售模式而单单使用网上模式,而是两种模式、两个系统会共同存在,互为补充。从传统的电子商务载体电子商务网站来看,其最大的特点在于它基本上是一个"电子贸易"市场的概念,企业在上面发布信息,进行交易,但是他们本身并不管理这些交易,也不去管理最终的信息交易的情况。这就使得企业从电子商务网站上获得的信息与企业内部 ERP 管理系统获得的信息处于一个分离的状态,数据不能充分共享,造成资源浪费。同时,两套分离的系统也为企业增加了投入成本。智慧物流园理想的电子商务运用状态是市场营销部通过

网络 ERP 软件(亦称可扩展的、支持电子商务的 ERP,即 e-ERP)可以及时、准确地掌握客户订单信息,并按时间、地点、客户统计出产品的销量和销售速度,经过对这些数据的加工处理和分析,对市场前景和产品需求做出预测,同时把产品需求结果反馈给计划与生产部门,以便及早安排某种产品的生产和相应投入品的购进。这个做法的最大好处是可以真正实现零库存,极大减少资金占用。而且整个流程均在电子系统上走完,其响应速度和科学性是传统手段无法比拟的,企业参与电子商务的竞争力将会得到极大提高。

智慧物流园电子商务应用方案的核心就是实现 ERP 与电子商务的融合。智慧物流园电子商务方案实施时,ERP 方面应优先考虑采购、生产计划、市场营销、销售、库存、财务等与物流、资金流密切相关的模块,电子商务方面应考虑网站管理模块、网上销售模块、网上采购模块和网上资金收付模块,系统要为今后模块的扩充留有接口。把 ERP 和电子商务两者的这些功能模块集成到一起,构成一个新的应用系统,这就是智慧物流园电子商务系统。

6. 智慧旅游电子商务应用

旅游电子商务就是采用先进的 IT 技术,以风景名胜区为中心,整合景区门票、酒店、交通、观光车、娱乐表演等各方面资源,不但可以为游客提供食、住、行、游、购、娱一体化和全方位的高质量的个性化旅游服务,还可以为旅行社提供低成本、高质量的团队旅游服务。所有旅游服务订单都通过互联网生成和处理,支持网上支付、汇款、现金等多种结算方式,操作轻松方便,直观快捷。以游客为中心的全方位个性化旅游服务还能有效拓展景区的盈利渠道,提升景区形象。

1) B2B 交易模式

在旅游电子商务中,B2B 交易模式主要包括以下几种情况:

① 旅游企业之间的产品代理,如旅行社代订机票与饭店客房,旅游代理商代售旅游批发商组织的旅游线路产品。

② 组团社之间相互拼团,也就是当两家或多家组团旅行社经营同一条旅游线路,并且出团时间相近,而每家旅行社只拉到为数较少的客人时,旅行社征得游客同意后可将客源合并,交给其中一家旅行社操作,以实现规模运作的成本降低。

③ 旅游地接社批量订购当地旅游饭店客房、景区门票。

④ 客源地组团社与目的地地接社之间的委托、支付关系等等。

旅游业是一个由众多子行业构成、需要各子行业协调配合的综合性产业,食、宿、行、游、购、娱各类旅游企业之间存在复杂的代理、交易、合作关系,B2B 旅游电子商务模式有很大的发展空间。

2) B2E 交易模式

B2E(Business to Enterprise)中的"E",指旅游企业与之有频繁业务联系,或为之提供商务旅行管理服务的非旅游类企业、机构、机关。大型企业经常需要处理大量的公务出差、会议展览、奖励旅游事务。他们常会选择和专业的旅行社合作,由旅行社提供专业的商务旅行预算和旅行方案咨询,开展商务旅行全程代理,从而节省时间和财务的成本。另一些企业则与特定机票代理商、旅游饭店保持比较固定的业务关系,享受优惠价格。

B2E 旅游电子商务模式较先进的解决方案是企业商务旅行管理系统(TMS)。它是一种安装在企业客户端的具有网络功能的应用软件系统,通过网络与旅行社电子商务系统相连。在客户端,企业差旅负责人可将企业特殊的出差政策、出差时间和目的地、结算方式、服务要求等输入 TMS,系统将这些要求传送到旅行社。旅行社通过电脑自动匹配或人工操作为企业客户设计最优的出差行程方案,并为企业预订机票及酒店,并将预订结果反馈给企业客户。通过 TMS 与旅行社建立长期业务关系的企业客户能享受到旅行社提供的便利服务和众多优惠,节省差旅成本。同时,TMS 还提供统计报表功能。用户企业的管理人员可以通过系统实时获得整个公司全面详细的出差费用报告,并可进行相应的财务分析,从而有效地控制成本,加强管理。

3) B2C 交易模式

B2C 旅游电子商务交易模式也就是电子旅游零售。交易时,旅游散客先通过网络获取旅游目的地信息,然后在网上自主设计旅游活动日程表,预订旅游饭店客房、车船机票等,或报名参加旅行团。对旅游业这样一个旅客高度地域分散的行业来说,B2C 旅游电子商务模式方便旅游者远程搜寻、预订旅游产品,克服距离带来的信息不对称。通过旅游电子商务网站订房、订票,是当今世界应用最为广泛的电子商务形式之一。另外,B2C 旅游电子商务模式还包括旅游企业对旅游者拍卖旅游产品,由旅游电子商务网站提供中介服务等。

4) C2B 交易模式

C2B 交易模式是由旅游者提出需求,然后由企业通过竞争满足旅游者的需求,或者是由旅游者通过网络结成群体与旅游企业讨价还价。

C2B 旅游电子商务模式主要通过电子中间商(专业旅游网站、门户网站旅游频道)进行。这类电子中间商提供一个虚拟开放的网上中介市场,提供一个信息交互的平台。上网的旅游者可以直接发布需求信息,旅游企业查询后双方通过交流自愿达成交易。

C2B 旅游电子商务模式主要有两种形式。第一种形式是反向拍卖,是竞价拍卖的反向过程。由旅游者提供一个价格范围,求购某一旅游服务产品,由旅游企业出价,出价可以是公开的或是隐蔽的,旅游者将选择认为质价合适的旅游产品成交。这种形式对于旅游企业来说吸引力不是很大,因为单个旅游者预订量较小。第二种形式是网上成团,即旅游者提出他设计的旅游线路并在网上发布,吸引其他相同兴趣的旅游者。通过网络信息平台,愿意按同一条线路出行的旅游者汇聚到一定数量,这时他们再请旅行社安排行程,或直接预订饭店客房等旅游产品,可增加与旅游企业议价和得到优惠的能力。

C2B 旅游电子商务模式利用了信息技术带来的信息沟通面广和成本低廉的特点,特别是网上成团的运作模式使传统条件下难以兼得的个性旅游需求满足与规模化组团降低成本有了很好的结合点。C2B 旅游电子商务模式是一种需求方主导型的交易模式,它体现了旅游者在市场交易中的主体地位,对帮助旅游企业更加准确和及时地了解客户的需求,对实现旅游业向产品丰富和个性满足的方向发展起到了促进作用。

5) 旅游电子商务应用

旅游电子商务应用形式可以分为网站电子商务(W-Commerce)、语音电子商务(V-Commerce)、移动电子商务(Mobile-Commerce)和多媒体电子商务(Multimedia-Commerce)。

(1) 网站电子商务

用户通过与网络相连的个人电脑访问网站实现电子商务,是目前最通用的一种形式。我国旅游网站的建设最早可以追溯到 1996 年。经过十几年的摸索和积累,国内已经有相当一批具有一定资讯服务实力的旅游网站,这些网站可以提供比较全面的,涉及旅游中食、住、

行、游、购、娱等方面的网上资讯服务。旅游网站包括以下服务功能：

① 旅游信息的汇集、传播、检索和导航。这些信息内容一般都涉及景点、饭店、交通旅游线路等方面的介绍，以及旅游常识、旅游注意事项、旅游新闻、货币兑换、旅游目的地天气、环境、人文等信息以及旅游观感等。

② 旅游产品(服务)的在线销售。网站提供旅游及其相关产品(服务)的各种优惠、折扣，航空、饭店、游船、汽车租赁服务的检索和预订等。

③ 个性化定制服务。从网上订车票、预订酒店、查阅电子地图到完全依靠网站的指导在陌生的环境中观光、购物，这种以自定行程、自助价格为主要特征的网络旅游在不久的将来会成为国人旅游的主导方式。那么提供个性化定制服务已成为旅游网站，特别是在线预定服务网站必备的功能。

(2) 语音电子商务

对于旅游企业或服务网站而言，语音电子商务将使电话中心实现自动化，降低成本，改善客户服务。语音电子商务的一种模式是由企业建立单一的应用程序和数据库，用以作为现有的交互式语音应答系统的延伸，这种应用程序和数据库可以通过网站传送至浏览器，转送到采用无线应用协议(WAP)的小屏幕装置，也可以利用声音识别及合成技术，由语音来转送。

(3) 移动电子商务

旅游者是流动的，因此移动电子商务在旅游业中将会有广泛的应用。目前中国移动通信集团公司已开发出一种基于"位置"的服务：事先将个人的数据输入移动电话或是移动个人助理，那么当用户位于某一个点上的时候，它会告诉用户，附近哪里有电影院，将放映什么电影可能是用户感兴趣的，哪里有用户喜欢的书，哪里有用户喜欢吃的菜，用户会知道去机场会不会晚点。这些完全是由移动性带来的，固定互联网服务是无法实现的。

(4) 多媒体电子商务

旅游服务的多媒体电子商务形式一般在火车站、飞机场、饭店大厅、大型商场(购物中心)、重要的景区景点、旅游咨询中心等场所配置多媒体触摸屏电脑系统，根据不同场合咨询对象的需求来组织和定制应用系统。它以多媒体的信息方式，通过采用图像与声音等结合的简单而人性化的界面，生动地向旅游者提供范围广泛的旅游公共信息和商业信息，包括城市旅游景区介绍、旅游设施和服务查询、电子地图、交通查询、天气预报等。有些多媒体电子商务终端还具有出售机票、车票、门票的功能，旅游者可通过信用卡、储值卡、IC卡、借记卡等进行支付，得到打印输出的票据。

6) 旅游电子商务系统组成

(1) 景区风采网站

根据不同景区的优势和特点，使用文字、声音、图像等多种方式介绍风景区，实现互联网上的景区包装和推广。

(2) 票务销售模块

实现网上销售景区门票和景区内观光车票，购买的门票可以实现网上支付、网上退票，景区还可以制定全年每天的票务销售计划等，有效拓展销售渠道并合理调节全年客源分布。

(3) 旅游包车模块

实现游客包车旅游，游客可以在网上租用车辆，并选择个性化的旅行线路、设计自己的行程,使景区在开发旅游效益增长点上起到积极的作用。

(4) 酒店预订模块

整合景区内外酒店和途经地酒店资源,通过网上销售的方式,使游客能提前预订行程中的入住酒店,方便游客的同时能提升景区旅游服务质量。

(5) 旅游套餐模块

旅游套餐是景区提前设计好的旅行线路上的所有相关服务的总和,包括机票、旅游包车、门票、酒店、餐饮等。游客只需选择旅游套餐就能享受到和旅行社旅游一样方便舒适的服务。

(6) 自助游模块

该模块建立在其他模块之上,游客自己可以精心设计旅行线路,购买途中的景区门票、酒店、旅游包车等项目,实现方便、舒适的个性化旅游。

(7) 餐饮销售模块

游客能在网上预订行程中的餐饮服务。

(8) 娱乐表演销售系统

游客能在网上预订行程中的娱乐表演节目。

(9) 目的地指南模块

该模块由风景区信息资源仓库和一个功能丰富的旅游电子社区组成。

7) 旅游电子商务系统设计要求

(1) 全面性:整个系统全面涵盖旅游服务链上的各种资源。

(2) 先进性:采用先进的 Java 技术,保证系统跨平台稳定运行。

(3) 专业性:凝聚了丰富的专业知识以及实践经验,充分满足网络旅游的需求。

(4) 灵活性:所有的功能都可以方便组合,满足客户不同阶段的业务需求。

7.20 智慧企业服务平台规划与设计

7.20.1 智慧企业服务平台需求分析

国家“十二五”规划提出了以信息化带动工业化,以工业化促进信息化,实现“两化融合”是推进企业经济转型创新跨越式发展的重要手段和抓手。实现“两化融合”,促进企业产业结构的调整,推动产业结构的升级,由劳动和资本密集型向知识技术密集型过渡,从产业链底层的加工业提升到高增值的现代制造业和服务业。

智慧企业服务平台规划应遵循《2006—2010 国家信息化发展战略》中提出的“以需求为主导,充分发挥市场机制配置资源的基础性作用,探索成本低、实效好的信息化发展模式”。通过现代 IT 高新科技,基于云计算和 SaaS 技术应用,打造企业用得起、用得好的企业信息化平台,探索出一条中国企业信息化应用与发展的创新之路。

建设智慧企业服务平台,将企业信息化应用与政府政务服务、社会服务、电子商务服务一体化结合作为规划目标,实现智慧城市各业务级平台和应用系统间的信息互联互通、数据共享交换、业务协同,打破和消除以往企业独立建设“ERP”而形成与政府、社会、商业之间的“信息孤岛”的封闭现象。

建设智慧企业服务平台是企业深化科技体制改革的重要支撑，是解决科技与经济结合问题，推动企业成为技术创新主体，增强企业创新能力的重要平台。智慧企业服务平台规划应满足以下需求：

(1) 通过企业服务平台支持企业建设高水平研发中心。真正的企业研发中心，是企业创新能力的源泉、企业竞争力的核心，支持企业把握创新机会，选择创新方向和技术路线，组织技术研发、产品创新、利用和转化科技成果。

(2) 通过企业服务平台促进以企业为主导深化产学研结合。支撑企业直接参与市场竞争，增强对新技术、新产品的敏感度；产学研结合，坚持企业为主导；将国家重大科技项目与有条件的企业牵头进行对接。

(3) 通过企业服务平台建立企业科技资源开放共享机制。充分利用国家投资建设的科研设施为企业提供服务，作为技术研发的公共平台。将国家支持的科研活动所获得的信息和数据资料最大限度地向企业开放。

(4) 通过企业服务平台创造公平开放的市场环境，使各类企业公平获得创新资源。科技型中小企业最具创新活力，要为他们的发展创造更有利的条件。大力支持企业开展国际科技交流合作。加强知识产权保护，建设规范的知识产权市场。

(5) 通过企业服务平台提供对中小企业的金融服务。充分发挥资本市场支持科技型、实体型中小企业创新创业，支持企业采用新技术、新工艺，适应科技与产业融合发展。

7.20.2　智慧企业服务平台规划思路

1. 企业信息化应用现状

目前在国内企业中，只有少数企业拥有管理信息系统，而且主要集中在针对财务管理系统、人力资源管理、客户关系管理以及建立企业的网站主页等简单的应用方面。绝大多数企业基本没有建立自已的服务平台，业务联系和通信仍然主要依靠电话、电子邮件和传真。由于建设诸如 ERP 之类的企业信息化平台需要大量投资，且周期长，回报慢，因此在企业中虽然普遍有信息化建设的意愿，但难以转化为实际行动。

2. 提供对企业信息化支撑

采用云计算技术路线，建立企业服务平台，是实现“两化融合”和企业信息化应用与服务的重要支撑和手段。采用云计算 SaaS 作为外包租用的信息化应用的方法，企业的信息化所需的软硬件平台均由第三方提供，企业只是租用其中所需功能模块。SaaS 通过互联网实现，企业通过互联网登录第三方服务平台的门户主页，然后进入业务应用系统使用其中的各种应用与服务，例如销售管理、财务管理、人事管理、政务服务、电子商务等。

对于企业 ERP 软件，很多人都知道需要耗费巨资去建设，除了要花费巨资购买软件外，企业还要邀请战略专家进行流程再造，对企业所有流程进行梳理，包括研发、生产制造、销售系统、仓储物流系统、订单系统、财务系统等等。这对于资金、人才都有很高的要求，因此企业没有能力购买 ERP 软件来建设企业的信息化平台。相对于 ERP 的高成本，采用云计算以 SaaS 方式搭建企业服务平台，作为促进“两化融合”，推进企业信息化应用的一种全新模式应运而生。

云计算 SaaS 方式为“软件即服务”，同时整合 MSP(管理服务提供商)和 BI(商业智能服务)。它是一种通过互联网提供软件应用的模式，用户不用再购买应用软件甚至操作系统，而由服务商提供基于 Web 的应用软件来管理企业的生产和经营活动,且无需对系统的软硬件进行维护,服务商会全权管理和维护系统。对于许多中小型企业来讲,SaaS 是企业实现信息化的最好途径,它改变了企业购买、构建和维护基础设施与应用程序等传统的企业信息化建设模式。

近年来国外云计算和 SaaS 的兴起,已经给传统套装软件厂商带来真实的压力。云计算和 SaaS 具有企业 ERP 所没有的一些优势,例如灵活方便、即用即供、免开发、免维护、免投入等,因而一经推出就在各行各业的业务应用领域内得到了快速推广和发展。因此通过智慧企业服务平台将云计算和 SaaS 应用于企业信息化是一个创新,它提供了最有效、最低成本的企业信息化应用与服务的策略和手段。

3. 企业服务平台与政府信息化资源整合

搭建智慧企业服务平台应以政府为主导,通过政府搭建平台,充分实现与政府信息化电子政务服务、社会服务、商业电子商务及物流配送服务等信息与基础设施资源的整合,促进企业的"两化融合"和经济转型,为企业提供信息化应用与服务。在国内企业使用企业服务平台和云服务中心的初期,建议采用免费提供企业共性(基本)的共享应用(如政务服务、网上申报、企业管理、财务管理、人事管理、销售管理等)和政府服务、社会服务和商业电子商务及物流配送服务等。随着企业信息化应用的深入以及企业生产和管理信息化的发展,企业服务平台可进一步提供 PaaS(平台即服务)和 LaaS(基础设施即服务),为企业提供所需个性化的企业信息化平台服务,以及网络、计算和存储一体化的基础架构服务等。提供以上增值的企业信息化应用与服务功能时,可以采取有偿或租用方式。

7.20.3 智慧企业服务平台规划

1. 企业服务平台规划原则

(1) 以企业服务平台为中心,上联政府信息化电子政务服务平台、社会信息化服务电子商务平台,下联智慧城市各企业已建管理与业务应用系统、横向与服务平台各企业在线共享应用系统及数据仓库和云服务中心,实现系统、信息、数据的大集成,形成智慧城市企业管理、应用、服务纵横贯通的企业信息化服务体系,实现信息互联互通、数据共享、业务和功能协同。

(2) 通过企业服务平台,全面建立企业管理与应用功能的整合,集成政府电子政务、社会服务、商业电子商务及各应用系统,实行智慧城市县(区)、企业三级企业公共信息服务联网,实现政府各部门业务一线接入和集约管理,社会服务一站查询和一网协同,企业应用自上而下,一次完成与应用共享。

(3) 智慧企业服务平台可以通过公共互联网、电子政务外网实现与智慧城市"一级平台"互联互通和数据共享交换。可以通过企业服务平台门户网站,采用智能搜索引擎的方式实现与智慧城市业务级"二级平台"及应用系统相关信息查询页面的超链接。

2. 企业服务平台结构

企业服务平台采用面向服务的技术结构(SOA),使用被广泛接受的标准(如 XML 和 SOAP)和松耦合设计模式,基于 SOA 的技术架构和开放标准将有利于整合来自相关系统的信息资源,易于实现与各企业的管理与业务应用共享和功能协同集成,易于实现与智慧城市城市级信息平台和区县政府信息化电子政务平台及应用系统的互联互通和数据共享交

换，构建易于扩展和可伸缩的弹性系统。

从企业服务平台结构图(图 7.16)可以看出，企业服务平台的总体框架可以分为 5 层。

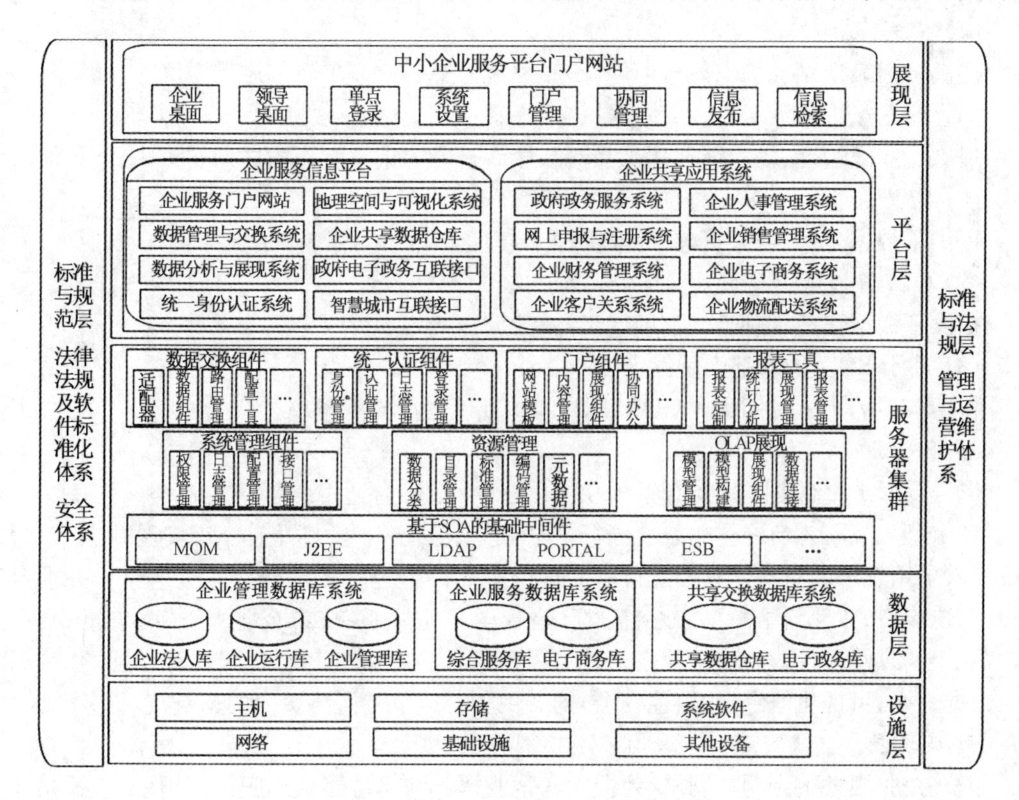

图 7.16　企业服务平台结构图

1) *设施层*

主要由网络、网络主机设备、存储设备、操作系统和数字机房等基础设施组成。

2) *数据层*

分为企业管理数据库系统，包括企业法人库、企业运行库、企业管理库；企业服务数据库系统，包括综合服务库、电子商务库；共享交换数据库，包括企业共享数据仓库以及电子政务库的数据调用、交换和存储。

3) *服务器集群层*

基于云计算技术，配置企业服务平台应用服务器集群，集群服务器包括：信息与系统集成应用服务器、数据资源管理与交换应用服务器、数据分析与展现应用服务器、统一身份认证应用服务器、地理空间与可视化管理应用服务器、服务平台通信及接口应用服务器与智慧城市信息平台互联接口服务器等。服务器集群可以提供企业服务平台的应用支撑，包括：提供底层通用服务、应用支撑组件和基于 SOA 的基础中间件。支撑组件主要由数据交换组件、统一认证组件、门户组件、系统管理组件、资源管理和 OLAP 展现等组成。

(1) 数据交换组件

提供了数据适配器、数据组件、路由管理、配置工具等应用服务支撑服务。

(2) 统一认证组件

提供了身份管理、认证管理、日志管理、登录管理等支撑服务。

(3) 门户组件

提供了门户网站模板、内容管理、展现组件、协同办公等支撑。

(4) 报表工具

提供了报表定制、统计分析、展现管理、报表管理等报表工具的应用支撑。

(5) 系统管理组件

提供了权限管理、日志管理、配置管理、接口管理等系统管理的应用支撑。

(6) 资源管理

提供了数据分类、目录管理、标准管理、编码管理、元数据等应用支撑服务。

(7) OLAP 展现

提供了模型管理、模型构建、展现组件、数据连接等支撑服务。

(8) 基于 SOA 的基础中间件

包括 MOM、J2EE、LDAP、PORTAL 等基础性运行支撑环境。

4) 平台层

以企业服务平台各应用支撑系统和应用软件为基础,通过服务平台将企业管理信息化和服务信息化及其各自的应用系统进行信息集成、应用集成和功能集成,实现数据共享、功能协同,采用统一的互操作界面进行企业管理和提供企业服务功能。通过企业服务平台通信及系统接口,实现与智慧城市各企业已建管理与应用系统(或企业 ERP 系统)和城市级“一级平台”以及区县政府信息化电子政务平台和各业务级“二级平台”的互联互通、数据共享、数据交换、可视化信息(如监控图像)的调用和交换以及网络页面的超链接。

5) 展现层

通过企业服务平台门户网站,为国内各企业提供共享应用系统服务(云服务方式)、社会服务、商业电子商务、“一网式”共享服务、“一线式”政府服务、“一站式”电子商务、物流配送等服务。企业用户通过计算机浏览器、移动终端和手机都可以得到上述的企业应用系统共享服务、政府信息化政务服务和商业电子商务及物流配送等服务功能。

企业服务平台的安全体系应按照政府信息化电子政务安全体系统一部署。

7.20.4 智慧企业服务平台技术应用

智慧企业服务平台属业务级“二级平台”,企业服务平台应以与智慧城市技术应用的衔接为原则,建立企业服务信息与服务集成云计算中心。采用云计算技术,满足服务平台总体结构的要求,构建服务平台。通过云计算 SaaS、PaaS、LaaS 的核心应用,同时整合 MSP(管理服务提供商)和 BI(商业智能服务),实现企业管理与政务服务、社会服务、商业服务的功能集成和业务协同。

企业服务平台所集成的各企业管理和生产信息化应用系统,应采用支撑浏览器/服务器(B/S)和客户机/服务器(C/S)相结合的计算机系统结构模式,并且各应用系统应支持互联网和控制网络(物联网)的传输方式。提供 Web 服务,实现基于浏览器和网页超链接的方式调用、显示、查询各级应用系统相关数据和表单。

1. 企业服务平台云计算技术应用

企业服务平台提供各企业在日常事务管理和生产及企业运营中要处理的大量信息和数据,面对如此繁重的数据处理,如何快速和便捷地处理这些信息和数据,为用户提供基于网

络化的运行环境和服务呢？通过基于分布式计算的云计算技术，以用户为中心能较好地解决这个问题。云计算在聚合各种企业管理与服务软硬件资源、降低企业信息化应用的基础设施投资、减少平台维护成本、提高系统性能等方面优势日益明显，各类云计算应用蓬勃展开并深入发展。

2. 企业服务平台云服务的特点

企业服务平台以数据为中心。数据是云服务最主要的方面，云服务依托分布式数据处理技术，有效地解决当前网络中海量信息的检索、存储和管理等问题，数据变得更加智能化。智慧企业服务平台云服务中心可以覆盖全市所有企业，甚至包括城市周边地区。云服务具有更安全、更便利的特点，以企业用户为中心，用户是云服务的对象，让数据和服务围绕着企业用户。企业只要明白需要什么，剩下来的事情就交给企业服务平台云服务中心就好了。

3. 企业云服务的优势

企业服务平台提供可靠、安全的数据存储中心。企业用户可以将数据存储在云服务中心，不用再担心数据丢失、病毒入侵的麻烦。由专业团队来管理信息，同时严格的权限管理策略可以帮助企业用户放心地与指定的企业部门和个人共享数据。这样企业用户就可以享受到最好、最安全的服务，快速、便捷的云服务。所有企业应用系统，如政务信息、政务服务、网上申报与注册、企业财务管理、企业客户关系管理、企业人事管理、企业销售管理、企业电子商务、企业物流配送等一系列应用系统、应用软件和服务部署于云服务中心，使得企业应用起来既方便又快捷。应用系统置于云端，无须下载，可动态升级。企业只需要一台联上网络的计算机、智能手机、移动终端，就可以随时随地获取企业的云服务。在经济效益方面，企业不用购买用于应用的服务器和数据存储设备等昂贵的硬件设备，通过云服务中心的云端设备，就能方便地构建起企业自身的信息化应用平台，无论从硬件还是软件上都能达到企业效益的最大化和超强的计算能力。云服务中心各应用服务器可以形成一个超强的服务器集群体系，为用户提供强大的计算和数据处理能力，而这些在企业独立应用的个人电脑上是根本无法实现的。

4. 信息互联互通和数据共享交换技术应用

企业服务平台信息互联互通和数据共享交换技术应用支持信息的自动采集、动态更新、自动分类，以安全共享的方式汇聚政府政务、社会服务、商业电子商务及物流配送等服务，并为所有接入企业服务平台的企业提供综合信息服务。除了支持实现信息与系统集成外，还支持政府跨部门（工商、税务、交通、公安等）、跨平台应用。

第八章　智慧城市建设项目实施

8.1　智慧城市建设项目实施指导方针

从智慧城市建设指导原则出发，在充分考虑智慧城市的实际需求的基础上，同时以系统工程的观点考虑智慧城市建设实施的指导方针。智慧城市建设指导方针主要体现在以下几个方面：

1. “从顶层自上而下”编制项目实施方案

考虑到智慧城市是一个城市级的众多业务应用平台和综合信息集成的超大规模的信息化系统工程，因此必须遵循从“顶层”进行实施方案的编制和系统的设计，包括整个智慧城市的信息互联互通、数据交换和数据共享应用平台的体系架构，实现城市级各业务应用平台和系统的集成、城市综合管理和公共服务信息的交互、城市级综合数据的共享以及应用功能的协同等。

在对城市信息化现状和发展需求充分调研与分析的基础上编制《智慧城市项目实施方案》。实施方案的编制要充分结合可行性分析对智慧城市系统工程实施的难点、特殊性和风险性、对策和策略的分析研究。智慧城市建设工期(包括近中远期)、智慧城市“一级平台”实施规划、智慧城市各业务应用平台实施规划、智慧城市项目实施保障措施、智慧城市近中远期建设实施内容及预算等方面的内容。

坚持智慧城市系统工程设计一步到位的思想和智慧城市工程项目分步实施的原则。充分发挥城市已建网络和信息化系统的现有资源，着重在信息互联互通、数据交换和数据共享方面进行完善和提升，使得智慧城市早日见到成效。

2. 建设城市级信息互联互通平台是关键

城市级信息互联互通平台建设的指导原则就是通过整合城市范围内的城市综合管理、公共服务、城市监控基础信息等，利用可视化、网格化的管理模式，面向应用集中管理，同时面向各行业和部门的使用者提供信息资源的浏览、显示、查询、检索、定位的服务平台，并在规定的安全机制下，通过交换体系获得信息资源，向使用者提供数据访问服务。

建立城市级数字化应用一级平台是实现智慧城市业务级应用平台(城市“二级平台”)系统集成、城市综合管理和公共服务信息交互、城市级综合数据共享以及应用功能协同的基础平台。只有建立城市级数字化应用一级平台才能消除各业务应用系统间“信息孤岛”的现象。

智慧城市城市级应用一级平台建设背负着重要的战略使命。“一级平台”的建设不仅要满足政府部门办公的需求，同时还要起到拉动城市各部门信息化发展的作用。通过城市级

数字化应用一级平台的建设，可以大大提高政府部门信息化应用的水平，大大提高城市综合管理和公共服务的能力。“一级平台”建设的重点是对智慧城市信息资源的整合和可视化管理。“一级平台”技术应用的选择要求全面性、先进性、前瞻性。从多方面、多角度结合本地区信息化发展的实际情况进行综合设计，应充分结合中国信息化发展和当前的形势来选择合适的技术应用平台。“一级平台”整体技术路线实施思路应采用J2EE与.NET兼容的体系架构，以符合国家智慧政府标准体系，采用网络化分布式Web Service技术、XML数据交换技术、SOA业务整合技术以及基于GIS的可视化技术。

3. 编制智慧城市建设规范和实施细则是根本

智慧城市建设项目实施前期应及时制定和编写信息化、数字化、信息化系统平台之间信息互联互通和数据交换与共享的标准和实施规范。制定标准体系是实现智慧城市信息共享的关键。各级城市政府以及建设行政主管部门在智慧城市建设中应贯彻执行国家(地方)标准规范。在国家数据标准体系尚未完善的情况下，建立完善地方标准体系来满足智慧城市发展的需要，并作为对国家标准的补充。应建立一套与国际标准兼容、与国家标准相统一的地方标准，如《智慧城市建设指南》《智慧城市信息互联互通与数据共享规范》《智慧城市智能建筑实施要求与管理规定》《智慧城市智能建筑系统工程实施细则》《智慧城市智慧社区实施要求与管理规定》《智慧城市智慧社区系统工程实施细则》，以及城市各业务行业数字化与智能化技术应用的要求、规范和标准。建立智慧城市技术应用标准与规范体系是智慧城市建设与实施最根本的工作。

4. 优先启动社会民生服务项目

在智慧城市总体规划中，应优先启动为民、利民、便民服务的数字化系统工程，落实智慧城市实施的重点项目，例如：社会民生服务、社会保障、城市市民卡、智慧社区、医疗卫生、教育文化、智慧城管、应急指挥、智能交通、公共安全、智慧政府公共服务等信息平台及应用系统的建设。深入进行需求分析，坚持一切从本城市的实际出发，要从政府在城市管理和公共服务方面最薄弱的环节入手，从群众最迫切需要解决的问题入手。求真务实地对实施项目进行调研和考察，与具有突出工程案例和技术实力的系统集成商进行深入的技术交流，为政府领导实施智慧城市建设、科学决策提供充分的依据。

8.2 智慧城市建设项目实施保障措施

1. 政策保障

与智慧城市相关的政策法规包括国家和地方两个层次。国家法规包括两级：一是由国务院制定和颁布；二是由国家相关各部委办局制定发布的。在内容上涉及与智慧城市应用技术相关各行业信息的技术政策，以及信息、网络、通信、电视广播等方面的管理规定与安全规定。各部委办局制定的政策法规还包括建设领域内的信息产业政策和技术政策，这些政策对智慧城市建设有最直接的指导意义。如国家建设部信息化工作领导小组办公室2004年7月公布的“智慧城市示范工程技术导则(试行)”就对智慧城市规划、设计与发展起了一个较科学的导引。

地方性法规是地方政府和行政主管部门在执行国家政策法规的基础上，结合地方和行业的实际情况制定的，包括信息、网络、通信的地方管理规定和安全规定，以及建设行业内外的相关技术政策和产业政策等。在建设智慧城市的实践中,逐步出台一系列信息化规范性文件,以加强城市信息化在统一规划、管理、监督与指导等方面的职能,以前瞻性、战略性、专业性的要求,推进智慧城市的建设,保证了智慧城市项目的建设质量,从而发挥最大的效益。

2. 标准保障

标准体系保障是实现智慧城市信息共享的关键。各级城市政府以及建设行政主管部门在智慧城市建设中应贯彻执行国家(地方)标准规范。在国家数据标准体系尚未完善的情况下,应建立完善地方标准体系来满足智慧城市发展的需要,并作为对国家标准的补充。可建立一套与国际标准兼容、国家标准相统一的地方标准,如《智慧城市建设指南》《智慧城市信息互联互通与数据共享规范》《智慧城市智能建筑实施要求与管理规定》《智慧城市智能建筑系统工程实施细则》《智慧城市智慧社区实施要求与管理规定》《智慧城市智慧社区系统工程实施细则》,以及城市各业务行业数字化与智能化技术应用的要求、规范和标准。建立智慧城市技术应用标准与规范体系是智慧城市实施的重要保障体系之一。

3. 组织保障

1）建立智慧城市建设领导小组

成立智慧城市建设领导小组,从战略全局的高度出发,统筹规划,科学决策,协调管理,稳步推进。领导小组要有由市领导亲自挂帅,组织相关职能部门主管领导参加,对智慧城市信息化建设的统一领导、协调和指导,这是智慧城市建设成败的核心保障。

2）加强各部门协调配合

要加强各部门之间的统一协作,根据项目重点任务,整体协调、分步组织实施。智慧城市建设是一项跨部门、跨门类、开放而复杂的系统工程。它牵涉到与城市的各行各业,牵涉到组织机构、管理体制和工作方法等一系列深层次问题,也牵涉到城市管理和规划体制的重大变革,还要投入大量的人力、物力、财力。为了保证这项巨大工程的合理规划和稳步实施,必须在政府的统一领导下,采取一系列有效的组织措施,包括各种企业、事业单位及广大市民的参与才能顺利完成。

3）建立科学考核制度

建立项目实施的考核监督体系,实时对项目建设的进度进行跟踪监督和协调服务。

4. 资金保障

智慧城市建设工作需要大量的资金投入,才能保证其健康快速发展。在当前和将来的一段时期,政府投入是主要的,但是单靠政府财政资金是远远不够的,需要多元化的投融资,以解决建设资金缺乏的问题。

1）建设资金实行统一管理

规划期间,由市级发改委和财政局每年安排定量的信息化专项资金的财政投资,通过制定和下达年度信息化项目投资计划,建设一批重点信息化项目。信息化专项资金由市信息办提出具体安排意见并督查实施。各县区要将政府和公益性服务的信息化建设资金纳入本级财政预算。

2）构建多元化投融资机制

信息化建设的资金单靠政府财政是远远不够的,需要多元化的投融资,可采用银行贷款、企业融资、信息化网络和数据中心设备租赁,IT 项目系统工程合作建设与经营等方式,以解决智慧城市建设资金缺乏的问题。具体方法是:

(1) 申请国家开发银行的贷款,加大信息化投资力度。

(2) 积极向国家发改委、信息产业部、科技部等上级部门申报项目,争取经费支持。

(3) 拓宽信息化资金筹措渠道。引入市场机制,改善投资环境,鼓励和引导具有管理、技术和资金优势的企业(如电信、移动通信公司、大型信息化软件开发和设备制造厂商等)、社会机构参与智慧城市建设项目投资或提供运行维护服务,允许通过合理收费方式获得投资经营和委托服务收入。对依法开放的政府信息资源和社会服务公益性信息资源,采取政府引导、社会参与、市场运作的模式,引进国内外资金,大力开发和推动信息化增值服务应用,提高经济和社会效益,用以回收投资,补偿投资成本。

3) 完善信息化投资管理体制

健全决策、投资、监管相分离的投资管理体制,把日常的信息化投资纳入预算,加强信息化资金的监督和审计。加强项目审批、建设实施、检查验收、运行管理、审计、风险等过程管理,保证项目建设质量和效益。实行项目责任制,建立信息化工程的绩效评估和考核制度,切实提高资金使用效益。

5. 技术保障

智慧城市的建设是一项庞大而复杂的系统工程,它的实现有赖于高速计算、高速传输、海量存储、异质异构数据管理等这些关键技术的实现;有赖于信息化、网络化、数字化、自动化、智能化等现代信息科学技术的整合和利用。这些高技术的支撑,是智慧城市的坚实基础。

要在智慧城市系统中采用成熟、先进、可靠及适度超前的现代信息技术。把在国内外先进的云计算技术、系统与信息集成技术、地理空间信息与可视化技术移植到智慧城市建设中来。

重视数据、分析数据、利用数据是智慧城市建设的一项十分重要的工作。智慧城市的支撑技术体系包括数据获取技术、数据传输技术、数据存储技术、数据处理技术、数据应用技术等。在智慧城市建设过程中,需要利用和涉及大量的技术数据,这些数据基本上涵盖城市规划、建设、管理、服务及社会经济发展的各个层面和各个环节。没有数据作为基础,智慧城市的建设就是不切实际的空中楼阁。

6. 人才保障

重视信息化人才的引进和培养工作,完善人才管理机制,落实各项人才政策,创建良好的人才发展环境。积极开展多渠道、多层次、多形式的计算机技能培训,强化各级公务人员的信息化意识和责任,为加快推进智慧城市建设提供有力的人才保障。

实施智慧城市不仅要领导重视、部门配合、社会认同,更重要的是要有长期的人才保障计划。首先,要长期利用好国家级的信息化方面的专家学者,本着"不求所有、但求所用"的原则,发挥好专家学者在实施智慧城市过程中的决策和咨询顾问的作用;其次,大力培养当地信息化方面的应用人才,充分利用专家资源,开展数字化与智能化技术人才培训的工作,组织各种类型的培训班和研讨班,不断提高各级领导、干部、群众和社会层面对信息化的知识和应用水平;有计划地引进信息化方面的专业人才,将其逐步培养为实施智慧城市的技术骨干力量。把培养选拔专业人才作为信息化工作的重中之重,努力营造用好人才、吸引人才和培养人才的浓厚氛围。

8.3 智慧城市建设项目实施组织与管理

8.3.1 项目实施组织

智慧城市建设项目组织机构由领导与管理机构、建设实施机构及运行运维机构三部分组成,其架构图如图 8.1 所示。

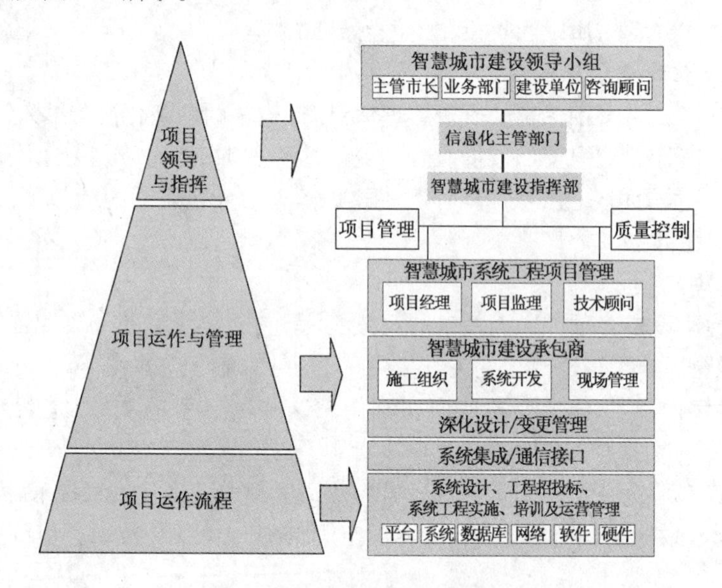

图 8.1 智慧城市建设管理组织架构

智慧城市是一项长期性的系统工程,加快实施智慧城市的进程,组织协调工作至关重要。首先,市政府将智慧城市作为“一把手工程”,成立智慧城市领导小组,由主管市长任组长,市委、政府其他相关领导任副组长,市直接相关部门、建设单位负责人为成员。第二,组建成立政府一级部门“智慧城市建设指挥部”,负责智慧城市建设的日常工作。第三,建立智慧城市建设项目管理制度,加强协调配合工作。全市各部门、单位和企业要在市智慧城市建设领导小组和加快实施智慧城市项目领导小组的统一领导与组织协调下,确定智慧城市主管人员建立完善的工作组织体系,明确任务,通力合作,形成上下齐力、部门联动的良好格局,确保智慧城市建设的顺利进行及全市信息化建设的同步推进。

8.3.2 系统工程管理

智慧城市系统工程管理主要由建设指挥部负责实施,并协调项目管理公司、系统工程承包公司和技术顾问协同工作。其主要职责如下:

1. 项目管理

由专业的项目管理公司负责智慧城市系统工程项目的管理,管理的内容主要涉及协调系统工程承包商、工程监理、技术专家的工作,以控制工程质量、工程质量、工程进度为管理目标。项目管理的内容主要是系统工程实施过程中关键节点的控制,如承包商施工组织方案审查、深化设计审核、设计变更和洽商、配合监理进行软硬件设备进场验收、确定系统验收

规范、系统竣工验收、系统培训与维护管理等。对系统工程实施项目阶段计划进度、计划成本、计划质量进行控制与管理，在项目进行中的不同阶段，通过技术专家或顾问参与项目的咨询和顾问的工作，在深化设计审核、设备及产品性能确认、软件开发、系统验收时提供专家意见或建议。

2. 项目实施

承包商在智慧城市建设指挥部的领导和指挥下，按照甲乙双方所签合同的约定，进行系统深化设计、系统软件二次开发、系统设备及软件产品安装调试、系统初步验收、系统试运行、系统竣工验收、系统技术、操作与维护培训、系统运行维护保养、系统性能提升与功能扩展等。监理公司遵循国家有关项目监理条例和规范，对项目履行工程监理的职责。

8.3.3　项目建设分工与责任

智慧城市主要有四个方面的组织参与建设：建设方（政府相关部门）、项目承包方、工程监理方和技术咨询顾问方，各方的关系和职责如下：

1. 建设方

作为项目建设出资方，承担项目建设的风险，负责领导、指挥、审查、确认、监督和协调性的工作。

2. 项目承包方

负责完成项目的总体开发、实施和最终交付。根据招标要求制定项目实施方案和实施计划，在建设方的领导下，控制项目实施总体进程，确保项目按质按期完成。项目承包方的技术负责人与现场工程师对于项目进行整体把握与控制，从而规避项目风险。

3. 工程监理方

受建设方委托对系统建设进行监理工作。监理的主要工作角色总结起来就是“三监理、四控制、三管理、一协调”。其中“三监理”指在项目准备、实施、验收三个阶段的监理；“四控制”指质量控制、投资控制、进度控制、变更控制；“三管理”指合同管理、安全管理、信息管理；“一协调”指监理站在中立的立场协调建设方和各承包商的工作。

4. 技术咨询顾问方

技术咨询顾问方受建设方的委托，为建设方承担对项目的技术方案与设计图纸的审查、对设备及产品性能的确认、软件开发、配合监理进行技术与产品变更确认、为系统验收提供专家意见或建议。技术咨询顾问方应站在建设方的立场上，维护建设方的利益。技术专家所提供的意见是智慧城市建设项目过程中的重要依据和指南。

8.3.4　项目管理制度

1. 项目会议制度

1）监理例会

项目监理方定期召开监理例会讨论项目进度。会议由项目业主方项目负责人、承建方项目负责人、监理方、各专项任务单位项目负责人、相关用户单位代表等参加。项目经理在会上报告项目状况并提交书面项目进展报告。会议将审查项目进度，沟通问题，协调工作，并根据项目实际进度情况决定计划的调整和对后续工作的安排。会议应形成正式会议纪要并发给与会人员签收。

2）项目专家论证会

由项目首席技术专家负责召集，组织建设方、承包商和工程监理参加。旨在对项目重大技术事项，如技术方案和设计图纸审查、技术和产品变更、系统验收规范确认等进行论证。项目专家论证会通常不定期召开。

3）工程例会

项目管理或总承包商负责召集各系统工程分包商和软硬件产品供应商进行定期的工程例会，通常每周召开一次。通常由项目经理召集，总承包商、分包商、设备供应商、工程监理等在工地现场的负责人及建设方代表参加，如有必要技术咨询顾问也可参加。

4）专题讨论会

建设方和承包商可根据工程中出现的问题或需要多方协调的问题，召集各方参加专题讨论会，以便对某些专门的问题进行讨论、协商并取得一致的意见。专题讨论会不定期举行。

2. 工程会签制度

通常在以下情况，需要工程项目参与各方在工程文件上进行会签，确认文件的内容。

(1) 工程会议纪要，需参加各方代表会签。

(2) 由工程监理方提交的每周工程进度告，需建设方、承包商、技术咨询专家会签。

(3) 工程项目经理在工程实施过程中遇到问题时，通过电话、传真或电子邮件等方式与建设方、工程监理方、技术专家进行沟通或汇报的书面文件，传阅各方应会签。

3. 项目重大事项告知

项目重大事项是指项目范围的重大变更，或项目实施过程中的重大问题，比如项目重大延期、合同终止、设计颠覆性变更、重大事故等。项目重大事项发生后，应及时通过当事方以书面的方式通知项目参与的其他各方，必要的时候采取专题会议的形式进行决策，会议由建设方召集，参加人员包括：建设方、项目承包商、工程监理方、技术咨询专家等负责人。

8.4 智慧城市建设项目运行管理

8.4.1 系统运行机构

智慧城市所涉及的建设内容在建成后的运行维护工作归智慧城市信息化委员会负责。具体工作由其下设的智慧政府中心、城市信息化管理中心及城市市民卡服务中心三机构各自承担相关运行运维工作。

1. 智慧政府中心运行职能

(1) 负责全区计算机网络的安全监管工作，组织、指导和管理计算机病毒防范及安全认证工作。

(2) 负责全区各部门互联网接入服务、互联网信息服务及应用服务的管理工作。

(3) 负责智慧政府专网、城域网的建设、运行和维护工作。

2. 城市信息化管理中心运行职能

(1) 为城市管理、应急指挥实现数字化提供技术平台。

(2) 负责城市管理中出现的问题的现场信息和处理信息的采集、分类、处理与报送，随

时掌握城市管理现状、出现的问题和处理情况。

(3) 对城市管理实时全方位、全时段的实时监控。

(4) 负责城市管理信息传递系统、处理系统的日常维护与管理，建立城市管理工作电子台账，实施信息管理。

(5) 负责本中心各类业务信息系统的维护和管理。

8.4.2　人员配置

智慧城市信息管理中心设综合办公室、数字化与智能化建设项目规划审批室、信息化应用推进室，配置 4～5 人。下设的智慧政府中心、城市信息化管理中心、城市市民卡服务中心编制需配置 7～8 人。智慧城市具体技术性运维工作将采取服务外包的形式解决。

8.5　技术培训

8.5.1　培训对象

培训对象为有关政府机构工作人员、系统管理人员、城市管理人员、物业管理人员及智慧城市建设项目承建单位技术人员。

1. 政府机关领导

通过培训，使领导能掌握其日常工作所用系统各功能模块的使用。

2. 政府工作人员

令使用各应用系统的政府机关普通工作人员通过培训，能掌握其日常工作所用系统各功能模块的使用。

3. 系统管理人员

培训涉及相关硬件设备的日常维护、故障排除等内容。通过培训，令系统管理人员掌握系统的基本维护和日常管理工作，当系统出现一般性问题时，能及时解决问题，不影响系统的使用；熟悉掌握应用系统的使用，熟悉业务，对系统软件及应用系统进行管理，能在系统使用上给其他工作人员以帮助；具有系统维护的能力。

8.5.2　培训内容

人员培训的目的是为了使培训对象了解、掌握本系统所涉及的各种技术和设备，更有效和更全面地应用、管理系统。对于一般工作人员，要求其能灵活操作、使用系统；对于系统管理人员和技术人员，要求其能够独立操作、分析、判断、解决系统一般性问题。

各项培训的内容和目的如下：

1. 管理培训

信息系统作为一把手工程，需要为各级领导提供多层次、全方位的交流，使其对系统有更深刻的认识，积极参与，并主动带头使用，促进内部工作人员不断使用系统。对领导进行培训时除要完成必要的使用培训外，更多的是与领导进行沟通，充分了解各级领导对系统提出的要求，并将这种要求贯彻到系统的建设过程中。

2. 技术培训

智慧城市涉及的系统部署形式为集中与分布相结合，由于业务系统最终运行在城市各区级运营中心及企业内部，对技术人员的培训应针对不同的对象采取不同的培训方案。培训目的是通过相关技术培训使得技术人员对系统有比较深入的了解，以便能够自主完成对系统的日常维护工作，并在需要的时候，可以在系统的标准体系框架下，开发新的系统模块，丰富系统的功能。技术培训效果的好坏直接影响未来系统的使用效果。技术培训面向负责系统运行维护的相关技术人员，重点是产品平台的管理、数据库管理、网管软件使用及系统日常维护工作。

3. 操作培训

针对系统操作人员和系统主要使用人员的培训。在系统管理工作中，系统操作只是其中的一个方面，还需要对系统进行日常的配置管理和定制管理，如系统中的工作流程、网站的栏目内容修改等工作，都会由用户方的系统操作人员来完成。设立“应用系统部门管理员”的岗位，由各部门中对操作流程比较清楚、日常工作与系统关系较为紧密的人担任，做到系统运行操作负担的有效分担，以提升系统的应变力，使其更适应最终业务部门的使用要求。针对智慧城市所涉及各部门的“应用系统部门操作员”，培训重点内容是系统的操作方法、操作流程和操作技巧以及日常问题的处理，使其充分掌握系统的操作方法，能够在系统的运行过程中自主地进行操作、配置和处理，减轻信息部门的维护负担，提升使用部门的信息系统的自主意识。同时配合制定相关制度，使他们成为智慧城市各级平台及应用系统操作和使用的专业人才。

4. 维护培训

面向智慧城市各级平台及应用系统运行维护人员的培训。系统维护是一个技术性很强的工作，参加维护培训的人员应对信息系统、数据库系统等具有一定程度的知识和应用能力。维护培训的重点是系统的工作原理、系统的结构和软硬件组成、系统软硬件的安装和调试，以及对一般出现的故障问题可以独立地排除和修复。

8.5.3 培训方式

培训采用集中培训、现场培训、发放教材自学等相结合的方式。

1. 集中培训方式

对系统管理员、系统操作人员和系统维护人员开设集中技术培训课程。培训重点是系统的管理、运行和操作，由专业教师授课，并通过培训考核，颁发培训合格证书。

2. 现场培训方式

重点针对系统操作和维护人员，通过在现场的工程施工和系统工程验收，深层次地掌握系统组成、设备和软件产品的安装、技术性能、系统操作、系统维护、系统故障检查等。

3. 教材自学方式

提供智慧城市系统工程技术手册，详细说明各级平台及应用系统的工作原理、系统结构、技术应用、实现功能、系统运行及维护。系统管理、操作、维护人员可以通过教材的自学进一步掌握智慧城市相关技术知识。在自学中发现不能理解的问题时可以向系统承包商、系统设备供应商、培训专业教师请教和学习。

8.6 智慧城市建设周期

智慧城市建设规划总工期约为3～4年时间,可分为1～3期工程来实施。智慧城市是一项复杂的系统工程,其建设周期跨度较大,任务繁重,涉及面广。因此智慧城市建设必须有步骤、分阶段地进行,建设目标相应地分为近期目标、中期目标和远期目标。根据城市信息化现状,智慧城市建设需要3年左右的时间完成。

8.6.1 一期工程(1年时间)

1. 一期工程实施要点

智慧城市一期工程建设利用1年左右时间,整合基础数据与信息,基本建成城市级“一级平台”和数字机房信息化基础设施,以及与民生密切相关的业务级“二级平台”和应用系统。力争智慧城市建设1年见成效,同时为智慧城市的可持续发展打好基础。

2. 一期工程建议实施内容

(1) 智慧城市城市级“一级平台”。

(2) 智慧城市城市级数据中心机房(云计算中心)。

(3) 智慧城市市民卡平台(集成社保、银行、公交、电子钱包、居住)。

(4) 智慧社区服务平台(集成社区管理、智能建筑、智能小区、智慧交通)。

(5) 智慧城市社会民生服务平台(集成公共服务、社会服务、商业服务)。

(6) 智慧城市电子商务服务平台(集成电子商务、物流、第三方支付)。

(7) 智慧政府平台(集成行政管理与公共服务)。

(8) 智慧“大城管”平台(集成应急、安全、交通、节能、设施)。

3. 一期工程实施步骤

(1) 智慧城市总体规划。

(2) 智慧城市数字化系统工程发改委立项。

(3) 智慧城市一期工程数字化系统设计。

(4) 智慧城市一期工程数字化系统招标文件编制。

(5) 智慧城市一期工程数字化系统招投标。

(6) 智慧城市一期工程数字化系统工程实施。

(7) 智慧城市一期工程数字化系统工程管理。

(8) 智慧城市一期工程数字化系统工程验收。

(9) 智慧城市一期工程数字化系统技术培训。

(10) 智慧城市一期工程数字化系统运行管理。

8.6.2 二期工程(1年时间)

智慧城市二期工程建设是在一期目标实现的基础上,再用1年左右的时间,着重建设在城市管理和社会服务领域内的业务级应用平台。初步建立智慧城市,实现政府信息化、城市信息化、社会信息化、企业信息化,成为国家智慧城市的示范城市。

二期工程建议实施内容如下:

(1) 智慧城市节能减排管理平台(集成环境、建筑、交通、企业、公共设施)。
(2) 智慧城市基础设施管理平台(集成城市管理、应急指挥调度、建筑、社区)。
(3) 智慧城市中小企业服务平台(集成企业 ERP、企业电子商务与物流)。
(4) 智慧城市公共安全管理平台(集成报警、视频、卡口、建筑、社区)。
(5) 智慧城市智能交通管理平台(集成交管、公交、出租车、地铁、轻轨)。
(6) 智慧城市应急指挥调度平台(集成公安、交通、设施、建筑、社区)。
(7) 智慧医疗服务平台(集成卫生、医疗、社区)。
(8) 智慧教育服务平台(集成教育、学校、培训)。
(9) 智慧房产服务平台(集成房产、物管、交易)。

8.6.3 三期工程(1 年时间)

智慧城市三期工程建设是在初步实现智慧城市建设目标的基础上,再利用 1 年左右的时间,逐步完善智慧城市各级业务平台及应用系统的运营和管理。充分发挥智慧城市在政府服务、城市管理、民生服务、企业服务方面的功能和效益,实现中共中央办公厅、国务院办公厅在《2006—2020 年国家信息化发展战略》中提出的国家信息化目标。开展无线城市和物联网建设,建立智慧城市"云计算中心"、"数据资源中心"、"技术培训与演示中心",为进一步打造智慧城市打下基础。

三期工程建议实施内容如下:
(1) 城市无线网络平台(集成互联网、电子政务外网、有线电视网、物联网)。
(2) 城市物联网络平台(集成公共视频网、互联网、智能建筑及智能小区专网)。
(3) 智慧金融服务平台(集成银行、证券、保险、商务、市民卡)。
(4) 智慧旅游服务平台(集成旅游管理、景点、交通、酒店、餐馆、影剧、娱乐)。
(5) 智慧城市技术培训与演示中心(集成展示智慧城市、智慧社区、智慧建筑、智慧家庭)。

8.7 智慧城市投资估算

8.7.1 智慧城市投资估算说明

智慧城市投资估算是根据以往参与智慧城市项目的经验而编制,智慧城市投资需遵循投资控制的原则要求。通常通过智慧城市总体规划提供总体投资概算,在各业务平台及应用系统深化设计后提供投资预算。

8.7.2 智慧城市投资控制原则

智慧城市三期工程投资控制应遵循以下原则:
(1) 采用统一的智慧城市顶层规划和各业务平台及应用系统的深化设计。
(2) 采用统一的信息互联互通与数据共享交换标准,以及系统集成通信接口协议。
(3) 建设一体化的城市级"一级平台"和城市级数据中心(云计算中心)。
(4) 采用业务平台及应用系统硬件集成方式。

(5) 采用统一业务平台及应用系统软件开发,避免多头重复开发。实现业务平台及应用系统信息互联互通和数据共享交换。

8.7.3　智慧城市三期投资总估算

(1) 智慧城市三期工程投资总估算

智慧城市建设项目分为三期工程实施。可根据编制单位以往参与智慧城市项目的情况,对智慧城市(地、县级城市)建设项目进行投资总估算。例如,智慧城市建设项目投资总估算为 47 750 万元人民币,其中:工程及服务总估算费用为 44 450 万元,项目不可预见费为 3 300 万元;一期工程投资估算为 20 450 万元(已包括工程不可预见费),二期工程投资估算为 16 000 万元(已包括工程不可预见费),三期工程投资估算为 11 300 万元(已包括工程不可预见费)。

(2) 智慧城市三期工程投融资比例

根据编制单位以往参与智慧城市项目的情况确定。通常政府投资占 40%,融资占 30%,企业合作增值服务占 30%。

1. 智慧城市一期工程投资估算

表 8.1 举例列出了智慧城市一期工程投资估算清单。

表 8.1　智慧城市一期工程投资估算清单

序　号	平台名称	投资估算(万元)
1	一期工程管理及服务费	300
2	一期工程专家咨询顾问及评审费	200
3	智慧城市可行性研究与总体规划	150
4	一期工程业务平台及应用系统深化设计费	500
5	智慧城市城市级“一级平台”	1 800
6	智慧城市城市级数据中心(云计算中心)	2 500
7	智慧政府平台(提升、完善、互联)	1 000
8	智慧“大城管”平台	2 500
9	智慧社区服务平台	1 500
10	智慧城市市民卡平台(可由合作银行融资)	3 000
11	智慧城市电子商务服务平台	1 500
12	智慧城市社会民生服务平台	1 500
13	综合信息基础网络建设(完善)	1 500
14	一期工程业务平台及应用系统硬件集成	1 000
15	工程不可预见费	1 500
合计		**20 450**

2. 二期工程投资估算清单

表 8.2 举例列出了智慧城市二期工程投资估算清单。

表 8.2 智慧城市二期工程投资估算清单

序 号	平台名称	投资估算(万元)
1	二期工程管理及服务费	500
2	二期工程业务平台及应用系统深化设计费	500
3	智慧城市节能减排管理平台	1 500
4	智慧城市基础设施管理平台	1 500
5	智慧城市中小企业服务平台	1 500
6	智慧城市公共安全管理平台(提升、完善、互联)	1 500
7	智慧城市智能交通平台(提升、完善、互联)	1 500
8	智慧城市应急指挥调度平台(提升、完善、互联)	1 500
9	智慧医疗服务平台	1 500
10	智慧教育服务平台	1 500
11	智慧房产服务平台	1 000
12	二期工程业务平台及应用系统硬件集成	1 000
13	工程不可预见费	1 000
合计		**16 000**

3. 三期工程投资估算清单

表 8.3 举例列出了智慧城市三期工程投资估算清单。

表 8.3 智慧城市三期工程投资估算清单

序号	平台名称	投资估算(万元)
1	三期工程管理及服务费	500
2	三期工程业务平台及应用系统深化设计费	500
3	城市无线网络平台	2 000
4	城市物联物网络平台	2 000
5	智慧金融服务平台	1 500
6	智慧旅游服务平台	1 500
7	智慧城市技术培训与演示中心	1 500
8	三期工程业务平台及应用系统硬件集成	1 000
9	工程不可预见费	800
合计		**11 300**

8.8 智慧城市信息化系统工程项目后评估

8.8.1 概述

信息化系统工程项目后评估是对已完成项目的信息化系统工程总体规划目标、信息化系统工程设计要求、信息化系统技术应用和实现功能、信息化系统工程执行过程、效益及效

果所进行的系统的、客观的分析。通过对本项目活动实践的检查,对照本项目总体规划方案和最终设计文件评估本项目预期的目标是否达到,项目是否合理有效,项目的主要效益指标、系统技术应用和实现功能是否实现。通过分析评估找出成功和失败的原因,总结经验教训。通过及时有效的信息反馈,为未来新项目的决策和提高、完善投资决策管理提供经验,为本项目实施运营管理中出现的问题提供改进意见,从而达到提高投资效益的目的。

信息化系统工程项目后评估通常在本项目竣工验收以后,项目进入运营管理阶段一段时间以后进行(一般在运营管理6个月后)。

信息化系统工程项目后评估具有以下意义:

(1) 提供对业务平台及各应用系统的改进和提升意见。

(2) 提供对信息化系统运营管理的改进和提升意见。

(3) 为编制《信息化系统技术提升与功能扩展预案》的可行性提供依据。

(4) 可保证信息化系统长期稳定正常运营。

(5) 提供可供借鉴的经验和教训。

8.8.2　信息化系统工程项目后评估特点、内容与方法

1. 项目后评估特点

信息化系统工程项目后评估具有一般项目评估的现实性、公正性、全面性和反馈性的特点,同时具有IT信息化项目后评估的技术综合性、复杂性、可持续性等特点。对于信息化系统工程项目后评估应采用综合的方法对系统实现目标的完成程度以及所产生的效益和效果进行评估。通常建立一个综合评价模型,采用比较法、指标法、列表法进行,以直观和现实的数据、内容、要求进行多种因素的整体效能比较。

信息化系统工程项目后评估具有以下特点:

(1) 评估本项目是否实现预期的信息化系统工程总体规划目标。

(2) 对本项目是否到达预期信息化系统设计的技术应用和实现功能要求,采用比较法和列表法,按各应用系统技术应用和功能进行量化分析,以百分比的方式表示已实现的程度。

(3) 评估信息化系统集成是否实现预期的信息互联互通和数据共享交换的要求,是否可以满足本项目管理与运行的要求。

(4) 评估本项目系统工程决算是否在预期预算的控制范围内,采用量化分析。

(5) 提供对本项目的改进和提升意见。

2. 项目后评估内容

1) 本项目信息化系统工程竣工验收

(1) 本项目竣工验收文件。

(2) 本项目竣工决算资料。

2) 本项目效能程度的后评估

(1) 本项目总体规划目标评估。

(2) 本项目信息化系统实现技术应用与功能程度评估。

(3) 本项目信息化系统工程成本控制程度评估。

(4) 本项目实施全过程合理性评估。

3. 项目后评估程序

(1) 确定本项目后评估内容。

(2) 收集和整理本项目后评估相关数据和资料。

(3) 本项目后评估咨询顾问专家的选择。

(4) 对本项目后评估各项内容进行量化或定性分析。

(5) 编写本项目后评估报告。

(6) 本项目后评估报告评审。

4. 项目后评估方法

1) 定性法

"定性法"也称为"多准则评估法"。通常对信息化系统工程总体规划目标实现程度的后评估采用多准则评估法。通过信息化系统工程总体规划预先设定多个指标,根据被评价对象在各个指标上的实现程度而得到一个综合的评估结果。它适用于难于用单一指标衡量的复杂后评估内容。多准则评估通常是定性的,也可以结合部分的量化分析。

2) 定量法

"定量法"也称为"量化分析法"。通常对信息化系统设计的各应用系统技术应用与功能实现程度的后评估采用量化分析法。将信息化各应用系统设计要求的技术应用和功能进行量化,量化标准可以参考本项目招投标时所提供的"信息化系统技术应用与功能量化评分标准"进行。采用量化分析法可以将信息化各应用系统技术应用与功能经量化分析后成为定量的数据指标。这样就可以通过百分比的方式来表示信息化各应用系统技术应用与功能的最终实现程度。

信息化系统工程决算控制程度的后评估也应采用定量法。

3) 专家评估法

专家评估法属于定性评估方式。通常对信息化系统集成程度和实现功能采用专家评估法。专家根据其经验和专业知识,并通过现场考察和测试,比对设计文件,在听取用户使用意见的基础上对一些不成熟领域的问题进行判断和评估。通过多位专家集体讨论和评估最终得出定性评估结论。

8.8.3 信息化系统技术提升与功能扩展预案

由于智慧城市对信息化系统技术和功能需求的提升,系统设备与产品在技术上的不断发展,因此信息化系统技术提升和功能扩展已经成为信息化系统运营管理的重要内容。《信息化系统技术提升与功能扩展预案》的编制工作可根据《信息化系统工程后评估报告》,同时充分考虑到信息化系统在需要进行系统技术应用提升和实现功能扩展时,在系统设备更新、系统软件升级、与第三方系统的集成、通信协议方面的开放性和兼容性,以及功能扩展的可行性等。

《信息化系统技术提升与功能扩展预案》的编制应包括以下内容:

1. 信息化系统硬件设备与产品的互换性

《信息化系统技术提升与功能扩展预案》中提供以下系统设备互换性的要求:

(1) 集成系统:应用服务器、数据库服务器、计算机工作站、网络交换机等。

(2) 控制系统:传感器、执行器、电动阀门等。

(3) 安全系统:探测器、报警器、摄像机、模拟矩阵、数字矩阵、硬盘录像机等。

(4) 综合布线系统:线缆、配线架、光纤设备等。

2. 信息化系统应用软件的兼容性

《信息化系统技术提升与功能扩展预案》中提供以下系统软件产品兼容性的要求:

(1) 集成系统:操作系统、应用软件、数据库软件、通信接口的标准化等。

(2) "一级平台":操作系统、中间件软件、数据库软件、通信接口的标准化等。

(3) "二级平台":操作系统、中间件软件、数据库软件、通信接口的标准化等。

3. 信息化系统集成与功能的可扩展性

《信息化系统技术提升与功能扩展预案》中提供以下系统功能可扩展性的要求:

(1) 集成系统:应用软件的升级、与第三方应用系统集成和数据交换的可行性。

(2) "一级平台":平台软件的升级、与第三方业务平台的信息集成和数据共享交换、支撑功能扩展的可行性。

(3) "二级平台":平台软件的升级、与第三方应用系统的系统集成和功能协同、应用功能扩展的可行性。

第九章　智慧城市案例介绍

9.1　"数字东胜"总体规划纲要

9.1.1　前言

中共中央办公厅、国务院办公厅颁布的《2006—2020年国家信息化发展战略》中指出："信息化是当今世界发展的大趋势，是推动经济社会变革的重要力量。大力推进信息化，是覆盖我国现代化建设全局的战略举措，是贯彻落实科学发展观、全面建设小康社会、构建社会主义和谐社会和建设创新型国家的迫切需要和必然选择。"

数字城市是信息化建设的重要趋势，也是现代城市发展的必然选择。随着经济的不断发展，东胜区的城市管理和公共服务迫切需要运用信息技术来解决发展过程中面临的问题。为了满足新时期经济社会发展的客观需要，充分发挥数字化、网络化、智能化技术在加强城市管理、完善城市服务、提升城市品位等领域的重要作用，进一步整体提升东胜区的综合竞争能力，特编制本规划。

为了深入贯彻落实十七大精神和科学发展观，大力推进信息化和工业化融合，本规划根据《内蒙古自治区国民经济和社会发展第十一个五年规划纲要》和《鄂尔多斯市国民经济和社会发展第十一个五年规划纲要》建议等相关文件精神，结合东胜区信息化发展的实际进行编制。

9.1.2　"数字东胜"综述

"数字东胜"即鄂尔多斯市东胜区的广义城市信息化建设。通过城市宽带多媒体信息网络、城市级数字化技术应用平台、城市级综合管理与服务数据库系统、业务级应用平台，充分利用信息化、网络化、数字化、自动化、智能化等现代科学技术，整合和利用东胜区现有信息与网络化资源，实现信息交互、数据共享、网络融合、功能协同。"数字东胜"建设的模式就是以信息技术为支撑，以城市级数字化技术应用平台为中心，以城市现代化科学的综合管理和便捷与有效的公共服务为目标，建立起城市级基础数据管理与存储中心和一系列城市各业务级数字化应用二级平台的数字城市规划发展模式。结合城市规划、土地、交通、道路、地下管网、环境、绿化、经济、人口、房地产、商业、金融、农业、矿业、林业、旅游、水利、电信、电力等各种数据形成一体化统一的共享数据库体系，建立起数字城市综合管理和公共服务平台（城市级"一级平台"）和业务级应用平台（城市级"二级平台"），如城市综合管理（"大城管"）、城市应急处理指挥、城市综合数据中心、城市电子政务、城市"一卡通"、城市公共安全、城市智能交通、城市公共服务、城市社会保障与公共卫生、城市教育与旅游、城市电子商务与物流、

城市基础设施监控与管理、城市物业与供暖节能、城市智能建筑与数字社区等。

1. 东胜区社会经济概况

东胜区位于内蒙古自治区的西南，地处鄂尔多斯高原腹地，揽于九曲黄河“几”字湾怀抱之中，是国家新兴能源重化工基地鄂尔多斯市的政治、经济、科技、文化、交通和信息中心。东胜区总面积2 530平方公里，人口43万，辖9个街道办事处、3个镇、2个在建新城区，为鄂尔多斯市府所在地。

东胜资源富集，区位优势明显。东胜地处有“中国21世纪能源接续地”之称的鄂尔多斯盆地，境内和周边地区资源富集，尤以优质煤炭闻名遐迩，石灰岩、石英砂、建筑粘土、陶瓷粘土等资源储量惊人，开发潜力巨大，此外农畜产品、林果山珍、中药材久负盛名，发展建材工业和绿色食品产业的资源优势明显。东胜交通发达，109、210国道在此交汇，包东、东苏高速公路贯穿市区，包神铁路、包府公路沿市而过，兴建包西、准东、东乌铁路，公铁交通干道与全国公铁路网相连通，市区距包头机场96公里，距建设的鄂尔多斯机场10分钟车程，距内蒙古自治区首府呼和浩特248公里，距西安、北京800公里，为晋、陕、宁、蒙四地及毗邻地区重要的商品集散地和陆路运输要冲。东胜信息集中，网通、电信、移动、联通等几大信息网络覆盖全境，以东胜为中心的交通网络和信息通信网络已经形成。

东胜的城市建设日新月异，整体环境明显改善。近年来，东胜按照“城乡统筹，三化互动”的发展思路，遵循“抓城市建设就是抓经济建设”的思想，坚持走以城市化带动工业化、促进产业化的发展道路，不断加大城市建设力度，全力实施了城市发展“拉大、补欠、崛起”三步走战略，营造了良好的人居环境、生产环境和发展环境。投资近200亿元用于城市建设，城区面积从15.6平方公里扩展到67平方公里，累计新建和改建道路20多条，人均公共绿地面积从0.6平方米增加到20平方米，人均道路面积从6.8平方米增加到16.4平方米，人均居住面积从15平方米增加到30.5平方米，城市日供水能力从1.2万吨增长到5.5万吨，城市整体形象得到改善，城市积聚效应明显显现，城市人口迅速增加，城镇化率达到了93%。按照“生态绿区”的发展要求，东胜坚持把生态环境建设放在重要的位置，于2000年在自治区率先推行了“禁牧舍饲”，目前，全境森林覆盖率达到28%，植被覆盖率达到85%以上，生态环境明显改善。

东胜区经济发展水平位居自治区前列，实力雄厚，势头强劲，与首府呼和浩特、钢城包头构成内蒙古经济发展的“金三角”。东胜区经济实力始终保持在自治区101个旗县(区)前列，2006年由国家统计局公布的最新全国县域排名中，东胜区综合排名由2005年的56位上升到第25位，是自治区连续两年唯一入围全国县域百强的旗区。2007年，全区地区生产总值达到300亿元，增长34.2%；财政收入完成65.1亿元，增长29%，继续列居自治区101个旗县(区)首位；城镇居民人均可支配收入和农民人均纯收入分别达到17 545元和6 287元，增长24.5%和15.8%；固定资产投资实现188亿元，增长70.3%；二氧化硫排放量削减500吨，万元GDP能耗下降5%。2006年，东胜区实现工业增加值55亿元，

东胜区有林面积达到151万亩，退耕还林面积达到32.9万亩，退牧还草面积达到190万亩，草原面积达到304万亩，植被覆盖率达到85%，森林覆盖率达到28%，人均公共绿地面积由2000年的0.6平方米增加到20平方米。

目前东胜区各类商品市场和商业网点总数达到8 000个，经营商品种类达到3万余种，销售总额达到84亿元，第三产业实现财政收入34.5亿元，在国民经济中的比重占到了

60%，产业结构调整实现了从“二三一”到“三二一”的突破。

2007年，东胜区城镇居民人均可支配收入达到17 545元，农民人均纯收入达到6 287元，每百户家庭拥有轿车17辆，移动电话255部，家用电脑43台。围绕“一市、两区、三个组团”的全市整体城市规划来规划东胜区城市建设，2008年，东胜区计划投资70亿元用于城市建设，重点要统筹新、旧城区协调发展，东胜区经济建设实现了从“城乡一体化”到“依托城市发展东胜”到“抓城市建设就是抓经济建设”的历史性跨越。

2. 东胜区信息化建设现状

当前，信息技术和国际互联网的高速发展，使全球信息产业以两倍于经济平均增幅的速度增长，成为推动世界各国经济发展和提高综合国力的强大动力。信息技术强大的渗透性和信息资源应用的广泛性，更使其逐步影响到经济和社会发展的各个方面，极大地促进了不同国家、不同产业和部门的沟通与交融，推动了人类行为方式的改变，引起了国际经济和社会的深刻变革，加快了经济全球化的进程，信息资源超越了其他自然资源，资源配置和市场份额的竞争更趋激烈。

东胜的电信服务业发展迅猛，网络环境良好，为信息化发展提供了较为扎实的基础。电信网络投入大、起步早，已具备宽带语音、数据网络应用条件。全区五家通信企业(电信、移动、联通、网通、铁通)及广电公司，正着力加大宽带网络建设，基本上实现了光缆光纤到路边、到小区、到办公大楼的目标；全区有线线电视宽带网基本建成，并开播了有线数字电视；电视电话“村村通”工程全面展开。

东胜区的政府信息化建设虽然起步较晚，但近年来发展较快。区政府成立了市电子政务办公室，同时投资建设了区政府电子政务一期工程，建立了政府信息交流的骨干网络和政府机关内部信息应用、共享与交换平台，全面提高了政府信息化水平。行政、税务、财政、金融、审计、公安、社区、农牧、质检等部门信息化建设全面展开。区政府的门户网站以及区发改委、财政局、建设局、科技局、旅游局、农业局、林业局等部门网站相继建成并投入使用，并在区内外已有一定影响。

东胜区的电力、金融、电信以及大中型能源化工企业在产品设计与生产、内部管理、市场营销等方面不同程度地采用了信息技术。数十家企业相继在互联网上建立了自己的网站。电子商务虽然在东胜区还处于起步阶段，但在各大中型企业内部已普遍受到重视，金融、税务、电力、电信等企业积极发展电子商务。各大商业银行、城区信用社以及邮政系统的储蓄网点陆续推出了网上银行，开通了网上支付、网上自动转账和网上缴费等业务，各类信用卡应用良好。各银行已全面实现了通存通兑业务，并开通了手机、电话进行账户查询、银行转账、自助缴费等个人理财服务。各大银行、城区信用社、邮政储蓄网点共投放联网的自动柜员机近百台，极大地方便了城镇居民。邮政局还开通了11185客户服务系统，用户只要拨打11185客服电话，就可以足不出户享受到邮政系统众多“一条龙”服务。

东胜区内所有大专院校都开设了计算机专业，城市所有中小学都开设了信息技术课程，在校学生的计算机和网络实际应用水平大大提高。全区所有公务人员及事业单位的职工都经过了计算机知识培训，信息化基础知识培训工作也已全面展开。政府部门通过一些措施积极引进信息化人才，一些企业也主动找有关院校洽谈合作培养信息技术人才。

3. 东胜区信息化发展主要问题

近几年来，东胜区虽然加快了信息化建设的步伐，但一些部门对信息化在经济社会发展

中的战略地位和作用认识不高,计划经济体制下形成的观念意识与当今经济全球化、信息网络化的发展形势不相符。对信息化的重视程度不一,由于部门、行业发展的不平衡和工作重点不同,一些部门的精力和重心仅局限于的经济和社会问题,对信息化建设重视程度不够,使得信息化建设落后于其他工作。社会公众的信息化意识不强,主要表现在上网率低、信息设备有效利用率低、利用信息的能力低,有些部门和单位至今还是电子信息应用的盲区。

近年来,东胜区经济虽然有了快速发展,但市政府对信息化投入的力度有限,信息化建设资金仍然不足。特别是各部门的资金更显短缺,在一些传统产业和管理部门的情况尤为严重,导致许多信息化建设难以实施。

信息化人才总量偏少,且结构不合理,低水平应用型人才多,高水平开发建设型人才少,研发和软件人才严重缺乏,人才供需矛盾突出。

东胜区信息化建设整体起步较晚,网络与信息安全保障工作还是一个薄弱环节,存在着许多亟待解决的问题。主要有:信息安全基础设施薄弱,网络与信息系统安全防护水平不高,应急处理能力不强;信息安全意识不强,制度不健全,网络失泄密事件时有发生;管理体制不健全,信息与网络安全管理机构尚未建立;信息与网络服务机构少,信息安全支撑体系尚未形成;信息安全技术与管理人才缺乏,远不能适应东胜区信息安全保障工作和信息化发展的需求。

4. 东胜区信息化发展目标

在全球新的经济竞争环境下,围绕把东胜区建设成为经济强市、文化大市、区域性中心城市的目标,要继续保持和进一步发挥东胜的优势,实现东胜经济的可持续发展。必须用信息化带动相关产业,加快市域现代化建设步伐,推进"数字东胜"的建设,才能逐步实现强市富民目标。

为了东胜区可持续发展,必须构建一个具备前瞻性的数字化城市,即"数字东胜"。通过城市宽带多媒体信息网络、城市级数字化技术应用平台、城市级综合管理与服务数据库系统、业务级应用平台,充分利用信息化、网络化、数字化、自动化、智能化等现代科学技术,整合和利用东胜区现有信息与网络化资源,实现信息交互、数据共享、网络融合、功能协同。对城市基础设施和与生产、生活发展相关的各方面进行多方位、多层面、城市化的信息化采集、传输、处理、优化、存储、调用、共享,建立具有对城市地理、资源、生态、环境、人口、经济、社会等诸方面实现数字化、网络化管理、服务和决策功能的信息体系。建立起数字城市综合管理和公共服务平台(城市级"一级平台")和业务级应用平台(业务级"二级平台"),如城市综合管理("大城管")、城市应急处理指挥、城市综合数据中心、城市电子政务、城市"一卡通"、城市公共安全、城市智能交通、城市公共服务、城市社会保障与公共卫生、城市教育与旅游、城市电子商务与物流、城市基础设施监控与管理、城市物业与供暖节能、城市智能建筑与数字社区等。整合整个东胜区所涉及的综合管理与公共服务信息资源,包括地理环境、基础设施、自然资源、社会资源、经济资源、教育资源、旅游资源和人文资源等,以数字化的形式进行采集和获取,并通过计算机进行统一的存储、优化、管理和再现。实现城市综合管理和公共服务信息的交互和共享,为城市资源在空间上的优化配置,为东胜区城市综合管理和公共服务上的合理利用,为东胜区城市科学与可持续发展,建立和谐社会提供强而有力的手段。

9.1.3 “数字东胜”建设指导思想

1. “数字东胜”建设指导原则

“数字东胜”建设的指导原则主要体现在以下几个方面：

(1)“数字东胜”信息化发展的战略方针是:统筹规划、资源共享,深化应用、务求实效,面向市场、立足创新,军民结合、安全可靠。要以科学发展观为统领,以改革开放为动力,努力实现网络、应用、技术和产业的良性互动,促进网络融合,实现资源优化配置和信息共享。要以需求为主导,充分发挥市场机制配置资源的基础性作用,探索成本低、实效好的信息化发展模式。要以人为本,惠及全民,创造广大群众用得上、用得起、用得好的信息化发展环境。

(2)明确“数字东胜”信息化建设在东胜区国民经济和社会各领域所应发挥的作用。应用信息技术改造传统产业,推进能源、交通运输、冶金、机械和化工等行业的信息化水平逐步提高。加快传统服务业转型的步伐,推进金融信息化和金融服务的创新,初步形成现代化金融服务体系。加快电子商务的语音和发展,加快在科技、教育、文化、医疗卫生、社会保障、环境保护等领域信息化发展的步伐。

(3)把信息化作为解决现实紧迫问题和发展难题的重要手段,充分发挥信息技术在各领域的作用。坚持把开发利用信息资源放到重要位置,加强统筹协调,促进互联互通和资源共享。坚持引进消化先进技术与增强自主创新能力相结合,优先发展信息产业,逐步增强信息化的自主装备能力。

(4)提升网络普及水平、信息资源开发利用水平和信息安全保障水平。抓住网络技术转型的机遇,基本建成国际领先、多网融合、安全可靠的综合信息基础设施。确立科学的信息资源观,把信息资源提升到与能源、材料同等重要的地位。

(5)加快服务业信息化。优化政策法规环境,依托信息网络,改造和提升传统服务业。加快发展网络增值服务、电子金融、现代物流、连锁经营、专业信息服务、咨询中介等新型服务业。大力发展电子商务,降低物流成本和交易成本。

(6)改善公共服务。逐步建立以公民和企业为对象、以互联网为基础、中央与地方相配合、多种技术手段相结合的电子政务公共服务体系。重视推动电子政务公共服务延伸到街道、社区和乡村。逐步增加服务内容,扩大服务范围,提高服务质量,推动服务型政府建设。加强社会管理,整合资源,形成全面覆盖、高效灵敏的社会管理信息网络,增强社会综合治理能力。协同共建,完善社会预警和应对突发事件的网络运行机制,增强对各种突发性事件的监控、决策和应急处置能力,保障国家安全、公共安全,维护社会稳定。强化综合监管,满足转变政府职能、提高行政效率、规范监管行为的需求,深化相应业务系统建设。围绕财政、金融、税收、工商、海关、国资监管、质检、食品药品安全等关键业务,统筹规划,分类指导,有序推进相关业务系统之间、中央与地方之间的信息共享,促进部门间业务协同,提高监管能力。建设企业、个人征信系统,规范和维护市场秩序。

(7)加强医疗卫生信息化建设。建设并完善覆盖全国、快捷高效的公共卫生信息系统,增强防疫监控、应急处置和救治能力。推进医疗服务信息化,改进医院管理,开展远程医疗。统筹规划电子病历,促进医疗、医药和医保机构的信息共享和业务协同,支持医疗体制改革。

(8)完善就业和社会保障信息服务体系。建设多层次、多功能的就业信息服务体系,加

强就业信息统计、分析和发布工作,改善技能培训、就业指导和政策咨询服务。加快全国社会保障信息系统建设,提高工作效率,改善服务质量。

(9) 推进社区信息化。整合各类信息系统和资源,构建统一的社区信息平台,加强常住人口和流动人口的信息化管理,改善社区服务。

(10) 推动网络融合,实现向下一代网络的转型。优化网络结构,提高网络性能,推进综合基础信息平台的发展。加快改革,从业务、网络和终端等层面推进"三网融合"。

(11) 规范政务基础信息的采集和应用,建设政务信息资源目录体系,推动政府信息公开。整合电子政务网络,建设政务信息资源的交换体系,全面支撑经济调节、市场监管、社会管理和公共服务职能。

(12) 完善信息技术应用的技术体制和产业、产品等技术规范和标准,促进网络互联互通、系统互操作和信息共享。

2. "数字东胜"建设实施思路

总结近年来我国在建数字城市的经验就是:既要采用国际上先进数字化应用理念和信息网络科学技术,学习国际上数字城市建设的成功经验,也要从中国的国情出发,研究和创新出一条具有中国特色的城市信息化发展的道路。从目前北京、广州、上海、南京、苏州等数字城市的建设和发展思路来看,都是要充分利用城市信息网络资源,着眼于利用数字化与智能化技术将城市管理由纵向管理向扁平管理转变,大力提高城市管理的效率和效益。通过数字城市信息化建设,逐步建立政府、企业、社区与公众之间的信息共享和良性互动,协调人与环境和公众与政府之间的关系。特别着重于改善与民生直接相关的城市交通、教育、医疗、居住、治安、社区服务等方面,进行了城市"一卡通"、城市数字城管、城市应急指挥、城市智能交通、城市社会保障与公共卫生、社区物业与服务等数字化应用系统平台的开发和建设。充分发挥政府在城市综合管理和公共服务方面积极与主动的作用。全面落实和促进城市经济与社会的和谐发展、科学发展、可持续发展。

从"数字东胜"指导原则出发,在充分考虑"数字东胜"的实际需求的基础上,同时以系统工程的观点考虑,"数字东胜"建设实施的思路主要体现在以下几个方面:

(1) "从上而下"的系统和信息集成的思路。考虑到"数字东胜"是一个城市级的众多业务应用平台和综合信息集成的超大型信息系统,因此必须"从上而下"地来考虑和顶层规划"数字东胜"数字化与智能化城市级整体大系统的结构、城市级业务应用平台的集成、城市综合管理和公共服务信息的交互、城市级综合数据共享、应用功能协同等。

(2) 建立城市级数字化应用平台(城市"一级平台")是实现城市级业务应用平台(城市"二级平台")系统集成、城市综合管理和公共服务信息交互、城市级综合数据共享以及应用功能协同的基础平台。只有建立城市级数字化应用平台(城市"一级平台")才能消除各业务应用系统间"信息孤岛"的现象。

(3) 在"数字东胜"建设项目实施前期,应及时制订和编写信息化、数字化、智能化系统平台之间信息互联互通与数据共享的标准和实施规范。这对于下一步编制《"数字东胜"总体实施规划》提供了一个指导性的文件。

(4) 在对东胜区目前信息化现状和发展需求充分调研的基础上,编制《"数字东胜"总体实施规划》(以下简称《规划》)。《规划》编制的要点是:"数字东胜"需求分析、"数字东胜"建设目标(包括近、中、远期)、"数字东胜"城市级数字化应用平台(城市"一级平台")实施规划、

"数字东胜"各业务级应用平台(城市"二级平台")实施规划、"数字东胜"项目实施保障措施、"数字东胜"近中远期建设实施内容及预算等方面的内容。

(5) 落实近期(2009 年)"数字东胜"实施的重点项目,深入进行需求分析、实施项目调研和考察,与具有突出工程案例和技术实力的工程承包商进行技术交流,为东胜区领导科学决策提供必要的依据。

(6) 坚持"从上而下"的系统工程设计一步到位的思路和"数字东胜"工程项目分步实施的原则。充分发挥东胜区已建信息系统的现有资源,着重在信息互联互通与数据共享方面进行完善和提升,使得"数字东胜"早日见成效。

9.1.4 "数字东胜"建设规划目标

1. "数字东胜"建设总体目标

建设"数字东胜",实现综合信息基础设施高度普及,信息安全保障水平大幅提高,全区经济和社会信息化取得明显成效,信息化和工业化融合取得进展,广大群众信息技术应用能力显著提高。

"数字东胜"将会成为一个能够综合运用数字化技术、智能化技术、宽带网络技术,对城市的基础设施、功能机制进行信息自动采集、动态监测管理和辅助决策服务的技术系统,具有城市地理、资源、生态环境、人口、经济、社会等复杂系统的数字化、网络化、虚拟仿真、优化决策支持和可视化表现等多种强大功能的全国一流数字城市。

"数字东胜"建设将促进东胜区经济增长方式的根本转变,广泛应用信息技术,改造和提升传统产业,发展信息服务业。

"数字东胜"建设会提升东胜区网络普及水平、信息资源开发利用水平和信息安全保障水平。抓住网络技术转型的机遇,基本建成国际领先、多网融合、安全可靠的综合信息基础设施。确立科学的信息资源观,把信息资源提升到与能源、材料同等重要的地位。

"数字东胜"建设必定能够增强东胜区政府公共服务能力和国民信息技术应用能力。电子政务应用和服务体系日臻完善,社会管理与公共服务密切结合,网络化公共服务能力显著增强。

2. "数字东胜"建设具体目标

基于全面贯彻落实科学发展观,坚持以信息化带动工业化、以工业化促进信息化,推动信息化与工业化、城镇化、市场化、国际化的融合,结合东胜区的实际情况,"数字东胜"建设在未来三年内将达到以下规模:

(1) 到 2011 年,网络规模和容量达到全国领先的水平。网络基础设施供给能力显著增强,基本满足信息化发展的需要。

(2) 到 2011 年,信息服务业保持快速增长势头,信息资源开发和利用取得长足进步,建成一批门类较为齐全,可供交互查询的基础性、公益性、战略性的信息资源数据库。

(3) 到 2011 年,全面完成电子政务建设,2009 底完成电子政务内网工程建设,2009 年底实现区党政办公大楼入住单位互联互通。2009 年实现全区所有政务部门互联互通。各政府部门所有网站纳入区政府门户网站,90%的政务信息资源得到了有效整合、开发、利用。

(4) 到 2011 年,企业信息化和电子商务在全市 90%以上的大中型企业中得到推广和应

用。

(5) 到 2011 年,城市信息化建设成效显著。城市地理信息系统和宽带 IP 城域网全面建成,在此基础上,加快信息技术在城市规划、建设、管理、服务等方面的应用,使"数字东胜"形成一定规模,全市智能化居民小区数达到新建小区总数的 80%以上。

(6) 到 2011 年,信息化人才队伍满足信息化推进的需要。各类信息专业人才要有较大增加,全市所有政府部门的公务人员、事业单位职员和企业领导干部都要接受信息化知识培训,并能熟练掌握和使用信息化基本技能。

9.1.5 "数字东胜"建设实施内容

1. "数字东胜"建设总体实施内容

"数字东胜"建设是一项长期的工程,要按照科学规律分步骤分级别地逐步实施,在整个建设过程中,有贯穿始终的"五大重要任务":

1) 城市信息基础设施建设

充分利用数据通信网、广播电视网等网络平台以及无线通信、光纤通信等通信技术,完善城市信息化基础平台,打好应用基础。统筹规划全市接入宽带化工作,切实改善市民上网条件,为广大市民提供选择多样的宽带接入方式。

研究和制定网络建设以及扩大应用的专项规划,引导和鼓励各运营商按照全市统一规划,有序竞争,在提高网络资源利用率上达成共识,在扩大网络应用上形成合力。紧密跟踪现代通信技术的发展潮流,切实把握第三代移动通信、下一代互联网等技术发展的动向和机遇,确保信息基础设施能满足全市信息化建设的需要。加强信息基础设施建设的规划管理,实行统一规划、统一建设、统一管理。

2) 信息资源的开发利用

信息资源开发利用需要多方面的条件,包括:现代信息技术和装备支撑,将信息加工成信息库,对大量信息资源进行编目和定位,有进行信息交换和提供服务的系统,还有可靠的安全保障以及有效的管理。

信息资源的开发利用与其他自然资源的开发利用相比具有更大的复杂性,这是因为信息资源的开发利用渗透到政治、经济、社会、文化、科技等诸多领域,涉及政府部门、企业单位、公益机构、社会公众等多方面的主体。

信息资源的开发利用主要涉及 4 个领域:政务信息资源开发利用领域、公益性信息开发服务领域、信息资源产业发展领域、宏观环境领域。

在政务信息资源开发利用领域,工作重点主要集中在:政府信息公开、政务部门间信息的共享以及政务信息资源的社会化增值开发。

在公益性信息开发服务领域,工作重点主要集中在:政务部门尽可能提供信息资源的公益性开发服务,公益性信息机构加强对公众的信息开发服务,以及鼓励引导企业和公众进行公益性信息开发服务。

在信息资源产业发展领域,要实现信息市场繁荣和产业本身的发展,其工作重点主要集中在:推进信息资源开发过程中信息产品的商品化、信息流通的市场化和信息开发的产业化。

在宏观环境领域的工作重点包括:加强组织协调和统筹规划、增加全社会对信息资源开发利用的投入、完善相关法律法规建设、制定信息资源开发利用标准体系、加快相关技术的研究与开发、营造公众利用信息资源的良好环境、构建和强化信息安全体系以及培养信息资源领域的人才等8个方面。

3）电子政务的综合应用

确立“数字东胜”的“建设网络环境下的一体化政府，为社会提供一站式服务”的电子政务实施目标，大力推进政府转型提效和便民利民服务的应用。要从提高行政效率、加强党风廉政建设的高度，认真做好政务公开的规范化、透明化、可控化工作，努力建设服务、法治、廉洁政府。

政府信息资源开发利用是电子政务的基础，电子政务是政府信息资源开发利用的目标和方向。在电子政务环境下，政府是政务信息资源最大拥有者，也是最大的政府信息生产者、使用者和发布者。政府是否能够充分开发和有效利用信息资源，是能否正确、高效行使行政职能的重要环节。东胜区政府将紧抓实效，坚决落实政府信息资源公开，使电子政务成为政府行政效率提升最有效工具。

牢牢把握“建设网络环境下的一体化政府，为社会提供一站式服务”的总体目标，建立和完善电子政务网络平台和政务门户网站平台上的行政执法、监督功能，搭建网上行政执法、网上监督等应用系统，明确网上行政执法的事项和流程，使电子政务成为东胜区政府服务的主窗口和公众参与的“直通车”。

数字化城市管理，是指运用现代信息技术，基于万米单元网格和城市管理部件事件法，量化城市管理的部件和事件，明晰责任、准确定位、细化管理行为，形成城市管理问题的发现、处置和监督评价多层面完整闭合的系统和方法。

部件指城市管理的各项设施，即城市管理要素中的硬件部分，主要包括道路、桥梁、水、电、气、热等市政公用设施，及公园、绿地、休闲、健身、娱乐等公共设施，也包括如门牌、广告牌匾等部分非公用设施。通过普查，确定空间位置，明确主要责任单位和部门。

事件是指人为或自然因素导致城市市容环境和环境秩序受到影响或破坏，需要市政管理部门处理并使之恢复正常的事情和行为。

4）企业信息化

针对传统产业在城市经济中仍然占有很大的比重的实际情况，采用先进实用的信息技术改造传统产业，提升产业竞争能力。大力推进广大企业，特别是重点企业和企业集团的信息化进程，引导企业提高信息技术应用水平，实现企业人力、财力、物力和技术资源的优化配置。

另外，要借助国家级“两化融合”创新实验区成立的大好时机，全面贯彻中央关于“信息化带动工业化”的发展思想，大力推进区内企业信息化建设工作。

5）电子商务

在现代商务活动各个主要环节和经济管理部门全面建设一个高效率、低成本、国际化的电子商务系统。以开展电子商务作为推进传统企业信息化改造，以信息化带动工业化的重要内容，选择大中型加工制造企业、大型商厦、物流等流通企业作为电子商务试点，促进传统企业从采购到销售以及产品上下游之间逐步全面实现电子化，建立网上超市，逐步提高网上交易比重；加快各类电子缴费系统建设，加快建设电子交易平台；加快电子商务信用认证机构的建设，推动物流活动中财务结算的电子化进程，抓住现代物流建设的契机，全面推广电

子商务。

2. “数字东胜”近、中、远期实施内容

1）“数字东胜”近期实施内容（2009 年）

2009 年“数字东胜”工程实施的重点内容是：建立一个中心，确保三项工程，强化四项基础设施，建立健全长效机制。

（1）一个中心

就是建立大型城市级数据共享中心。按照“数字东胜”整体规划设计，“数字东胜”实施需要建立一个大型城市级数字化应用平台（城市“一级平台”）来实现城市综合信息的互联互通、数据共享、功能协同。“数字东胜”城市“一级平台”建设内容包括：城市综合信息集成平台、城市整合管理中心、城市应急处理指挥中心、城市市民卡数据库、城市综合管理数据库、城市公共服务数据库、电子政务数据库等。“数字东胜”城市“一级平台”的建立将为东胜区领导提供及时和准确的信息、数据和决策依据，同时由于这些海量的数据存储、调用和共享，也为城市的综合管理和公共服务提供了更好的信息资源整合，更合理、科学、高效地为“数字东胜”服务。

（2）三项工程

① 鄂尔多斯市民卡工程项目

“鄂尔多斯市民卡”是 2009 年东胜区政府实施的重大惠民项目。这是“数字东胜”数字化与智能化系统工程的重要组成部分，项目以服务市民为理念，以政府服务、公用事业及金融支付三大功能为主体，以规范和整合政府部门与行政单位的功能卡为目的，统一规划和发行，具备一卡多用的功能。2009 年 10 月集中发卡，计划于 2010 年将鄂尔多斯市民卡应用覆盖全市其他旗区。

② 数字城管工程项目

“数字城管”是 2009 年东胜区政府实施的城市综合管理项目。这也是“数字东胜”数字化与智能化系统工程的重要组成部分。东胜区“数字城管”按照监督指挥相分离的原则，结合东胜区“数字东胜”城市级数字化应用平台（城市“一级平台”）具有与城市各业务级平台（城市“二级平台”）信息交互、数据共享、功能协同整合的能力，创新地提出三个轴心的管理体制，即在区一级成立综合管理联席会议，下设城市管理监督评价中心、城市管理指挥中心、综合信息管理中心。

第一阶段：到 2009 年 7 月底，完成数字城管平台的搭建工作，将数字城管相关的专业部门，例如城管、市政、园林、环卫及各街道办等率先接入到整体的数字城管平台上来，形成东胜区数字化应用平台的基本框架，并建立相应的考评机制。

第二阶段：到 2010 年，将数字城管平台进一步向下延伸，建立数字执法体系，在管理方面向社区延伸，建立数字社区应用系统，构建主动式的社区管理和服务的新模式。

第三阶段：从 2011 年开始，基于数字城管平台的框架，在城市综合管理平台中纳入综合治安管理、平安城市、智能交通、公共设施管理、智能建筑、数字社区、劳动保障管理、城市医疗卫生管理等社会管理内容，真正实现数字化城市综合管理的目标。借助于先进的监控手段，逐步监控路灯、城市噪声、污染源、水质等，以提升城市管理水平。同时建立 3D GIS 共享平台，实现基础地理信息的共享和应用。逐步完善“数字东胜”城市级数字化应用平台（城市“一级平台”）的功能。

③ 电子政务深化工程项目

按照市政府确定的电子政务发展目标以及区委和政府的要求,不断提升电子政务应用水平,突出重点、强化特色,增强可操作性,进一步优化政府网站功能。积极主动完成市政府下达的电子政务审批、电子监察任务,推广办公自动化(OA)系统,不断提升政府网站的服务水平,积极构建服务型政府、阳光政府。

(3) 四项基础设施

① 新建和整合现有光纤宽带网络

根据"数字东胜"基础网络规划,初步建成互联互通、网络融合、无线与有线相互结合的大容量宽频网络框架。逐步实现数据、语音、电视"三网融合",形成光纤网络和无线覆盖的数字化城市。

② 建立可视化城市管理系统

逐步建设城市视频专网,建成区、街道、社区(智能建筑)三级可视化视频监控互联互通体系。为城市治安防控、城市综合管理、城市应急指挥、城市智能交通搭建共享共用的可视化监控与管理平台。启动实施数字林业森林防火视频监控系统。

③ 完善城市地理信息系统(3D GIS)

地理空间信息技术的应用是实现城市数字化重要的技术支撑,城市地理信息系统是城市规划、综合城市管理、平安城市、城市应急指挥、智能交通、城市基础设施监控管理等城市综合管理的基础数字化应用平台。

④ 全面开展智能建筑和数字社区建设

区政府把联邦大厦、总部经济、就业局办公楼建成东胜区智能建筑试点与示范工程项目。在社会层面上,将要求新建建筑物和住宅小区全部采用《"数字东胜"智能建筑系统工程实施细则》和《"数字东胜"数字社区系统工程实施细则》的规范和标准进行规划与设计,由东胜区信息化委员会实行统一的规划审批、监督管理和验收评价。通过区政府的积极引导,对居住区、建筑物、工业和科技园区进行数字化与智能化技术应用的推广和建设,将"数字东胜"向智能建筑和数字社区延伸,在东胜区全社会的层面上扩大信息化、数字化、智能化的应用范围和领域。

2) "数字东胜"中期实施内容(2010—2011 年)

根据《"数字东胜"总体实施规划方案》编制的"数字东胜"中期实施内容包括:数字城管(二期)、基础网络(二期)、智能供暖监控平台、社会保障与公共卫生信息平台、电子政务公共服务平台、数字社区物业管理与服务平台、智能建筑、数字社区、城市公共与基础设施监控管理平台、城市综合治安管理平台(接口)、城市智能交通监控管理平台(接口)。

3) "数字东胜"远期实施内容(2012—2013 年)

根据《"数字东胜"总体实施规划方案》编制的"数字东胜"远期实施内容包括:智能供暖监控平台(二期)、城市综合服务平台、旅游信息服务平台、城市水务监控管理平台、矿业监控管理平台、智能建筑、数字社区等。

9.2 "智慧广州"建设思路与策略

中国共产党广州市第十次代表大会描绘了幸福广州的美好蓝图,作出了"12338"的决策

部署,确立了全面建设国家中心城市和“率先转型升级、建设幸福广州”这一目标任务,大力推进国际商贸中心和世界文化名城建设两个战略重点,坚持低碳经济、智慧城市、幸福生活三位一体的城市发展理念,推动战略性基础设施、战略性主导产业、战略性发展平台实现“三个重大突破”,全力实施产业提升、科技创新、城乡一体、生态环保、文化引领、人才集聚、民生幸福、党建创新“八大工程”。

走新型城市化发展道路,核心在于创新城市发展理念。“智慧广州”作为城市概念和内涵的拓展,将城市的经济、政治、社会、文化、教育等信息有效地组织起来,在信息网络环境下建立起城市级数字化应用平台,形成城市综合管理(“大城管”)、城市应急处理指挥、城市综合共享数据仓库、政府电子政务、城市市民卡、城市公共安全、城市智能交通、城市公共服务、城市社会保障与公共卫生、城市教育与旅游、城市电子商务与物流、城市基础设施监控与管理、城市物业与供暖节能、城市智能建筑与数字社区等几乎城市经济和生活的所有方面提供现代化科学的综合管理和便捷与有效的公共服务。明天,我们将在数字化的美好环境中享受和谐幸福的生活。

9.2.1 “智慧广州”建设目标

“智慧广州”建设要以科学发展观为统领,以实现人的全面发展为根本,走经济低碳、城市智慧、社会文明、生态优美、城乡一体、生活幸福的新型城市化发展道路。这条道路,主要有五个方面的内涵特征:

(1) 更加注重以人为本。强调人是城市的主体,人的全面发展和幸福是城市化的终极目标,规划为人而设计,交通为人而建设,环境为人而美化,人在城市中可以找到归属感、认同感、自豪感,城市成为关怀人与陶冶人的幸福家园。

(2) 更加注重可持续发展。强调集约、生态、低碳、包容的可持续发展,推进节地、节水、节能、节材,突出城市内涵提升和功能完善,实现经济发展与人口、资源、环境相协调。

(3) 更加注重创新发展动力。强调以新知识、新技术带动发展,以智慧城市引领发展,以人才集聚推动发展,强化市场配置资源的作用,发展动力更加多元强劲。

(4) 更加注重优化发展空间。强调按照精明增长理念,优化提升城市空间布局,统筹城乡全域规划,推动形成“多中心、组团式、网络型”紧凑高效的城市空间格局。

(5) 更加注重城乡统筹发展。强调城乡一体,把城市化与美丽乡村建设、农村人口转移与农村经济发展结合起来,努力实现城乡公共服务均等化,逐步缩小城乡差距,促进城乡共同繁荣。

“智慧广州”建设目标就是在一个城市中将政府信息化、城市信息化、社会信息化、企业信息化“四化”为一体。通过数字化技术应用,整合整个城市所涉及的综合社会管理与公共服务信息资源,包括地理环境、基础设施、自然资源、社会资源、经济资源、教育资源、旅游资源和人文资源等,以数字化的形式进行采集和获取,并通过计算机和网络进行统一的存储、优化、管理和展现。实现城市综合管理和公共服务信息的交互和共享,为城市资源在空间上的科学化与优化配置,为城市综合管理和公共服务上的合理利用,为城市低碳环保可持续发展,建立和谐社会提供强而有力的手段。

随着信息技术在我国国民经济和社会各领域的应用效果日渐显著,政府信息化以电子政务内外网建设促进政府的管理创新,实现网上办公、业务协同、政务公开。农业信息服务体系不断完善。应用信息技术改造传统产业不断取得新的进展,数字技术应用大大提升了城市信息化在市政、城管、交通、公共安全、环境、节能、基础设施等方面现代化的综合管理水平。社会信息化在科技、教育、文化、医疗卫生、社会保障、环境保护、社区信息化以及电子商务与现代物流等领域发展势头良好。企业信息化在新能源、交通运输、冶金、机械和化工等行业的信息化水平逐步提高。传统服务业向现代服务业转型的步伐加快,信息服务业蓬勃兴起。金融信息化推进了金融服务创新,现代化金融服务体系初步形成。

9.2.2 “智慧广州”建设思路与策略

“智慧广州”建设思路与策略,就是加快推进信息基础设施建设,科学编制智慧城市发展规划,建立健全“智慧广州”建设相关规范和标准体系,以高水平的规划设计引领智慧城市建设。

“智慧广州”建设应遵循以下思路与策略:

(1) 进行“智慧广州”建设顶层规划,规划的重点是“智慧广州”功能体系、“智慧广州”网络体系、“智慧广州”系统体系、“智慧广州”技术体系、“智慧广州”信息体系、“智慧广州”基础设施体系、“智慧广州”标准体系、“智慧广州”指标体系、“智慧广州”建设保障体系等方面的内容。

(2) 进行“智慧广州”城市级数字化一级平台的研究与开发,以云计算、云数据、地理信息科技创新为基础,实现政府信息化、城市管理信息化、社会信息化、企业信息化集成平台间的网络与信息的互联互通和数据的共享交换,全面消除“信息孤岛”。

(3) 以社会管理创新和民生服务为“智慧广州”建设的出发点和立足点,积极进行智慧医疗、智慧教育、智慧房产、智慧城管、智慧交通、智慧社区、智慧建筑等智能化应用系统的研究和系统平台的开发与建设。将“智慧广州”的社会管理和公共服务延伸到街道、社区、农村、建筑和家庭。

(4) 以云计算技术、智能化物联网技术、无线互联网技术应用为核心,将现代科技应用充分体现在“智慧广州”的建设中。建设“智慧广州”示范城市项目,为在全国推广和复制“智慧广州”积累成功建设模式和经验。

9.2.3 “智慧广州”建设内容与步骤

根据广州市委、市政府正在加快制定的关于实施“智慧广州”的战略、建设国家中心城市的意见,遵循“顶层设计、统筹管理、深度融合、全面提升”的工作要求,按照 2011 年 12 月 15 日举行的第 13 届 162 次市政府常务会议审议通过的《关于制定广州市智能化城市管理与运行体系顶层设计的工作方案》(下称《工作方案》)要求,以改革创新的精神,敢于超越,前瞻规划,统筹编制《广州市智能化城市管理与运行体系顶层设计方案》,作为“智慧广州”建设的重要内容和核心工程之一,力争在 2014 年前初步建成全市高效统一的“一个海量数据库、一个综合管理平台、一个协同工作机制、一套支撑保障体系、一支管理应用队伍”的智能化城市管理与运行体系,初步完成重要城市基础设施的智能化建设,实现城市管理运行数字化、信息化和智能化,城市管理运行协同化能力明显提高,一体化工作机制日益完善,智能化管理应用体系初步建立,实现城市重要资源和要素信息的自动感知、高效传递、智能运用和互联共享,成为全国智能化城市管理与运行的创新示范城市。

“智慧广州”建设主要包括以下内容：

1. 智慧广州顶层设计

以实现智能化城市管理与运行体系为中心开展“智慧广州”顶层设计。智能化城市管理与运行体系不是在一般定义的城市管理信息系统基础之上实现智能化管理，而是要覆盖城市管理与运行工作相关联的所有政府部门、区(县级市)政府有关机构，根据其职责分工确定各分管业务在城市管理与运行流程中的角色，梳理城市管理运行的业务及信息，构建统一的数据库和应用平台，进一步规划和完善城市管理与运行的信息系统建设，最终实现整个城市的管理与运行数字化、信息化和智能化。

(1) 顶层设计的外延。智能化城市管理与运行体系必然要以广州市电子政务已经建立的信息基础设施、数据库、数据交换平台、应用支撑平台、视频监控系统、公共视频会议系统为基础，但要在“智慧广州”的大框架下以实现智能化的城市管理与运行为目标，因此必然要考虑如何结合“天云计划”开展设计，如何利用广州超级计算中心等战略性信息基础设施等问题。

(2) 明确总体框架。组织开展全市智能化城市管理信息系统现状与需求分析，提出目标体系、总体框架、业务管理流程与机制、平台功能、城市部件编码标准和数据库、业务和平台管理体制机制设计。

(3) 制定标准规范。统一制定智能化城市管理与运行体系数据流程、信息交换、资源共享、网络通信的标准和规范。

(4) 促进智能化建设和应用。大力推动物联网技术、移动互联网、智能感知技术在城市基础设施建设、城市管理等方面的广泛深入应用，实现城市资源和要素信息的自动感知、高效传递、智能运用和互联共享，推动城市管理与运行由“数字城管”向“智慧城管”转变。

2. 建设一个统一的智能化城市管理海量数据库

建设智慧广州城市级海量数据库，实现逻辑集中和物理分布相结合的技术体系，建设全市统一的智能化城市管理海量数据库体系。

(1) 统一建设和管理城市基础信息资源。完善全市人口、企业机构基础数据库，整合建设“智慧广州”地理空间框架基础数据库，建设完善人口、企业机构、空间地理基础信息共享交换平台及工作机制，构建统一的城市地理空间信息资源体系，汇集叠加人口信息、空间、企业单位、城市部件等，完善建成城市管理运行基础资源体系。

(2) 集约建设和管理专题信息资源。加快完善城市管理部件、事件信息基础资源库，全面开展城市部件普查、事件分类和三维实景影像数据建设，对各类城市部件进行网格化分类确权，摸清管理家底，确定责任权属。建立资源目录体系，对城市各领域专题信息资源实行统筹管理。

3. 统筹建设一个智能化城市管理运行综合平台

推动市、区两级综合监控指挥中心的建设，形成“一级监督、两级调度、三级管理、四级网络、归口处置”的城市管理运行模式。

建设全市统一的智能化城市综合管理运行管控中心，分期汇接包括但不限于公安、国土、环保、城建、交通、水务、卫生、规划、城管、林业园林、质监、食品药品、安监、水电气、电信、消防、气象等部门的信息系统和子平台，实现城市各种信息基础设施广泛接入和信息互联互通及事件联动处理，提升城市管理运行效能。

4. 建立健全一个协同工作机制

(1) 信息共享机制。集约管理共享信息资源,以业务协同为核心,整合各类专题资源,建立部门信息资源和应用系统目录,建立资源共享更新责任制度,实现共建共享共用,促进业务协同应用。

(2) 业务协同机制。建立跨部门应用机制,整合优化城市管理跨部门业务流程与数据流程,实现跨部门业务联动协同,促进城市管理运行协同化能力明显提高。

5. 强化一套支撑保障体系

(1) 加强公共信息化基础设施支撑。强化全市电子政务外网、电子政务数据中心、电子政务信息资源交换平台、无线城市建设、800 兆数字集群网络的建设和运营,有效承载智能化城市管理建设和保障运行。深化社会治安视频监控系统建设,建立长效建设、管理机制,保障智能化城市管理与运行的共享应用。

(2) 建立集约化财政投资建设机制。统筹智能化城市管理与运行体系建设资金,进一步规范全市信息化立项审核和资金管理制度,建立集约化的财政投资机制,杜绝多头投资、重复建设。

(3) 完善政策法规保障。建立健全智能化城市管理与运行的政策及规定、智能化城市管理责任监督体系,建立以行政效能监察为保障的城市管理评价考核机制,将城市管理评价考核结果纳入电子监察范畴,完善智能化城市管理有效的协调和督办机制,为智能化城市管理运行提供强有力的制度保证。

6. 整合优化一支管理应用队伍

结合事业单位改革,整合优化城市管理相关部门的信息化建设管理机构队伍,逐步建立资源整合、集约建设的信息化建设管理体制。

整合区、街两级城市管理部门工作队伍,建立健全城市管理网格化、精细化巡查监督队伍。

7. 智慧广州建设步骤

广州市智能化城市管理与运行体系建设总体上分两期工程实施:

1) 广州市智能化城市管理与运行体系一期工程(2012—2013)

初步建成智能化城市管理海量数据库、综合管理运行平台的基本框架,整合汇接包括但不限于市城管委、市建委、市国土房管局、市规划局、市林业和园林局、市水务局、市环保局、市公安局等城市管理部门,实现智能化城市管理核心业务相关资源整合和跨部门业务协同,实现与电子政务系统的互联互通和信息共享。推进并初步完成城市重要基础设施智能化建设,建立智能化城市管理应用系统的基本框架模式。

2) 广州市智能化城市管理与运行体系二期工程(2014—2015)

基本建成智能化城市管理海量数据库、智能化综合管理运行管控中心,全面汇接包括但不限于公安、交通、卫生、质监、食品药品、安监、电信、消防、气象等部门的信息系统,实现与智慧政府、智能交通、智能电网、智能港口等智能化系统平台的对接,规模化推进智能化城市基础设施建设,实现城市各种基础设施的广泛接入和信息互联互通和事件联动处理,建立健全跨部门管理应用、绩效监督的工作机制。

9.3 智慧克拉玛依先导项目研究总结报告

9.3.1 先导项目研究相关说明

1. 关于先导项目研究课题内容的说明

确定先导项目研究课题内容,并提供书面的数字城市先导项目研究课题(方案)及电子资料文件。包括如下内容:

(1) 电子商务及物流平台建设实施方案。

(2) 智慧城市规划方案。

(3) 云计算平台架构设计方案。

(4) 电子沙盘设计方案。

合同确定的上述数字城市先导项目研究内容,在2011年8月下旬作者来克拉玛依进行先导项目研究调研时,经与克拉玛依红有软件公司数字城市部门主要领导讨论后共同确定将“数字城市先导项目研究”名称修改为“智慧城市先导项目研究”,同时将原数字城市先导项目研究课题内容调整为智慧城市先导项目研究课题内容,调整后,应提交的课题方案内容如下:

(1) 智慧城市规划方案。

(2) 市民卡建设方案。

(3) 智慧社区建设方案。

(4) 电子商务建设实施方案。

2. 关于先导项目研究课题调研和需求分析的说明

在2011年8月18日至9月7日作者在克拉玛依市对调整后的先导项目研究四项课题进行了有关应用现状、需求、可行性等方面的调研和考察。作者和红有软件公司有关项目负责人及技术人员以召开需求分析会、走访应用部门、召开技术论证会与汇报会等形式开展调研的工作。通过走访市政府有关部门、电信及移动通信公司、社保医保单位、商业联盟、油田公司物资供应站、电子商务物流园区、城市社区街道、油田物业管理公司等进行了深入和全面的调研,了解上述部门、单位、企业对今后本单位信息化应用的需求和设想。以调研和需求分析会的方式,经与红有软件公司参与调研人员进行课题调研资料的整理,形成了智慧城市、市民卡、智慧社区、电子商务四项课题的调研报告。

3. 关于先导项目研究课题方案的编制与汇报的说明

作者在此次先导项目研究调研和需求分析的基础上,同时结合在来克拉玛依之前已经初步完成的《克拉玛依智慧城市规划方案(初稿)》《克拉玛依电子商务及物流建设实施方案(初稿)》,以及在克拉玛依调研期间编制完成的《克拉玛依市民卡建设方案(初稿)》《克拉玛依智慧社区建设方案(初稿)》,与红有软件公司项目负责人和技术人员通过反复对初稿方案进行论证和相关核心应用技术的研讨,多次修改初稿方案,最后形成了向市政府领导和市信息中心领导汇报的书面材料及演示文稿(PPT)。杜市长和市信息中心吴主任、毛主任多次听取了红有软件公司和作者的方案汇报。杜市长对上述汇报多次作出重要指示,要求抓住智慧城市顶层规划,要落实市民卡、电子商务、智慧社区和智慧旅游方面的具体实施步骤和计划，争取在 2012 年 8 月份第二次克拉玛依智慧城市国际论坛召开前初见成效。市信息中心吴主任和毛主任也对先导项目明年落实进行了部署，并提出到新加坡进行智慧城市、平安城市、智能交通和社区管理等领域考察学习的意见。新加坡新电子系统(顾问)有限公司承诺配合进行新加坡考察学习的接待工作。克拉玛依政府的新加坡考察学习于 2011 年 11 月 19 日—11 月 24 日赴新加坡，分别考察了新加坡科技电子与工程有限公司、华为新加坡公司、新加坡 QA 公司、新加坡地铁公司、义顺区市政理事会(社区)，并就新加坡"智慧国"、政府云计算、城市公共安全、城市智能交通、绿色建筑节能管理、社区信息化等领域的新加坡经验进行学习和沟通与交流，并取得了考察学习成果(详见"新加坡'智慧岛'考察报告")。

在 2011 年 9 月份以后，作者组织新加坡新电子系统(顾问)有限公司和广州睿慧新电子系统有限公司有关数字城市专家和课题组成员，对克拉玛依市领导和红有软件公司提出的对先导项目研究课题方案的修改意见，进行了认真的研究和讨论，对四项课题方案进行修改、补充和完善，最终完成了四项课题方案的专家评审稿，并装订成册提供给专家评审。

9.3.2 先导项目研究课题方案编制原则与目标

智慧城市先导项目研究课题方案编制的总体思路，就是以智慧城市规划方案为克拉玛依智慧城市建设的总纲领和行动的总路线。将市民卡、智慧社区、电子商务等业务级应用方案与智慧城市规划方案整合为一体，并作为克拉玛依智慧城市建设的先导性项目，优先组织实施。克拉玛依智慧城市先导项目研究课题方案的编制应遵循以下原则和实现以下目标要求。

1. 先导项目研究课题方案编制原则

克拉玛依智慧城市先导项目研究课题方案编制遵循以下原则：

(1) 智慧城市顶层设计原则。

(2) 以国家"十二五"规划为原则。

(3) 以城市社会管理创新为原则。

(4) 以克拉玛依可持续发展为原则。

(5) 以克拉玛依智慧城市建设实际需求为原则。

2. 先导项目研究课题方案编制目标要求

克拉玛依智慧城市先导项目研究课题方案编制实现以下目标要求：

(1) 以实现克拉玛依智慧城市指标体系为目标。

(2) 以实现智慧城市信息互联互通和数据共享交换为目标。

(3) 以优先实现社会管理和民生公共服务为目标。

(4) 以实现城市绿色节能低碳可持续发展为目标。

(5) 以实现智慧城市先导研究课题项目一体化集成和综合应用为目标。

9.3.3 智慧城市规划方案编制

1. 智慧城市规划方案编制要点

中国特色的智慧城市建设和发展必须围绕和支撑党和国家的发展战略与政策方针，当前就是落实科学发展观，以智慧城市建设和发展，全面支撑党中央提出的社会管理创新，以国家"十二五"规划以及民生社会化的公共服务为出发点和立足点，通过智慧城市信息化平

台提供科学化的解决方案和技术手段。

克拉玛依智慧城市规划的编制要体现以下“四个坚持”：

（1）坚持把经济结构战略性调整作为加快转变经济发展方式的主攻方向。构建扩大内需长效机制，促进经济增长向依靠消费、投资、出口协调拉动转变。加强农业基础地位，提升制造业核心竞争力，发展战略性新兴产业，加快发展服务业，促进经济增长向依靠第一、第二、第三产业协同带动转变。统筹城乡发展，积极稳妥推进城镇化，加快推进社会主义新农村建设，促进区域良性互动、协调发展。

（2）坚持把科技进步和创新作为加快转变经济发展方式的重要支撑。深入实施科教兴国战略和人才强国战略，充分发挥科技第一生产力和人才第一资源作用，提高教育现代化水平，增强自主创新能力，壮大创新人才队伍，推动发展向主要依靠科技进步、劳动者素质提高、管理创新转变，加快建设创新型国家。

（3）坚持把保障和改善民生作为加快转变经济发展方式的根本出发点和落脚点。完善保障和改善民生的制度安排，把促进就业放在经济社会发展优先位置，加快发展各项社会事业，推进基本公共服务均等化，加大收入分配调节力度，坚定不移走共同富裕道路，使发展成果惠及全体人民。

（4）坚持把建设资源节约型、环境友好型社会作为加快转变经济发展方式的重要着力点。深入贯彻节约资源和保护环境基本国策，节约能源，降低温室气体排放强度，发展循环经济，推广低碳技术，积极应对全球气候变化，促进经济社会发展与人口资源环境相协调，走可持续发展之路。

作为智慧城市先导项目研究课题成果是提交《克拉玛依智慧城市规划方案》。《克拉玛依智慧城市规划方案》的编制强调前瞻性、可行性、实用性、完整性、经济性、集成性等原则和要求，应在充分对克拉玛依进行智慧城市调研和需求分析以及已建数字克拉玛依的基础上，明确克拉玛依智慧城市建设的意义、目标、原则、指标体系和业务应用等内容。在确定需求分析和目标与任务的前提下，进行克拉玛依智慧城市可行性的研究和分析。克拉玛依智慧城市规划应从顶层对智慧城市功能体系、系统体系、技术应用体系、标准体系、信息体系、保障体系进行全面的规划，规划的重点是克拉玛依智慧城市支撑体系的规划和业务级应用平台的规划。在规划的基础上，制定克拉玛依智慧城市系统工程项目实施计划，包括项目建设工期和项目系统工程投资估算等内容。

2. 智慧城市规划方案内容简述

《克拉玛依智慧城市规划方案》共由 7 章组成。分别是：

第一章：克拉玛依智慧城市概述。分别阐述了智慧城市的基本概念、国内外数字城市及新加坡“智慧岛”建设与发展的经验以及克拉玛依智慧城市规划远景。该章节重点强调了克拉玛依智慧城市建设的现实意义。克拉玛依需要建设具有中国特色的“智慧城市”，因此必须结合党和国家现阶段的工作目标和中心任务，应以党中央提出的“社会管理创新”和国家“十二五”规划为出发点和立足点。通过克拉玛依智慧城市建设促进政府管理创新，提升城市科学化管理水平，推动民生现代服务业，带动企业经济信息化应用。

第二章：克拉玛依智慧城市建设思路。以克拉玛依可持续发展战略，基于克拉玛依数字城市及信息化建设的现状，分别对经济转型发展、优化城市环境、完善城市基础设施、提升城市生活品质和打造最安全城市等方面进行了深入的调研和全面的需求分析。确定克拉玛依智慧城市建设目标和任务,从而形成克拉玛依智慧城市指标体系。

第三章:克拉玛依智慧城市可行性研究。分别从智慧城市可行性要素、城市节能减排、社会及经济效益和项目实施风险等层面进行可行性研究与分析。为克拉玛依智慧城市建设提供可行性的依据、意见和建议。

第四章:克拉玛依智慧城市总体规划。在上述对克拉玛依智慧城市建设现实意义、需求调研与分析、可行性研究分析的基础上,从克拉玛依智慧城市顶层进行总体规划。总体规划包括以下内容:

(1) 总体规划原则,包括智慧城市总体规划原则和智慧城市体系规划要求。

(2) 智慧城市支撑体系规划,包括业务应用体系、基础环境体系、系统体系、技术体系、标准体系、信息资源体系等的规划。

(3) 智慧城市信息互联互通,包括信息互联互通原则、信息互联互通平台实现功能、信息互联互通平台总体结构以及信息互联互通通信接口规范等。

(4) 智慧城市物联网技术应用,包括智慧城市物联网应用原则、智慧城市物联网应用规划思路与重点、智慧城市物联网应用重点领域以及智慧城市物联网应用保障措施等。

(5) 智慧城市云技术应用,包括智慧城市云计算技术应用思路与目标、云计算应用与产业现状、智慧城市云技术发展重点以及智慧城市云计算应用保障措施等。

(6) 智慧城市无线通信技术应用,包括无线通信技术应用分析、无线通信技术应用发展趋势以及无线通信技术在无线城市中的应用和案例。

第五章:克拉玛依智慧城市业务级应用平台规划。首先明确了克拉玛依智慧城市业务级应用平台的概念和业务级应用平台的构成,并分别对以下业务级应用平台在其应用平台规划目标、应用平台构成、业务应用系统组成方面进行全面的规划。

(1) 智慧城市政府应用平台规划。

(2) 智慧城市"大城管"应用平台规划。

(3) 智慧城市应急指挥管理平台规划。

(4) 智慧城市公共安全管理平台规划。

(5) 智慧城市智能交通平台规划。

(6) 智慧城市节能减排管理平台规划。

(7) 智慧城市基础设施管理平台规划。

(8) 智慧城市市民卡服务平台规划。

(9) 智慧城市民生服务平台规划。

(10) 智慧城市智慧社区服务平台规划。

(11) 智慧城市智能建筑及智能小区服务平台规划。

(12) 智慧城市电子商务服务平台规划。

(13) 智慧城市智慧医疗卫生服务平台规划。

(14) 智慧城市智慧教育服务平台规划。

(15) 智慧城市智慧旅游服务平台规划。

第六章:克拉玛依智慧城市项目实施。该章节主要制定克拉玛依智慧城市系统工程项目实施方案,主要包括实施方案编制原则、实施指导方针、项目实施保障措施、项目实施组织与管理、项目运行管理以及技术培训等内容。

第七章:克拉玛依智慧城市建设工期与投资估算。克拉玛依智慧城市建设工期暂定3年,从2012年至2015年分为三期执行。在建设工期中确定了一、二、三期具体实施的系统工程项目和工程投资估算。

9.3.4 市民卡建设方案编制

1. 市民卡建设方案编制要点

市民卡建设方案编制首先确定城市市民卡近、中、远期建设目标。将建设智慧城市市民卡信息与服务集成平台和市民卡数据系统(中心)作为城市市民卡近期建设的目标。应优先开展政府在政务服务和公共服务领域内便民、利民、惠民的应用项目。要将城市市民卡与社区信息化的应用进行整合,应作为市民卡建设近期实施的重点,要通过智慧社区、智慧家庭、智能建筑、社区物联网、社区信息亭以及"三网融合",将市民卡在社会保障服务、城市公共安全、医疗卫生服务、教育文化服务、公共事业服务等方面的应用延伸到社区和千家万户。要逐步实现商业服务领域内的小额消费(电子钱包)、金融服务、电子商务等应用功能。要重视和充分发挥智慧城市"一级平台"和城市级数据资源中心对城市市民卡建设和应用的支撑作用,要从城市市民卡顶层规划与智慧城市政府信息化、社会信息化、企业信息各级应用平台和系统的互联互通与信息共享。要重点规划城市市民卡与社会信息化在政府服务、公共服务、商业服务各应用平台和系统的融合,实现一体化的"信息交互、数据共享、网络融合、功能协同"。

克拉玛依市民卡建设先导项目研究以提交《克拉玛依市民卡建设方案》为研究成果。《克拉玛依市民卡建设方案》的编制应在充分对克拉玛依现有公交卡、社保卡、医疗卡、银行卡等应用现状进行调研,并明确进一步需求与分析的基础上,明确克拉玛依市民卡建设的目标、原则和要求。

2. 市民卡建设方案内容简述

《克拉玛依市民卡建设方案》共由7章组成。分别是:

第一章:城市市民卡应用。分别阐述了城市市民卡概念、城市市民卡应用与现状、城市市民卡建设原则与目标以及国家"金卡"工程规划与应用。

城市市民卡是政府发放给市民用于办理个人相关社会事务、享受政务服务、公共服务与商业服务以及个人电子身份识别的多功能集成电路智能卡。主要应用于社会保障、公共安全、医疗卫生、文化教育、民政优抚、人口计生、社区服务、住房物业等政府公共管理和社会事业各领域,以及公共交通、水电气暖讯等公用事业缴费、园林旅游门票结算、车辆安全管理、商务消费银联交易、小额电子钱包支付等服务行业。目前智慧城市采用的市民卡是一张承载CPU接触式及非接触式、磁条和RFID/二维条形码的多界面智能卡。多界面市民卡的应用极大地提高了IC卡应用的安全性和使用的广泛性,其中CPU接触界面支持社会保障及医疗等应用;CPU感应界面支持居住证卡、公共交通、轨道交通以及采用非接触式读卡机具的使用环境;磁条界面支持银行卡和银联卡的使用功能;RFID/二维条形码支持商场、超市和所有采用二维条形码阅读机具的应用场合,二维条形码内还可以记录市民个人的一些非实时性的基本信息,如出生时间、出生地、籍贯、民族甚至血型等。城市市民卡具有个人身份认证识别和在社会管理与服务领域广泛的应用功能,同时市民卡记录了持卡人全面、完整、准确、动态的个人信息和其在社会活动中详实的实时信息与数据,从这个意义上来讲市民卡也是市民的第二张“身份证”。城市市民卡建设和应用是推进智慧城市政府信息化、城市信息化、社会信息化、企业信息化建设与发展的重要支撑,是实现社会服务清廉、透明、高效和均等化的重要手段,也是建立城市和社会管理长效机制与科学化管理的一项可行措施。

第二章:城市市民卡卡技术应用与要求。该章节包括市民卡界面结构、市民卡多界面特性、社会保障卡技术应用与要求、公共事业 IC 卡技术应用与要求、银行卡技术应用与要求,二维的条码卡技术应用与要求、居住证技术应用与要求等内容。

第三章:城市市民卡建设总体规划。市民卡建设总体规划包括市民卡需求分析、市民卡建设总体规划要求、市民卡功能体系规划、市民卡系统体系规划、市民卡业务支撑系统规划、市民卡应用系统规划、市民卡管理与卡结构规划、市民卡安全系统规划等内容。

第四章:城市市民卡信息与服务集成平台设计。市民卡信息与服务集成平台设计内容包括:市民卡集成平台设计原则与需求分析、市民卡集成平台结构与组成、居住证信息服务集成设计、市民卡集成平台技术应用、市民卡信息与服务门户网站设计、市民卡集成平台网络设计、市民卡集成平台数据、存储与接口设计、市民卡集成平台总体功能设计、市民卡集成平台总体设计图纸深度要求等内容。

第五章:城市市民卡业务支撑系统设计。城市市民卡业务支撑系统设计内容包括市民卡网络系统设计、市民卡数据系统设计、市民卡安全系统设计、市民卡制卡/储值服务系统设计、市民卡消费系统设计、市民卡清算系统设计、居住证卡服务系统设计等内容。

第六章:城市市民卡应用方案。城市市民卡应用方案包括政务服务应用方案、社会保障应用方案、公积金管理应用方案、智能交通应用方案、智慧医疗应用方案、智慧校园应用方案、智慧社区应用方案、企业工厂应用方案、旅游景点应用方案、信息亭应用方案、城市居住证应用方案等内容。

第七章:城市市民卡运营与管理。城市市民卡运营与管理包括市民卡运营及管理体系、市民卡盈利模式分析、市民卡项目实施建议等内容。

9.3.5 智慧社区建设方案编制

1. 智慧社区建设方案编制要点

社区指国家最基层的行政管理机构,包括街道办事处、居民委员会、居住区、楼宇等。社区是政府贴近民众的一线政权,是建设和谐国家、和谐社会的基础,是服务型政府执政为民的具体体现。智慧社区建设要深入贯彻落实科学发展观,以增强社区管理和服务能力,满足居民物质和精神文化需求为建设规划的重点。克拉玛依智慧社区建设规划应注重实效,政府主导、多方参与,部署和推进社区管理信息化和社区服务信息化建设。

智慧社区公共服务平台上联政府信息化电子政务平台、城市信息化数字“大城管”平台、应急指挥平台、公共安全平台、基础设施管理平台、社会信息化服务平台、企业信息化服务平台,下联社区智能建筑、物联网智能小区智能化综合信息集成系统,横向与社区办公自动化系统、社区行政管理系统、社区事务管理系统、社区民政事务系统、社区政务服务系统、社区公共服务系统、社区商业服务系统之间的互联互通和数据共享交换。形成社区纵横贯通的社区管理信息化和社区服务信息化系统体系,实现“信息互联互通、数据共享、业务和功能协同”,支撑和谐社会、和谐社区、和谐家庭的建设与发展。

克拉玛依智慧社区建设先导项目研究以提交《克拉玛依智慧社区建设方案》为研究成

果。《克拉玛依智慧社区建设方案》的编制应在充分对克拉玛依现有社区管理、社区服务、社区物业管理、社区智能化等应用现状进行调研，并明确进一步需求与分析的基础上，明确克拉玛依智慧社区建设的目标、原则和要求。

2. 智慧社区建设方案内容简述

《克拉玛依智慧社区建设方案》共由9章组成。分别是：

第一章：智慧社区概述。分别阐述了社区概念、国外社区建设与特点、新加坡社区建设与管理、我国社区发展历程与现状、推进智慧社区建设与发展。

第二章：智慧社区需求分析。该章节分别对智慧发展现状、智慧社区与实体社区互动关系、智慧社区与社会管理创新支撑关系、智慧社区建设阶段等方面进行了全面和深入的分析。

第三章：智慧社区建设思路与策略。该章节内容包括智慧社区建设思路、智慧社区是实现和谐社会的重要手段、智慧社区健全社区管理体系、智慧社区完善社区服务体系、智慧社区繁荣社区文化、智慧社区改善人居环境、智慧社区推进电子政务向社区延伸。

第四章：智慧社区建设规划。智慧社区建设规划包括智慧社区建设规划总体要求、智慧社区建设规划原则、智慧社区总体结构规划、社区管理与服务功能规划、智慧社区平台及应用系统规划等内容。

第五章：智慧社区公共服务平台设计。智慧社区公共服务平台设计包括智慧社区公共服务平台设计要求、公共服务平台结构设计、公共服务平台技术应用、公共服务平台社区门户网站系统、公共服务平台数据管理与共享交换系统、公共服务平台数据分析与展现系统、公共服务平台统一身份认证系统、公共服务平台地理空间信息与可视化系统、公共服务平台综合数据库系统、公共服务平台实时监控系统接口、公共服务平台与城市级“一级平台”接口等内容。

第六章：智慧社区管理信息化系统建设。智慧社区管理信息化系统建设包括智慧社区管理信息化系统建设要求、智慧社区办公自动化系统建设、智慧社区行政审批应用系统建设、智慧社区行政管理应用系统建设、智慧社区事务管理应用系统建设、智慧社区民政管理应用系统建设等内容。

第七章：智慧社区服务信息化系统建设。智慧社区服务信息化系统建设包括智慧社区服务信息化系统建设要求、智慧社区政务服务应用系统建设、智慧社区公共服务应用系统建设、智慧社区商业服务应用系统建设、智慧社区物业与设施服务应用系统建设。

第八章：智慧社区物联网智能小区建设。智慧社区物联网智能小区建设包括物联网智能小区概述、物联网智能小区智能化新技术应用、物联网络与信息网络融合、数字化与智能化系统综合信息集成、物联网智能小区综合服务平台、智能物业及设施管理系统、楼宇管理与机电设备自控系统、综合安防管理系统、视频监控系统、公共广播系统、车辆管理系统、“一卡通”管理系统、数字家庭智能化系统、智能小区物联网系统、电子公告牌系统、弱电防雷与接地系统、智能化监控中心机房等内容。

第九章：智慧社区智能建筑建设。智慧社区智能建设建设包括智能建筑总体需求、智能建筑智能化系统实施要点、智能建筑智能化系统组成与实现功能等内容。

9.3.6 电子商务建设实施方案编制

1. 电子商务建设实施方案编制要点

智慧城市框架下的电子商务应该是由政府主导下的服务型电子商务，即以电子政务(G2G)为基础，以政府向企业(G2B)和公众(G2C)提供公共服务为核心，同时整合商家与商家(B2B)和商家与客户(B2C)等商业电子商务服务资源。打造智慧城市政府服务型电子商务(G2B2C)公共服务平台，实现实名制、可追溯，同时结合智慧城市业务级应用的市民卡、智慧社区、智慧医疗、智慧商业、智慧金融，为企业和公众提供一体化安全与可信的电子商务新模式。

克拉玛依电子商务平台规划包括：技术路线、平台结构、平台功能、支撑系统以及与第三方应用系统信息互联互通和数据共享交换的接口设计。建设实施方案提供平台软硬件配置方案和具体实施计划、项目建设工期和项目系统工程概算等内容。建设实施方案同时应提供银行金融、电信移动、智慧社区、中小型企业电子商务的应用方案。

克拉玛依电子商务建设先导项目研究以提交《克拉玛依电子商务建设实施方案》为研究成果。《克拉玛依电子商务建设实施方案》的编制应在充分对克拉玛依现有电子商务现状进行调研，并明确进一步需求与分析的基础上，明确克拉玛依电子商务建设目标、原则和要求。

2. 电子商务建设实施方案内容简述

《克拉玛依电子商务建设实施方案》共由 6 章组成。分别是：

第一章：电子商务概述。分别阐述了电子商务基本概念、智慧城市与电子商务、政府服务型电子商务(G2B2C)模式、国外电子商务应用与发展、克拉玛依电子商务平台建设思路与策略等内容。

第二章：克拉玛依电子商务平台需求分析。克拉玛依电子商务平台需求分析包括电子商务对现代服务业的促进作用、国内电子商务建设存在问题的分析、克拉玛依电子商务的现状分析、克拉玛依电子商务的需求分析等内容。

第三章：克拉玛依电子商务建设规划。克拉玛依电子商务建设规划包括电子商务规划原则、克拉玛依电子商务建设总体目标、电子商务公共服务平台体系规划等内容。

第四章：克拉玛依电子商务公共服务平台设计。克拉玛依电子商务公共服务平台设计包括电子商务公共服务平台技术路线、电子商务公共服务平台结构、电子商务公共服务平台功能支撑系统、电子商务公共服务平台业务应用系统、电子商务公共服务平台安全系统设计、与第三方应用系统互联互通与数据共享交换设计、电子商务平台软件配置设计、电子商务平台硬件配置设计等内容。

第五章：克拉玛依电子商务重点应用与发展领域。克拉玛依电子商务重点应用与发展领域包括银行业电子商务应用、移动电子商务应用、智慧社区电子商务应用、中小型企业电子商务应用、智慧物流园电子商务应用、智慧旅游电子商务应用等内容。

第六章：克拉玛依电子商务项目实施方案。克拉玛依电子商务项目实施方案包括项目实施效益与风险分析、项目实施组织与管理、项目实施保障体系、项目运营模式、项目投资估算等内容。

9.3.7 先导项目研究总结与建议

1. 智慧城市先导项目研究特点

(1) 克拉玛依智慧城市先导项目研究围绕目前党和国家的发展战略与政策方针,以社会管理创新、"十二五"规划和社会民生公共服务为出发点和立足点。规划方案充分体现了中国特色智慧城市建设的目标和远景规划。

(2)《克拉玛依智慧城市规划方案》涵盖了智慧城市规划所必需的内容,即:现实意义、思路与策略、需求分析、指标体系、可行性研究、总体规划、支撑体系规划、业务平台及应用系统规划、实施方案、工期及工程投资估算等。《克拉玛依智慧城市规划方案》满足了前瞻性、可行性、实用性、完整性、经济性、集成性等编制原则和要求。

(3) 克拉玛依智慧城市先导项目研究的特点,就是以《克拉玛依智慧城市规划方案》为智慧城市建设的纲领性文件和项目实施的总路线,将民生社会化的公共服务的市民卡、智慧社区、电子商务等业务应用融为一体,将市民卡应用与智慧社区管理及服务和政府服务型电子商务(G2B2C)应用结合在一起,同时通过智慧社区和电子商务深化市民卡的应用。实现应用集成,形成民生公共服务的一个整体,从而避免了目前绝大多数城市在实际应用中所造成的"信息孤岛"弊端。

2. 关于智慧城市先导项目研究的建议

(1) 以《克拉玛依智慧城市规划方案》为基础,积极开展智慧城市深化设计标准、智慧城市保障体系、智慧城市可持续发展指标体系、智慧城市指标体系等软课题方面的研究与编制工作。

(2) 以《克拉玛依市民卡建设方案》为基础,应尽快着手进行克拉玛依市民卡项目深化设计的工作,落实克拉玛依市民卡工程项目招投标和项目组织实施。

(3) 以《克拉玛依智慧社区建设方案》为基础,应尽快着手进行克拉玛依智慧社区项目深化设计的工作,智慧社区建设应与社区信息化建设和房产智能小区建设相结合,选择和确定克拉玛依智慧社区示范工程项目。

(4) 以《克拉玛依电子商务建设实施方案》为基础,建议政府着手进行政府服务型电子商务(G2B2C)公共服务平台的建设,并以此支撑城市市民卡和智慧社区的建设,推进社会民生公共服务的应用。

参考文献

[1] 李林.数字社区信息化系统工程.北京:电子工业出版社,2005.

[2] 李林,等.智能化数字电视台系统工程.南京:东南大学出版社,2008.

[3] 李林.智能化系统工程顾问指南.南京:东南大学出版社,2008.

[4] 李林.数字城市建设指南:上册.南京:东南大学出版社,2010.

[5] 李林.数字城市建设指南:中册.南京:东南大学出版社,2010.

[6] 中国智慧城市建设促进会.智慧城市资料汇编(案例版),2012.